安全原理

Principles of Safety

赵廷弟 焦 健 鲍晓红 编著
孙有朝 陈 露 魏钱锌

屠庆慈 主审

国防工業出版社

·北京·

内 容 简 介

本书面向高校安全工程专业，突出针对现代复杂社会技术系统，以系统思维和系统工程方法，从安全的本质内涵与属性，专业基础科学和技术科学两个方面，系统性介绍安全原理理论与方法，同时结合时代特征和航空航天特色，介绍软件安全性和航空安全。

本书可使读者较为全面地了解掌握安全原理的基本概念、原理与技术体系。主要供高等院校相关专业高年级本科生及研究生教学使用，也可供相关工程技术人员学习参考。

图书在版编目（CIP）数据

安全原理/赵廷弟等编著. —北京：国防工业出版社，2018. 10

ISBN 978-7-118-11744-8

Ⅰ. ①安… Ⅱ. ①赵… Ⅲ. ①安全科学 Ⅳ. ①X9

中国版本图书馆 CIP 数据核字(2018)第 251210 号

※

国防工业出版社出版发行

（北京市海淀区紫竹院南路 23 号 邮政编码 100048）

三河市腾飞印务有限公司印刷

新华书店经售

*

开本 710×1000 1/16 **印张** 25¼ **字数** 458 千字

2018 年 11 月第 1 版第 1 次印刷 **印数** 1—3000 册 **定价** 65.00 元

国防书店：(010)88540777 发行邮购：(010)88540776

发行传真：(010)88540755 发行业务：(010)88540717

前　言

安全性是产品的固有属性。安全科学与工程就是研究装备寿命周期中危险的发生、发展规律,达到预防危险、避免事故,提高装备效能的一门工程学科。

安全问题由来已久,在工业 4.0 的 CPS 时代尤其重要并受社会高度关注。如现代化的武器装备系统、航空运输与卫星发射、高速铁路系统、复杂网络及云系统、通信系统、电力系统等都面临高安全高效能的需求与问题。确保安全和追求高效能是社会技术系统全寿命周期的目标之一。

我国在安全科学与工程领域的研究与应用一直在不断的发展,为国民经济和国家安全发展做出了应有的贡献。进入 20 世纪 90 年代以后,我国颁布了一系列安全性工程技术标准和管理规定,并逐步在飞机、导弹、火箭等大型武器系统的研制中推行,推进了系统安全工程的发展,推动了我国工程型号安全性工作的迅速发展。特别是进入 21 世纪以来,随着复杂社会技术大系统的不断发展和应用,系统科学与工程思维为主线的安全性工程得到了各级领导和工程技术人员的普遍重视,并在理论研究和工程应用上积累了丰富的经验。

本书作为安全工程专业的基础课程教材,面向高等院校的安全工程专业本科生及其他专业高年级本科生和研究生等。内容依据安全原理的理论体系,结合航空航天特色,形成基础性、体系性和较为完整的安全原理。本书包括四大部分:第一部分由第 1、2 章组成,讲述安全的概念、属性与范畴,基本概念与安全性度量,是关于安全的最为基本和普适的内容,是学习和掌握安全原理的基础和出发点。第二部分由第 3、4、5 章组成,讲述危险因素与本质、事故致因理论,安全工程原理与技术方法;本部分是安全原理的核心内容,即事故的客观规律和预防事故、保障安全的基本工程事理与技术方法体系。第三部分即第 6 章,讲述安全生产管理原理,是生产阶段如何保障安全的管理手段。第四部分由第 7、8 章组成,面向 21 世纪信息化时代,软件作为系统的重要组成部分,结合航空特色,讲述软件安全性和航空安全。

参与本书编写工作的有:赵廷弟(第 1、2、5、6 章),焦健(第 3、4 章),鲍晓红(第 7 章),孙有朝(第 8 章),陈露、魏钱锌(第 2、6 章)。全书由赵廷弟教授统稿,屠庆慈教授主审。吴居宜、任福纯、王红力、陈磊、江泽泳参与了初期的书稿提纲研讨;朱一鹏、德新林、褚嘉运、陈志伟、董洁、夏宏青、马宁、姜春阳、李少君、王望、忻昱、郭媛媛参与了校稿、统稿工作等,对他们的工作表示感谢。

编写过程中,参考了大量国内外文献,已在参考文献中列出,在此一并表示感谢。

由于水平有限,错误之处在所难免,望读者指正。

目　录

第1章 绪 论

1.1 什么是安全

论安全、安全原理及安全工程等，首要问题就是：什么是安全？

所谓"无危则安、无损则全"：无危，即没有危险（事故之前）；无损，即没有损伤（事故之后）。与"安全"定义相关的词在英文中有 Safety、Safe，以及 Security、Secure。Safety 一般翻译成安全或安全性，Security 翻译成安全、安全性或保密性。Safety 和 Security 在英文中的解释也很相似，甚至相同。本书所谈的安全/安全性，若无特别说明，一般指 Safety。

众多词典中对安全都给出了解释，如：

（1）安全[safe；secure]：不受威胁，没有危险、危害、损失[新华字典，http://zidian.00cha.com/show.asp? zhi=10004649]；

（2）安全：没有危险；不受威胁；不出事故[现代汉语词典，2016年9月第七版，2016年9月北京第561次印刷]；

（3）Safety：The condition of being protected from or unlikely to cause danger, risk, or injury [牛津词典，http://www.oxforddictionaries.com/definition/english/safety]；

（4）Safe：Not likely to cause or lead to harm or injury；not involving danger or risk；Protected from or not exposed to danger or risk；not likely to be harmed or lost [牛津词典，http://www.oxforddictionaries.com/definition/english/safe]；

（5）Safety：the quality of being safe；freedom from danger or risk of injury；a contrivance or device designed to prevent injury. [柯林斯词典，http://www.collinsdictionary.com/dictionary/english/safety]；

（6）Safe：affording security or protection from harm；free from danger；unable to do harm；not dangerous[柯林斯词典，http://www.collinsdictionary.com/dictionary/english/safe]。

在行业中对安全的定义如下：

（1）安全（Safety）："免除了不可接受的损害风险的状态"[国家标准（GB/T

28001—2001)]；

(2) 安全性(Safety)：产品所具有的不导致人员伤亡、系统毁坏、重大财产损失或不危及人员健康和环境的能力[国军标(GJB 451A—2005《可靠性维修性保障性术语》)]；

(3) 安全：安全是一种状态，即通过持续的危险识别和风险管理过程，将人员伤害或财产损失的风险降低并保持在可接受的水平或其以下[国际民航组织]；

(4) Safety：The state in which the possibility of harm to persons or of property damage is reduced to, and maintained at or below, an acceptable level through a continuing process of hazard identification and safety risk management.

(5) Safety：Freedom from risk which is not tolerable[ISO/IEC GUIDE 51：2014 (E), Safety aspects— Guidelines for their inclusion in standards]；

(6) Safety：Freedom from those conditions that can cause death, injury, occupational illness, damage to or loss of equipment or property, or damage to the environment. [MIL-STD 882E, 2012, DEPARTMENT OF DEFENSE STANDARD PRACTICE SYSTEM SAFETY; NASA/SP - 2010 - 580 NASA System Safety Handbook]。NASA 扩充 882E 的概念，将不可返回的航天系统的任务失败也归结为安全问题；

(7) Safety：State where an acceptable level of risk is not exceeded [ECSS-S-ST-00-01, ECSS system glossary of terms]；

(8) Safety：Freedom from those conditions that can cause death, injury, occupational illness, damage to or loss of equipment or property, or damage to the environment. [FAA System Safety Handbook]；

(9) Safety：The state in which risk is lower than the boundary risk. The boundary risk is the upper limit of the acceptable risk. It is specific for a technical process or state; SAFETY：The state in which risk is acceptable. RISK is the combination of the frequency (probability) of an occurrence and its associated level of severity[SAE ARP 4754-2010, Guidelines for Development of Civil Aircraft and Systems]；

(10) Safety：The attribute of dependability with regard to the non-occurrence of or recovery from failures and other conditions that could cause unacceptable operational events of an aircraft, engine or component there of[RTCA DO-297, 2005, Integrated Modular Avionics (IMA) Development Guidance and Certification Considerations]。

如以上的词典与行业定义，安全是一种状态，即无危无损的状态，也就是说安全是指没有威胁或危险、危害或损失。Safety 的定义中有两种定义：其一定义为状态/条件，指产品在某一时刻安全与否的状态，其意为“安全”；其二定义为属性/能力，是各类产品的一种共性的固有属性，是各种系统必须满足的首要设计要求，是通过设计赋予的属性，其意为“安全性”。

安全定义为情况或状态，表征产品的瞬时特性和使用特性，如在某一时刻产品是否处于安全状态，安全作为一种状态或情况是不可度量与比较的，类似于产品在使用过程中的某一时刻是否可靠。安全性作为产品的固有属性，是保障使用安全的能力体现，是可度量与比较的。安全性是保障其使用过程中安全的基础，在很多领域也被称为“本质安全”，本书称之为“固有安全性”。

针对技术系统而言，就是系统正常运行，没有对生命、财产、环境可能产生损害的状态或抗风险能力（英文中常用 Safety），通常是指技术系统的客观状态。对于社会系统而言，就是没有战争、被攻击、抢劫/盗窃等社会危害行为的状态（英文中常用 Security），通常是人的主观行为。

在本书中，如无特殊说明，安全一般指技术系统的安全。

1.1.1 安全问题的由来

安全问题可以说同人类与生俱来，安全无时不在、无处不在，是人类生存与繁衍的本能需求，对于自然界而言，无所谓安全与否，仅是物质的不同形态而已。

在远古时代，人类如同一般动物，受到来自于大自然的危害和人类内部的危害，主要是人身安全的生存需求。随着人类社会的进步，特别是技术进步，在给人类带来极大好处与利益的同时、也带来众多的安全问题，无论是技术系统本身还是利用技术手段的人类自身。

人类追求的范围与层次日益增强，安全问题也日益增多，危险与危害的形式与机理也日益复杂，危害来自于各个领域和层次。同时，人类对安全的意识和要求日益增强，抵御危害的能力也不断进步。

1.1.2 安全问题的本质与特征

安全是针对事故而言，危险是事故的根源，没有危险即安全，但有危险不一定不安全，就像高压电是危险，人不靠近，则不可能有事故，事故是安全与否的分界线。安全问题无论对于人、财产或环境而言，其本质是能量的意外释放。没有事故、即便有危险也无所谓安全，没出事故我们可能无法知道某些危险，危险只有在触发下才会发生事故。因此，危险是安全的本质属性、事故是安全的客观属性。

1. 危险的客观性

危险是可能造成人员伤害、财产损失或环境破坏事故的根源,即必要条件,是自然界、技术系统和社会系统固有的,虽然不同的人对危险可能有不同的主观感受,但它是不以人的意志为转移的客观存在,在某种触发下导致事故。

绝对没有危险或彻底消除所有的危险是不现实的,因为人类的生存必须依赖于能源,而能量的失控恰恰是事故的根本,危险普遍存在于人类活动的一切领域与时空域,只是不同的场合或时间与空间,危险的固有程度不同。

2. 事故的随机性

安全是一种状态,其对立面就是事故,存在危险,并有触发条件的特定的时间、地点出现,事故才发生。触发事故发生的原因主要是系统/产品的故障、行为的意外失控等,事故的发生是人-机-环等综合因素导致。这些触发因素是随着系统的运行/产品的使用而动态变化的,其状态,特别是其异常状态具有随机性,体现出事故具有偶然性。一方面是事故发生的时间、地点和规模具有随机性,另一方面是事故后果的严重性也是不确定的,对何时、何地发生事故,其后果如何,都不可能确定性地准确预测。

3. 事故的必然性

危险是客观存在的,由于某种触发而导致事故发生是安全的本质,没有危险或消除所有危险是不可能的,人-机-环系统完美无缺也是不可能的,必然潜在着触发危险而导致事故。在系统使用过程中,存在危险与触发的可能,必然导致着事故的发生。

事故的偶然性并非无章可循,偶然之中必有必然性,事故发生于意料之外、但必然发生于其机理之中。通过大量事故资料统计,可以找出事故发生的规律,预测事故发生的概率和可能的严重程度。通过危险/事故机理分析,管理与设计、生产、使用的改进,可以消除某些危险或其触发条件,或降低事故发生的概率,或减少事故的损失。

4. 安全的相对性

危险的客观存在,事故的必然性与随机性 ,说明绝对的安全是不存在的,安全是相对的,与事故是辩证统一的。随着科技的发展,通过持续的设计、生产、管理与使用的改进,可以不断提高抵御事故风险的固有能力——安全性,同时不断提高使用安全、降低事故风险,但不可能绝对杜绝事故的发生,只能降低事故发生概率和减少事故损失。

5. 安全的系统性

安全问题是系统或产品整体层面的问题。事故是在特定的时间、空间与环境下,危险在受到触发时导致的,是人-机-环多因素综合的结果。特别是随着技术的不断发展,复杂社会技术系统的安全问题,不仅与系统/产品的系统性、复杂性相关,而且与运行管理模式,甚至法规及文化相关。

6. 安全的事理性

在技术系统中,能量的利用是必然的,事故是能量的意外释放。事故的发生或如何科学、安全地利用能量并避免事故的发生,都与我们利用能量的手段或方法,以及运行管理的模式相关。所有技术系统都是按照人们的功用目的而设计的,表征系统/产品抵御事故风险能力的安全性,是产品的固有属性,是设计出来的,即设计性和可控性。系统/产品是以主观功用为目标,依据客观物理规律,以设计的逻辑为载体,依靠信息而控制运行的,产品研制也是系统工程事理的应用。因此,系统/产品研制与使用的科学性、事理性直接影响其安全性和运行使用的安全。

1.1.3 安全问题的认识与理念

对安全问题的认识与理念是人类的主观心理问题,会因人而异。了解安全的本质与属性,对安全问题应有正确的认识和树立正确的安全理念。

1. 安全第一、预防为主

安全关乎生命,生命对于每一个人都是最为宝贵的,在人们的日常生活与工作中,毋庸置疑:安全第一,可以说是第一准则。从安全的本质与特征出发,对待安全问题要预防为主,防患于未然、将危险或事故消灭在萌芽时期,或尽可能降低事故发生的可能性与严重程度。

2. 要有风险意识、不能有侥幸心理

安全的基本特征告诉我们:没有绝对的安全,安全是相对的,既有必然性、也有随机性,对待安全问题要有风险意识,不能因存在安全风险而固步自封、无所作为,或者无限责任,祈求绝对的安全;同时,不能有侥幸心理,觉得事故是极小概率事件,缺乏防范意识,安全意识淡漠。客观上讲,极小概率事件也是要发生的,要用辩证的思想看待安全问题,尊重客观规律,既不能对安全问题无限扩大责任,更不能安全意识淡漠、侥幸回避。

客观评价安全风险、科学管理安全问题、理性对待安全事故。

3. ALARP 的工程原则

没有绝对的安全,体现在工程中,就是 ALARP 原则,即“合理可行的最低”原则(ALARP:as low as reasonably practicable)。绝对安全的飞机是不飞的、绝对安全的汽车是不开的、绝对安全的高铁是不运行的。人们追求幸福、改造自然,尊重事理,应用物理研制与运行社会技术系统,就必然存在安全隐患与事故。

社会技术系统是以“效能”为目标、“安全”为底线。系统/产品的研制与应用,根据科学技术的发展水平和工业能力,以及人们的期望,追求科学合理的安全目标,正如航空器的适航要求,遵循 ALARP 的原则,并不断进步,逐步提高安全水平。

1.2 安全问题的范畴

如前所述,安全是人类与生俱来的本能需求。安全的范畴与外延,随着社会的发展不断地演化与扩展,如国家安全、信息安全、食品安全、交通安全等,几乎涉及人类生活的各个方面。

按照所涉及的层次与领域划分安全,安全的范畴可划分为:国家安全、公共安全、生产安全与职业健康、社会技术系统安全。

1. 国家安全

国家安全是指国家政权、主权统一和领土完整、人民福祉、经济社会可持续发展和国家其他重大利益相对处于没有危险和不受内外威胁的状态,以及保障持续安全状态的能力。

国家安全是最高层次的安全,包括:国民安全、领土安全、主权安全、政治安全、军事安全、经济安全、文化安全、科技安全、生态安全、信息安全等。

2. 公共安全

公共安全,是指社会和公民个人日常的生活、工作、学习、娱乐和交往中的生命、健康和公私财产的安全。

公共安全的概念涉及到 5 个方面:

(1) 自然灾害,包括地震、台风、滑坡、泥石流、森林火灾等;

(2) 事故灾难,环境生态的灾难,安全生产在各个领域的事故;

(3) 公共卫生事件,包括食品安全,群体不明原因的疾病,以及动物的疾病;

(4) 个人信息安全,个人相关信息在网络、通信和智能终端等方面的安全保障;

(5) 社会安全事件,既包括刑事案件、恐怖袭击,也包括了大规模的群体事件和经济安全事件。

3. 社会技术系统安全

社会技术系统安全是层次最低、范围最小和最为具体的安全问题,是以我们研制与使用的技术系统/产品为对象,基于人-机-环的具体系统/产品的安全问题,部分涉及法规、管理体制机制等方面。

社会技术系统安全主要是针对航空、航天、船舶、核能、化工、高铁、汽车和电梯,以及日用电器等系统或产品的事故机理,在全寿命周期解决安全性水平提升和安全保障的问题。

如无特殊说明,本书主要针对社会技术系统的安全问题。

1.3 什么是安全原理

安全原理是以事故为对象、以危险为核心,阐述安全的本质与属性,事故为何发生和如何发生的基本规律,以及如何预防、控制事故和救援的一般原理与方法论。

安全的本质与属性是安全的基本问题,是开展安全科学和工程研究及应用的根本与基本出发点,否则无从谈起安全问题。

安全原理是安全工程的基础理论,是专业基础科学与技术科学的综合体,如图 1-1 所示。既阐述事故发生的客观规律,如"事故致因理论",同时论述如何避免事故的科学事理与方法论,如"系统安全工程"原理,即应用系统科学与工程原理,在系统/产品全寿命周期,开展预防、控制事故及救援的工程过程与技术。

事故致因理论是阐述危险本质与属性、事故的机理,揭示事故发生的客观规律、形成描述事故规律的理论与模型。为事故原因的定性、定量分析,为事故的预防,为改进安全管理工作,从理论上提供科学的依据。

安全工程原理是阐述研制、建设及使用社会技术系统的全寿命周期,如何开展危险分析、事故预防、控制与救援的基础工程过程模型和一般技术方法。

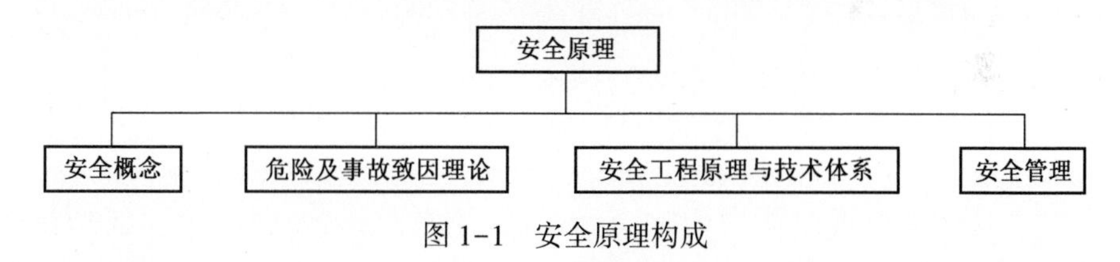

图 1-1 安全原理构成

1.4 本书的构成

本书作为安全工程专业的基础课程教材,依据安全原理的理论体系,并结合航空航天特色,内容包括五大部分:第一部分由第 1、2 章组成,讲述安全的概念、属性与范畴,基本概念与安全性度量,是关于安全的最为基本和普适的内容,是学习和掌握安全原理的基础和出发点。第二部分由第 3、4 章组成,讲述危险因素与本质、事故致因理论。第三部分由第 5 章组成,讲述安全工程原理与技术方法。第二、三部分是安全原理的核心内容，即事故的客观规律和预防事故、保障安全的基本工程事理与技术方法体系。第四部分，即第6章，讲述安全生产管理原理，是生产阶段如何保障安全的管理手段。第五部分由第7、8章组成，是面向21世纪信息化时代，软件作为系统的重要组成部分，结合航空特色，讲述软件安全性和航空安全。

总之，本书试图从安全的本质内涵与属性，专业基础科学和技术科学两个方面，系统性介绍安全原理理论与方法，同时结合时代特征和航空航天特色，介绍软件安全性和航空安全。

第2章　基本概念与度量

2.1 基本概念

根据国军标(GJB 451A、GJB 900A、GJB/Z 99—97 等),参考美军标(MIL-STD-882E、GEIA-STD-0010 等),结合工程应用情况,在本节给出安全性工程中的基本概念定义。其他概念会在相关的章节中结合其内容给出。

1. 安全

一些经典的定义如下:

(1) 免除不可接受的损害风险的状态。(GB/T 28001—2001《职业健康安全管理体系-规范》)

(2) 不发生可能造成人员伤亡、职业病、设备损坏、财产损失或环境损害的状态。(GJB/Z 99—97《系统安全工程手册》)

(3) 不导致严重的或灾难性的后果的状态。(ISO 14620—1《空间系统-安全性要求-第1部分》)

(4) 没有引起死亡、伤害、职业病或者财产、设备的损坏或损失或环境危害的条件。(MIL-STD882C《系统安全大纲要求》)

综上所述,安全是不发生可能造成人员伤亡、职业病、设备损坏、财产损失或环境损害的状态。该定义是指产品在寿命周期所处的状态,包括试验、生产和使用等,指产品在某一时刻安全与否的状态,表征产品的瞬态安全特性。

2. 安全性

一些经典的定义如下:

(1) 产品所具有的不导致人员伤亡、装备毁坏、财产损失或不危及人员健康和环境的能力。(GJB 900A—2012《装备安全性工作通用要求》)

(2) 产品所具有的不导致人员伤亡、系统毁坏、重大财产损失或不危及人员健康和环境的能力。(GJB 451A《可靠性维修性保障性术语》)

(3) 不导致人员伤亡,危害健康及环境,不给设备或财产造成破坏或损伤的能力。(GJB 1405—92《质量管理术语》)

安全性是各类产品的一种共性的固有属性,与可靠性、维修性和保障性等密切相关,是各种产品必须满足的首要设计要求,是通过设计赋予的产品属性。

3. 危险

一些经典的定义如下:

(1) 可能导致伤害或疾病、财产损失、工作环境破坏或这些情况组合的根源或状态。(GB/T 28001—2001)

(2) 可能导致事故的状态。(GJB 900A—2012,GJB/Z 99—97)

(3) 可能导致事故的产品现有或潜在的情况。(ISO 14620—1)

(4) 发生事故的必要条件。(MIL-STD-882C)

综上所述,危险是可能导致事故的状态或情况。危险是与安全相对的概念,是指系统中存在导致不期望后果的可能性超过了人们的承受程度,从危险的概念可以看出,危险是人们对事物的具体认识,必须指明具体研究对象,如危险环境、危险条件、危险状态、危险物质、危险场所、危险人员和危险因素等。

4. 危险源

危险源不是一个严格意义上的术语,它被用来进一步说明危险的来源。

危险源是指系统中具有潜在能量和物质释放危险的,可造成人员伤害、财产损失或环境破坏的,在一定触发因素作用下可转化为事故的部位、区域、场所、空间、岗位、设备和其他位置。危险源的实质是具有潜在危险的源点或部位,是爆发事故的源头,是能量、危险物质集中的核心。

危险源由3个要素构成:潜在危险性、存在条件和触发因素。潜在危险性是指一旦触发事故,可能带来的危害程度或损失大小,或者说危险源可能释放的能量强度或危险物质量的大小;存在条件是指危险源所处的物理、化学状态和约束条件状态;触发因素不属于危险源的固有属性,是危险源转化为事故的外因。

危险源是引发危险的根本原因,它们通常来源于(GJB/Z 99—97):

(1) 物质或产品固有的危险特性(如能量或毒性);

(2) 有害的环境;

(3) 产品(硬件或软件)的故障或失效;

(4) 人员行为失误(包括由心理、生理等因素所引起的行为失误)。

5. 事故

事故是造成人员伤亡、职业病、设备损坏或财产损失的一个或一系列意外事件。事故描述已经发生的事件,也是危险导致的结果。(GJB 900A—2012)

人们对事故下了种种定义,其中伯克霍夫(Berckhoff)的定义较为著名。按伯克霍夫的定义,事故是人在为实现某种意图而进行的活动过程中,突然发生的、违反人的意志的、迫使活动暂时或永久停止的事件。该定义对事故做了全面的描述。

（1）事故是一种发生在人类生产、生活活动中的特殊事件，人类的任何生产、生活活动过程中都可能发生事故。因此，人们若想把活动按自己的意图进行下去，就必须采取措施防止事故。

（2）事故是一种突然发生的、出乎人们意料的意外事件。这是由于导致事故发生的原因非常复杂，往往是由许多偶然因素引起的，因而事故的发生具有随机性质。在一起事故发生之前，人们无法准确地预测什么时候、什么地方、发生什么样的事故。由于事故发生的随机性质，使得认识事故、弄清事故发生的规律及防止事故发生成为一件非常困难的事情。

（3）事故是一种迫使进行着的生产、生活活动暂时或永久停止的事件。事故中断、终止活动的进行，必然给人们的生产、生活带来某种形式的影响。因此，事故是一种违背人们意志的事件（Event），是人们不希望发生的事件。

6. 风险

一些经典的定义如下：

（1）用危险可能性和危险严重性表示的事故发生的可能程度。（GJB 900A—2012）

（2）用危险可能性和危险严重性表示的事故发生的可能性和影响。（GJB/Z 99—97，MIL-STD-882C）

（3）某一特定危险情况发生的可能性和后果的组合。（GB/T 28001—2001）

通俗的说，风险就是损失（或伤害）的机会，由可能性与严重性共同表示。风险是通过事故现象和损失事件表现出来的。

就安全而言，风险是描述系统危险程度的客观量，大体有两种考虑：一是把风险看成是一个系统内有害事件或非正常事件出现可能的量度，例如，美国核管会（Nuclear Regulation Commission）WASH-1400 定义风险为在规定的时期内某种后果发生的概率；二是把风险定义为发生一次事故的后果大小与该事故出现概率的乘积。一般意义上的风险 R 具有概率和后果的二重性，即可用损失程度 C 和发生概率 P 的函数来表示：

$$R = f(P, C)$$

为简单起见，在大多数文献中将风险表达为概率与后果的乘积：

$$R = P \times C$$

上述风险定义中，无论损失或者后果，均是针对事故而言的，包括已发生的事故和将会发生的事故。然而，风险既然是对系统危险性的度量，则仅仅以事故来衡量系统的风险是很不充分的，除非能够辨识所有可能的事故形式。从整个系统的角度出发，风险是系统危险影响因素的函数，即风险可表示为如下的形式：

$$R = f(R_1, R_2, R_3, R_4, R_5)$$

式中 R_1——人的因素;

R_2——设备因素;

R_3——环境因素;

R_4——管理因素;

R_5——其他因素。

此风险函数并非精确的函数表达式,只是对风险的一种概括性描述。

7. 故障

产品或产品的一部分不能或将不能执行规定功能的事件或状态。(GJB-451A)

由于组成部件失效、失谐、偏差、失调等造成的产品性能降级。(MIL-STD-2155)

设备在工作过程中,因某种原因"丧失规定功能"或危害安全的现象。规定功能是指在设备的技术文件中明确规定的功能。

8. 失效

产品在规定的范围内和规定的条件下,不能执行一个或多个要求功能的事件。(MIL-STD-2155)

失去原有设计所规定的功能称为失效。失效包括完全丧失原定功能;功能降低和有严重损伤或隐患,继续使用会导致功能丧失和事故。

9. 伤害

这里专指事故对人的身体健康造成损害,一般分为死亡、受伤和职业病三类。

10. 损失

这里专指由于事故导致的设备损坏、财产损失或环境损害。

2.2 概念的相关性

由于历史、研究领域等的原因,安全与安全性工程的相关概念很多,许多概念具有相似性,也易于混淆,本节对相关概念的关系与相关性给以说明。

1. 安全与危险

安全是系统的一种状态,是以风险进行界定的。危险是安全的对立面,其存在使系统的状态可能从"安全"转变为"不安全",并引发事故。

2. 危险与事故

危险是事故发生的前提或条件,可以用危险模式或危险场景来表述。危险和事故是同一事物的两个方面，危险代表了一种可能性，事故是最终的结果。事故是可以避免的，但危险通常是无法彻底消除的。

3. 故障与失效

实际应用中，特别是对硬件产品而言，故障与失效很难区分，故本书不强调故障与失效的区别。

4. 伤害与损失

过去一直认为事故的发生必然伴随人员伤害或者财产损失，从而使事故应用范围受到很大的限制。随着安全科学研究的发展及对事故认识的深化，对事故后果的内涵有了很大变化。许多工业领域，例如铁路运输系统，将凡是造成系统运行中断的事件均归入事故的范畴，虽然系统运行中断并不一定会带来人员伤亡或直接的财产损失，但它却严重干扰了系统的正常运行秩序，从而会带来不可估量的间接损失。事故一旦发生，可能造成以下几种后果：①人受到伤害，物受到损失；②人受到伤害，物未受到损失；③人未受到伤害，物受到损失；④人、物均未受到伤害或损失。其中，第四种结果最多，约占90%。

5. 安全与安全性

安全是一种客观状态，安全性是一种保证事物处于安全状态的能力。

以美军标 MIL-STD-882D 及 GEIA-STD-0010 为代表的定义中将 Safety 界定为安全（定义为“不发生可能导致死亡、伤害、职业疾病，损坏设备或损失财产，或损害环境的情况/状态”）。国内同时把 Safety 译为安全与安全性，概念内涵也不同，以国军标 GJB451A—2005 为代表的定义中，将 Safety 界定为“安全性”。

安全定义为情况或状态，表征产品的瞬时特性和使用特性，如在某一时刻产品是否处于安全状态，安全作为一种状态或情况是不可度量与比较的，类似于产品在使用过程中的某一时刻是否可靠。安全性作为装备/产品的固有属性，是保障使用安全的能力体现，与可靠性、维修性等的概念内涵是相同的，是可度量与比较的。

6. 安全性与可靠性

可靠性与安全性都是判断、评价系统性能的重要指标。可靠性表明系统在规定的条件下，在规定的时间内完成规定功能的能力。系统由于性能低下而不能完成规定的功能的现象，称为故障或失效。系统可靠性越高，发生故障的可能性越小，完成规定功能的能力越大。安全性表明系统在规定的条件下，在规定的时间内不发生事故，不造成人员伤害或财物损失的情况下，完成规定功能的能力。在许多情况下，系统不可靠会导致系统不安全；提高系统安全性的一个重要方面，应该从提高系统可靠性入手。可靠性着眼于维持系统功能的发挥，实现系统目标；安全性着眼于防止事故发生，避免人员伤亡和财物损失。可靠性研究故障发生前直到故障发生为止的系统状态;安全性侧重于故障发生后故障对系统的影响,故障是可靠性和安全性的连接点。采取提高系统可靠性的措施,既可以保证系统的功能,又可以提高系统的安全性。

2.3 安全性评价与度量

安全性一般用事故发生概率与严重程度来度量,目前常用的有事故率/概率、平均事故间隔时间、安全可靠度、损失率/概率、事故风险等,最终归结为事故风险来综合评价。

2.3.1 定性评价

1. 事故风险评价

事故风险评价是国内外最为常用的安全性度量方法,GJB 900A 也给出了相关的定义说明。美国、英国和澳大利亚等国家,包括 SAE、IEC、EASA 和 ESA 国际组织等均应用事故风险来度量安全性,美国最新的军用标准 MIL-STD-882E 中给出了美国最新的事故风险评价标准。

1) 事故严重性等级划分

事故的严重性对由人为差错、环境条件、设计缺陷、规程错误、系统(分系统或设备)故障等引起的事故后果规定了定性的要求,国内外对各类产品的划分基本一致,一般分为四级:灾难(Ⅰ)、严重(Ⅱ)、轻度(Ⅲ)和轻微(Ⅳ),如表 2-1 所列。对具体的系统来说,事故严重性等级的划分应由订购方和承制方共同商定。

表 2-1 事故严重性等级划分

等级	严重性	事 故 后 果
Ⅰ	灾难	人员死亡、装备毁坏、不可恢复的环境严重损害*
Ⅱ	严重	人员严重受伤或严重职业病、装备严重损坏、可恢复的环境严重损害*
Ⅲ	轻度	人员轻度受伤或轻度职业病、装备轻度损坏、可恢复的环境轻度损害*
Ⅳ	轻微	轻于Ⅲ等的人员受伤、装备损坏或环境损害*
注*:GJB 900—90 没有规定环境影响的严重性。		

2) 事故可能性等级划分

事故发生的可能性对由人为差错、环境条件、设计缺陷、规程错误、系统(分系统或设备)故障等引起的事故发生的可能性规定了要求,一般分为五级:频繁

(A)、很可能(B)、有时(C)、极少(D)和不可能(E),如表 2-2 所列。事故可能性等级划分上,不同的标准略有不同,民航的标准相对高一些。

表 2-2　事故可能性等级划分

等级	发生程度	产品个体	产品总体	概率范围(美军 882D)	概率范围(美空军)
A	频繁	寿命期内可能经常发生	连续发生	$P>10^{-1}$	$P>10^{-2}$
B	很可能	寿命期内可能发生几次	经常发生	$10^{-2}<P<10^{-1}$	$10^{-4}<P<10^{-2}$
C	有时	寿命期内有时会发生	发生几次	$10^{-3}<P<10^{-2}$	$10^{-5}<P<10^{-4}$
D	极少	不易发生,但在寿命期内可能发生	极少发生,预期可能发生	$10^{-6}<P<10^{-3}$	$10^{-6}<P<10^{-5}$
E	不可能	很不容易发生,在寿命期内可能不发生	极少发生,几乎不可能发生	$P<10^{-6}$	$P<10^{-6}$

3) 风险评价指数

在事故严重性等级和事故可能性等级概念的基础上,应用风险评价指数,可以定性/半定量地度量安全性。GJB 900A—2012 给出了两种风险评价示例,具体型号可根据具体情况,参照国军标示例,确定型号的风险评价指数要求。

表 2-3　风险评价指数矩阵(1)

可能性等级 \ 严重性等级	Ⅰ(灾难)	Ⅱ(严重)	Ⅲ(轻度)	Ⅳ(轻微)
A(频繁)	1	3	7	13
B(很可能)	2	5	9	16
C(有时)	4	6	11	18
D(极少)	8	10	14	19
E(不可能)	12	15	17	20

表 2-3 给出了事故风险评价第一种模式。矩阵中的加权指数称为事故风险评价指数(简称风险指数)。指数 1~20 是根据事故可能性和严重性综合而确定的。通常将最高风险指数定为 1,对应的事故是频繁发生并具有灾难性后果。最低风险指数 20,对应的事故几乎不可能发生并且后果是轻微的。风险评价指数 1~20 分别表示风险的范围和 4 种不同的决策准则:

(1) 评价指数为 1~5　　不可接受的风险,应立即采取解决措施;

(2) 评价指数为 6~9　　不希望有的风险,需由订购方决策;

(3) 评价指数为 10~17　　经订购方评审后可接受;

(4) 评价指数为 18~20　　不经评审即可接受。

表 2-4 给出了事故的风险评价第二种模式。

表 2-4　事故的风险评价指数矩阵(2)

事故可能性等级	事故严重性等级			
	Ⅰ(灾难)	Ⅱ(严重)	Ⅲ(轻度)	Ⅳ(轻微)
A(频繁)	1A	2A	3A	4A
B(很可能)	1B	2B	3B	4B
C(有时)	1C	2C	3C	4C
D(极少)	1D	2D	3D	4D
E(不可能)	1E	2E	3E	4E

事故风险评价指数和评价建议的决策准则：

(1) 评价指数为 1A,1B,1C,2A,2B,3A　不可接受,应立即采取解决措施;

(2) 评价指数为 1D,2C,2D,3B,3C　不希望有的,需订购方决策;

(3) 评价指数为 1E,2E,3D,3E,4A,4B　订购方评审后可接受;

(4) 评价指数为 4C,4D,4E　不评审即可接受。

GEIA-STD-0010 给出了 7 种事故风险评价指数(包含 GJB 900A 的 2 种),美国《空军系统安全手册》给出了 2 种(与 GJB 900A 相同),FAA 的《系统安全手册》给出了 2 种模式,美军《JSSC 标准软件系统安全手册》给出了与本书第一种相同的评价模式,NASA 的《NASA-GB-8719.13 软件安全指南》给出了一种评价模式(与本书的第一种模式相似),ESA 在 ECSS-M-ST-80C(风险管理中)给出了两种模式,与国军标基本相同。众多的标准中,评价的基本思想相同,只是在指数划分上有所不同,也就是对风险的接受程度上有所区别,因此在具体型号应用上,可参考国军标和国外的相关标准。

如上所述,使用定性的方法对安全性进行度量。安全性定量的度量,可以用事故率/事故概率、安全可靠度、损失率/损失概率,但此三项度量模式均可纳入事故风险度量的范畴,更全面、细致的度量,可应用定量的事故风险度量。

定量的事故风险度量是在事故严重性等级划分的基础上,给出每一个级别的具体概率要求或统计各严重等级概率。如事故率/事故概率的度量本质上是各级别概率的总合。在具体型号中,可根据产品的需求和实际情况而定。

2. 安全检查表

安全检查表(Safety Checklist Analysis,SCA)是依据相关的标准、规范,对工程、系统中已知的危险类别、设计缺陷以及与一般工艺设备、操作、管理有关的潜在危险性和有害性进行判别检查。为了避免检查项目遗漏,事先把检查对象分割成若干系统,以提问或打分的形式,将检查项目列表,这种表就称为安全检查表。

它是系统安全工程的一种最基础、最简便、广泛应用的系统危险性评价方法。

安全检查表是为检查某些系统的安全状况而事先制定的问题清单。为了使检查表能全面查出不安全因素,又便于操作,根据安全检查的需要、目的、被检查的对象,可编制多种类型的相对通用的安全检查表,如项目工程设计审查用的安全检查表,项目工程竣工验收用的安全检查表,企业综合安全管理状况的检查表,企业主要危险设备、设施的安全检查表,不同专业类型的检查表,面向车间、工段、岗位不同层次的安全检查表等。

安全检查表的内容决定其应用的针对性和效果。安全检查表必须包括系统的全部主要检查部位,不能忽略主要的、潜在不安全因素,应从检查部位中引申和发掘与之有关的其他潜在危险因素。每项检查要点,要定义明确,便于操作。安全检查表的格式内容应包括分类、项目、检查要点、检查情况及处理、检查日期及检查者。通常情况下检查项目内容及检查要点要用提问方式列出。检查情况用"是""否"或者用"√" "×"表示。

安全检查表的内容既要系统全面,又要简单明了,切实可行。一般来说,安全检查表的基本内容涉及人、机、环境、管理 4 个方面,并且必须包括以下 6 个方面的基本内容:

(1) 总体要求:建厂条件、工厂设置、平面布置、建筑标准、交通、道路等;

(2) 生产工艺:原材料、燃料、生产过程、工艺流程、物料输送及贮存等;

(3) 机械设备:机械设备的安全状态、可靠性、防护装置、保安设备、检控仪表等;

(4) 操作管理:管理体制、规章制度、安全教育及培训、人的行为等;

(5) 人机工程:工作环境、工业卫生、人机配合等;

(6) 防灾措施:急救、消防、安全出口、事故处理计划等。

表 2-5 为一个简易的安全检查表示例。

表 2-5　安全检查表示例

________安全检查表 检查人:________时间:________					
序号	检查内容	标准和要求	检查结果	检查人建议	处理结果

2.3.2　定量度量

1. 事故率/概率

事故率或事故概率 P_A(Accident rate or accident probability)是安全性的一种

基本参数。其度量方法为：在规定的条件下和规定的时间内，系统的事故总次数与寿命单位总数之比，用下式表示：

$$P_A = N_A / N_T \tag{2-1}$$

式中 P_A——事故率，或事故概率，次/单位时间或百分数（%）；

N_A——事故总次数，包括由于装备或设备故障、人为因素及环境因素等造成的事故总次数；

N_T——寿命单位总数，表示装备总使用持续期的度量，如工作小时、飞行小时、飞行次数、工作循环次数等。

注：当寿命单位总数 N_T 用时间——如飞行小时、工作小时表示时，P_A 称为事故率；当 N_T 用次数——如飞行次数、工作循环次数等表示时，P_A 称为事故概率。例如，美国军用飞机常用“事故次数/10^5 飞行小时”表示飞机机队的事故率；国际民航组织常用事故次数/10^6离站次数表示民用飞机的事故概率。

2. 平均事故间隔时间

平均事故间隔时间（Mean Time Between Accident. MTBA）是安全性的一种基本参数。其度量方法为：在规定的条件下和规定的时间内，系统的寿命单位总数与事故总次数之比，用下式表示：

$$T_{BA} = \frac{N_{T1}}{N_A} \tag{2-2}$$

式中 T_{BA}——平均事故间隔时间，h；

N_{T1}——用工作小时或飞行小时等表示的寿命单位总数；

N_A——事故总次数。

3. 安全可靠度

安全可靠度 R_S（Safety reliability）是与安全有关的安全性参数。其度量方法为：在规定的条件下和规定的时间内，在装备执行任务过程中不发生由于设备或附件故障造成的灾难性事故的概率，用下式表示：

$$R_S = N_W / N_{T2} \tag{2-3}$$

式中 R_S——安全可靠度，百分数（%）；

N_W——不发生由于装备或设备故障造成灾难性事故的任务次数；

N_{T2}——用使用次数、工作循环次数等表示的寿命单位总数。

4. 损失率/概率

损失率或损失概率 P_L（Loss rate or loss probability）是安全性的一种基本参数。其度量方法为：在规定的条件下和规定的时间内，系统的灾难性事故总次数与寿命单位总数之比，用下式表示：

$$P_L = N_L / N_T \tag{2-4}$$

式中　P_L——损失率或损失概率,次/单位时间或百分数(%);

N_L——由于系统或设备故障造成的灾难性事故总次数;

N_T——寿命单位总数,表示系统总使用持续期的度量,如工作小时、飞行小时、飞行次数、工作循环次数等。

注:当寿命单位 N_T 用时间——如飞行小时、工作小时表示时,P_L 称为损失率;当 N_T 用次数——如飞行次数、工作循环次数等表示时,P_L 称为损失概率。

飞机的损失概率还可以用下式表示:

$$P_L = 1 - R_S \tag{2-5}$$

式中　R_S——安全可靠度,百分数(%)。

第3章　危险因素及其机理

3.1　危 险 概 述

3.1.1　危险

安全就是没有事故。事故是由危险造成的，对于危险的定义，不同文献中的具体界定各不相同（详见本书第2章），有的是以举例的形式给出，如鸟撞、闪电、风切变等；有的则给出概括性的定义，如：危险是将要发生的事故。总体来说，危险是可能导致灾难性或不可接受的后果的状态。它是一种不期望的系统状态，可能会导致事故，但此时事故还没有真正发生。危险的存在并不是必然导致事故，只是系统在完成其功能或任务过程中会导致事故的一个或一系列先决条件，通常表现为一个或一系列故障或意外事件。

危险是安全工程的研究对象，所谓安全性分析的目的就是识别系统中存在的各种危险并评价其风险。从出现危险到发生事故，通常存在一个致因链条（或者说事故链），了解危险、导致危险的原因（致因）和危险产生的后果之间的因果关系，有助于客观全面地认识系统危险。多数情况下，危险总是和故障相关，但是危险并不等同于故障。危险是一种可能会发生灾难性后果的临界状态，而故障是其致因，也就是导致危险的原因。例如，飞机在飞行过程中丧失推力是一种可能导致机毁人亡的临界状态，也就是一种危险；它可能是由于发动机供油阀失效而关闭，也可能是由于发动机控制系统中的软件存在缺陷（当然也可能是其他原因），这些是故障，它们导致飞机处于危险状态，因此属于致因。丧失推力很可能导致飞机坠毁，特别是对于不具备静稳定的飞机；但如果处置得当，事故也可能并不会真正发生。

危险致因、危险和事故之间的因果关系并不是确定性的，而是一种相关性。即使存在危险，也不一定总会演变成事故；同时，对于任何危险或事故而言，很少仅存在一种致因。通常情况下，存在着许多致因和事件，并构成一个事件链从而引发事故。安全工程的目的就是通过系统性的分析和设计来预防危险状态发生和防止其发展成为事故。

一旦确认了危险，需要对危险的严酷度和可能性作出判断，也就是进行风险评价。对严酷度的判断是通过在系统状态范畴内考虑危害可能造成的后果及影响,因此对于危险识别而言,在恰当的系统层次进行分析,尤为重要。危险是整个系统的属性并可在系统层次上定义,因此,分析的层次既不宜过高也不宜过低。

以刹车系统为例:

■ 丧失控制 A
- 丧失刹车 B
  - ◆ 制动管断裂 C
  - ◆ 无制动液 C
  - ◆ 制动助力器故障 C
- 非指令刹车 B
- 丧失转向控制 B

在这一示例中,相比 A 和 C 而言,B 级可能是适当的分析层次。A 级过于宏观而未关注于特定系统,从而缺乏足够细节,难以得到有用的结论;C 级层级又过低,更适于作为危险致因;B 级的状态可以直接导致事故,所以应在 B 级层次上进行分析。

3.1.2 危险源

危险是由多种不确定因素共同造成的,为了便于分析研究危险的来源,在工程上引入了危险源的概念,用于表明引发危险的根本原因。

由于武器装备及其使用人员所处的环境极其复杂,所涉及的产品种类、技术领域广泛,几乎无所不包。因此,武器装备涉及的危险源也种类繁多,包括:环境、加速度、污染、辐射、电击、着火、爆炸、温升、毒物、振动、冲击等,几乎包含了人们目前所认识的全部危险源。装备中的危险源直接或间接威胁着人员、装备本身以及周围环境,它们来自周围环境(如工作环境、自然环境),系统设备的工作特性及工作需要(如含有有毒、可燃、辐射、能源等危险品)和人的自身行为(设计、制造、试验、使用等)。它们均是一种潜在的危险,在一定条件下将引发事故。为此,必须充分认识和理解各种危险源,以便在设计中进行分析,制定和实施有效的控制措施,从而保障武器装备的安全。

1. 按危险产生的来源分类

危险产生的来源主要有 4 个方面:

(1) 产品自身固有的危险特性(如能量或毒性);

(2) 产品(硬件或软件)的故障;

(3) 人为差错(包括由心理、生理等因素所引起的行为失误);

(4) 有害的环境。

构成产品自身危险的主要来源有:产品或产品使用的材料中固有危险;设计缺陷;制造缺陷。一般而言,设计问题可能是其中最重要的方面。设计人员不仅可能在设计产品时引入了设计缺陷,形成产品自身的危险,还有可能缺乏正确控制产品及其材料中危险的能力。制造缺陷产生于生产、装配过程,一般由不正确的生产工艺造成,但在某些情况下,设计人员也对制造缺陷负有责任。如果产品中采用了爆炸物、可燃气体或液体、毒性物质等材料,或者产品使用中需要接触这类材料,设计人员有责任提供安全控制装置或安全保护措施。

在产品使用和维修过程中的人员行为失误也是造成危险的重要原因。例如,操作中按错开关,维修时接插件错误连接,都可能会造成严重后果。除此之外,会对系统安全产生直接影响的设备故障及有害环境也是造成危险的不容忽视的因素。例如,飞行过程中发动机空中停车是一种很可能会造成机毁人亡的危险。很多自然环境和不良的工作环境都可能造成灾难性后果,如雷击、龙卷风、地震、酸雨;密闭空间中的高温、高湿环境等。

2. 按在事故中所起的作用分类

根据能量意外释放论,事故是能量或危险物质的意外释放,造成伤害或破坏。作用于人体或设备的过量能量以及干扰人体与外界能量交换的危险物质是造成伤害或破坏的直接原因。因此,把系统中存在的、可能发生意外释放的能量或危险物质称作第一类危险源。第一类危险源的存在是导致事故发生的根本原因,它决定了事故后果的严重程度。第一类危险源越多,事故的严重程度就越高。

在产品使用和运行过程中,为了利用能量,让能量按照人们的意图在系统中流动、转换和做功,必须采取措施约束、限制能量,即必须控制危险源。理论上说,约束、限制能量的屏蔽装置应该能够可靠地控制能量,防止能量意外释放。实际上,绝对可靠的控制措施并不存在。在许多因素的复杂作用下,约束、限制能量的控制措施可能失效,能量屏蔽可能被破坏而发生事故。导致约束、限制能量措施失效或被破坏的各种不安全因素称为第二类危险源。从系统安全的观点来考察,使能量或危险物质的约束、限制措施失效、被破坏的原因因素,即第二类危险源,包括人、机、环境 3 个方面的问题。第二类危险源往往是一些围绕第一类危险源随机发生的现象,是导致事故发生的直接原因,决定了事故发生的可能性。第二类危险源出现得越频繁,发生事故的可能性越大。

3. 按物理现象分类

在国军标《系统安全工程手册》(GJB/Z 99)中,根据物理现象将装备系统中常见的危险(源)分为 15 类(见表 3-1)。这 15 类危险源基本覆盖了装备中可能存在的危险源，可以作为系统危险识别的起点。通过逐一核对被分析系统中是否存在这些危险源，并掌握其具体情况，就可以对系统中的危险有一个总体的认识。需要指出的是，这 15 类危险源存在交叉重叠的现象。例如，热危险也是环境危险的一种因素；振动和噪声往往密切相关；着火和多数爆炸都属于化学反应等。这种重复尽管可能增加了危险分析的工作量，但恰恰是这种交叉和重叠确保了分析的全面性，不会遗漏系统中的潜在危险源。

表 3-1 中也给出了各类危险的基本控制原则，详细内容可参见标准，本书不再赘述。

表 3-1　系统中的常见危险(源)

序号	危险类型	基本控制原则
1	环境	防护/屏蔽装置，改善工作环境
2	热	供暖/冷却，通风，湿度，个人装具
3	压力	降压，改变压力媒介，改进压力容器
4	毒性	防护装置，通风，改进材料
5	振动	消除振动，隔振，控制振源
6	噪声	消除或控制噪声，隔离，个人保护装置
7	辐射	屏蔽，防护装置
8	化学反应	避免反应物质的接触
9	污染	控制污染源，过滤，保持清洁
10	材料变质	改进材料，改进设计方案，定期检查和更换，隔离
11	着火	控制温度，避免燃料与火源接触，降低物质活性
12	爆炸	起爆控制装置，分类贮存，注意化学相容性
13	电气	绝缘体，防电击措施，防止电弧或电火花，散热，防静电，防雷击，启动保护装置，警告标示
14	加速度	改进设计，安装防护装置
15	机械	防护装置，警告标示，培训，制定操作规范

3.2　危险基本原理

3.2.1　危险的构成

1. 危险三角形

由第 2 章的概念定义可知，危险是可能造成人员伤亡或财产损失的状态，事故则是导致伤亡和损失的一起或一系列事件。前者代表的是一种事前的可能性，只是可能会造成伤亡或损失，如果处理得当，就可以避免损失；而后者则是事后的结果，损失已经造成，已无所谓避免损失，只能设法将损失尽可能减少。这说明危险是事故的先兆，事故是危险的后果，两者是一个现象（或过程）的两端，在时间上存在先后顺序，在逻辑上则是因果关系（见图 3-1）。但因果关系并不等于必然性，危险状态并不是必然导致事故后果，需要一定的触发条件才能实现两者的转化，一旦消除这种触发关系就能避免事故的发生。此外，既然事故意味着伤亡或损失，那么只有存在有害物和受害对象时，才可能发生事故。

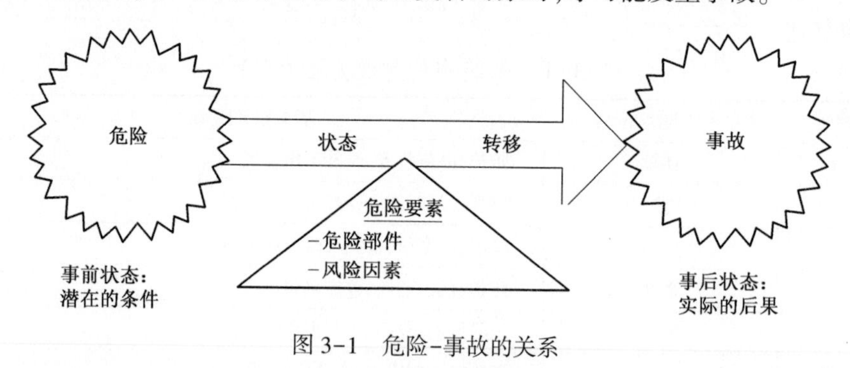

图 3-1　危险-事故的关系

基于上述分析，我们可以得到危险的构成要素：

（1）危险元素（Hazard Element，HE）：是指系统中能够造成伤害或破坏的物质，如：武器装备中使用的火工品、爆炸品，工业生产中的化学品，运动的机械结构，电源等。它是构成危险的基本危险源，没有危险元素就不会产生伤害，自然也就无所谓危险。

（2）目标与威胁（Target/Threat，T/T）：是可能会受到伤害的人员或被破坏的物体以及他们面临的威胁，如：飞机乘客与飞机本身，化工厂工人与周围的居民和环境等。它是系统中的危险元素可能危及的对象或目标，是事故后果可能造成的破坏和损失，决定了一旦发生事故会波及的范围。如果能对它们进行保护，即使存在危险元素，仍然可以认为是安全的。

（3）触发机制（Initiating Mechanism，IM）：是触发事故的条件，触发机制使得危险元素与目标发生接触或交叉，导致危险从潜在的状态向实际事故后果转变和发展。例如：阀门泄漏导致有毒物质泄漏，发动机故障导致飞机坠毁，人为失误造成不良后果等。

一般来说，危险元素和威胁目标都是有形的对象，是事故发生的物质基础，没有它们也就不存在危险，例如采用无毒材料、使用低压电源就能够减少乃至消除伤害；化工厂的选址远离居民区从而显著降低威胁范围。触发机制则是无形的条件或偶发事件，没有触发机制的作用，危险状态就不会转变成事故后果，即使存在危险元素和威胁目标,也只能说是存在隐患,只要概率足够低仍然可以认为是安全的。例如高空飞行的民航客机,其危险元素(自身具有的大量动能和势能)和威胁目标(机上乘客与机组成员)客观存在,但民航客机的任务可靠性极高,所以民航飞行是安全的。一些常见的危险要素示例如表 3-2 所列。

表 3-2 危险要素示例

危险元素	触发机制	目标/威胁
武器弹药	误发信号;射频能量	爆炸;致死/致伤
高压罐	罐体破裂	爆炸;致死/致伤
燃料	燃料泄漏和点火源	着火;系统损失;致死/致伤
高电压	接触裸露的触点	触电;致死/致伤

如同三角形由 3 条边构成一样,由 3 类危险要素构成的危险也被称为危险三角形,如图 3-2 所示。

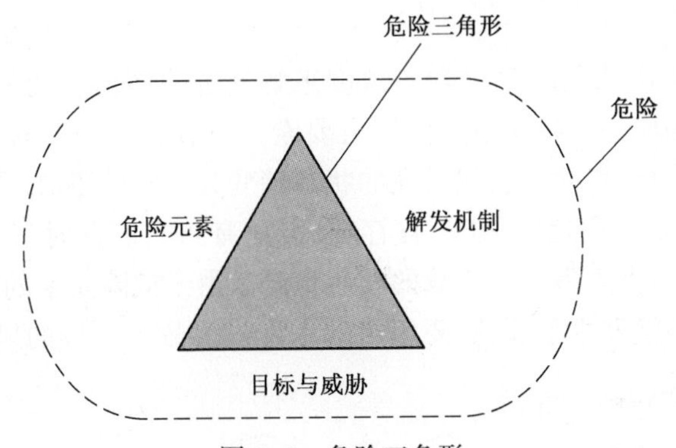

图 3-2 危险三角形

危险三角形说明了危险是由 3 个必要且耦合的要素组成,每个要素相当于三角形的 1 条边。就像三角形需要 3 条边,危险存在的前提也是 3 类要素同时存在;反之,既然移去任何 1 边,三角形都不复存在,那么消除任何 1 类危险要素也就消除了危险。

为了进一步说明危险要素的概念,这里以"工人由于接触高压电气面板上裸露的触点而触电"为例来分解 3 类必要的危险要素(见图 3-3)。

在本例中,危险元素是系统中带有的高压部件。如果能够通过更改设计而取消高压部件,这个危险也就消除了;如果能够降低电压,则这个事故后果的严重程度就会降低。危险目标是工人,他所面临的威胁则是触电。没有工人,自然也就不会发生触电伤害。危险元素和威胁对象决定了事故的严重程度。本例中的触发机制有两个:电气面板上有裸露的触点且被工人接触到。消除了裸露触点或确保工人不会接触到触点,都能确保安全。触发机制决定了事故的可能性。

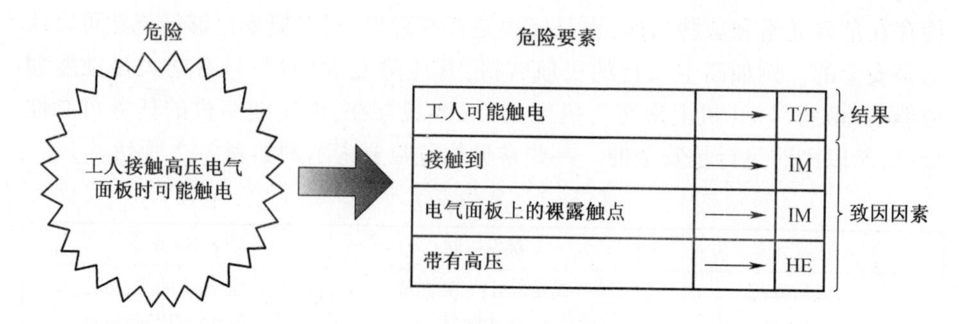

图 3-3　工人触电的危险要素

2. 危险构成与风险

事故是危险由潜在转化为现实的直接后果。从危险到事故的状态转移基于两个因素:所涉及危险的构成要素和由危险要素产生的事故风险。危险要素是组成危险的各个实体,而事故风险是事故发生的可能性和事故所导致损失的严重程度。

图 3-4 给出了从危险三要素的角度来解释危险如何转变为事故。这些旋转的轮子代表构成一个特定危险的所有要素。只有在恰当的时刻,所有轮子的孔完美地排成一行,危险才会从潜在的状态转变为现实的事故。这一过程表明,危险三要素(也就是危险)可能一直存在,但只有当它们在时间、空间等方面达成特定关系,才会发生事故。事故的发生肯定是由于危险要素的作用,但存在危险要素并不是必然发生事故,需要用风险来度量事故。事故的风险与危险的构成要素密切相关。

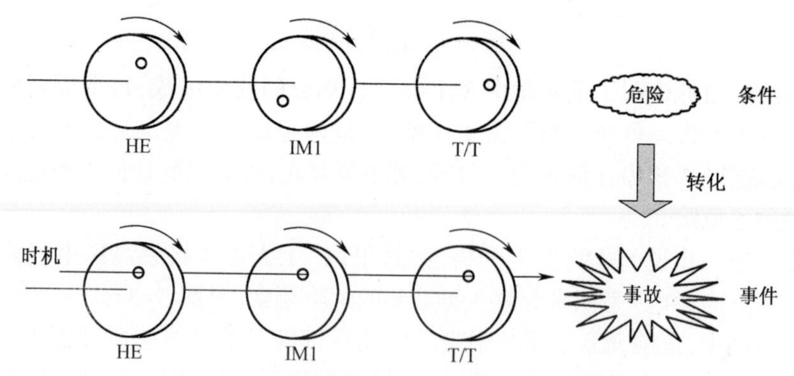

图 3-4　危险构成要素对于危险—事故转化的影响

风险是损失的不确定性,由发生损失的可能性和损失的严重性来衡量,即通常所说的“概率乘后果”。危险的构成要素直接影响损失的严重程度和发生损失的可能性,从而决定了事故风险大小(见图 3-5)。

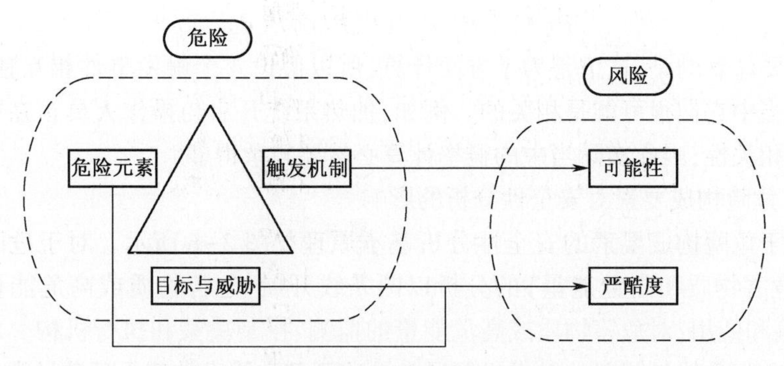

图 3-5　危险三要素及其与风险的对应关系

危险元素和危险目标决定了事故损失的严重程度。首先,危险元素决定了事故的性质和损失的大小。例如,系统中的火工品、爆炸物导致火灾或爆炸事故,压力容器导致物理性爆炸和机械伤害,电源导致触电,核材料导致核辐射等;有毒物质通常只会作用于人体而对装备没有损坏;液压部件的危害通常低于气压部件。其次,危险目标决定了事故损失的范围。例如飞机起飞/着陆过程中如果发生事故,除了危及机上人员生命安全外,还可能会伤害机场周边的人员或建筑;而处于巡航高度的飞机一旦坠毁,一般来说不会影响到地面人员或设施。又例如远离居民区的化工厂一旦发生爆炸、泄漏等事故,其影响范围肯定比在城市中心小得多。事故性质、损失大小和影响范围决定了事故损失的严重程度。

触发机制决定了事故的可能性。严格来说事故发生的条件是系统中存在危险且危险转化为事故,所以事故发生概率为

$$P(A) = P(H) \times P(T)$$

其中:$P(A)$表示事故发生概率;$P(H)$表示系统中存在危险的概率;$P(T)$表示危险转化为事故的概率。危险存在与否取决于危险三要素,而系统中是否存在3类要素是一个确定性事件,或者存在,或者不存在,没有中间状态,因此存在危险的概率或者为0或者为1。所以危险的触发机制决定了事故的可能性。但就具体情况而言,往往存在多个触发机制,事故发生概率可能会比较复杂。现在以“燃气加热系统中丙烷燃料泄漏,引起火灾并烧伤人员”为例来说明事故发生概率的计算。

对于该危险,其危险元素是系统中存在的丙烷燃料;危险目标是操作人员;触发机制则包括:a—丙烷燃料罐泄漏,b—加热系统开启并处于高热状态,c—燃料罐靠近加热系统(或者泄漏的丙烷气体到达加热系统),d—操作人员正在操作。因此,事故发生概率为

$$P(A)=P(a)P(b)P(c)P(d)$$

需要注意的是,这里是为了方便计算,所以假设 4 个触发事件相互独立,但是实际当中它们很可能是相关的。例如,加热系统开启与操作人员正在操作显然存在相关性,因此实际当中的概率计算必然要复杂得多。

3. 危险构成要素对安全性分析的影响

基于危险构成要素的安全性分析基本原理如图 3-6 所示。对于危险元素(包括危害物质和高危能量)的分析以两条线开展:危害物质或高危能量的存储、传输和使用;对危害物质或高危能量的监测、控制决策和执行机构。对于危害物质和高危能量相关的触发机制通常是这两条主线中的若干环节异常或设计缺陷。由危害物质或高危能量以及具体的触发机制就决定了对应的目标与威胁。

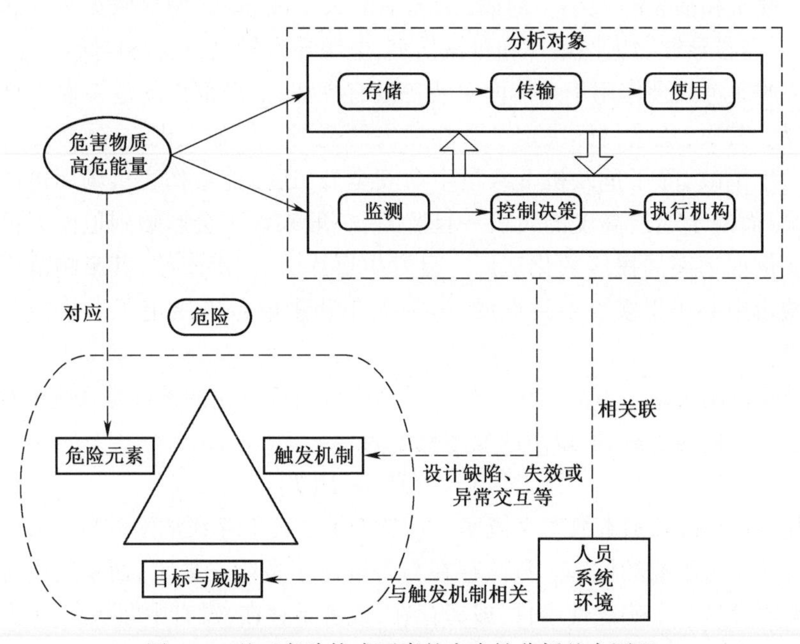

图 3-6　基于危险构成要素的安全性分析基本原理

在开展安全性分析过程中,首先明确分析对象中的危险元素,然后识别可能的触发机制和相关的目标与威胁,从而确定分析对象中的危险。具体过程可以参照如下分析流程。

1) 明确对象涉及的危险元素

在明确分析对象后,确定对象涉及的危险元素,包括能量源、危害物质、电气部件、系统使用过程中可能接触的外界环境等。例如,对于飞机的燃油系统,与它相关的危险元素是燃油。与其相关的危险都是源自燃油泄漏、着火和无法供给。确定危险元素是安全性分析的起点。

2）对对象部件进行分类

将对象中的部件分为两类：一类是对危险元素的存储、传输和使用相关的部件（部件类型Ⅰ）；一类是对危险元素监测、控制决策和执行机构相关的部件（部件类型Ⅱ）。为了确定可能的触发机制，必须要明确不同类型部件的可能状态。可以针对部件的使用类型采用引导词来确定部件的可能状态。

对于类型Ⅰ中的部件，考虑部件不工作、间歇工作或工作不稳定、运行时间不恰当（过早、过晚）、不能停止工作、结构破损、振动、泄漏或渗漏、受液体和热影响等。

对于类型Ⅱ中的部件，考虑部件不工作、间歇工作或工作不稳定、发出错误或冲突的信息和数据、超出允差、控制决策的软件差错、操作时间不当（过早，过晚）、不能停止运行或意外停止运行、接受到错误的信息、受液体和热影响、滞后运行、振动等。

3）分析相关的触发机制事件和相应的目标与威胁

在确定部件的可能状态以后，分析状态及其组合对危险元素的影响，确定可能导致危险元素泄漏或意外释放的事件。在分析可能相关的触发机制过程中，针对设计方案特点，结合以下几点确定可能的触发机制：

（1）功能原理。以危险元素为起点，结合功能原理和部件的可能状态确定可能造成危险元素意外释放的事件。

（2）现役相似系统的经验教训。结合在相似系统中已发生事故的经验教训，确定可能的触发机制，找到薄弱环节。

（3）任务过程。通过考虑任务过程中，环境因素（热、盐雾、恶劣气候等）、人员操作可能差错，以及安全关键部件的故障等这些因素及其组合对危险元素的影响，确定触发机制。

（4）控制能源或使用能源的安全关键软件命令和响应以及软硬件接口问题。例如，错误命令、不适时的命令或响应等触发机制。

（5）保障和维修。例如，保障或维修过程中引入的部件异常状态以及人员差错导致不良后果以及与危险元素相关的射线、噪声、电源在保障或维修过程中对人员的伤害等。

4）确定危险及其风险

在确定与危险元素相应的触发机制和目标与威胁后，明确危险并确定其风险。通过危险元素和目标与威胁来确定风险的严酷度，由触发机制事件来确定风险的可能性。在确定危险及其风险以后，将这些结论填入相应的危险分析表格中。

3.2.2 危险来源

危险有4种主要来源:产品自身的危险;人为差错;设备故障及有害环境构成产品自身的危险的主要来源有:产品中或产品使用的材料中的固有危险;设计缺陷;制造缺陷。一般而言,设计问题可能是上述诸因素中最重要的方面。设计人员不仅可能在设计产品时引入了设计缺陷,形成产品自身的危险,还可能缺乏正确控制产品及其材料中危险的能力。制造缺陷一般由不正确的生产工艺造成,但在某些情况下,设计人员也对制造缺陷负有责任。最常见的一个例子就是产品中的锐边、棱角、尖端等(专门用途除外)。如果设计人员没有规定这些危险必须被消除,这就是设计人员的差错;如果设计人员给出了规定,但未引起工艺、制造人员的注意,则属于制造缺陷。如果产品中采用了爆炸物、可燃气体或液体、毒性物质等这类材料,或者产品使用中需要接触这类材料,设计人员有责任提供安全装置或安全保护措施。

由使用或维修设备时的人为差错造成的危险也是屡见不鲜的,也应给予足够的重视。例如,地勤人员错将副翼控制导线交叉连接,会造成飞机的控制危险。这种错装也可能出现在飞机的初始组装过程中。过去认为前者是维修过程中的一种人为差错,而后者是一种制造缺陷。如今将这种错误现象视为一种设计缺陷,因为设计人员本应预见到出现错装的可能性,在设计时,就应采取措施使其不会发生装错情况。

除了产品本身存在的危险以及人为差错引起的危险外,会对系统安全产生直接影响的设备故障及有害环境也是造成危险的不容忽视的因素。例如,飞机在飞行中发动机出现空中停车故障,是一种很可能会造成机毁人亡的危险。很多自然环境和诱发环境都可能造成灾难性后果,如雷击、龙卷风、地震、酸雨;密闭环境内(如坦克、潜水艇)的高温可能使里面的人无法忍受等。

对一个系统进行安全性分析时,首先要考虑的问题之一是环境可能对系统造成的有害影响。环境是系统在任何时间、任何地点遇到的自然条件或诱发条件的总和。环境作为工作条件或影响因素,可按其起源划分为两大类:自然环境因素和诱发环境因素。自然环境因素通常是指那些从起源来说是自然的因素,如地形、气候、生物等。在安全性分析中必须考虑的自然环境因素有:太阳辐射、温度、湿度、压力、雷电、尘、沙、雨、雪、风、霜、冰、雾等以及这些因素的各种组合。有时还要考虑其他一些影响到人和系统发生危险的环境效应,例如,磁性、月亮和太阳的影响、大气压等。这些自然因素即使不在其极限情况下,也可能产生不利影响。诱发环境因素是指人的活动对其影响起重要作用的要素。诱发环境包括如下几类:

(1) 受人类行为影响的一切自然环境。例如,由化学过程造成的局部升温。温度本身是自然环境因素,但是它受到化学过程(属于人类行为)的影响而出现变化,不再是单纯的自然温度。又例如由过往的飞机、火车或其他地面车辆造成的振动等。

(2) 受控环境,即为减轻或避免自然环境的不利条件而在某一方面修改过的自然环境。例如,用空调降低室内(或舱内)温度和湿度就是修改自然环境的一个例子。

(3) 任何人工环境,即与围绕设备或系统的自然环境完全不同的一种环境。例如,在密闭的仓内装氮气或其他惰性气体以防止因有空气而发生火灾。

上述3类诱发环境中,从无意中(甚至是意外)影响到主动改造环境,再到创造一个全新的环境,人的活动影响逐渐递增,其目的是为了降低自然环境的不利影响,但是要注意不会同时又引入新的危险因素,特别是无意中的影响。

在战争条件下,诱发环境还包括由原子、生物和化学战所造成的条件。

所谓环境危险不仅包括自然环境的气象和气候条件,也包括上述由人所造成的诱发环境条件。在这两类环境下,相似的条件将产生相似的效果,在产品设计过程中必须同时考虑这些环境条件对系统及人员的影响,尽量通过方案改进来消除它们的不良影响或将其风险降低到可以接受的程度。

3.2.3 危险源分类

危险是一种状态,但状态这一概念比较抽象,因此为便于安全工作开展,有时也把系统内存在的导致危险状态的不安全因素称为危险或危险源。复杂装备系统中往往存在多种危险源,例如与能量直接相关的燃料、火工品、有毒物质等,或者是设备故障或人为差错。危险源能够导致事故,但是不同的危险源对于事故后果的作用不同,对它们的识别、控制方法也不尽相同。

根据危险源在事故发生、发展中的作用,可以将其划分为两大类,即第一类危险源和第二类危险源。

1. 第一类危险源

事故在本质上是能量或危险物质的意外释放作用于人体或物体造成伤害或破坏,作用于人体或物体的过量能量或干扰人体与外界能量交换的危险物质是造成人员伤害、财物损失的直接原因。所以,在生产现场或装备系统中存在的、可能发生意外释放的能量或危险物质称为第一类危险源。一般地,能量被解释为物体做功的本领。做功的本领是无形的,只有在做功时才显现出来。因此,实际工作中往往把产生能量的能量源或拥有能量的能量载体看作第一类危险源来处理,如带电的导体,行驶中的车辆等。

常见第一类危险源有:

1) 产生、供给能量的装置、设备

产生、供给人们生产、生活活动能量的装置、设备是典型的能量源。例如变电所、供热锅炉、发动机等,它们运转时供给或产生很高的能量。

2) 使人体或物体具有较高势能的装置、设备、场所

使人体或物体具有较高势能的装置、设备、场所相当于能量源。例如起重、提升机械、电梯、高度差较大的场所等,使人体或物体具有较高的势能。

3) 能量载体

拥有能量的人或物。例如运动中的车辆、机械装置中的运动部件、带电的导体等,本身具有较大能量。

4) 一旦失控可能产生巨大能量的装置、设备、场所

一些正常情况下按人们的意图进行能量的转换和做功,但在意外情况下可能产生巨大能量的装置、设备、场所。例如强烈放热反应的化工装置,充满爆炸性气体的空间,武器装备中的战斗部,核电站的反应堆等。

5) 一旦失控可能发生能量蓄积或突然释放的装置、设备、场所

正常情况下多余的能量被泄放而处于安全状态,一旦失控时发生能量的大量蓄积,其结果可能导致大量能量的意外释放的装置、设备、场所。例如各种压力容器、受压设备,装备中的液压/气压机构,容易发生静电蓄积的装置、场所等。

6) 危险物质

除了干扰人体与外界能量交换的有害物质外,也包括具有化学能的危险物质。具有化学能的危险物质分为可燃烧/爆炸危险物质和有毒、有害危险物质两类。前者指能够引起火灾、爆炸的物质,按其物理化学性质分为可燃气体、可燃液体、易燃固体、可燃粉尘、易爆化合物、自燃性物质、忌水性物质和混合危险物质 8 类;后者指直接加害于人体,造成人员中毒、致病、致畸、致癌等的化学物质。

7) 生产、加工、储存危险物质的装置、设备、场所

这些装置、设备、场所在意外情况下可能引起其中的危险物质起火、爆炸或泄漏。例如炸药的生产、加工、储存设施,化工、石油化工生产装置等。

8) 人体一旦与之接触将导致人体能量意外释放的物体

物体的棱角、工件的毛刺、锋利的刃等,一旦运动的人体与之接触,人体的动能意外释放而遭受伤害。

第一类危险源的危害与其能量的高低、数量的多少密切相关,表 3-3 给出了一些常见的事故类型及其相应的第一类危险源。

表 3-3　事故类型与第一类危险源

事故类型	能量源或危险物的产生、贮存	能量载体或危险物
物体打击	产生物体落下、抛出、破裂、飞散的设备、场所、操作	落下、抛出、破裂飞散的物体
车辆伤害	车辆,使车辆移动的牵引设备、坡道	运动的车辆
机械伤害	机械的驱动装置	机械的运动部分、人体
起重伤害	起重、提升机械	被吊起的重物
触电	电源装置	带电体、高跨步电压区域
灼烫	热源设备、加热设备、炉、灶、发热体	高温物体、高温物质
火灾	可燃物	火焰、烟气
高处坠落	高度差大的场所、人员藉以升降的设备、装置	人体
坍塌	土石方工程的边坡、料堆、料仓、建筑物、构筑物	边坡土(岩)体、物料、建筑物、构筑物、载荷
冒顶片帮	矿山采掘空间的围岩体	顶板、两帮围岩
放炮、火药爆炸	炸药	爆炸产生的能量或冲击波
瓦斯爆炸	可燃性气体、可燃性粉尘	燃烧的火焰,爆炸产生的能量或冲击波
锅炉爆炸	锅炉	蒸汽
压力容器爆炸	压力容器	内容物
淹溺	江、河、湖、海、池塘、洪水、贮水容器	水
中毒窒息	产生、储存、聚积有毒有害物质的装置、容器、场所	有毒有害物质

2. 第二类危险源

在生产、生活中,为了利用能量,让能量按照人们的意图在生产过程中流动、转换和做功并确保安全,就必须采取屏蔽措施约束、限制能量,即必须控制危险源。约束、限制能量的屏蔽应该能够可靠地控制能量,防止能量意外释放。然而,实际生产过程中绝对可靠的屏蔽措施并不存在。在许多因素的复杂作用下,约束、限制能量的屏蔽措施可能失效,甚至可能被破坏而发生事故。导致约束、限制能量的屏蔽措施失效或破坏的各种不安全因素称作第二类危险源,它包括人、物、环境 3 个方面的问题。

在安全工作中涉及人的因素问题时,采用的术语有"不安全行为(Unsafe Act)"和"人员失误(Human Error)"。不安全行为一般指明显违反安全操作规程的行为,这种行为往往直接导致事故发生。例如,不断开电源就带电修理电气线路而发生触电等。人员失误是指人的行为的结果偏离了预定的标准。例如,合错了开关使检修中的线路带电，误开阀门使有害气体泄放等。人的不安全行为或人员失误可能直接破坏对第一类危险源的控制，造成能量或危险物质的意外释放；也可能造成物的不安全因素问题，物的不安全因素问题进而导致事故。例如，超载起吊重物造成钢丝绳断裂，发生重物坠落事故。

物的不安全因素问题可以概括为物的不安全状态(Unsafe Condition)和物的故障或失效(Failure or Fault)。物的不安全状态是指设备、物质等明显的不符合安全要求的状态。例如没有防护装置的传动齿轮、裸露的带电体等。在我国的安全管理实践中，往往把物的不安全状态称作“隐患”。物的故障或失效是指设备、零部件等不能在规定的时间内、规定的条件下实现预定功能的现象(也包括性能超差)。物的不安全状态和物的故障或失效可能直接使约束、限制能量或危险物质的措施失效而发生事故。例如，电线绝缘损坏发生漏电；管路破裂使其中的有毒有害介质泄漏等。有时一种物的故障可能导致另一种物的故障，最终造成能量或危险物质的意外释放。例如，压力容器的泄压装置故障，使容器内部介质压力上升，最终导致容器破裂乃至爆炸。人的失误会造成故障，反之，物的不安全因素也可能会诱发人失误。例如飞机的高度表、空速表发生故障就会提供错误信息而导致飞行员误判，进而发生坠毁事故。

环境因素主要指系统运行的环境，包括温度、湿度、照明、粉尘、通风换气、噪声和振动等物理环境，以及企业和社会的软环境。不良的物理环境会引起物的故障或人的失误。例如，潮湿的环境会加速金属腐蚀而降低结构或容器的强度；长期振动会导致结构件疲劳断裂；工作场所强烈的噪声会影响人的情绪，分散人的注意力而发生人的失误；高温高湿环境下，人的耐受力和准确性会显著下降等。企业的管理制度、人际关系或社会环境影响人的心理，可能引起人的失误。

第二类危险源往往是一些围绕第一类危险源随机发生的现象，与产品(也包括人)的可靠性密切相关，它们出现的情况决定事故发生的可能性。第二类危险源出现得越频繁，发生事故的可能性越大。

需要注意的是，第一、二类危险源的存在只是发生事故的必要条件，并不必然导致事故。

3. 两类危险源与事故的关系

一起事故的发生是两类危险源共同作用的结果。第一类危险源的存在是事故发生的前提，没有第一类危险源就谈不上能量或危险物质的意外释放，也就无所谓事故。另一方面，如果没有第二类危险源破坏对第一类危险源的控制，也就不会发生能量或危险物质的意外释放。第二类危险源的出现是第一类危险源导致事故的必要条件。

在事故发生、发展过程中，两类危险源相互依存、相辅相成。第一类危险源在事故时释放出的能量是导致人员伤亡或财产损坏的能量主体,决定事故后果的严重程度;第二类危险源出现的难易决定事故发生的可能性大小。因此两类危险共同决定事故的风险。图 3-7 反映了两类危险导致事故发生的基本原理。

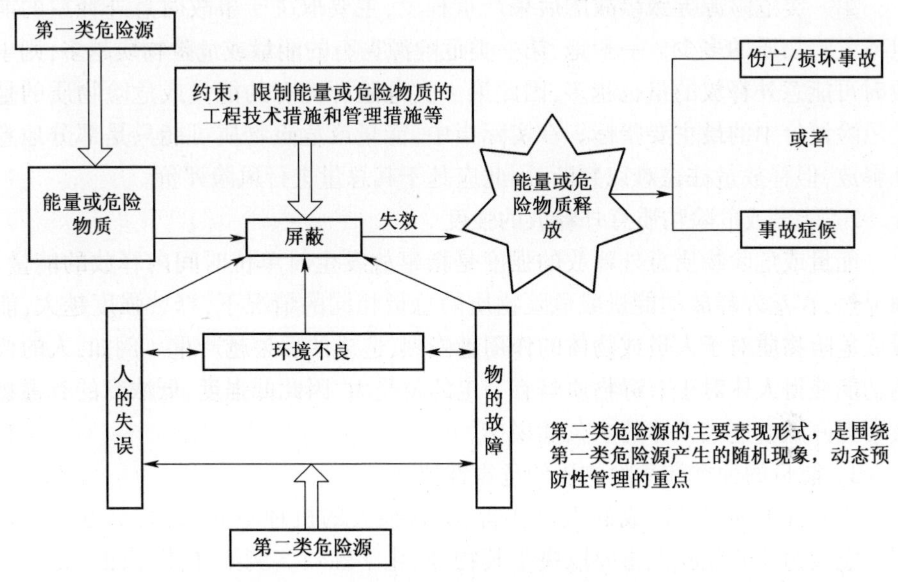

图 3-7　两类危险源下的事故因果连锁过程

在事故预防工作中,第一类危险源通常属于客观存在,例如化工厂必然要存储、处理有害的化学物质,武器装备中必然有战斗部、火工品等易燃易爆物质,但是这些危险源在系统设计、建造时已经采取了必要的控制措施,因此事故预防工作的重点乃是第二类危险源的控制问题。第二类危险源的控制应该在第一类危险源控制的基础上进行,与第一类危险源的控制相比,第二类危险源是一些围绕第一类危险源随机发生的现象,对它们的控制更困难。

4. 两类危险源的分析评价

系统中总是会存在危险源,任何工业生产系统、装备系统中都存在许多危险源。受实际人力、物力等方面因素的限制,不可能彻底消除或完全控制所有危险源,只能集中有限的人力、物力消除或控制风险较大的危险源。当危险源的风险小到可以被忽略或者处于可以接受的范围内,则不必采取控制措施。这就需要对系统中的危险或危险源进行分析识别,然后再进行风险评价,以便按风险大小进行排序,为确定采取控制措施的优先次序提供依据。

在评价第一类危险源时,主要考察一下 4 个方面。

1) 能量或危险物质的量

第一类危险源具有的能量越高,一旦发生事故其后果越严重;反之,拥有的能量越低，对人或物的危害越小。第一类危险源处于低能量状态时比较安全。同样，第一类危险源具有的危险物质的量越大，干扰人的新陈代谢功能越严重，其危害越大。

第一类危险源导致事故的后果严重程度，主要取决于事故时意外释放的能量或危险物质的多少。一般地，第一类危险源拥有的能量或危险物质越多，则事故时可能意外释放的量也越多，因此第一类危险源拥有的能量或危险物质的量是风险评价中的最主要指标。在实际当中，能量或危险物质可能只是部分地意外释放，但释放量往往难以判断，因此应基于其总量进行风险评价。

2）能量或危险物质意外释放的强度

能量或危险物质意外释放的强度是指事故发生时单位时间内释放的能量。很显然，在意外释放的能量或危险物质的总量相同的情况下，释放强度越大，能量或危险物质对于人员或物体的作用越强烈，造成的后果越严重。例如，人的代谢功能使得人体对于有毒物质具有一定的耐受力，因此低强度、低浓度的有毒物质可能并不会造成人体的永久性损伤。

3）能量的种类和危险物质的危害性质

不同种类的能量造成的人员伤害、财物损失的机理不同，其后果也很不相同。危险物质的危险性主要取决于其物理、化学性质。例如炸药、汽油、黑火药等，燃烧爆炸性物质的物理、化学性质决定其导致火灾、爆炸事故的难易程度及事故后果的严重程度。它们发生燃烧爆炸时的危害程度就有很大差别。又例如，工业毒物的危险性主要取决于其自身的毒性大小，在引起急性中毒的场合，常用半数致死剂量①评价其自身的毒性。

4）意外释放的能量或危险物质的影响范围

事故发生时意外释放的能量或危险物质的影响范围越大，可能遭受其作用的人或物越多，事故造成的损失越大。例如，有毒有害气体泄漏时可能影响到下风侧的很大范围，其范围通常会远远大于固体、液体物质。印度博帕尔事故中的有毒气体就导致了二十多万人的伤亡。

对于危险源控制措施（也就是第二类危险源）的评价可以从以下 6 个方面来考虑。

1）防止人的失误的能力

必须能够防止在装配、安装、检修或操作过程中发生可能导致严重后果的人员失误，如单向阀门应不易安反，三相电源插头不能插错，关键电源开关不会无意中被关闭等。

---

① 半数致死剂量是指化学物质引起一半受试对象出现死亡所需要的剂量。

2）对失误后果的控制能力

一旦人员失误可能引起事故时，应能控制或限制对象部件或元件的运行，以及与其他部件或元件的相互作用。例如，若按下 A 按钮之前按下 B 按钮就可能引起事故，则应采用连锁设计，使得 A 按钮未按下前 B 按钮无法按下，或者即使按下也不会有问题。

3）防止故障传递的能力

应防止一个部件或元件的故障引起其他部件或元件的故障，从而避免连锁反应把一个小问题放大成一起事故。例如，电动机电路短路时保险丝熔断，防止烧毁电机。

4）失误或故障导致事故的难易程度

从安全的角度来说，存在单点故障的设计是不可取的。应保证至少有两次相互独立的失误或故障（或一次失误与一次故障）同时发生才能引起事故。对于那些一旦发生事故将带来严重后果的设备、工艺必须保证同时发生两起以上的独立失误或故障才能引起事故。

5）承受能量释放的能力

装备运行过程中偶尔可能产生高于正常水平的能量释放，应进行健壮性（Robust）设计，使得产品能承受这种高能量释放。通常在压力容器上装有减压阀以把容器内压力降低到安全范围，如果减压阀故障，则超过正常值的压力将作用于管路，为使管路能承受压力，就必须增加管路的强度或在管路上增设减压阀。

6）防止能量蓄积的能力

能量蓄积的结果将导致意外的能量释放，因此应采取防止能量蓄积的措施，如安全阀、破裂膜、可熔（断、滑动）连接等。

3.3 环境危害

如前所述，外部有害环境是造成系统处于危险状态乃至于发生事故的重要原因之一。本节将从环境直接造成重大人员伤亡或财产损失即自然灾害和环境因素诱发系统处于危险状态并可能导致事故两方面介绍环境危害。

3.3.1 自然灾害

1. 相关基本概念

根据我国国家标准《自然灾害灾情统计 第 1 部分：基本指标》（GB/T 24438.1—2009）的定义，自然灾害是指给人类生存带来危害或损害人类生活环境的自然现象,包括干旱、洪涝、台风、冰雹、暴雪、沙尘暴等气象灾害;火山、地震、山体崩塌、滑坡、泥石流等地质灾害;风暴潮、海啸等海洋灾害;森林草原火灾和重大生物灾害等不同类型。

"自然灾害"是人类依赖的自然界中所发生的异常现象,且对人类社会造成了危害的现象和事件。异常现象和对人类造成危害两个要素缺一不可。没有自然界的异常现象,也就无所谓危害;而如果发生的异常现象并未对人类造成损失(例如无人区的地震),一般来说除了科学家去研究其自然规律之外也不会引起人们的关注。因此,影响自然灾害灾情大小的因素有3个:孕育灾害的环境(孕灾环境);导致灾害发生的因子(致灾因子);承受灾害的客体(受灾体)。

自然灾害形成的过程有长有短,有缓有急。有些自然灾害,当致灾因素的变化超过一定强度时,就会在几天、几小时甚至几分、几秒钟内表现为灾害行为,像火山爆发、地震、洪水、飓风、风暴潮、冰雹、雪灾、暴雨等,这类灾害称为突发性自然灾害。旱灾、农作物和森林的病、虫、草害等,虽然一般要在几个月的时间内成灾,但灾害的形成和结束仍然比较快速、明显,所以一般也被列入突发性自然灾害。另外还有一些自然灾害是在致灾因素长期发展的情况下,逐渐显现成灾的,如土地沙漠化、水土流失、环境恶化等,这类灾害通常要几年或更长时间的发展,则称之为缓发性自然灾害。缓发性自然灾害由于发展时间长且影响缓慢不易察觉,往往容易被忽视,但这类灾害的后果通常也难以恢复甚至无法恢复。

许多自然灾害,特别是等级高、强度大的自然灾害发生以后,常常诱发出一连串的其他灾害接连发生,这种现象叫灾害链。灾害链中最早发生的起作用的灾害称为原生灾害;而由原生灾害所诱导出来的灾害则称为次生灾害。自然灾害发生之后,由于自然环境或人类生存条件遭到破坏,还可能会进一步造成其他灾害,这些灾害泛称为衍生灾害。例如由于地震的作用而直接产生的地表破坏、各类结构工程的破坏及由此而引发的人员伤亡与经济损失称为原生灾害;由于工程结构物的破坏而随之造成的诸如地震火灾、水灾、毒气泄漏与扩散、爆炸、海啸、滑坡、泥石流等灾害称为次生灾害;地震造成生活条件恶化而引发的如瘟疫、饥荒、社会动乱、人的心理创伤等称为衍生灾害。有时,次生灾害或衍生灾害所造成的伤亡和损失比原生灾害可能还要大。

2. 自然灾害的特点

自然灾害的特点归结起来主要表现在5个方面:

(1) 广泛性与区域性并存。一方面,自然灾害广泛存在。自然灾害作为一种影响人类的极端自然现象,不管是海洋还是陆地、地上还是地下、平原还是山地、城市还是农村,只要有人类存在,自然灾害就有可能发生。另一方面,自然地理环境的区域性又决定了自然灾害的区域性,海洋灾害显然无法影响到内陆地区。

(2) 周期性和不确定性并存。很多自然灾害，如干旱、洪水等的发生都呈现出一定的周期性。例如我国 2016 年和 1998 年的大范围洪水就是由于“厄尔尼诺”周期现象所导致。此外，人们常说的“十年一遇、百年一遇”实际上就是对自然灾害周期性的一种通俗描述。自然灾害又有很多不确定性，发生的具体时间、地点、规模以及灾害过程、损害结果等都是事前难以确定的。

(3) 自然灾害发生频繁且后果严重。全世界每年发生的大大小小的自然灾害非常多。近几十年来，随着人类活动对自然环境影响加剧，自然灾害的发生次数还呈现出增加的趋势。自然灾害会造成大量的人员伤亡，例如我国发生的“唐山大地震”和“汶川大地震”造成了四十余万人员伤亡。此外，自然灾害的经济损失也是巨大的，据统计，每年仅干旱、洪涝两种灾害在全球造成的损失可达数百亿美元。

(4) 不同自然灾害之间关联性。自然灾害的关联性表现在两个方面。一方面是不同区域之间的灾害具有关联性。比如，南太平洋的“厄尔尼诺”现象，有可能导致全球气象紊乱；某个国家排放的工业废气，可能会在另一个国家境内形成酸雨。另一方面是不同灾害之间也会存在联系或因果关系，即前面所说的灾害链。

(5) 自然灾害不可避免但后果可以减轻。自然灾害反映了人类与大自然之间的交互关系，人类想彻底征服和改造自然几乎是不可能的，因此自然灾害也就不可能消失。另一方面，通过对自然规律的认识，并在人类活动中尊重服从自然规律，就能够在很大程度上降低自然灾害的发生概率；通过在越来越广阔范围内的防灾减灾，实现避害趋利，就能够最大限度的减轻灾害损失。

3. 自然灾害的分类

我国幅员辽阔，地形地貌复杂，西北部草原荒漠面积巨大，西南部崇山峻岭，东部和东南部海岸线漫长，七大水系遍布全国，且有多条地震带，因此我国可以说是世界上自然灾害种类最多的国家。

根据原国家科委、国家计委、国家经贸委自然灾害综合研究组的划分，自然灾害分为 7 类：

(1) 气象灾害。如：暴雨、雨涝、干旱、高温、热带气旋、冷/冻害、冻雨、结冰、雪害、雹害、龙卷风、雷电、浓雾、沙尘暴等。

(2) 海洋灾害。如：风暴潮、灾害性海浪、海冰、海啸、赤潮、厄尔尼诺现象等。

(3) 洪水灾害。如：山洪、泥石流、冰凌洪水、溃坝洪水等。

(4) 地质灾害。如：滑坡、崩塌、地面下沉、泥石流等。

(5) 地震灾害。如：构造地震、陷落地震、矿山地震、水库地震等。

(6) 农作物生物/森林生物灾害。如:农作物/森林病害、农作物/森林虫害、农作物草害、鼠害、蝗灾等。

(7) 森林火灾。

从系统安全的角度出发,自然灾害可以说并不属于研究范围;但是从危险或事故的定义来看,自然灾害既然会造成大量人员伤亡和重大财产损失,因此必须对其加以重视。人类的生产、生活离不开大自然,在受到自然环境影响的同时也在影响着环境,甚至破坏自然环境。自然灾害和环境破坏之间有着复杂的相互联系。人类要从科学的意义上认识这些灾害的发生、发展规律并尽可能减小它们所造成的危害,这已是国际社会的一个共同主题。

3.3.2 环境危险

自然环境不仅会直接对人类社会造成严重破坏,还会对人员或系统产生影响,诱发人的不安全行为或物的不安全状态,进而导致事故。如果说前者通常难以避免的话,后者则可以在系统性的分析识别基础上采取相应措施进行消除或控制,达到消除危险或将风险降低到可接受范围的目的。

1. 常见环境危险

在国军标《系统安全工程手册》(GJB/Z 99—97)中,环境危险被列为进行系统安全分析时首要考虑问题之一。所谓环境危险不仅包括自然环境的气象和气候等条件,也包括由人所造成的诱发环境条件。在系统的研制计划中,必须把一切可能存在的自然环境和诱发环境都看作是危险源,对其作用机理进行分析,采取措施加以消除或控制。常见的环境危险如表 3-4 所列。

表 3-4 常见环境危险及其影响

环境危险类型	可能的后果
高湿度	雾、云或凝结物使能见度降低,腐蚀加速; 电气系统中水气凝结造成短路,无意中接通或中断电气系统的工作; 吸水材料膨胀变形; 潮湿降低表面摩擦力,导致运动部件异常; 长期浸泡在海水中的装备受海水污染和腐蚀; 长期经受高湿度环境影响人员健康; 使人员效率下降; ……
低湿度	有机材料变干、发裂; 易产生灰尘,大气中的盐、沙、尘增加; 更容易产生静电; 皮肤发裂、鼻腔干燥; ……

（续）

环境危险类型	可能的后果
日光	紫外线辐射效应； 红外线辐射效应； 晒伤、雪盲； ……
雷电	对没有很好屏蔽的电子设备造成电磁干扰； 在闪电放电路径上或在电磁脉冲或电场附近意外启动或接通电气设备； 使电路或设备过载； 引燃可燃物造成火灾； 使人遭受电击； ……
飞禽等外来物	飞行器受鸟撞击发生事故； 发动机吞鸟造成空中停车，甚至机毁人亡； ……
大气中的盐、沙、污物	盐、沙、尘、潮气、霉菌造成污染； 污染物使导电性增强，降低了绝缘物或者相反增大了电阻； 导致金属材料腐蚀； ……
高温	烧伤人、热衰竭、热虚脱； 降低人的工作效率、导致人为差错； 失火、点燃易燃品； 材料强度降低； 部件扭曲变形及翘曲； 电子设备可靠性降低； 热膨胀引起部件的粘结或松动； 液体的挥发和泄漏增强； 气体压力增大、气体扩散增强； 反应性增强、化合物分解； 电阻增大； ……
低温	冻伤、冻疮； 工作设备结冰； 潮气及其他蒸汽凝结； 液体黏性下降； 反应速度下降； 材料弹性损失，脆性增加； 收缩效应； 发动机燃耗不稳定； 电气特性改变； ……

（续）

环境危险类型	可能的后果
温度变化	尺寸变化（特别是金属材料）； 金属的循环疲劳； 封闭气体或液体的压力变化； 应力变化； ……
高压	容器破裂或压碎造成冲击波效应； 容器碎片击伤人员或破坏周围设备； 肺、耳及人体其他部位过压受损； 高压喷气流割伤人； 压力软管甩打击伤人
低压	压力容器内爆； 呼吸用空气不足； 生理受损
压力变化	压缩性发热； 生理干扰（减压病）； 潮气冷凝

环境危险可能独立发生，也可能组合发生。例如，热带丛林地区的高温与高湿度，沿海地区的高湿度与盐雾，沙漠地区的高低温与沙尘等。环境危险同时起作用时，其后果与单独起作用的后果可能会完全不同。例如，在高湿度环境下，高温将加速腐蚀；而在低湿度环境下，高温和干燥作用却可以推迟腐蚀。另一方面，低温一般降低腐蚀速度，但如果低温造成了水汽凝结又可能会加速腐蚀。因此，必须考虑不同环境因素的影响，明确这些影响的综合作用是加剧还是抵消，以便采取正确的处理办法。

2. 环境危险的控制原则

如前所述，可能造成危险的环境因素众多，因此对于环境危险的控制需要对系统运行过程中可能涉及的环境因素进行全面分析识别，在此基础上由设计人员有针对性地采取消除或控制危险的措施。

由于环境条件变化的多样性，环境危险分析在很大程度上需要依靠试验手段和经验。例如，腐蚀速率虽然主要由温度和湿度所控制，但它同时也会受到金属成分、热处理、表面处理、应力分布、持续时间等因素的影响。因此，仅掌握温度和湿度等环境因素还不能全面分析设备实际受到的有害影响，需要在实际的或模拟的环境下进行试验，才能得到比较真实的数据。系统的环境试验可参考国军标《军用装备实验室环境试验方法》（GJB 150A—2009）。

另一方面,环境试验往往费时费钱,因此当可以不进行定量分析时,在明确了环境因素之后,总是可以采取一些设计手段来应对这些环境危险或者降低它的危害程度。例如:

(1) 为发动机安装大小和型式适宜的滤网来避免沙尘进去系统内部;

(2) 在设备的外表加上耐磨和防腐涂层防止材料腐蚀磨损;

(3) 采用通风装置控制温度及温度变化并降低可能的有毒物质浓度;

(4) 为通风系统安装过滤网、为人员配备面罩,以便滤去或中和危险的污染物;

(5) 采用屏蔽物来避免辐射危害;

(6) 通过设计适宜的人工环境来降低环境对人或设备的影响等。

3.4 技术危害

所谓技术危害是指人们在设计、生产、使用复杂装备或工业生产过程中由装备或产品造成的危险,包括系统内部固有危险和硬/软件产品故障导致的危险。这些危险从根本上是由于人的行为引入到系统的,但系统中的危险品可能是系统正常工作所必需的,而故障危险可能是由于现有技术能力还无法根除,所以不能将它们等同于人为失误。

3.4.1 系统固有危险

系统的固有危险主要是指系统中存在的具有能量或毒性的危险物质,一方面,它们的存在是系统正常运行所必须的;另一方面,一旦出现失控,这些能量或有毒物质就可能作用于人员或设备,造成伤害或破坏。

本节将对复杂装备系统中存在的主要危险物质及其控制原则进行简要介绍。

1. 热

热能是人类使用历史最悠久的能量,工业生产或复杂装备的运行本质上都是将热能转换成机械能或其它形式的能量,然后再做功以实现人们预期的目的,因此系统运行过程中不可避免地会产生大量的热。发动机、电气/电子设备工作过程中都会产生大量的热,人体的代谢过程也会产生热,即使是机械设备工作时的摩擦效应同样会产生热。如果处于一个狭小甚至密闭的空间里,热量的累积将会更加显著。

热量以及它所造成的高温、低温和温度变化对人员和设备都会产生显著影响。热危险可以直接造成人体组织的热损伤,即烧伤;还能破坏人体生物平衡,使人出现暑热痉挛、中暑和衰竭等症状。高温即使不对人造成疾病或伤害,也会使人的工作能力下降,特别是当高温与高湿度相结合时,对人的影响尤为严重。热对于电子器件可靠性水平也有显著影响,它还会造成材料强度和弹性降低,气体压力改变等不良后果。热危险对应的高温、低温、温度变化危害可参考表3-4。

控制热危险的基本原则是将温度控制在温和的范围内并控制热流。如果设备产生了过多的热量,就应采用冷却系统;反之,则就应采用加热系统。对于热流的控制应针对不同的热传递方式采取不同的措施,例如采用热屏蔽装置(如隔热层、护罩等)可以控制辐射、对流形式的热传递,对于传导方式的热流则可以采用散热装置。控制热环境的基本手段包括:供暖、通风、冷却、控制湿度、确保温度均匀、采用具体装置(如个人的防护装具或设备的温控装置)等。

2. 压力容器

系统中往往会使用高压气瓶、液压装置等压力容器,如潜艇中用于紧急上浮的高压气瓶,飞机起落架上用于正常操作的液压装置、应急操作的气瓶等。理论上说,每当气体被封闭起来而其压力增加到环境大气压力之上,或者液体被封闭起来而对它施加力的作用时,就有压力危险存在,因此这些压力容器都应视为危险源。

压力容器具有直接和间接两方面的危险。直接危险是指容器由于内外部压力的作用导致破裂形成的冲击波效应以及飞溅的破裂容器碎片对周围人员的伤害或对附近设备的破坏。间接危险则是指容器内有用介质泄漏导致压力容器在需要时无法工作,从而导致事故的发生。此外,尽管与压力无关,容器中存储的有毒有害物质一旦泄漏,对于人体或设备的影响(如中毒、腐蚀等)也不容忽视。

为避免压力容器或压力系统所产生的问题,基本原则就是在保证系统能完成其预定功能或任务的前提下使用压力尽可能降低。例如,采用液压系统通常比气压系统安全。此外,还要考虑周围环境温度对容器内介质的影响。为防止压力容器破裂,应通过压力试验对其进行验证。压力试验中对容器施加的压力应比最大预期工作压力大,但低于容器的屈服点,以确保容器在压力试验后仍可以使用。

3. 易燃易爆品

武器装备、化工、矿山等大型工业企业中都有大量的易燃易爆品。除了武器装备中的火工品、战斗部、动力装置等典型易燃易爆装置外,国家标准还规定了民用工业领域的易燃易爆化学物品。这些易燃易爆化学物品指以燃烧、爆炸为主要特征的压缩气体、液化气体、易燃液体、易燃固体、自燃物品和遇湿易燃物品、氧化剂和有机过氧化物以及毒害品、腐蚀品中部分易燃易爆化学品(详见

GB 12268—90《危险物品名表》)。

易燃易爆品造成的危险包括3个方面。首先它着火或爆炸能够直接造成人员伤亡或设备损失;其次,易燃易爆化学物品在燃烧或爆炸过程中往往会产生大量有毒物质,如CO、CO_2、H_2S、HCN(氰化氢)等,这些有毒物质造成的伤亡通常要大于高温和燃烧导致的伤亡;第三,燃烧或爆炸消耗了有用的资源,从而造成间接伤害或破坏。

对于易燃易爆物品的管理必须严格按规定执行,必须有专人保管,存放地点要作为要害部位,非工作人员未经批准严禁入内。易燃易爆、剧毒、放射、腐蚀和性质相抵触的各类物品,必须分类妥善存放,严格管理,保持通风良好,并设置明显标志。由于燃烧需要同时具备燃料、氧气和足够温度(燃点),因此尽可能降低工作温度、增大火源于燃料之间的距离、隔离氧气(如采用惰性气体密封)等措施都能有效地降低燃烧危险。

4. 有毒物质

毒性只作用于人体而对设备无任何影响。如果少量的某种物质能对一般正常的成年人造成伤害性后果,就认为该物质有毒。但是个人对一种特定物质的特殊的、非普遍性的异常反应(如过敏反应)不应视为中毒。毒性物质(毒物)按其对身体的有害效应分为影响全身的毒素、窒息剂和刺激剂;按其物理形态可分为颗粒状物质、液体和气体,其中气体毒物是最危险的。

对于大型装备而言,动力装置(如发动机)废气中的一氧化碳(CO)是最典型的有毒物质。发动机废气中的CO的量在一定程度上取决于发动机的设计与调节,但是目前尚没有现实可行的办法来消除这一毒性危险。除CO之外,发动机废气中还有其他多种有毒成分。发射导弹的时候,推进剂燃烧也会产生大量有毒产物。其他需要关注的有毒物质还有:

(1) 用于清洗设备的溶剂;

(2) 化学反应物;

(3) 电池所用的酸和碱;

(4) 制冷剂和冷却剂;

(5) 车辆刹车闸瓦所用的石棉;

(6) 高温装置所用的铍;

(7) 有毒性的燃料和推进剂。

一般而言,一种有毒物质如果不能消除,则常常可以利用通风设备来降低毒性水平。对于狭小空间而言,通风尤为重要,且应注意确保通风口或空调进气口不会靠近污染源。此外,采用防毒面具或呼吸装置等个人护具,也是消除毒物危险的重要手段。

5. 辐射源

电磁辐射是能量的一种形式,能够引起人体组织的物理或化学变化,或者置换出固态结晶物质中的原子而使设备失效。一般来说,电磁辐射的频率越高,在一定辐照时间内所造成的危险和伤害就越严重。

电磁辐射分为电离辐射和非电离辐射。电磁辐射是 X 射线、γ 射线、α 粒子、β 粒子、中子等;非电离辐射包括紫外线、红外线、可见光和微波辐射。复杂装备中常见的电磁辐射源及其可能造成的影响如表 3-5 所列。

表 3-5　常见电磁辐射源及其影响

电磁辐射源		可能的影响
电离	放射性材料 电离源 在 15000V 电压下工作的雷达、通信或电视部件 X 射线设备 核反应装置	细胞组织损伤,甚至死亡 电子设备性能下降,特性发生变化 弹性体丧失柔韧性 金属和混凝土设备物理性下降 润滑油和液压油性能改变
微波	雷达设备 大功率微波设备 一般微波发生器	使金属发热 干扰其他电子设备 电爆 人体内部组织烧伤 白内障
红外线	火焰 红外加热器 高度受热的表面 激光	不期望的升温 有机材料烧焦 引燃易燃品 皮肤烧伤、中暑
可见光	高密度灯和闪光灯 电弧	暂时性失明
紫外线	电焊弧 杀菌灯 激光	橡胶、塑料变质 纤维褪色 有机物分解 视力损伤

控制电离辐射危险的有效方法是屏蔽。薄纸就能挡住绝大部分 α 粒子;薄金属箔能挡住很大部分 β 粒子;重金属如铁和铅可以对 γ 和 X 射线形成良好的屏蔽;混凝土或湿土能较好地屏蔽中子和 γ 射线。对于非电离辐射可分别加以防护,例如,任何不透明的覆盖物都能吸收紫外辐射;采用导电材料制成的屏蔽装置可以有效地消除微波辐射。对于激光的防护,可参见国军标《军用激光器危害的控制和防护》(GJB 470A—1997)。

6. 电气

现代化装备中几乎都会有电气设备的使用。一般而言,5mA 以上电流就会对人体造成伤害,因此对超过 5mA 的电流必须采取防护措施。由于 30V 电压是 5mA 电流流过正常人体时克服人体电阻所需要的电压,所以有些标准将 30V 电压作为必须开始防护的水平。12V 或 24V 的低电压系统一般不会对人造成电击危险,但是也可能产生其他危险。例如,当连接接线端时,断开电池电缆或断开跨接电缆的鳄鱼夹时,12V 电池组能产生电火花。又例如,低电压系统中可能包含充电到高能级的大容量电容器,当短路时,这些电容器成为极低电阻的能源,从而增加了低电压的危险。因此,所有的电气系统都应认为是可能的危险源。

电气危险主要有电击、过热、意外启动和电爆。此外,静电荷累积导致的意外事故也属于电气危险。

(1) 电击　电击是人体神经系统遭到电流突然的意外刺激作用。几乎所有电气设备都有电击危险,因为人体不应接触 30V 以上的电压。

(2) 过热　任何用电器都能将电能转化为热能,大量热的累积不仅会损坏电气设备,还能引燃易燃品。此外,电弧、电火花也是引燃易燃品的重要原因。

(3) 意外启动　相比机械设备,电气设备的工作效率和反应时间较快,但同时也会到来隐患。一旦意外接通电路就会导致设备的意外启动,从而造成不同程度的伤害或死亡事故。

(4) 电爆　电爆通常是由于过大的电流通过电气装置而引起的。电流过大会引起迅速的升温和升压,常常使电气装置损坏。大型变电器、电容器、充足电的电池在过大电流作用下都可能发生爆炸。在特定的情况下,甚至电阻都会引起剧烈爆炸。

(5) 静电　由静电带来的危险与任何其他的电弧或电火花带来的危险是相同的。静电火花能轻易地点燃许多溶剂的蒸汽,因此在燃料加注时要尤其注意流体中的静电。

为消除电气危险,首先要对绝缘体采取保护措施。绝缘体性能下降是造成电气危险的常见原因。为防止电击而采取的主要措施是采用适当的接地装置,并确保设备导线的正确搭接。对于电气设备的过热问题,可以采用不同类型的保护装置,如保险丝或断路器可防止电流过大,或对正常工作中的发热设备进行冷却等。我们可采取使用连锁/锁定装置、标志/警告装置或隔离的方式,避免电气设备的意外启动。防止静电危险可采用防止电荷聚集或中和累积电荷两种方式。防止电荷聚集的最简单和最有效的方法是选用不产生或不贮存静电荷的导电材料。

3.4.2 故障危险

在复杂装备中,软硬件产品故障是造成危险的重要原因。根据国军标《可靠性维修性保障性术语》(GJB 451A—2005)的定义,故障(fault)是指产品或产品的一部分不能或将不能执行规定功能的事件或状态①。根据 3.2 节中危险原理和危险分类,故障危险体现在两方面,一是作为固有危险源保护措施的设备发生故障,导致能量意外释放造成事故,如阀门故障导致有毒物质泄漏、锁定开关短路导致设备意外启动等;二是系统内的关键设备发生故障直接导致事故,如航空发动机空中停车,飞控系统发出错误指令导致飞机失控等。由于装备内部的功能逻辑关系复杂,因此故障危险分析工作在技术难度和工作量方面要比固有危险分析大得多。

从故障发生规律来看,故障危险可分为系统性故障危险、随机故障危险和正常功能带来的危险。随机故障危险顾名思义,具有随机特性,相同的运行状态下可能发生也可能不发生;系统性故障危险则是确定性现象,一旦符合条件则必然发生。正常功能带来的危险是指系统的功能是正常的,但是在运行过程由于意外导致了危险发生,例如导弹系统(可能由于飞行员错误)锁定错误目标(如己方目标)。

本节将对上述 3 类故障危险进行介绍。

1. 系统性故障危险

系统性故障源于系统的规范、设计、制造、运行或维护中的缺陷,这些缺陷通常与人相关,可能是由于人为失误(如过失、误解、交流不够、疏忽大意等),也可能是由于人员的能力不足,没有发现问题所在。系统性故障可以通过模拟故障原因来诱发,一旦条件满足,系统性故障就会发生并可重复发生。它只能通过修改设计、制造工艺、操作程序或其他关联因素来消除,无改进措施的修复性维修通常不能消除其故障原因。

系统性故障是由于系统内某一固有因素引起的,因此一旦出现该因素就必然会发生故障,通常属于确定性现象。例如,软件代码中如果有错误,那么一旦执行该语句时就必然会发生错误(故障);结构强度计算错误,一旦应力增大则必然损坏等。

在系统寿命周期任何阶段发生的错误(包括过失或疏忽大意)都可能会给系统引入系统性故障,因此尽管人们不希望系统中存在系统性故障,但它们通常又很难预防。随着系统复杂程度的提高,系统性故障的比例也会随之

① 严格来说,故障(fault)和失效(failure)两个概念存在一定差异,在本书中对两者不作区别。

提高。

在设计过程中可能引入系统性故障的错误有：

(1) 有缺陷的原理(或者不恰当的想法)。

(2) 设计规范或设计方案不合理乃至错误。例如，汽车油箱布局不合理，增大了追尾事故中油箱起火爆炸的风险；未能对活动部件的电缆加装保护套，就会导致电缆受损并进而造成严重的电气故障；关键系统隔离不良，增大了发生级联故障的概率；电气设备安装在污染源(例如卫生间、厨房等)下方；可燃物与火源没有被隔离等。

(3) 未能考虑所有可能的环境条件(如温度影响、结冰等)。通过适当的设计和安装、部件筛选、生产质量控制以及适当的环境测试，能够最大程度减少环境引起的故障。如果环境导致的故障一旦发生，则通常情况下系统中采用了相似硬件的所有通道均会发生故障。

(4) 软件错误。软件中的错误，如代码错误、逻辑错误等，属于典型的系统性故障。软件中一旦存在错误，则其所有拷贝中均会存在相同的错误。软件本身无毒，也不是高能产品，因此它自身并不会造成直接损害，但是软件故障通过所控制的系统以及误导操作人员，可导致事故的发生。

使用与维护过程中的不当(包括过失、程序不当、违反设计规定等)也会引入系统性故障。例如，美国阿拉斯加航空公司延长了检修间隔期，致使平尾配平系统中的螺纹润滑不足而失效，导致飞机坠毁。使用或维修过程中的常见问题有：

(1) 组装不当。如交叉连接、安装了错误部件、安装阀门方法不当等。

(2) 系统带缺陷工作或者对缺陷诊断不当。

(3) 有遗留物(如工具)在飞机上可能造成飞机结构损伤、短路或者阻止活动面的控制。

(4) 在改装或修理时缺少彻底的清扫，如残留的金属屑以及油箱中遗留的铆钉等。

(5) 随意变更维修计划。

(6) 维修过程中对系统造成了潜在的损伤。

对于电子、电气和航电设备而言，共因/共模问题是尤其需要注意的系统性故障。共因故障(Common Cause Failure, CCF)是指由同一个原因或事件引起系统中多个部件同时故障；如果各个部件的故障模式是一样的，则称此类故障为共模故障(Common Mode Failure, CMF)。在系统可靠性分析时，往往假定系统内设备的故障是独立的，但在实际装备中不同设备之间的故障不可避免会存在相关性或依赖性，相关关系可能是由于系统的已知功能和物理特性产生的(内在相关性)，也可能是由于系统外部的不确定因素造成的(外在相关性)，并且这种依赖性在很多情况下并不明显，需要认真分析才能发现。概括起来，装备中的系统或设备存在相关性引发共因故障的原因包括工程因素、使用因素和环境因素3个方面。

1) 工程因素

工程因素通常是由于设计人员对将引起故障的因素缺乏了解，没有采取相应措施而造成的。工程因素通常有下面几个方面：

(1) 规范条件：不完善的或相互冲突的规范及条件；

(2) 设计方面：共用设备造成每一通道产生相同的故障模式，相同功能件的密集安装，缺乏隔离措施等；

(3) 制造方面：同一批生产的元件或系统在制造过程中出现缺陷，未按规定工艺试验要求执行，装配错误等。

2) 使用因素

维护和操作人员由于维修或操作差错诱发的故障，不完善或不适当的测试设备，规章制度的不严格，使用存储环境的变化等。

3) 环境因素

突发性环境变化(雷电、冰雪等)，意外物干扰(外来物、鸟击等)。

经验表明，以上诸原因中，工程因素是诱发共模故障发生的最主要因素，而且是工程设计中可以控制的因素。如果一个系统，其所有冗余通道之间具有很强的隔离措施，并在设计上具有很好的多样性，相互之间的连接很少，则该系统发生共模故障的机会就越少。

系统性故障同时具有确定性和随机性两种特性。确定性是指一旦条件满足，系统性故障必然发生，相同的条件下总是一致地出现故障，故障可重复、可预测。但是激发系统性故障的条件通常是随机的，因此系统性故障又会呈现随机特性。但是，系统中存在系统性故障的概率①通常难以量化。这是由于系统性故障往往是由于人的活动(设计、制造、使用)中的缺陷引起的，而这些活动目前仍无准确的科学定律来描述，因此也就无法对这些风险进行量化。

系统寿命周期任何节点都可能引入系统性故障，因此，识别出造成系统性故障的所有情况几乎是不可能的。尽管设计缺陷无法完全消除，但是通过科学合理的手段可以将其最小化。在国际电工委员会(IEC)的标准IEC61508《电气/电子/可编程电子安全系统的功能安全》中提出了安全完整性等级(SIL)的概念，美国航空无线电委员会(RTCA)的标准DO-178《机载系统和设备审定中的

① 注意：这并不是系统故障发生的概率。

软件要求》中提出了研制保证等级(DAL)的概念。基于系统功能的重要程度，将SIL和DAL分配给系统，并向下传递给执行相应功能的部件，从而规范系统设计，加强设计过程控制，最大程度地减少系统缺陷①。

2. 随机故障危险

故障是某个部件在预定的约束条件下无法实现其既定功能的现象。故障是造成系统危险的重要原因之一，本小节重点对故障类型进行划分，以便于分析识别和预防这些危险。

1) 主动故障与被动故障

主动故障指的是造成直接不利影响的故障，如发动机空中停车。该类故障可能是固有的或间歇的。

被动故障也被称为潜在故障或隐蔽故障，是指不会直接造成不利影响的故障。例如，对于多余度系统中，某条通道中可能存在缺陷，但是系统仍能够正常运行。尽管这种故障类型通常并不会直接导致事故，但是由于其隐蔽性，在某些情况下反而会更危险。例如，如果备用设备存在隐蔽故障，当需要切换到备用设备时，很可能会导致严重后果。

2) 显性故障与非显性故障

在数字系统中的主动故障/被动故障被称为显性故障/非显性故障。

数字系统中多数会有故障检测设计，因此还应重点考虑“显示错误信息”的问题，它比“不显示信息”更危险。当后者发生时，使用人员还可以采取其它途径加以弥补，而前者则会误导人员而作出错误的判断。例如，1999年的一起空难事故就是由于在飞行过程中飞机的姿态指示仪表(ADI)显示错误，机头已经下倾但显示仍是水平，从而导致机组错误判断。

3) 独立故障与非独立故障

复杂系统考虑了大量余度设计，因此独立故障单独存在时一般不会大幅度降低安全裕度，但是与其他独立故障组合起来就能够造成危险状态，特别是主动故障与被动故障之间的组合。如前所述，在主系统发生独立故障前备用系统也发生了独立的隐蔽故障就会非常危险。

非独立故障是指那些可产生继发影响的共模事件或有级联影响的故障。例如，飞机上的电气系统发生故障后，导致导航系统失效，致使机组人员难以确定机场方位。导航系统就是由于电气系统故障的级联影响而无法正常工作。

冗余系统的非独立故障尤其需要重视。冗余系统通常会显著影响系统的体积、重量、成本等，但是可以提高系统的任务可靠性和安全性。冗余系统的前提

---

① 具体过程参见相关标准，本书限于篇幅不再赘述。

是各通道故障独立性假设,但实际当中冗余系统的通道独立性面临众多威胁,必须对其进行详细地独立性分析并采取相应措施,才能保证冗余设计的有效性。消除共因/共模问题的基本手段是对冗余系统的隔离和采用非相似冗余。

3. 正常功能带来的危险

故障是系统无法完成规定功能的现象,从而有可能导致危险。但是,系统在执行功能的过程中同样也可能造成危险,即使该功能是正常的功能。与故障危险相比,正常功能带来的危险往往会被分析人员所忽视。

正常功能带来的危险可以分为 3 种情况:功能正常运行、功能/性能下降、意外操作。

1) 功能正常运行

系统功能正常运行是指硬件或软件作为一个系统能够正常运行,并未发生故障;但是,最终仍造成了不安全的情况。正常运行系统造成有害情况的常见例子包括:导弹系统锁定错误目标、靠近地面时推杆器动作、飞行员错误等。

可控飞行撞地(Controlled Flight Into Terrain,CFIT)是功能正常运行却导致事故的典型现象。例如 1970 年 7 月 5 日在加拿大多伦多一架飞机进近着陆过程中,飞行员并未遵守已批准的自动降落时如何使用扰流板的操作程序,致使翼面扰流板提前打开,导致飞机快速下降并重重地撞击在跑道上,造成机体结构损伤,109 人遇难。在这一过程中,飞机并未发生故障且飞机完全在飞行员操控下,并且也按照飞行员的意图(但是错误的意图)运行,最终却导致灾难性事故发生。

又例如,一架波音 747-400 飞机在起飞后出现结冰情况时,飞行员未能打开空速管和静压加热系统。结冰的空速管和静压端口使飞机的飞行速度以及高度信息丧失,从而导致空难的发生。此次事故中,信息丧失并不是系统故障导致的,设备尽管未工作但仍具备正常的功能,只是未被正确的使用。

系统功能正常却导致危险发生的现象,通常与人员失误有关,但是如果设备(如显示器、控制器、手柄、开关等)的布局及其操作方式不考虑人为失误的情况,则事故必然会在某一天发生(墨菲定律)。

分析掌握正常运行系统造成的危险需要深入了解系统的功能结构和运行方式,但目前尚没有成熟完善的分析方法,且各种分析方法因系统复杂程度的不同而有所不同。基本分析思路如下:

(1) 选择顶事件(也就是所担心的事件)。

(2) 结合系统使用方法详细描述系统功能,包括硬件、软件和人机交互等,分析各种会导致顶事件的情况。

(3) 重点考虑以下几个方面:

① 正常运行情况下发生事故的可能性或概率；

② 冗余设计对于安全的影响；

③ 对于安全运行至关重要的操作人员或者维护人员的活动。

在通过分析确定了需由操作人员或维护人员采取措施或者需要向其指明情况时，应当确认系统是否确实提供了所需的指示，所有指示是否是可辨识的以及所需的措施是否能以合理的方式顺利完成。

2）功能性能下降

简单地说，功能是系统具有的能力，而性能是指系统执行特定功能的精确度。系统在运行过程中即使未发生故障(执行了功能)，但是性能下降或波动仍会造成危险。

系统运行过程中，其性能难免会发生波动从而出现危险状态。影响性能的主要因素有系统本身内部容差的变化、环境条件的影响(如温度、振动、结冰、湍流、风切变等)、输入参数特性(如电压、液压、操作人员的指令等)。此外，制造公差、维护调整等也会影响系统的性能。

故障会直接导致系统处于危险状态，即使是局部故障也可能会导致其他分系统或设备的性能出现偏差从而间接造成危险。例如，多发飞机一台发动机发生故障后，一般来说并不会直接导致事故，但飞机的性能(如飞机的控制能力)必然会受到影响。隐蔽故障由于不仅有可能导致性能下降，并且往往不会向使用人员发出明确指示，因此尤其需要关注。例如飞机的自动着陆系统存在隐蔽故障时，仪表降落系统(Instrument Landing System，ILS)中心线的精确度会受到影响，由于没有明确指示，当使用该功能时就可能造成意外。

由于系统性能下降而导致的事故，通常发生在动力装置、控制系统或导航系统。例如，控制系统性能下降导致飞机缺乏足够的控制能力，在飞行过程中一旦出现干扰就可能无法恢复而失控。又例如，飞机 ILS 接收机精度、ILS 进近期间自动导航仪精度、地面设备精度发生变化就会引起自动着陆过程中系统性能下降而影响安全。

传统的可靠性/安全性分析多数情况下主要关注于系统的功能故障或危险，但对于安全关键功能应考虑其性能发生波动时的影响，对于性能波动无法及时恢复的情况，应制定相应的补救或应急措施。例如，飞机在飞行过程中性能下降后有可能需要降低速度和高度(也就是一个缩小的飞行包线)，降低系统用电量，更改飞行计划等。

为分析系统性能下降情况，需要在系统设计过程中通过性能分析确定关键性能参数的统计分布，从而确定系统输出达到或者超过特定阈值的概率。利用概率分布，可以确定系统性能下降不会造成不可接受的危险或风险的概率。

3）意外操作

系统在不期望的时间或情况下运行或执行某功能,也会带来风险。例如,加工车间的机械加工设备意外启动会对操作人员带来很大威胁,很可能会造成人员伤害。飞机低空飞行时,抖杆器(Stick shaker)的操作可能会造成危险。意外操作即使不直接造成危险,但由于增加了操作人员的工作量(处置这些意外操作),降低人员对正常功能的关注,也会间接导致危险。

可靠性的定义要求是在规定的时间内、规定的条件下完成规定功能,因此严格来说,意外操作也属于故障,但实际分析中,分析人员往往只关注于不能实现功能而忽略了功能的意外执行(此时功能是正常的)。在安全性分析时,除了考虑功能故障、性能波动之外,还应将功能的意外操作也作为一种典型的危险模式进行分析。此外,串联和并联设计也会对功能意外操作产生影响。一般来说,并联结构会提高系统的可靠性水平,但是,在并联结构下任何一个通道工作都能使系统工作,也就增大了意外操作的可能性。因此,设计人员在选择设计方案时需要权衡"需要运行而不能运行"和"不需要运行却运行"两种事件的概率,从而确保系统能够可靠且安全的工作。

3.5 人为因素

3.5.1 人为因素概述

1. 人为因素研究过程

人们很早就认识人的不安全行为对于系统的安全与事故的影响,但对于人员在事故中的具体作用的认识则经历了不同认识阶段。

随着第一、二次工业革命,进入社会化大生产以来,各类机械、电气设备的规模和复杂程度不断提升,但是人们一直认为只要加强人员选拔和培训,人类能够适应这些技术系统提出的各种要求,而相当长时间内的实践似乎也在总体上验证了这种假设。在这一时期,人们往往认为导致事故的不安全行为是由于人的自身原因,甚至是先天遗传因素导致某些人具有内在的犯错倾向。这种认识一直持续到第二次世界大战。

第二次世界大战期间,随着以高速飞机为代表的复杂装备大量运用,上述观点遇到了挑战,复杂装备在使用过程中对于人员的要求超出了人的能力已经成为一个不可回避的客观事实。因此,传统的设计思想得到改造,从原来只强调选择和培训操作人员去适应他们的工作转变为在设计思想中增加考虑适合人的特点和需求的思想。在这一思想指导下陆续诞生了工程心理学、人机工程学、人体测量学等专门学科,并很快在民用工业、交通、卫生等诸多领域得到推广。在美国它们被统称为人因工程(Human Factors Engineering);而在西欧则被称为人机工效学(Ergonomics)。安全问题的研究逐渐从人员向装备过渡。

在人因工程指导下,装备的研制尽量满足人员需求,从而使得人员从被生产环节所制约的工作(制造产品或操作设备等)转移到控制和监控生产运行过程(考虑事情的变化状态和计划如何去处理它)的活动中去,人员的角色从直接参与生产运行过程的操作者转变为控制生产运行过程,包括监视、评价、优化、决策等认知行为的监控/决策者。

人员在高度自动化的生产过程①中的角色转变,带来了一系列新的问题。例如,分析一个人在不同情景下如何进行观察、解释、评价、记忆、决策等认知活动,其认知过程的难易性、正确性等,就成为一个十分重要的问题。此外,由于工作环境的差异程度增大,还必须了解一个人对于振动、冷、热、压力、噪声、光线等的耐受力。在解决这些问题的过程中,人们逐渐认识到,一方面,人能够作为事故的引发者和扩大者;另一方面,人也能够成为事故的控制、缓解者和消除者。人为因素对于系统的安全与事故具有特殊的意义。因此,系统地研究和强调人在系统中的重要性,最大限度防止人为差错,就成了不可回避的问题,从而人为因素再次成为系统安全工程研究的重点。但此时的人为因素研究不同于20世纪初期,它不仅仅限于人的动作本身,还涉及人机交互过程中的具体情景环境,包括组织或社会-技术系统,是一种系统化的研究。

人因工程的目的是通过使装备适应人的特点来避免人员失误,这就需要研究人的行为和认知过程,包括人员会发生哪些失误,为什么会发生失误等。人的可靠性分析(Human Reliability Analysis, HRA)作为一门新兴学科就应运而生。HRA以分析、预测和减少与防止人误为研究核心,对人的可靠性进行定性与定量的分析和评价。它与认知心理学、统计学、行为科学、管理科学等诸多学科存在着密切关系。HRA是人因工程的延续和发展,早期研究先驱多数都来自人因工程领域。目前HRA的研究已经从人员外在行为逐渐转为内在的认知过程。

2. 人为失误概况

在日常生活工作过程中,人难免会犯许多错误,如拨错电话号码,将汽车油门当作刹车踩下等。犯错的原因可能相同,但其造成的社会和经济后果往往大相径庭。例如忘记了开会的约定,一般只会遭到领导的批评,但飞行员如果忘记了应急操作规程则可能导致机毁人亡的灾难性后果。

---

① 这里的生产过程是一种通称,它可以指具体的生产制造过程,也可以指诸如武器装备的使用过程。

随着技术的发展,系统中的软、硬件设备的可靠性得到了极大提升,但从生物学角度来说,现代人与十万年前的祖先在生理和心理上没有本质区别(只是掌握的知识量增加了),因此从安全角度来看,人员已经成为人机系统中的薄弱环节。随着人因工程的应用,人员在人机交互过程中通常处于监控/决策者的位置,因此人员的失误往往具有隐蔽性而不易被觉察,并且后果更为严重。随着对安全性要求越来越高,人的影响就变得越来越重要。许多人为失误的产生往往来自于系统设计中的不合理性和复杂操作过程带来的时间压力,它们是诱发失误的重要原因。显然,在系统设计过程中,可能会诱发人为失误的设计因素应给予有效的研究和消除。

尽管缺乏精确的统计数据,但是目前学术界和工业界的普遍共识是:所有系统的失效中,至少半数以上可以归于人为失误①。美国核能运行研究院对1984—1985年该领域内180件显著事件的分析表明,51%以上的事件均追溯到人的操作问题;美国国家航空航天局(National Aeronautics and Space Administration,NASA)曾对1990—1993年的612件航天飞机或宇宙飞船事故和事件进行分析,结果显示66%以上的原因可归于人为失误。关于交通事故原因的分析显示,技术缺陷为5%~8%,其余为驾驶人员的不正确判断、不期望行为和失去意识等;在船运工业中,对于1987—1991年的事故分析显示,12%由于结构缺陷,18%由于设备与机器故障/失效,其余的各种原因是由于人的因素。

统计数据显示,不同技术工业领域中人的行为/动作引发事故的比例呈逐渐上升的趋势:1960年人为失误行为约占系统失效原因的31%,而到1990年,人为失误所占的比例已高达50%~90%。这里的人为失误不仅包括了系统实际操作中的人为失误行为,也包括了设计和维修中的人为失误。人为失误之所以会在事故原因中占有这么高的比例,其中既有客观原因,也有主观因素。

客观原因主要表现在:

(1)技术系统的复杂性大大增加,这在某种意义上提供了更多的人为失误机会。这种现象听起来比较矛盾,但它在现实生活中确实存在:技术的改善并不总是减少整体故障或事故,有时甚至会增加其后果的严重性。例如,为降低人员失误的可能性,大型装备系统中普遍采用了自动化装置,它的采用改变了人的工作性质,由直接的能量输出转变为对系统的监控和决策,这容易使人降低甚至丧失技能水平;并且高度自动化减少了人员的参与,人员有时候并不清楚其系统的确切状态,因此其应急处理能力于无形中反而降低了。

(2)技术的发展使得系统中硬件和软件产品的可靠性得到了很大的提高和

① 有的学者认为"不安全行为"的提法更为妥当。本书不进行刻意区分。

改善,因此减少了技术系统发生故障或失效的可能途径,相比之下,人的素质和技能基本保持不变,也就是其可靠性水平并未明显提高,此消彼长,因此人为失误的比例就占据了统治地位。

此外,在主观认识上,由于系统本身以及组织管理上的复杂性,使得事件(或事故)发生的原因往往是多种因素复杂的联合作用,并且这种联合原因性的事件很难再次重复出现,有时不会为此花费力量在设计等环节上重新改进,因此这些事件(事故)的最终原因往往归于人的因素。此外,过去被认为属于“纯”技术问题,如系统/部件失效,现在往往也被视为涉及维修或设计中的人为失误。因此人为失误所占的比例就会上升。

需要指出的是,这种明显的上升趋势并不意味着人导致的实际事故增加了。随着技术发展和社会进步,事故率总体上在显著下降并长期保持在一个较低的水平,只是其中与人的行为相关的事故的百分比增加了。人为失误所占百分比可由下式计算:

$$\frac{C_M}{C_M + C_T + C_O + C_{MT} + C_{MO} + C_{TO} + C_{MTO}}$$

其中:C_M表示人的因素;C_T 表示技术因素;C_O表示组织因素;C_{MT}、C_{MO}、C_{TO}、C_{MTO}表示3类因素的各种组合。随着技术发展,部件和系统一般来说均达到了很高的可靠性水平,同时组织管理也在一定程度上得到改善,因此C_T、C_O等分母元素的值在下降,即使分子 C_M保持不变,上式的数值(即所占百分比)也会上升。

对人为失误类型分类是开展研究的基础,目前存在多种不同的失误分类方法,以满足不同的研究需要。总的来说可以把这些分类方法归纳为两大类。一类是早期的从工程的观点进行的分类。这种传统的人因分类的特点是不考虑人的内在心理活动,它认为对于机器的不正确的输入来自于人的不正确的输出,而后者则只与可观察的不希望的人的外在行为相联系,内在的人的认知过程则被作为一个黑匣子来处理。这种人为失误分类方法曾长期占据了支配地位,其原因在于一方面人机交互行为是研究的起点,另一方面也是因为当时的心理学研究对于人的认知过程不够深入,还无法支撑人为失误研究,将其视为黑匣子也是一种变通做法。随着研究的深入,许多心理学家也开始从事人的可靠性分析,使得认知心理学与工程学相结合而推动了人为失误的研究,形成了新的分类方式。有关人为失误分类的具体内容将在后续章节详细介绍。

3. 人的可靠性分析研究进展

人的可靠性分析(HRA)研究起源于20世纪50年代前期。美国桑迪亚国家实验室(SNL)的科研人员在进行复杂武器系统的风险分析中对人为失误进行估算,其方法与硬件可靠性分析类似。在该项研究中,人的地面操作活动的失误概率为0.01,而空中操作时则上升为0.02。1964年,美国电气和电子工程师协会(IEEE)推出了“人因工程”专刊,其中发表了人员失误概率预测技术(THERP)的最早形式,标志着HRA开始应用在复杂系统的人为失误定量评价中。1975年,美国研究人员第一次将HRA应用于商用核电站系统,并发表了著名的《WASH-1400核反应堆安全性研究报告》。这项研究中使用了THERP方法来评价两个核电站概率安全评估(PSA)中的人为失误影响,并促进了HRA手册(NUREG/CR~1278报告)的诞生。目前该手册不仅应用于核电站的PSA研究中,也已经在其他工业系统和军事系统中广泛应用,目前仍是军事装备系统、核电站、石油化工、航空等复杂装备系统中最普遍应用的指南性文件。

HRA的发展过程大致可分为两个阶段。第一个阶段是从20世纪60年代到80年代后期,这一时期主要对人为失误理论和分类框架研究以及人的可靠性数据的收集和整理(现场数据或实验室数据),并形成了以专家判断为基础的人误概率的统计分析与预测方法。这一阶段的HRA研究以人的行为理论为基础,将人的操作过程分解为一系列由系统功能或规程所规定的子任务或步骤,并建立它们之间的串并联模型,然后分别对其给出专家判断的人为失误概率,同时考虑不同影响因素对其不确定性的影响而进行修正,从而评估人为失误对操作任务成败的影响。这类方法只考虑人的输出行为,不去探究行为的内在历程,与硬件可靠性分析方式类似,被称为静态的HRA方法。

20世纪80年代以来,随着人们对人的可靠性的重视程度不断提高,参与研究的人员范围逐步扩大,HRA研究进入了结合认知心理学、以人的认知可靠性模型为研究热点的新阶段。研究重点转向人在应急情景下的动态认知过程,包括探查、诊断、决策等意向行为,其核心思想是在人防止事故情景环境中去探究人为失误机理,而不是简单的分解赋值计算。因此第二代HRA方法又被称为动态的人的可靠性分析模型。第二代HRA方法更加强调研究产生(诱发或迫使)失误的情景环境,并且要与系统的运行经验等密切联系,同时必须要求来自多种领域的专家的协同配合,包括具有经验的HRA人因工程专家、具有PSA经验的系统分析专家、富有现场经验的工程技术人员和操作人员等。

3.5.2 人的行为与认知过程

人类是自然界演化的产物,演化的规则是适应而不是寻优,所以与人工制造的机器相比,人类从来也不是一种高可靠的“装置”。人类的外在行为和内在认知过程具有自身的特点,而这些特点又决定了人的失误模型。

1. 人的行为特点

1）空间行为

与所有动物类似，人有对空间一定距离范围占领的要求（尽管可能是潜意识的）。当此空间受到侵犯时，会有回避、尴尬、狼狈等反应，有时甚至会引起不快、口角和争斗。掌握这种人的空间行为所具有的不受干扰的特点以及个人空间的方向性和人员之间的最小躲避距离，对于设计人机系统之间的协调性非常有帮助。

2）侧重行为

人常常有优先处理权的特点。当某种输入信息被人的头脑所接受，它就会占据他的存储和思维空间，形成先入为主的状态且不易改变。人们倾向于一些具体的指示器、操作方法和一些已有的规则，反而可能会忽略或遗忘一些关键的但是隐性的重要信息；喜欢按老习惯、老规矩办事。即使经过培训的操作人员，由于可能存在"想当然"的思想或过于信任经验，在异常工况（尤其是紧急情况）下往往做出错误的判断。例如，在海上执行低空飞行任务时，由于海天一色，如果过分依赖个人感觉就可能因丧失方向感而引发事故。

3）捷径反应和躲避行为

这就是古人常说的"趋利避害"，人们总是倾向于把自己工作负荷降至最低，省略一些自认为无关紧要的事情或动作，很有可能把一些与现操作任务暂时无关的系统忘掉；而在正常情况下安全保护系统往往是"无关"的，因此也就容易被遗漏，甚至在危急时刻也不能被想起来。另一方面，当发生危险时，人们容易在直觉影响下出现共同逃难行动，而不是努力尝试解决问题，这些行为的特征构成了躲避行为。

4）同步行为

在人们的彼此影响下，容易出现趋同行为，因此人在遇到自己难以判断和难以接受的情景时，往往使自己的态度和行为同周围相同遭遇者保持一致，这叫同步行为。也因此，事故调查时，对于人员的问询应单独开展，否则在同步行为影响下，大家最终会趋同于一个相同的表述，但却未必是真实的表述。

5）依赖性心理

由于过分的期望，人总有倾向于依赖一些其他因素的心理。例如，其他人已经写好的程序、自动控制装置、仪表指示器等，即使有时是有错误的，但却依旧按照它执行。注意依赖性心理与侧重行为的矛盾关系，为了消除依赖（外界）的心理而转为过度自以为是和为了消除先入为主而完全信赖他人或设备都是不可取的。

6）主观性

当一种解决方案比较符合当前情景时，人们就有倾向判断问题的症结所在，而对不符合这种判断的信息加以排斥。这种现象是侧重行为和捷径反应的综合表现。

7）工作走神

在工作中负荷很轻或很重的情况下，都会出现这种现象。

8）粗制滥造

当工作的速度增加，或者超出操作人员的承受能力及心理意愿时，就会出现只按定性要求，不按定量规定去处理问题的倾向。这是躲避行为的一种特殊形式。

2. 人的行为动机

行为科学研究人的行为机理问题，根本目的在于调动人的积极性和创造性，包括研究人的行为动机和如何激励人的行为。人的不安全行为与动机、挫折、安全需要等有密切关系；而激励则需要围绕人的动机，满足人的需求才能达到预期目的。

动机是行动的本源，动机能够激发个体产生某种行为或选择某个目标，并将此行为朝着特定方向、目标进行下去。不仅如此，动机还能对行为起着调节控制作用，围绕着选定目标对局部行为进行调整或修正。

人的行为动机大致可分为3类：

1）生理性动机

起源于身体内部的生理平衡状态的变化，这是人类生存的基本需求，是生理上的共同需要，包括饥饿、渴、睡眠、性、冷热、解除痛苦等。

2）心理性动机

起源于心理和社会因素，经过学习而产生的动机，因人而异，可能会有很大差别。例如有的人希望取得成功、出人头地，有的人却“不求闻达于诸侯”。

3）优势动机

现实生活中，人们往往会有多个行为动机同时存在，而这些动机的强度又随时会有变动。一个人的行为由其全部动机结构中强度最高的动机所决定，叫做优势动机。人类行为既然由优势动机所决定，管理人员对于组织中每个成员的动机结构应该有所了解，同时也应该掌握个别人员在某一时期内最期盼的是什么。

有3类因素对于个人动机具有决定性影响作用。

1）嗜好和兴趣

如果同时有好几种不同的目标，都可以满足个人的某种需求，则个人在生活中养成的嗜好、兴趣将会决定选择哪一个目标。

2）价值观

价值观的最终点就是理想，它会决定个人在选取目标时的基本准则。有人认为“人生以服务为目的”;有人以追求真理为目标;有人重视物质享受。在各种价值观中,有以知识、真理为中心的理性价值观、以形式与调和为中心的美的价值观、以权力地位为中心的政治价值观、以群体他人为中心的社会价值观、以有效实惠为中心的经济价值观和以信仰为中心的宗教价值观。

3）抱负水准

所谓抱负水准是指一种想将自己的工作做到某种质量标准的心理需求。一个人的嗜好和价值观决定其行为的方向,而抱负水准则决定其行为达到什么程度。一个人在从事某一实际工作之前,内心预先估计所能达到的成就目标,然后全力以赴去实现目标;如果工作结果的质与量达到或超过了自己的标准,便会有一种成功感或成就感;否则就有失败、挫折感。每个人的抱负水准不同,因此即使能力相同的人在从事相同工作时,其工作过程、状态和结果也会有很大差异。

人们在实现目标的过程中难免会遇到挫折。影响达成目标的挫折因素主要包括外在和内在两大方面。

外在原因又分为实质环境和社会环境。实质环境包括个人能力无法克服的因素,如无法预料的天灾人祸、衰老、疾病、死亡等。社会环境包括所有个人在社会生活中所遭受的政治、经济、道德、宗教、风俗习惯等人为因素。在现代社会中,社会环境对个人动机所产生的阻碍往往比自然环境多,其影响也更深远。

内在原因包括个人的生理条件以及不同动机之间的冲突。个人的生理条件是指个人具有的智力、能力、体能以及生理上的缺陷,疾病所带来的限制,不适合某种工作。动机的冲突是个人在日常生活中,经常同时产生两个以上的动机,假如这些并存的动机无法同时得到满足,甚至互相对立或排斥,其中某一个动机获得满足,其它动机受到阻碍时,产生难以取舍的心理状态。

不同的人对于挫折的容忍力不同。所谓挫折容忍力是指遭遇挫折时免于行为失常的能力。人们遇到挫折时所表现的反应各不相同,有人勇于挑战,百折不挠,克服挫折;有人却一蹶不振,精神崩溃。挫折容忍力的高低受以下 3 方面因素的影响。

1）生理条件

一般来说,一个身体健康、发育正常的人,对生理需要的挫折容忍力比一个百病缠身、生理上有缺陷者要高。当然,现实中总会有特例,例如英国著名理论物理学家霍金就比很多正常人的挫折容忍力高,但这仅仅是特例,不代表总体情况。

2）经验与学习

挫折容忍力是可以经过学习、锻炼而获得并提高的。如果一个人从小娇生惯养,极少受到挫折或遇到挫折就逃避,他就没有机会学习如何处理挫折,这种人的挫折容忍力必然很低。

3）对挫折的知觉判断

由于个人的世界观、价值观不同，因此即使遇到相同程度的挫折，各人的感受并不相同，感受到的压力也不同，因此挫折容忍力也就不同。

3. 人的认知过程

研究人失误不仅要分析人的行为特征，还要掌握其内在的认知过程。

广义的认知与认识是同一概念，是人脑反映客观事物的特征与联系，并认识事物对人的意义与作用的心理过程；或者是指个人知识获得与使用的历程。现代认知心理学认为认知是以个人已有的知识结构来接纳新知识，新知识为旧知识结构所吸收、旧知识结构又从中得到改造与发展。在认知过程中，新的感知同已形成的认知结构发生相互作用，从而影响对当前事物的认知。狭义的认知是指记忆过程中的一个环节，指过去感知过的事物在当前重新出现时仍能认识。认知不同于回忆，回忆是过去感知过的事物不在眼前而能在头脑中重现出来，而认知是过去感知过的事物重新出现后能再认出来。

在本书中，认知过程泛指经过感知、学习、记忆、思考、推理、判断等心理活动过程，是信息的接收、编码、储存、提取和使用的过程，核心是信息的加工，如图3-8所示。

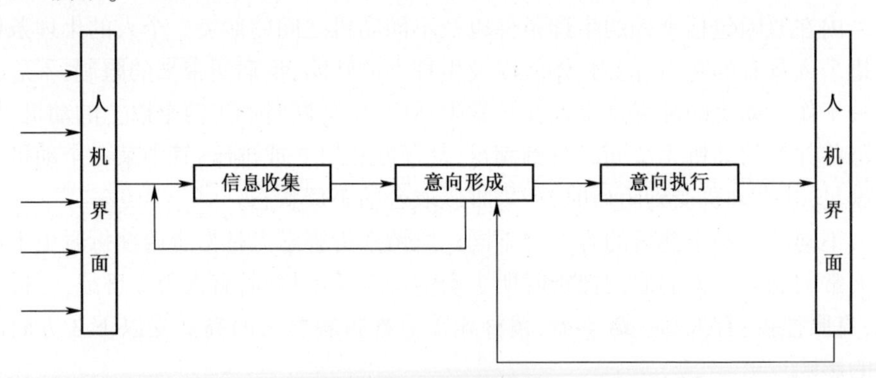

图3-8　人的认知过程

人的认知过程大致可分为3个部分：信息收集、意向（Intention）形成和意向执行。信息收集与意向执行是在人的意识干预下通过人机界面与系统发生作用的过程，而意向形成则是一个利用知识进行判断或推理的问题解决过程。信息收集过程中的失误主要是由于人机界面中的问题以及人员感官、注意力方面的缺陷造成；意向形成过程中产生的失误的原因主要是操作人员所拥有的知识在内容、结构或者应用上的欠缺；意向执行过程中产生的失误的原因主要是人机界面中存在的问题与操作人员的潜意识或习惯共同作用的结果。由此可见，认知过程的不同阶段产生失误的机理各不相同。

与认知过程相结合,就可以形成不同层次的行为模式。Rasmussen 将行为模式分为 3 类:技能型行为(Skill-based)、规则型行为(Rule-based)和知识型行为(Knowledge-based)。

(1) 技能型行为是指在信息输入与人的响应之间存在非常密切的耦合关系,甚至可以说两者之间是一种条件反射般的关系。它主要依赖于人员的实践水平和完成该项任务的经验。这种行为的重要特点是不需要人对显示信息解释而下意识地对信息给予反应操作。例如熟练的汽车司机在看到前方车辆刹车灯亮起时,自然就会抬脚收油门甚至将右脚放在刹车踏板上,这一过程并不需要他再去对所接收的信息做专门的判断和决策,一切都已是习惯成自然。此时失误的产生往往与注意力的丧失、施力的准确程度的差异、空间—时间之间的关系不协调等人机工效学因素有关。

(2) 规则型行为是由一组规则或协议所控制和支配的,它与技能型行为的主要不同来自对实践的了解或掌握的程度。如果规则没有很好地经过实践检验,那么人们就不得不对每项规则进行重复和校对。在这种情况下,人的响应就有可能由于时间短、认知过程不充分、对规程不够理解等而产生失误。例如新司机由于技能不熟练、交通规章不熟悉,需要反复练习并实际驾驶才能避免失误。此外,规则型行为往往发生在相似或熟悉的情景之中。人的行为依据头脑中事先存入的规则,当操作人员察觉到当前情景与过去处理过的情景之间的差异时,就会导致使用不匹配的规则,进而发生规则型的认知错误。俗话说熟能生巧,当规则掌握熟练,技能娴熟时,规则型行为就转化成技能型行为。

(3) 知识型行为发生在当前事故征兆不清楚、目标状态出现矛盾或者在完全未出现过的全新情景下,操作人员必须依靠自己的认知经验进行分析诊断和制定策略。例如让一个汽车司机去驾驶飞机,他对飞机的结构、操作几乎一无所知,完全只能靠感觉来操作或利用其他方面的经验进行摸索。在这种情况下的错误往往受到所掌握的资源、人的知识结构、主观性经验、应变能力等多种因素的制约。尤其是在危险、紧急情况等高应激条件下,人的思维受到“确认偏见”等因素的制约,一旦先入为主形成偏见,往往难以自身纠正与恢复。这种知识型行为的失误概率很大,在当今的人为失误研究中具有重要的地位。

通过总结经验教训,提炼共性策略后,就可以制定一系列规则以应对这些局面,此时知识型行为就转化为规则型行为。

综合这 3 种行为模式的认知过程如图 3-9 所示。

4. 人的意向与人为失误

人的意向(Intention)问题是研究人为失误机理的重要理论基础。意向与失

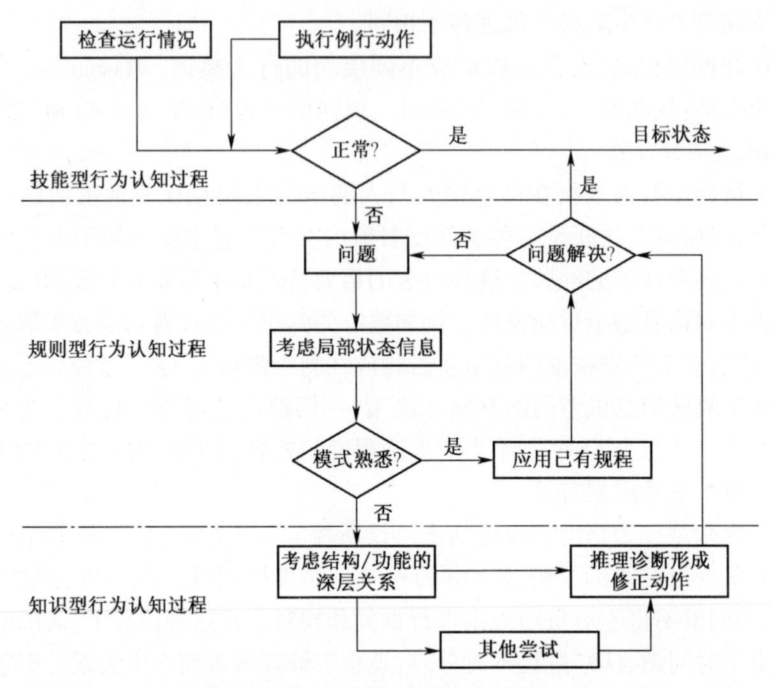

图 3-9　综合 3 种行为模式的认知过程

误是不可分的,任何人为失误的定义和失误的形式都应该从考虑不同的意向行为入手。心理学家认为,意向是个体的有意识、有目的甚至是有计划地趋向他追求目标的内在历程。意向由两部分组成:

(1) 最终要达到何种目标;

(2) 达到该目标要使用何种手段。

任何正常的行为都应该考虑该行为是否由某种意向指导,行为是否遵照已定的意向以及是否达成预期的目标,尽管这些考虑可能是下意识的。

意向的形成不但受到情景的目标变化状态的制约,也受到人的自身知识水平、控制能力、信息提供充分与否、反馈等多重因素的影响。不同的意向在明确性上差异很大。对于大多数日常操作来说,意向或计划通常只是一个概念框架,并不需要花费过多的精力准备,活动越是常规化、所需的注意力控制水平越低。当遇到新鲜情景时,人就会投入更多的意向性思维和提高注意力控制水平。

从意向的角度来研究人为失误,可以有以下不同的失误类型。

1) 无意向行动

一般来说,人的行为都会有意向,但确实存在没有意向的行为,即无意向行动(Nonintentional Action)。例如人在痉挛病时打了人或被马蜂蜇后失手摔了盘子等都属于这种类型的行为。无意向行动不属于人为失误的研究范围,尽管它也可能会造成伤害或损失的后果,但从人的角度来说,很难说它是一个失误或错误,因为实施者完全没有打人或不打人、摔盘子或不摔盘子的意向,甚至可以说完全没有意识的参与。

要注意区分无意向行动和无先前意向的意向行动之间的差别。所谓先前意向(Prior Intention)是指对于意向的一种准备和规划。无先前意向的意向行为(Intentional Action Without Prior Intention)往往是指自发的、一时冲动的和附属性的动作。例如,人在一时激怒中伤害了他人,他可能确实没有伤人的先前意向,但是在动作的过程中是有意向的,即要伤害对方。再例如,当我们执行非常熟悉的动作序列时(例如开车去办公室)时,我们头脑中会有一个总体目标(即去办公室),但是此时我们不会也不可能事先对过程中的每一个细节(例如打开车门、坐下、系上安全带、启动引擎等)都提前准备,也就是说,我们在做这些附属动作往往没有先前意向,但在动作中又是有意向的(正常启动车辆)。无先前意向的意向行为属于人为失误的研究范围。

2) 非意向下的行为与疏忽

对于任何意向行为(无论是否有先前意向),我们关心的是行为是否按照计划进行和行为是否取得了期望的结果。从人为失误的角度来看,首先是行动偏离了计划(意向)的情况,即非意向下的行为(Unintended Action)或者说没有按照计划进行的行为(Action-not-as-planned)。当人已形成了正确的意向,但是行为没有按照计划执行,这类失误被称为疏忽。例如,维修人员选择了正确的维修程序,但遗忘了其中某个重要步骤或加入了某些多余的动作,又或者某个动作没有正确实施。这类失误主要表现在实际执行的动作偏离了意向行为。实际动作的偏离一般会造成结果的偏离,但是在极个别情况下,也可能误打误撞实现原有目标,但这并不能成为忽视疏忽性失误的理由。

一般来说,人在思想开小差的时候容易产生偏离意向的行为,这种疏忽型失误的产生原因有两类:

(1) 具有熟悉的自动化性质很强的作业环境;

(2) 被某种其他失误而不是当前工作吸引注意力。

疏忽可以分为过失(Slip)和遗忘(Lapse),前者是指执行了行为,但是是不同于计划的行为(增减了动作或执行了错误动作);后者则是指完全没有执行某个行为。过失往往具有可观察性,而遗忘则比较隐蔽,往往连当事人自己都不能察觉到(否则他也就不会遗忘了)。

3) 意向下行为和错误

人的行为分为意向的形成和意向的执行两个阶段,其中任何一个阶段都可能发生偏差或失误。在意向执行阶段的偏差是前述的疏忽性失误,而在意向形成阶段同样可能出现失误。例如，飞机并不需要增大仰角，但是飞行员自身判断失误，认为需要增大，形成了错误意向（但他并没有意识到是错误的），虽然后续执行动作完全符合他的意向，却由于意向本身不正确导致飞机失速坠毁，这就是错误型失误。正确意向的形成是人的行为重要一环，其中若发生重大失误，则可能导致严重后果，因为此时人员的意向是经过深思熟虑且认为是正确的，往往会认真执行下去且不易纠正错误。

在意向形成过程中的失误被称为错误。它往往是由于对工况情景变化的不正确解释，从而选择不恰当的行动序列，或者说判断与推理过程与实际工况情景发生偏离，因而导致了意向本身的缺陷，不论其后续行为是否按照计划执行，其结果往往是失败的。与疏忽相比，错误更加复杂和难于察觉，具有更大的危险性。人的知觉有助于发现偏离意向的行为，但是错误通常意味着行为与意向相同，因此在较长时间内不会被察觉，甚至当它们被他人发现后仍可能处于“争论”状态而得不到及时纠正。因此对于错误形成机理的研究也更加重要。

4）故意破坏行为

当明知意向是错误或有害的，仍然去实行，那么这种行为就是故意破坏。故意破坏行为也不属于人为失误，一般来说都是违法犯罪行为。

3.5.3 人为失误

1. 人为失误的定义

人为失误有很多定义。最基本的是指人不能精确地、恰当地、充分地、可接受地完成其所规定的绩效（Performance）标准。对于人机工效学或人的可靠性分析而言，其目标主要是减少在装备系统运行中由于人为失误产生的不期望后果或降低其发生频率。这些不期望后果主要指生产能力、维修能力、运行能力、绩效、可靠性或系统的安全性的丧失或退化。因此，人为失误被定义为：在系统的正常或异常运行之中，人的某些活动超越了系统的设计功能所能接受的限度。因此，人为失误是一种超越系统容许界限的活动，这里的容许界限是由具体系统来确定的。

如前所述，人的失误总是与其意向相关，存在意向性失误（错误）和非意向性错误（疏忽）。失误者往往在事后根据各种反馈信号而意识到产生了失误，因此不论是操作者还是局外的观察者，都需要一种绩效标准（例如意向），以便确定行为的正确性。因此人为失误也可定义为那些背离意向计划或规程序列的人的行为，或者是人的意向计划或动作没有取得他所期望的结果或没有达到其预期的目标，而这种失败并不能归因于某种外力的干预。

不同的人为失误在原因、过程和后果方面是不相同的，并不是所有人为失误行为都会导致系统功能的降低,有的失误在它对系统产生不期望后果之前就能够得到恢复和纠正。这种恢复现象可能是因为存在人员的冗余,例如安排一些人检查另一些人的工作;也可能是系统本身设计上的冗余、保护措施抵消了人为失误。此外,人自身通过反馈或其它途径,也可能帮助他觉察自身的疏忽动作,进而及时地在非期望后果发生之前得以纠正它。这些没有造成不良后果的失误在其产生的心理机制方面与引发了非期望后果的失误没有两样,但是,在工程领域重点讨论与考虑的还是那些产生不良后果甚至酿成恶性事故的人为失误行为。因此,也有人将人为失误定义为一个具有正常心理状态的人,在规定时间内、规定条件下,不能正确地完成一项任务或一项操作或者进行了任务要求意外的一些行为,使得系统的能力降低、退化或者至少潜在着对系统功能有退化影响的人的行为。

综上所述,目前人为失误还没有统一的定义,不同学者分别从系统需求、人员意向、最终结果等不同角度对其进行定义,核心都是体现在对正常(需求、意向、结果)的偏差,这也是一个正在发展的学科必然存在的现象,大家从不同视角对其进行研究,从而揭示其含义。建议读者不必苛求定义上的统一,可以根据所需解决问题的实际特点进行取舍,甚至提出不同的定义。

值得注意的是,在实际应用中,由于分析的出发点不同或分析人员领域的差异,人为失误一词可能会代表不同的含义。例如,人为失误可以表示某件事的原因、事件本身或动作的后果。

(1) 原因:有毒物质泄漏是由于人为失误。这里的焦点在于泄漏事件的原因。

(2) 事件或动作本身:忘记检查水位。这里的焦点在于忘记检查这个动作或过程本身,而不涉及其后果。在有些情况下,失误的动作可能并未导致不良后果,但人们仍感觉犯了一个错误。

(3) 后果:错把盐放到咖啡里了。这里焦点主要在于结果,虽然同是描述了错误的动作。在这个例子里,把盐放到咖啡里等同于使得咖啡变咸了而不是变甜了。

人为失误表述的含义需要根据具体问题和前后语境来确定①。

人的可靠性分析(HRA)的一个重要目标是定量评价人为失误概率。人为失误概率(HEP)是指当人在完成某项操作任务或处理异常工况时发生失误行为的概率。从统计学角度可以定义为

---

① 本书认为,这种差异主要来源于英语的时态语法,在中文语境下这种差异并不明显。

$$\text{HEP} = \frac{E_n}{O_P}$$

其中:E_n是某种失误的发生次数;O_P是发生该种失误的可能机会的总次数。

2. 人为失误的特点

人有失误、机器有失效的可能,也都会引起系统的失效。但与机器相比,人为失误过程又有其自身的特点。

1) 人为失误的随机性与重复性并存

人为失误常常会在不同甚至相同条件下重复出现。由于人的先天因素,任何人为失误模式通常都不可能完全消除,但可以通过有效手段尽可能降低其发生概率或消除其不良后果;而一般的部件或设备一旦失效,在理论上来说是可以通过修改设计而加以克服的。

人为失误的随机性与重复性的根本原因在于人的固有特点——人的行为的可变性。人的行为在准确性、精确度等方面无法与机器相比,存在固有的可变性。这也说明人为失误是不可能完全避免的。当然,大多数人的这种可变性并不会对系统造成危害,只要人的行为可变性在所定义的系统运行的可接受限度之内就无碍大局。

2) 人为失误往往是情景环境驱使的

人在系统中的任何活动都离不开当时的情景环境。硬件的失效、虚假的显示信号和紧迫的时间压力等因素的联合效应会极大地诱发人的不安全行为。人为失误的产生不仅与人的自身素质、个性、经验、培训水平等相关,还直接受到工作环境设计不良等因素的影响。机器设备当然也会受到环境的影响,但是两者受到影响的效果差别很大。例如,设备对于环境的耐受范围通常都远大于人,并且环境对人员往往产生直接、显著的影响,而企业、社会等"软"环境,一般来说并不会影响机器。

人机工效学的重要内容之一就是通过对设备、环境等的设计,识别可能诱发失误的环境条件并尽量从设计的角度消除或修正。

3) 人为失误的潜在性

人为失误有时不会立即引起系统的故障或失效,它以一种潜在的形式造成系统在执行功能或投入使用时发生故障,最终可能导致整个系统的灾难性后果。

一般来说,显性失误往往是与在岗操纵员的具体操作相联系,如飞机驾驶员、核电站控制室操纵员等;另一方面,潜在失误往往可能是人在设计、决策、维修、安全和管理等环节中产生的,这种失误具有一定的隐蔽性,当事人或其他人往往不能对其进行及时恢复。特别是在复杂装备系统中,人员往往处于监控/决策者的位置,并不直接操纵设备,其失误的隐蔽性更高,一旦触发则后果也往往更严重。

4）人为失误的可修复性

由于人的固有可变性会导致人的某种失误常常会在不同的条件甚至相同的条件下重复出现，尤其当人们对某一事物还没有充分认识时，失误则是必不可少的代价。只有从中获得经验教训才能为成功铺平道路。当然，我们应该尽可能避免失误，尤其是那些导致重大恶性后果的人为失误。

人为失误会导致系统的故障或失效，但也有很多情况说明，在系统处于异常工况情况下，人的参与可以减轻或克服系统的故障或失效产生的后果，使系统恢复正常或安全状态。这是由于人通过系统的反馈功能或自身的感知和认知能力，可以发现并解决系统存在的问题，或者及时恢复自身的失误动作。人的这种"自恢复"或"自修复"能力，至少是现在的设备或机器难以具备的。

5）人为失误可以降低

人能够通过不断的学习改进工作绩效。每个人都能够从实践中学习新的知识和技能，同时也可以学习如何进行合作。在执行任务过程中适应环境并自觉和不自觉地学习是人的重要特征之一，这是到目前为止机器所无法做到的。

通过学习，人的某种社会心理需要、行为模式、情感反应和态度等得到发展和完善学习过程的模式是复杂的、长期的，其效果可以体现在技能型的操作任务的熟练程度上，也可以延伸到以知识型行为为基础的决策行为的优化水平上。

6）人的容许限度

由于人为失误被定义为一种造成超越系统功能容许限度的人的行为，那么，在人与系统交互作用中就必须确定"限度"是多少，从而保证人的行为不会超出系统可接受的容许范围。这种限度也称为人的容许限度（Human Tolerance Limits）。对人的容许限度进行系统分析，可以有效地防止人为失误发生。下面列出一些有关的容许限度。

（1）障碍限度是从物理角度出发，防止或限制产生不可接受的绩效（Performance）。例如，起重机上安装的高度容限开关，使得开关阻断情况下，向上按钮不起作用；在关键开关上覆盖一个塑料保护罩，以减少非意向性的停机行为。

（2）固定限度是明确且永久建立的限度。例如，在仪表上的绿色区域表示可接受的显示范围，而红色是不可接受的范围；开关上的锁定装饰使得开关不会轻易离开功能位置；核电站工作区域地面上的通道指示确定了安全通道的位置和走向。

（3）经验或测量限度需要通过在任务执行期间或完成之后的观察或测量而得到核实。例如，检查一块仪表显示器的精度是否在容限范围之内；调整一个基准点直到它能准确地显示参量值;反应堆安全壳内气体取样以便测量放射性水平是否在容限范围之内。

(4) 参考限度也是一种标准,用来与实时的需要验证的输出相比较。例如,完全合格的金属焊接样品与完全不合格的焊接样品就是提供一种进行验证的标准参照物。

(5) 注意限度是由报警器、信号显示器等设备提供的,它们与系统的功能限度直接相关,设计上往往要求能够充分吸引人的注意力。

(6) 常规限度是由于培训或人的习惯而逐渐形成的。例如,养成良好的操作习惯,不要将身体紧靠在控制台上、工作环境整洁有序等。

3. 人为失误的类型

对研究对象进行分类,将其划分为更小的类别,是开展研究、全面认识对象的前提,因此,有效的人为失误行为分类是 HRA 的关键问题之一。然而目前还没有一种统一的分类方法,研究人员出于不同的研究需要而使用不同的失误分类方法。一种分类方法通常取决于一种具体的目的,还没有一种分类方法可以满足所有的研究需要。

总的来说,可以把这些分类方法分成两大类:一类是不考虑人的内心心理活动过程、将人视为一个黑匣子的工程分类法,包括 Meister 分类法和 Swain 分类法;另一类是基于认知心理学的发展,从人的认知过程进行分类,包括 Reason 分类法和 Rasmussen 分类法。

1) Meister 分类法

Meister(1962)最早发表了有关人为失误的统计报告。在这个报告中,他从产品的研制、生产、使用的寿命周期各个阶段出发进行划分,把人为失误分为设计失误、操作失误、装配失误、检查失误、安装失误和维修失误。

(1) 设计失误是设计人员在设计过程中出现的不合理性失误,一般有 3 种情况:设计人员所设计的系统或设备操作不合理,违背正常的人机交互关系;设计中过于草率或由于设计人员的偏爱和片面性所致;系统在设计过程中进行的系统性分析不够而引入缺陷,如没有进行可靠性、安全性分析。

(2) 操作失误是操作人员在现场工作环境下所犯的错误。它可能是由于缺乏合理的操作规程、任务复杂或在超负荷条件下工作;人员培训不够;操作人员对工作缺乏兴趣,态度不认真;工作环境太差;违反操作规程等。

(3) 生产过程中的装配失误包括:错误地使用零部件,忘记或疏忽遗漏装配一些零件,标签不符合要求,虚焊等。

(4) 检查失误是指由于检查产品过程中的疏忽而没有把有缺陷的产品筛选出来。统计显示,检查的有效性和正确性一般只有 85%左右。

(5) 安装失误是指没能按照正确的安装手册进行安装。

(6) 维修失误是指在维修保养中的失误。比如校核过程的失误、忘记关闭或打开规定的阀门等。随着设备的老化,维修次数的增加,发生失误的次数就更多。维修中的失误一般包括诊断、读数、校验以及维修环境应力所带来的失误。

美国核电站的人为失误时间统计表明,设计/建造阶段的人为失误所占比例最大(42%),其次是因为维修造成的失误(33%),然后是规程缺陷导致运行操作中的人为失误(10%)。这一比例对于其他行业也具有参考价值。

2) Swain 分类法

Swain 将人看作一个黑匣子,只从人机交互的角度研究人的行为(特别是输出行为),将人为失误分为两大类:执行型错误(Error Of Command,EOC)和遗漏型失误(Error Of Omission,EOO)。

(1) 执行型错误是指某项任务或步骤没有正确完成,或者是执行了某项错误的或不需要的动作,也就是说,做了但是做错了。这是一种广义的分类,其中包括选择失误、顺序失误、时间失误和量的失误等。例如,一个技术人员给机械泵换油时选择了错误尺寸的油塞去塞紧漏油孔(选择错误),或者他在清除干净旧油之前就加入新油(顺序错误),或者他没有按规定时间完成换油任务(时间失误),又或者他在油塞漏油孔处添加的封蜡量太少引起慢速漏油(量的失误)。

(2) 遗漏型失误是指人在完成一项任务时忘记或遗漏了其中的某项步骤或任务,也就是该做但没有做。在上述换油的例子中,若技术人员在灌入新油之后忘记了旋紧油塞,就属于遗漏型失误,这会导致新油的浪费和地面的污染。一般来说,遗漏的动作往往是并行动作或串行动作的最后一步。遗漏型失误和执行型失误的表现形式如表 3-6 所列。

表 3-6　遗漏型失误与执行型失误

<table>
<tr><td colspan="2" rowspan="2">遗漏型失误</td><td>遗漏整个任务</td></tr>
<tr><td>遗漏任务中的某一项或某几项</td></tr>
<tr><td rowspan="8">执行型错误</td><td rowspan="3">选择失误</td><td>选择错误的控制器</td></tr>
<tr><td>进行不正当的控制动作
(包括动作颠倒、连接松动等)</td></tr>
<tr><td>选择错误的指令或信息</td></tr>
<tr><td>顺序错误</td><td></td></tr>
<tr><td rowspan="2">时间失误</td><td>太早</td></tr>
<tr><td>太晚</td></tr>
<tr><td rowspan="2">量的失误</td><td>太少</td></tr>
<tr><td>太多</td></tr>
</table>

3) Reason 分类法

以失误心理学为基础的失误分类方法强调人的行为与意向的关系。Reason 将人的不安全行为归于两大类:一类是执行已形成的正确的意向计划过程中的失误,称为过失和遗忘(Slips & Lapses);另一类是在建立意向计划中发生的失误,称为错误(Mistakes)和违反(Violation)。这种分类方法有助于找出失误类型的不同机理。过失和遗忘常常发生在技能型动作的执行过程中,主要是因为人丧失(或分散)注意力或由于作业环境的高度自动化性质所致,因此需要加强系统的反馈机构或在工效学上进行改进,从而进行及时纠正和恢复。而错误往往比较隐蔽,短时间内较难被发现和恢复,人们可能会陷入认知上的"隧道效应",即当面对与自己已形成的概念不相容的信息时往往会给予排斥,坚持先前的判断和决策。因此,错误的恢复途径比较困难,也是要着力加以防范的失误类型。违反是指在常规或应急情景下,操作人员"走捷径"或者认为现行规程不如自己的办法好或者不得不采取"冒险"做法。在这种情况下,操作人员一般不会放松注意力,随时要从反馈信息中做出判断或纠正。

需要指出的是,对于"违反"这一失误类型,近年来有学者提出了不同的看法,认为违反规定是一把双刃剑,它既可能导致危险或事故,也可能发挥了人的创造性而消除了紧急情况。需要结合具体情况进行分析。

4) Rasmussen 分类法

Rasmussen 在技能型行为、规则型行为和知识型行为的基础上,对于人为失误类型进行了划分。

(1) 技能型行为的失误模式。

大多数技能型行为的失误可以归纳为两大类:一是忽略注意,即在关键节点处遗漏了必要的注意和监视,特别是当注意力被其他事物所转移时;二是过度注意,即在日常动作序列中的不恰当时刻进行了注意性检查。

① 忽略注意是人在完成高度序列性的任务过程中,一旦有限的注意资源被其他因素所占据而离开当前任务,就可能在序列上的某个节点产生偏离;或者在其他因素的干扰下遗漏原来序列中的一部分。例如,一个人去打算去洗漱室接一杯茶水,路上遇到同事聊天,然后他就拿着空杯子回去而忘了接水。

② 过度注意是指过度地不合时宜地进行注意性检查而导致的失误。它往往是在序列化行为的中间部分突然插入一个注意性检查,从而导致下意识的习惯动作而偏离了原有序列。例如炒菜时按照习惯不经心地放了盐(技能型行为过程),但在出锅时忽然想起是否放盐,然后又一次习惯性的放了盐(仍然是技能型的习惯行为)。

(2) 规则型行为的失误模式。

在任何一种异常工况情景汇总,都可能有多个规则以供选择,因此规则型行为的典型失误模式:一是好规则的不当应用,二是使用了坏规则。

① 好规则是指在一种具体情景下曾被证明是奏效的、有用的规则。然而,这些规则虽然在某些情景中是好的,但可能在另一种环境条件下会造成不当应用。人在长期生产实践中形成的习惯,往往会成为一种强大的力量制约着人的头脑。人具有明显的、固执的倾向去使用那些熟悉的、过去屡屡成功的、即使比较麻烦的解决手段,而不愿意使用更为简单、合理但是不甚熟悉的其他规则。

② 坏规则可分为两大类:一是编写缺陷,即没有将具体情景的特征写进规则,或者错误地描述规则中的条件元素;二是行为缺陷,即行为可能引起不合理或不适宜的响应。

(3) 知识型行为的失误模式。

知识型行为面对的是一个全新环境,需要人在用尽全部现成规则之后进行这种费力的认知过程,并且需要不断通过反馈信息进行意向和行为的修正,因此产生的失误形式往往难以预测,也十分复杂。总的来说有 3 种失效模式:有限合理,思维局限和确认偏见。

① 有限合理是指人在解决问题过程中,往往需要人依靠经验或知识对当前状态进行合理的分析推断与决策;然而由于人的经验和知识有限,人对于一个全新问题的解决能力通常不能与问题的复杂程度相匹配,因此解决方案(即意向)的合理性往往是有限的。此外,由于获得信息的不全面和不确定,导致决策也只能是局部的,从而产生失误。

② 思维局限是指人在知识型行为的推理过程中往往会将问题纳入某种综合的思维模式中,尝试利用其掌握的不同模式或模型去解释当前情景。这种综合若干可能模型的活动会给思考者带来沉重的思想负担,从而出现“眼不见,心不想”的现象,即一些显著的因素存在于大脑中,而隐含的因素则可能被忽略,从而导致错误判断,产生失误。

③ 确认偏见即常说的“先入为主”。在应急情景下面临多种因素,思维负担重,因此人们在一旦获得某些人为可以解释的观点后,就会产生某种结论,并忽略其中存在的矛盾或排斥其他观点。特别是对于经验或知识丰富者,反而会因为过分自信而强化其已经形成的偏见,最后导致失误。

5) PSA 中的人为失误事件分类

按照目前国际原子能机构(International Atomic Energy Agency,IAEA)的建议,在概率安全评估(PSA)中主要考虑的人为失误事件有以下 3 类。

(1) A 类事件:发生在初因事件之前的人误事件(Human Failure Event,

HFE)。指按照规程的日常运行或维修、调试活动中所产生的人误事件。这类事件往往是由于管理的原因或者人员素质方面的原因所产生的疏忽型失误,例如维修后忘记将阀门恢复到初始状态等。它的失误概率一般与时间无关。

(2) B类事件:由人直接引发的初因事件。即人在进行某项作业或实施某项行为时,由于某种不正确的操作行为而直接导致出现核电站异常工况的初因事件,如停堆等。

(3) C类事件:初因事件发生后,在事故进程中所发生的人误事件。指人在与系统发生交互过程中的人的活动,它可以缓解事故进程,也可以加剧恶化过程。C类事件发生在人的诊断、评价、决策等认知环节上,它的概率与实践有着密切关系,失误类型往往是难以纠正的错误。C类事件也会发生在诊断完成后的具体动作执行过程中。

4. 人为失误的影响因素

人为失误的影响因素是指影响人的绩效(Performance)行为的任何因素,也称为绩效形成因子(Performance Shape Factor,PSF)。PSF的成功组合可以有效地减少人的压力,提高人的可靠性;反之则会破坏和降低人的可靠性。

1) 外部绩效形成因子

外部绩效形成因子包括以下3种因素:

(1) 工作环境因素,它是指人员在执行操作或任务时的一些情景条件和情况,其中包括:

① 工作场所,例如空间、距离、轮廓和大小。

② 物理环境,例如温度、湿度、空气质量、光线、噪声、振动等。

③ 工作和休息时间。

④ 工作设备的可用性和适用性。

⑤ 分配工作时要尽量发挥个人的长处与爱好,使工作人员充满工作兴趣和热情。

⑥ 组织结构、责任划分和工作交流。

⑦ 行政管理活动,包括后期管理和家庭问题协调等。

⑧ 报酬、赏识和利益。

(2) 工作任务说明书、设备使用手册等因素。对于重要的工作任务应事前计划好一个程序或说明书。任务说明书或手册能极大地影响人员操作的正确性。

(3) 设备和任务状态因素。这一点涉及任务完成的难易程度,包括对设备的要求(速度、能力、精度),信号、指示灯、报警音响的有效性等。设备相关因素涉及人机工效学设计,任务状态则主要指复杂性和难易程度。对于重要的关键性任务，给予强化的操作和心理状态培训，有助于提高人员操作的可靠性。

2）内部绩效形成因子

人员自身的各种因素对任务的完成起着相当重要的作用。这些因素包括每个人的经验、学历、技能、身体条件、个性、知识水平和活动能力等。经过正规培训的人员，在应付各种危险情况时与没有经过培训的人相比，具有明显优势。实践证明，人员定期的再培训对任务的有效完成具有重要意义。

3）应激水平

应激水平是描述外界各种情景因素在人的精神和心理上产生的紧张或压力感觉，它是影响人的行为和人员可靠性的一个重要因素。显然，一个承受过度应激水平的人会有较高的失误概率。研究表明，应激不完全是一种消极因素，当人处于中等应激水平时的绩效最佳；反之，如果在很低的应激水平下工作，任务简单单调，人也会注意力不集中，不能全身心投入工作，绩效水平反而会降低。另一方面，在超过中等水平的应激情况下，工作绩效也会由于疲劳、烦恼、担忧和其他各种心理压力而下降。统计显示，在有些情况下，高应激水平下的失误概率会高达 90%。

第4章　事故致因理论

4.1　事故致因理论概述

4.1.1　事故致因理论的作用

事故致因理论又称为事故模型(Accident model),是从大量典型事故的本质原因的分析中所提炼出的事故机理或模型。这些机理和模型反映了事故发生的规律性,能够为事故原因的定性、定量分析,为事故的预测预防,为改进安全管理工作,从理论上提供科学的、完整的依据。科学合理的事故致因理论能够阐明事故的成因、始末过程和事故后果,以便对事故现象的发生、发展进行明确的分析。

1. 事故致因理论的地位与作用

事故致因理论或事故模型是人们对事故机理所作的逻辑抽象或数学抽象,是描述事故成因、经过和后果的理论,主要研究人、物、环境、管理以及事故处置等这些因素如何作用而引发事故、造成后果。事故致因理论是开展系统安全工作的理论基础,从本质上阐明事故的因果关系,说明事故的发生、发展过程和后果,对于人们认识事故本质,指导事故调查、事故分析及事故预防等都有重要的作用。

事故致因理论在系统安全工作中居于核心地位(见图4-1)。通过事故调查的提炼和总结,得到了解释事故现象一般规律的事故致因理论,在其基础上形成了各种类型的危险分析方法。这些方法又可用于分析识别并消除复杂装备系统或工业生产企业中存在的事故因素或安全隐患,防患于未然,避免事故的发生。

尽管目前存在多种类型的事故致因理论,侧重点也各有不同,但是都力求解释事故的本质原因,因此由事故致因理论可以得出一些基本结论。

(1) 事故的发生是偶然的、随机的现象,然而又有其必然的统计规律性。事故的发生是许多事件互为因果,一步步组合的结果。事故致因理论揭示出了导致事故发生的多种因素,以及它们之间的相互联系和彼此的影响。

(2) 由于导致事故的原因是多层次的,所以不能把事故原因简单地归结为“违章”二字。必须透过现象看到本质,从表面的原因追踪到各个深层次,直到

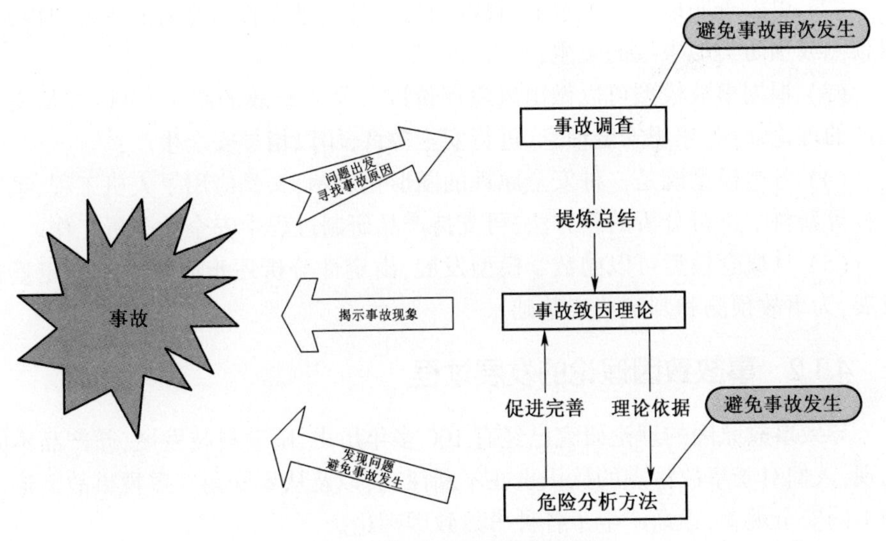

图 4-1　事故致因理论的作用

本质的原因。只有这样,才能彻底认识事故发生的机理,真正找到防止事故的有效对策。

(3) 事故致因的多种因素的组合,总体上可以归结为人和物两大系列的运动。人、物系列轨迹的异常交叉,就可能导致事故发生。应该在分别研究人和物两大系列的运动特性基础上,进一步分析人与物的交互或接口关系,追踪人的不安全行为和物的不安全状态,研究人、物都受到哪些因素的作用,以及人、物之间相互匹配方面的问题。

(4) 人和物的运动都是在一定环境(包括工作环境、自然环境和社会环境)中进行的,因此追踪人的不安全行为和物的不安全状态应该和环境分析结合起来进行。识别环境对人产生不安全行为、对物产生不安全状态都有哪些影响。

(5) 人、物、环境都是受管理因素支配的。人的不安全行为和物的不安全状态是造成伤亡或损失的直接原因,但背后的管理问题也不容忽视,应注意加强和改进管理。

2. 建立事故模型的意义

通过对典型事故的分析总结,提炼事故致因理论,构建事故模型,对于系统安全的理论研究和工程应用都具有重要意义。事故模型是装备安全性设计分析、事故调查与预测/预防的基础。具体来说,将事故的发生、发展过程模型化的重要意义在于:

(1) 从个别抽象到一般,把同类事故归纳为模型,可以深入研究导致事故的原理和机理;

（2）可以查明以往发生过的事故的直接原因，进而找出背后的主要原因，用以预测或预防类似事故的发生；

（3）根据事故模型可以做出风险评价以及预防事故的决策，可以增加安全生产的理论知识，累积安全信息，进行安全教育，用以指导安全生产；

（4）各类模型既是一种安全原理的图形化表示，又是应用了人机工程、系统工程等新科学进行分析的新方法，可支持产品研制过程中安全性分析工作。

（5）从概念模型可以向数学模型发展，由定性分析逐步向事故过程定量化发展，为事故预测和判定奠定基础。

4.1.2 事故致因理论的发展过程

导致事故原因的理论研究已经有100多年历史，随着科技发展，新产品不断涌现，人们对于事故特点的认识也在不断深入，以及从不同角度审视事故而形成的不同安全观念，逐渐产生了各种事故致因理论。

20世纪，欧美国家进入工业化大生产时期，机械自动化设备和大规模流水线生产方式得到广泛应用，极大地提高了生产效率，但是员工的伤亡事故也频繁发生。根据美国一份被称为“匹兹伯格调查”的报告，1909年美国全国的工业死亡事故高达3万起，一些工厂的百万工时死亡率达到150~200人。工业企业中的伤亡事故已成为一个社会问题，不论是从人道主义还是从降低成本、避免损失出发，分析事故原因，降低事故损失都成为了必然。

早期的机械设备在设计时很少甚至根本不考虑操作的安全和方便，几乎没有什么安全防护装置，企业主也不愿意在这方面增加投入，而是更多地将事故责任推卸到工人头上，甚至法庭判决原则也认为工人理应承受所从事的工作通常可能发生的一切危险。只要能证明事故原因中有受伤害工人的过失，法庭就会判定由工人自己承担责任。在这一时期，逐渐开始对工厂的伤亡事故进行概率统计检验。1919年，英国的格林伍德（M. Greenwood）和伍兹（H. H. Woods）通过统计分析发现，工人中的某些人较其他人更容易发生事故。基于这一现象，法默（Farmer）等人提出了事故频发倾向（Accident Proneness）的概念，认为个别人具有容易发生事故的、稳定的、个人内在倾向。根据这种理论，工厂中少数具有事故频发倾向的工人是工业事故发生的主要原因，如果能够减少此类员工，就可以减少工业事故。这种试图在理论上解释事故成因的做法具有一定的积极意义，由此提出的重视人员考核选拔的措施也有很多可取之处。但是随着更大范围、更长时间的统计分析，少数员工的事故频发倾向并不存在显著性，这种把事故致因简单地归咎于人的天性的理论逐渐被人们抛弃。

这一时期最著名也是最成功的事故致因理论，是由美国人海因里希（W. H.

Heinrich)提出的事故“因果连锁”理论。海因里希认为事故的发生是一系列按因果关系依次发生的事件导致的后果，并且用多米诺骨牌来形象地说明5类事故因素之间的因果关系。因此，该理论也被称为“多米诺骨牌”理论。多米诺骨牌理论提出的因果连锁模型从宏观上解释了事故发生的逻辑过程，成为后续研究的理论基础之一，形成了不同类型的事故因果连锁理论，一直延续至今。但该理论与事故频发倾向论有相似之处，尽管它强调了物的不安全状态对于事故的影响，但又认为物的不安全行为是由于人的不安全状态所导致，因此同样将事故主要归因于人员，特别是人的先天遗传因素。这是其时代局限性的表现。

第二次世界大战期间以及战后，以高速飞机、航空母舰等为代表的大型复杂装备的操纵装置和仪表非常复杂，往往超出人的能力范围，使人们逐渐认识到要想避免事故，不能单单让操作人员去适应设备，更要求设计生产的大型装备能够适应人的操作习惯，从而逐渐发展出人机工程学，并促进了人的可靠性研究。于此同时，在1949年，戈登(Gorden)尝试利用流行病传染机理来解释事故发生机理，对事故因素相互关系的认识跨上了一个新台阶，促进了因果连锁理论的发展，间接影响到了“瑞士奶酪模型”的提出。

到了20世纪60年代，人们对事故的物理本质的认知有了一大飞跃，提出了能量意外转移理论。吉布森(Gibson)于1961年初步提出，并由哈登(Hadden)于1966年丰富完善的一个新概念认为，事故是一种不正常或不希望的能量释放作用于人体或物体，各种形式的能量是构成伤害或破坏的直接原因。因此，通过过程屏蔽手段来防止能量意外释放或作用于人体、物体就成了安全措施的基本原则。能量意外转移理论通常与因果连锁理论相结合，利用能量意外释放来解释事故的直接原因，再通过因果连锁关系分析或解释事故的间接原因(特别是管理层面的原因)。

20世纪50年代以后，洲际导弹、航天飞机、核电站等复杂大系统相继问世，为事故过程带来了新特点，安全工作面临新挑战。这些复杂装备系统由数以千、万计的元件、部件组成，它们之间的交互关系复杂，彼此影响，且常常设计高能量(如弹头、发动机燃料、核燃料等)。系统中微小的差错就可能引起连锁反应导致能量意外释放，造成灾难性事故。例如，美国空军在研制民兵型洲际导弹过程中，在很短的时间内就发生了4起爆炸，损失惨重。美国国会召开听证会要求美国空军对此进行解释，并要求采取措施避免类似事故再次发生。为解决此类问题，美国空军组织相关技术、管理人员进行研究，在原有的安全理论基础上，借鉴系统科学、系统工程理念，逐渐形成了系统安全(System Safety)这一现代事故预防理论和方法体系，自1969年开始陆续制定了著名的美军标882系列标准，并成为包括我国在内的许多国家制定安全性军用标准时的基础。系统安全下的事故连锁反应已不仅仅是早期研究的组织、管理层面上的宏观因果关系,它更多地涉及装备系统内部的构成,安全工作需要与产品的具体设计、研制相结合。

这一时期,在事故致因理论方面也有了新发展。本纳(Benner)和劳伦斯(Lawrence)在20世纪70年代先后提出并完善了扰动起源论(P理论),认为事故是由于"扰动"引起的连锁反应。它在系统内部的微观层面上解释了事故的因果关系,是因果连锁理论、能量转移理论和系统理念的结合,逐渐形成了包括扰动论、变化论、轨迹交叉论等在内的动态变化理论。

此外,在这一时期随着对人的认知、行为以及人的可靠性等方面的研究,陆续形成了一系列以人为中心的事故模型。如由瑟利(J. Surry)于1969年提出,并在70年代初得到发展的瑟利模型,是以人对信息的处理过程为基础,描述事故发生因果关系的一种事故模型。该理论认为,人在信息处理过程中出现失误从而导致人的行为失误,进而引发事故。在这一理论基础上,后来又陆续形成了海尔(Hale)模型(1970年),威格尔斯沃思(Wigglesworth)的"人失误的一般模型"(1972年)以及劳伦斯的"矿山以人失误为主因的事故模型"(1974年)。1983年,瑞典工作环境基金会对瑟利提出的人的信息处理过程及事故发生序列的安全信息模型进行了修改,把安全信息方面的事故致因理论向前推进了一大步。

进入21世纪后,随着系统安全思想的进一步发展,人们开始重新审视事故过程中系统要素的作用以及它们之间的因果关系,认为安全是一个控制问题,事故是一种系统涌现现象。事故不能简单归因于人的不安全行为或物的不安全状态,事故是系统内部多种要素或实体交互耦合过程中的一种特殊(也是人们不期望的)现象。事故过程也不是一个简单的或线性的因果关系,更多的是一种相关性而非因果性。在这一理念下,陆续形成了STAMP模型、FRAM模型等,并在此基础上提出了弹性理论(Resilience theory),认为系统的安全包括3个层次:事故前的预判预防,事故中的降低损失和事故后的快速恢复。这些新型的事故模型对于推动事故致因理论研究具有重要意义,但目前在工程领域的应用还较少,仍有待进一步研究完善。

4.1.3 事故致因理论类别

国内外安全领域的许多专家对事故机理的研究已经开展了许多年,随着新事故特征的出现以及人们对事故机理认识的不断深入,事故致因理论的研究在不断地取得新的进步。这些事故致因理论都是从某个侧面揭示了某种特定类型事故的发生规律,澳大利亚安全性协会(Safety Institute of Australia Ltd)在《安全:因果关系模型》的报告中总结了目前主要的事故模型,将当前的事故模型分为 3 大类:简单线性的事故模型、复杂线性的事故模型和非线性的事故模型(见图 4-2)。

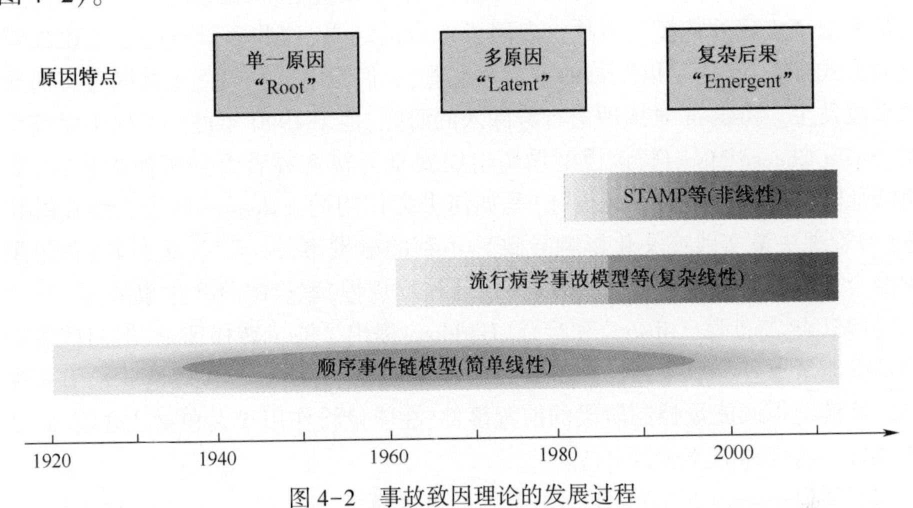

图 4-2 事故致因理论的发展过程

线性的事故模型认为一系列事件的发生导致了事故的产生,这些事件的发生有着特定的和可认识的次序。简单线性的事故模型中,A 发生导致 B 发生,再导致 C 发生等经历若干事件导致事故发生。复杂线性的事故模型指的是多路径的线性事故模型。非线性的事故模型则认为导致事故发生的若干事件的先后次序不是非常明确,事件之间相互影响,事故的发生具有涌现性。

1. 简单线性事故致因理论

简单线性事故致因理论是人们早期在认识相对简单的事故过程中提出的理论,主要指的是事故因果连锁理论及其扩展。事故因果连锁理论认为,事故是由一连串事件在一定顺序下发生的结果。在 20 世纪 40 年代,海因里希提出了最早的事故连锁理论,即多米诺骨牌理论。博德等在此基础上提出了因果连锁模型。北川彻三在此基础上又进一步提出了诸多社会因素对伤害事故的发生和预防都有着重要的影响。

事故因果连锁理论一般采用逻辑树(如故障树)方法来分析事故发展,而这种方法对于事故的动态过程以及各因素之间的交互缺乏分析手段。此外,事故因果连锁理论采用一对一的单因素分析,将因果关系简单化。随着技术的发展,对于普遍存在的复杂系统,事故因果连锁理论无法解释复杂事件关系的事故。

2. 复杂线性事故致因理论

复杂线性事故致因理论是建立在事件之间是单向因果关系的传播作用基础上,认为事故是由多种单向因果关系的组合导致的。复杂线性事故致因理论包括流行病学的事故模型、能量转移论、扰动起源事故模型及其扩展、瑟利模型及其扩展、轨迹交叉论和两类危险源理论及其扩展。

戈登(Gordon)在1949年提出了流行病学事故模型,认为事件导致事故的发生是类似于疾病的传播。事故是多因素综合的结果,这些因素有的是以比较明显的方式存在,有的是以隐藏的方式存在着,它们在空间和时间上共同存在而导致事故发生。Reason对该理论有着深入的研究,他于1990年提出了瑞士奶酪模型(Swiss Cheese Model),该模型强调组织安全的概念并着重分析保护装置(如阻断危险物质的屏蔽装置或措施)是如何失去作用的。Reason认为当潜在的状态(由管理决策实践或文化影响导致)、不利的触发事件(天气、地点等)和组织中的个人或团体导致的行为失效(错误或违反规程)联合时将产生事故。

1961年吉布森(Gibson)和哈登(Haddon)提出了能量转移理论,他们认为事故是由能量意外释放导致。在事故致因理论研究中,能量转移理论非常引人注目。该模型强调能量控制阶段的前置事件,在能量将作用于人和财产之前,以消减、阻止、转变和隔离能量。

瑟利(J. Surry)在1969年提出了瑟利事故模型(Surry's Accident Model),此后,安德森(Anderson)等人对其进行了修正。1972年,本尼尔提出了扰动起源事故模型,又叫P理论。此后,佐藤吉信又进一步对其进行扩展,提出了“作用—变化与作用连锁”模型。

3. 非线性事故致因理论

非线性事故致因理论,在其他的文献中也称为系统性事故模型。与线性事故致因理论不同的是,非线性事故致因理论并不认为事故的发生是由于固定的单向因果关系的传播导致,而是考虑系统要素间互为因果关系、先后发生次序不明确的复杂交互行为,把系统的动态性、非线性的行为或性能变化的非线性组合看作是事故发生的本质。非线性事故致因理论主要包括AcciMap、系统论事故模型和过程以及功能共振事故模型等。

Rasmussen在1997年采用系统论的观点,通过建立层次化的社会技术系统来研究安全问题。技术系统即通常所研究的系统或产品(装备系统);社会技术系统中包含了组织、管理、操作过程、技术系统及其研制过程等。该理论认为事故是在社会技术系统下各元素相互作用而产生的涌现特性。事故是由人员、社会和组织结构、工程活动、硬件和软件系统部件之间交互过程存在缺陷而导致的。

AcciMap正是在此基础上由Rasmussen等人提出的一种事故分析方法。AcciMap用于事故后的调查分析,该技术的本质是从社会技术系统中的各层寻找事故的多种原因。它是一个多层次因果框图,将一起事故的各种原因组织在一起展现出来。该方法与其他方法的不同之处在于,它从政府、监管机构、企业等多个层次来识别和分析事故的原因。该分析方法已应用于多起事故过程分析中,但它的缺点在于只提出了一种理念:让人们将人员、社会和组织结构、工程活动作为一个整体来考虑事故的发生,并没有具体的分析理论,非常依赖于个人的经验。

2004 年,Levenson 在 Rasmussen 等人的理论基础上,提出了系统论事故模型和过程(Systems-Theoretic Accident Model and Processes,STAMP)。STAMP 理论也是在社会技术系统范围内研究安全问题。它把社会技术系统划分为不同的层次化结构,其中高层能够对比它低的层次中的行为施加约束。安全被看成一个控制问题,系统中的控制结构约束系统在安全的状态下运行。复杂系统的事故不能简单地归结为多个独立部件的失效,而是由于控制系统没能充分地处理外部环境扰动或系统部件之间功能异常交互从而导致事故。事故是由与安全相关的约束在系统研制和使用过程中不恰当或不充分地实现所导致的,也就是约束缺陷导致事故发生。STAMP 理论近几年发展较快,在有些工程实践中已开展应用。

2004 年,Hollnagel 提出功能共振事故模型(Functional Resonance Accident Model,FRAM)。功能共振事故模型从功能入手,将事故看成是由于若干功能的波动而导致的。功能共振事故模型通过识别系统导致不利后果的人员、技术和组织因素的波动,并确定这些因素之间的连接关系,找出导致事故发生的功能共振、影响功能共振的因素和失效功能连接,进一步确定波动管理措施。

4.2 事故因果连锁理论

事故因果连锁理论是由美国的安全工程师海因里希(H. W. Heinrich)于 20 世纪 40 年代首次提出。经过几十年的发展和改进,虽然有不同的变形,但其基本理论框架,即事故过程的因果和连锁关系并未发生改变,是目前最经典的事故致因理论。

4.2.1 海因里希法则与多米诺骨牌模型

1. 海因里希法则

海因里希法则又称为海因里希安全法则,是海因里希在 1941 年经过大量的事故统计得出的。海因里希对 55 万起机械事故的后果进行分类统计,其中死亡或重伤事故 1666 件,轻伤 48334 件,其余为无人员伤害事故,即在机械事故中,死亡或重伤、轻伤和无伤害事故的比例约为 1 : 29 : 300。也就是说,在机械生产过程中,每发生 330 起事故或意外事件中,有 300 件未产生人员伤害,29 件造成人员轻伤,1 件导致重伤或死亡。这一规律被称为海因里希法则。

不同行业或者不同的事故类型中,上述比例关系不一定完全相同;即使是相同的生产/运行过程,随着技术、管理水平的提升,该比例关系也必然会发生改变,但是 70 多年来,这种统计规律一直未变。海因里希法则说明了在进行同一项活动中,无数次意外事件必然导致重大伤亡事故的发生,也就是当样本量足够大时小概率事件终将发生。基于海因里希法则,要防止重大事故的发生必须减少和消除无伤害事故,要重视事故征候和未遂事故,否则终会酿成大祸。

例如,某机械师企图用手把皮带挂到正在旋转的皮带轮上,因他未使用拨皮带的杆,且站在摇晃的梯板上,又穿了一件宽大长袖的工作服,结果被皮带轮绞入碾死。事故调查结果表明,他这种上皮带的方法使用已有数年之久,医疗记录显示其近年来接受过数十次的手臂擦伤后治疗处理,尽管同事都佩服其手段高明,但结果还是导致其死亡。这一事例说明,重伤和死亡事故虽有偶然性,但是不安全因素或动作在事故发生之前已暴露过许多次,如果在事故发生之前,抓住时机,及时消除不安全因素,许多重大伤亡事故是完全可以避免的;反之,则终究会造成严重后果。

海因里希法则对于安全管理是一种警示,它说明任何一起事故都是有原因的,并且是有征兆的,事故分析不仅要分析事故本身,更要举一反三,重视对事故征兆和苗头的分析排查;同时说明事故是可以控制和避免的,只要发现并控制征兆和苗头,就可以避免很多事故。

基于海因里希法则可以进行如下安全管理:

(1) 首先,任何生产或使用操作过程都要程序化,从而使整个过程都可以考核,便于发现可能会导致事故的异常或差异;

(2) 对每一个程序或步骤都要划分相应的职责,明确责任人,并让其认识到安全的重要性和事故的危害性;

(3) 对生产过程或运行的系统开展安全性分析,识别可能发生的事故及其征兆,并进行相应的人员培训,使其有能力发现事故征兆;

(4) 制定检查制度,定期检查每个程序或步骤,及早发现事故征兆;

(5) 一旦发现事故隐患或异常,应及时报告,及时处理;

(6) 生产或运行过程中的一些小问题,即使是难以避免或者经常发生,也应引起足够的重视,要及时排除。

2. 多米诺骨牌模型

为了进一步阐明事故发生的原因以及导致事故的各类因素之间的关系,海因里希在上述统计规律基础上又进一步提出了事故因果连锁理论,用以阐明导致事故的各种原因因素之间以及它们与事故、伤害之间的关系。

1931年,海因里希在《工业事故预防》一书中阐述了工业安全理论,该书的主要内容之一就是论述了事故发生的因果连锁理论。该理论认为,事故的发生不是一个孤立的事件,尽管伤害或破坏可能是瞬间发生的,但它是一系列互为因果的事件相继发生导致的最终结果,即事故后果与其前续事件存在因果和连锁关系。

海因里希把工业伤害事故的发生、发展过程描述为具有一定因果关系的事件链,其逆向追溯关系如下:

(1) 人员伤亡的发生是事故的结果;

(2) 事故的发生是由于人的不安全行为或(和)物的不安全状态;

(3) 人的不安全行为或(和)物的不安全状态是由于人的缺点造成的;

(4) 人的缺点是由于不良环境诱发的,或者是由先天的遗传因素造成的。

为了形象地阐明事故过程,海因里希借用了多米诺骨牌来描述其中的因果逻辑关系。每块骨牌代表一类致因因素,一旦某块骨牌倒下(即发生问题),就会发生连锁反应,致使后面的骨牌依次倒下,从而发生事故。反之,如果移走一块或多块骨牌也就意味着消除一个或者多个因素,就可以中止连锁反应,避免事故。

在事故因果连锁中,以事故为中心,事故的结果是伤害。事故的原因包括3个层次:直接原因、间接原因和基本原因。海因里希总结了事故过程中的5类因素:

1) 遗传及社会环境

遗传及社会环境是造成人的缺点的根本因素。遗传因素可能使人具有鲁莽、固执、粗心等不良性格;社会环境可能妨碍教育,助长不良性格的发展,而不良性格又进一步影响其行为模式。这是事故因果链上最基本的因素。

2) 人的缺点

人的缺点由遗传及社会环境因素造成,是使人产生不安全行为或使物产生不安全状态的主要原因。这些缺点既包括鲁莽、固执、过激、神经质、轻率等性格上的先天缺陷,也包括缺乏安全生产知识和技能等后天不足。

3) 人的不安全行为或(和)物的不安全状态

所谓人的不安全行为或物的不安全状态是指那些曾经引起过事故或可能引起事故的人的行为,或机械、物质的状态,是造成事故的直接原因。例如,在起重机的吊荷下停留、不发信号就启动机器、拆除安全防护装置或不按规程操作等都属于人的不安全行为;没有防护的传动齿轮、裸露的带电体、照明不良以及设备故障或异常等属于物的不安全状态。

人的不安全行为和物的不安全状态之间也可能存在交互关系。人的违规操作或误操作可能会导致设备故障或其他不安全状态,而设备的不安全状态(如照明不良)也可能会导致人员误判而诱发不安全行为,两者可能存在复杂的相互影响关系。

4) 事故

事故是由于人员或物体(设备、财产)遭受到超过其承受范围的作用(力),从而造成人员伤亡、财产损失的事件。例如,坠落、物体打击等使人员受到伤害的事件是典型的事故,飞机坠毁则是同时导致人员伤亡和财产损失的重大事故。

5) 伤害或损失

在海因里希的模型中只考虑了直接由于事故产生的人身伤害。近年来,随着以人为本、持续发展观念的广泛传播,职业病、财产损失、环境破坏等也逐渐被看作事故后果。

常见的人的不安全行为和物的不安全状态如表 4-1 所列。

表 4-1　人的不安全行为和物的不安全状态示例

人的不安全行为	物的不安全状态
①在狭窄的场所作业	①保护不良
②以不安全的速度作业	②无防护装置
③除去安全装置	③缺陷、突起、易滑动、腐蚀等
④使用不安全的工具,不安全的使用工具	④设计得不安全的机械、工具
⑤不安全的装载	⑤布置、管理不良
⑥在不安全处停留	⑥照明不良、耀眼
⑦使用运转中的危险装置	⑦通风不良
⑧工作中说笑、打闹	⑧不安全的保护用品
⑨不使用保护用品	⑨不安全的工程

上述 5 类因素就构成了传统的多米诺骨牌模型中的 5 块骨牌(见图 4-3),体现了事故的连锁反应过程,并指出了避免事故的基本方向。针对这一连锁过程,如果移去因果连锁中的任一块骨牌,则连锁被破坏,事故过程被中止。海因里希认为,企业安全工作的中心就是要移去中间的骨牌——防止人的不安全行为,消除物的不安全状态,中断事故连锁的进程而避免事故的发生。当然,通过改善社会环境,使人具有更为良好的安全意识;加强培训,使人具有较好的安全技能;或者加强应急抢救措施,也都能在不同程度上移去事故连锁中的某一骨牌或增加该骨牌的稳定性,使事故得到预防和控制。但相比之下,防止人的不安全行为和消除物的不安全状态的效果更直接,并且企业也比较容易掌控这些工作的开展。

海因里希的因果连锁理论认为事故发生的直接原因是人的不安全行为和物

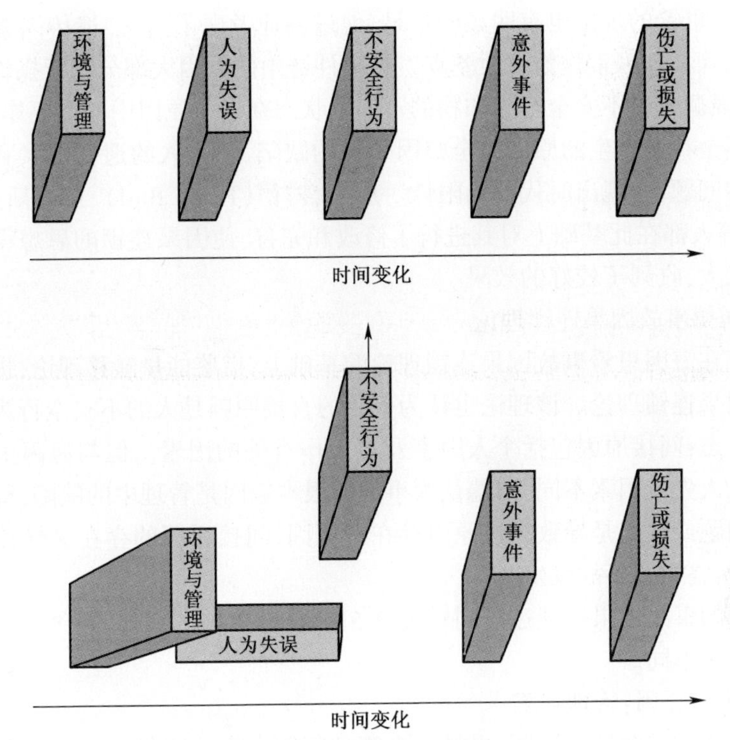

图 4-3　多米诺骨牌模型

的不安全状态,而这又是一系列间接原因和基础原因连续作用的结果。该理论用变化的观点阐述了事故演化的过程,强调了事故的因果关系,很好地揭示了事故的本质特征。但是他延续了"事故频发倾向论"的观点,将事故的基础原因归结为"遗传和环境因素",认为个别人存在容易发生事故的、稳定的、个人的内在倾向,或者在某些作业条件下存在容易发生事故的倾向,强调先天性格缺陷等人的缺点作为事故基点,具有时代的局限性,是不可取的。

另外,多米诺骨牌理论的不足之处还在于,把事故致因的事件链过于绝对化了。事实上,各块骨牌(事故原因)之间的连锁不是绝对的,而是随机的。前面的牌倒下,后面的牌可能倒下也可能不倒下,也就是说出现了事故原因未必就会真的导致事故。该理论对于全面解释事故致因过于简单。

4.2.2　事故因果连锁理论的发展

多米诺骨牌模型首次对事故过程及其直接原因、根本原因进行了深入分析,并指出了提高安全水平、消除事故的基本方向,其形象化模型和其在事故致因研究中的先导作用对于安全科学研究和发展具有深远影响,占有重要的历史地位。

但是,海因里希的理论也有明显的不足,他过多地考虑了人的“遗传因素”,强调先天性格等心理因素作为事故基点。将事件链中的原因大部分归于操作者的错误,虽然强调人的不安全行为和物的不安全状态在事故原因中的重要作用,但仍将物的不全状态产生的原因完全归因于人的缺陷,追究人的遗传因素和社会环境方面的问题,表现出时代的局限性。后来,博德(Frank Bird)、亚当斯(Edward Adams)等人都在此基础上对其进行了修改和完善,使因果连锁的思想得以进一步发扬光大,收到了较好的效果。

1. 博德事故因果连锁理论

博德在海因里希事故因果连锁理论的基础上,借鉴能量转移理论,提出了现代事故因果连锁理论。该理论也认为事故的直接原因是人的不安全行为或物的不安全状态;间接原因包括个人因素及与工作有关的因素。但与海因里希将原因归为个人先天因素不同,博德认为事故的根本原因是管理中的缺陷,即管理上存在的问题或缺陷是导致间接原因存在的原因,间接原因的存在又导致直接原因存在,最终导致事故发生。

博德的事故因果连锁过程同样包含 5 个因素,但每个因素的含义与海因里希的都有所不同。

1) 本质原因:管理缺陷

安全既是一个技术问题,也是一个管理问题。事故因果连锁中一个最重要的因素是安全管理。安全管理人员不仅应该充分认识到安全工作,也应以企业管理原则为基础,还应该懂得管理的基本理论和原则。安全管理强调损失控制,包括对人的不安全行为、物的不安全状态的控制,是安全管理工作的核心。

通过技术革新、提高设备可靠性、增加安全保护设施等技术手段可以提高企业或组织的安全水平。但是对于大多数企业来说,由于各种原因,完全依靠工程技术措施预防事故既不经济也不现实,必须同时加强和完善安全管理工作,经过较大的努力,才能防止事故的发生。与此同时,安全管理上的缺陷会导致事故的其他原因出现从而引发事故。安全管理是一个企业或组织管理的重要一环,企业管理者必须高度重视,但任何管理系统都不可能十全十美,安全管理要随着产品研制、生产、运行的发展变化而不断调整完善。

在安全管理中,组织或企业领导者、决策者的安全方针、政策及决策占有十分重要的位置。包括安全目标,人员、资料的配备和使用,职责划分,人员训练、指导和监督,信息传递,设备的采购、保养和维修,安全操作与应急预案等。

2) 基本原因:个人及工作条件的原因

事故的基本原因主要在于个人原因以及与工作条件有关的原因,存在这方面的原因是由于管理缺陷造成的。个人原因包括缺乏安全知识或技能,行为动机不正确,生理或心理有问题等;工作条件原因包括安全操作规程不健全,设备、材料不合适,以及存在温度、湿度、粉尘、气体、噪声、照明、工作场地状况(如打滑的地面、障碍物、不可靠支撑物)等有害作业环境因素。为了从根本上预防事故,就不能仅仅停留在表面的现象上,必须查明事故的基本原因,并针对查明的基本原因采取对策。只有找出这些基本原因,才能有效地防止后续原因的发生,从而控制事故的发生。一方面提高技术手段,另一方面还要加强管理,找出并控制这些原因,才能有效地防止后续原因的发生,从而防止事故的发生。

3) 直接原因:不安全行为和不安全状态

人的不安全行为或物的不安全状态是事故的直接原因。这种原因是安全管理中必须重点加以追究的原因。但是,直接原因只是一种表面现象,是深层次的基本原因的表征。在实际工作中,不能停留在这种表面现象上,而要追究其背后隐藏的管理上的缺陷原因,并采取有效的控制措施,只有这样才有可能从根本上杜绝事故的发生。安全管理的目的就是要尽可能识别或预判这些作为管理缺陷的征兆的直接原因,从而采取恰当的改善措施;另一方面,还应努力找出其基本原因,从而在可能的情况下采取长期管理控制对策。

4) 事故

事故通常定义为最终导致人员身体伤害、死亡或财产损失的不希望的事件。博德引入能量转移理论,将事故看作是人体或结构、设备等物体与超过其承受阈值的能量接触,或人体与妨碍正常生理活动的物质的接触,从而受到伤害或破坏。因此,防止事故就是防止接触过量能量或有害物质。可以通过对装置、材料、工艺等的改进来防止能量的释放(特别是能量的意外释放),或者操作者提高识别和规避危险的能力,并通过佩戴个人防护用具等来防止意外接触。

5) 损失

这里的损失不再仅仅局限于人身伤害,而将人员伤害及财物损坏统称为损失,并且人员伤害包括工伤、职业病、肉体或精神创伤等。在许多情况下,事故可能难以避免,但可以采取恰当的措施使事故造成的损失最大限度地减小。例如,对受伤人员进行迅速正确地抢救,对设备进行抢修以及平时对有关人员进行应急训练提高逃生、自救能力等。

2. 亚当斯事故因果连锁理论

亚当斯的事故因果连锁理论与博德的模型类似,同样关注于管理对于事故的影响。在该理论中,第四、五两个因素(即事故和损失)与博德的事故因果理论相似,但是其对事故的直接原因进行了调整,把人的不安全行为和物的不安全状态称为现场失误,其主要目的在于提醒人们注意不安全行为及不安全状态的性质,即:不安全行为和不安全状态是操作者在生产过程中的错误行为及生产/

运行条件方面的问题,都与生产、运行现场相关。此外,亚当斯还从领导与安全技术人员两个层面对可能存在的管理失误进行了归纳,其模型如表 4-2 所列。

表 4-2 亚当斯事故因果连锁论模型

管理体制	管理失误		现场失误	事故	伤害或损坏
目标 组织 机能	领导者在下述方面决策错误或没做决策: 方针政策 目标 规范 责任 职责 考核 权限授予	安全技术人员在下述方面管理失误或疏忽: 行为 责任 权限范围 规则 指导 主动性/积极性 业务活动	不安全行为 不安全状态	伤亡事故 损坏事故 无伤害的异常事件	对人 对物

亚当斯理论的核心在于对现场失误的背后原因进行了深入的研究。操作者的不安全行为及生产作业中的不安全状态等现场失误,是由于企业领导和安全技术人员的管理失误造成的。安全技术人员在管理工作中的行为失误、责任心不强、规则不到位、缺乏必要的指导等失误,以及企业领导者在目标、规范、责任、考核等方面的决策错误或没有做出决策等失误,对企业经营管理及安全工作具有决定性影响。管理失误又由企业管理体系中的问题所导致,这些问题包括如何有组织地进行管理工作,确定怎样的管理目标,如何计划、如何实施等。管理体系反映了作为决策中心的领导人的信念、目标及规范,它决定各级管理人员安排工作的轻重缓急、工作基准及指导方针等重大问题。

3. 北川彻三事故因果连锁理论

前述事故因果理论的研究范围主要是一个企业或组织内部,而日本学者北川彻三认为,工业伤害事故发生的原因是很复杂的,企业是社会的一部分,尽管伤亡事故发生在企业内部,但一个国家或地区的政治、经济、文化、科技发展水平等诸多社会因素,对企业内部伤害事故的发生和预防有着重要的影响。例如,发达国家与发展中国家、经济发达地区和落后地区的事故发生率、事故类型就存在显著差异。因此应扩大研究范围才能更全面地分析事故原因。

基于此,北川彻三对事故的间接原因和基本原因开展了进一步分析,其中间接原因包括技术、教育、身体和精神 4 个方面:

(1) 技术原因。机械、装置、建筑物等的设计、建造、维护等技术方面有缺陷。

(2) 教育原因。由于缺乏安全知识及操作经验,不知道或忽视操作过程中的危险和安全操作规范，或者操作不熟练、(不安全的)习惯动作等。

(3) 身体原因。身体状态不佳，如患有头痛，甚至昏迷、癫痫等疾病，或具有近视、耳聋等生理缺陷，或疲劳、睡眠不足等。

(4) 精神原因。消极、抵触、不满等不良状态，焦躁、紧张、恐怖、偏激等精神不安定，狭隘、顽固等不良性格，智障等智力缺陷。

在现实中由于有人员选拔、考核环节，所以事故的上述 4 方面间接原因中，前两种原因经常出现，后两种则相对较少。

在北川彻三的事故致因理论中，事故的基本原因包括下述 3 个方面：

(1) 管理原因。企业领导者不够重视安全，作业标准不明确，在制定维修保养制度方面有缺陷，人员安排不当，职工积极性不高等管理上的缺陷。

(2) 学校教育原因。小学、中学、大学等各级教育机构的安全教育不充分。

(3) 社会及历史原因。社会安全观念落后，在工业发展的一定历史阶段，安全法规不全或安全管理、监督机构不完备，监管不力等。

在上述原因中，管理原因可以由企业内部解决，而后两种原因需要全社会的努力才能解决。

北川彻三事故因果连锁理论模型如表 4-3 所列。

表 4-3 北川彻三事故因果连锁理论模型

基本原因	间接原因	直接原因		
管理的原因 学校教育的原因 社会的原因 历史的原因	技术的原因 培训的原因 身体的原因 精神的原因	不安全行为 不安全状态	事故	伤害

在北川彻三的因果连锁理论中，基本原因中的各个因素，已经超出了企业安全工作的范围，具有了社会技术系统(Socio-Technical System)的概念，因此增大了事故分析的难度。但是，充分认识这些基本致因因素，对综合利用可能的科学技术、管理手段来改善间接原因产生的因素，达到预防伤害事故发生的目的，是十分重要的。

4.2.3 因果关系

事故因果连锁理论的核心是认为事故现象的发生与其原因之间存在必然的因果关系。“因”与“果”之间存在继承性，一个事件的结果往往是另一个事件的原因，从而构成一个连锁过程。因果是多层次相继发生的，从最终事故向前追溯的话，一次原因是二次原因的结果，二次原因又是三次原因的结果，如此类推，构

成一个层次化的因果连锁(见图4-4)

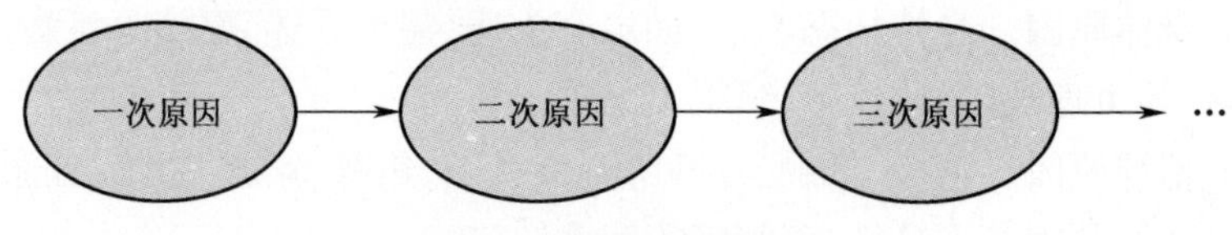

图4-4 因果连锁关系

基于前述各种因果连锁理论,事故原因通常划分为直接原因和间接原因。直接原因又称一次原因,是在时间上最接近事故发生的原因。直接原因通常又进一步分为两类,即物的原因和人的原因。物的原因包括设备、原料、环境等的不安全状态;人的原因是指人的不安全行为。

间接原因是继续向前追溯的二次、三次以至多层次继发来自事故本源的基础原因。总的来说,间接原因大致包括6类。

(1) 技术的原因:主要是设备的设计、安装、维修、保养等技术方面不完善,工艺过程和防护设备存在技术缺陷。

(2) 教育的原因:对员工的安全知识教育不足,培训不够,员工(包括领导)缺乏安全意识等。

(3) 身体的原因:指设备的使用者或操作者身体有缺陷,如视力或听力障碍,睡眠不足等。

(4) 精神的原因:指焦躁、紧张、恐惧、心不在焉等精神状态以及心理障碍或智力缺陷等。

(5) 管理的原因:企业领导安全责任心不强,规程标准及检查制度不完善,决策失误等。

(6) 社会及历史原因:涉及体制、政策、条块关系,地方保护主义,机构、体制和产业发展历史过程等。

在上述间接原因中,通常将(1)~(4)称为二次原因,(5)~(6)称为基础原因。

基于因果继承关系,就可以将事故过程看作一个因果连锁的“事件链”:损失←事故← 一次原因← 二次原因(间接原因)←基础原因。当进行事故调查时,从一次原因逆行查起,由“果”查“因”,一直追溯到最基础原因。

发生事故的原因和结果之间往往并不是简单的单线传递,彼此关系错综复杂。因与果的关系类型可分为集中型、连锁型和复合型(见图4-5)。

几个原因各自独立共同导致某一事故发生,即多种原因在同一时序共同造成一个事故后果的,称为集中型,如图4-5(a)所示。某一原因要素促成下一个要素发生,下一要素再形成更下一要素发生,因果相继连锁发生的事故,称为连

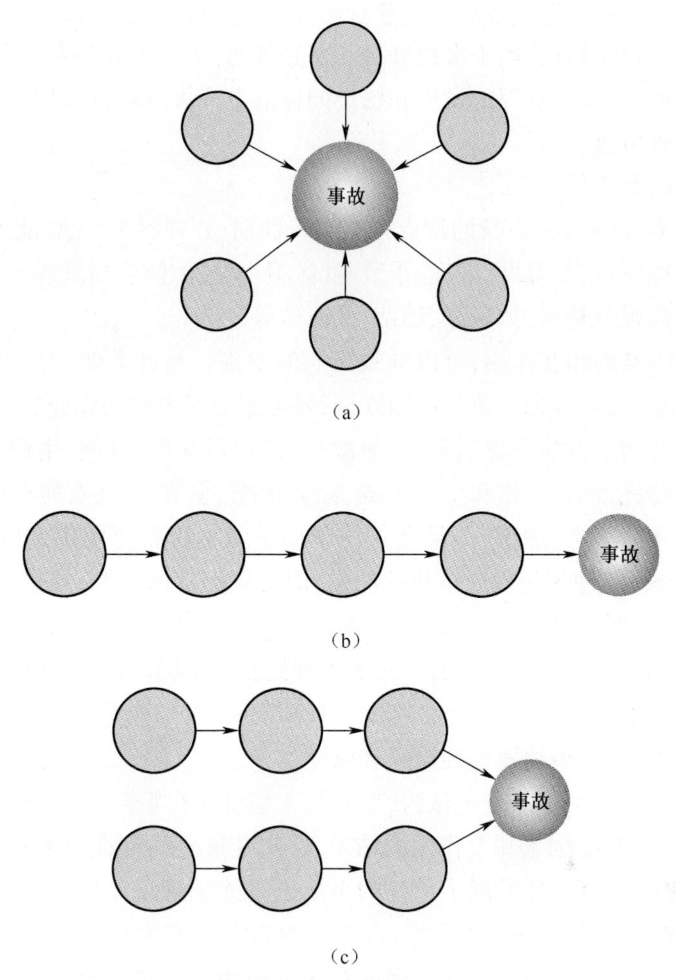

图 4-5　因果关系类型

锁型,如图 4-5(b)所示。某些因果连锁,又由一系列原因集中、复合导致伤亡事故后果,称为复合型(见图 4-5(c))。一般来说,事故的因果关系多为复合型。

4.2.4　流行病学方法与瑞士奶酪模型

各种类型的事故因果连锁理论在基本概念上都没有超出多米诺骨牌模型的范畴,都认为事故就像骨牌依次倒下一样,前一个因素的出现就会导致后一个因素的出现,直至事故终点。这种事故致因连锁关系的描述过于绝对化、简单化。事实上,各个骨牌(因素)之间的连锁关系是复杂的、随机的。前面的牌倒下,后面的牌可能倒下,也可能不倒下。事故并不是全都造成伤害,不安全行为或不安全状态也并不是必然造成事故。戈登对比分析了流行病病因与事故致因之间的相似性,将流行病学方法用于事故分析。葛登认为,工伤事故的发生和易感性可以用与结核病、小儿麻痹等的发生和感染同样的方式去理解,可以参照分析流行病的方法分析事故。

流行病因有 3 种:

(1) 当事人(病人)自身的特点,如年龄、性别、心理状况、免疫能力等;

(2) 环境特点,如温度、湿度、季节、社区卫生状况、防疫措施等;

(3) 致病媒介特点,如病毒、细菌、支原体等。

这 3 种因素的相互作用,可以导致疾病的发生。与此类似,对于事故,一要考虑人的因素,二要考虑作业环境因素,三要考虑引起事故的媒介。

这种流行病学方法考虑当事人(事故受害者)的年龄、性别、生理、心理状况以及环境的特性,例如工作和生活区域、社会状况、季节等,还有媒介的特性,诸如流行病学中的病毒、细菌,但是在工伤事故中就不再是范围确定的生物学问题,而应把"媒介"理解为促成事故的能量,即构成伤害的来源,如机械能、势能、电能、热能和辐射能等。能量和病毒一样都是事故或疾病现象的瞬时原因。但是,疾病的媒介总是绝对有害的,只是有害程度轻重不同而已。而能量在大多数时间里是有利的动力,是服务于生产的一种功能,只有当能量逆流于人体或设备的偶然情况下,才是事故发生的原点和媒介。

基于流行病学的事故理论认为,事故是 3 组变量(当事人的特性、环境特性和能量特性)中某些因素相互作用的结果,这些变量之间存在因果关系,但又不仅仅是因果关系,基于此发展了传统的事故因果连锁理论。但是该理论提出的 3 组变量包含大量需要研究的内容,众多的因素必须有大量的样本才能进行统计、评价,而事故往往又是少量的,因此在实际应用中存在一定的困难。在此基础上,英国曼彻斯特大学教授瑞森(James Reason)在其著名的心理学专著《人为失误》(Human Error)中提出了一种新的事故模型。

该模型借鉴流行病传播机制,认为事故的发生不仅有一个事件本身的连锁反应链,发生事故的组织中还同时存在一个被穿透的缺陷集,组织各层级中的缺陷或其他类型的事故致因因素是长期存在的并不断各自演化,但这些事故致因因素并不一定造成不安全事件,只有当这些缺陷形成某种逻辑组合时才可能导致事故。例如,当多个层次的组织缺陷在一个事件中同时或次第出现时,不安全事件就失去多层次的阻断屏障而发生了。组织的层次关系以及每个层次上的缺陷就像瑞士奶酪切片及其上面的孔洞一样,因此该模型又被称为瑞士奶酪模型(Swiss Cheese model)(见图 4-6)。

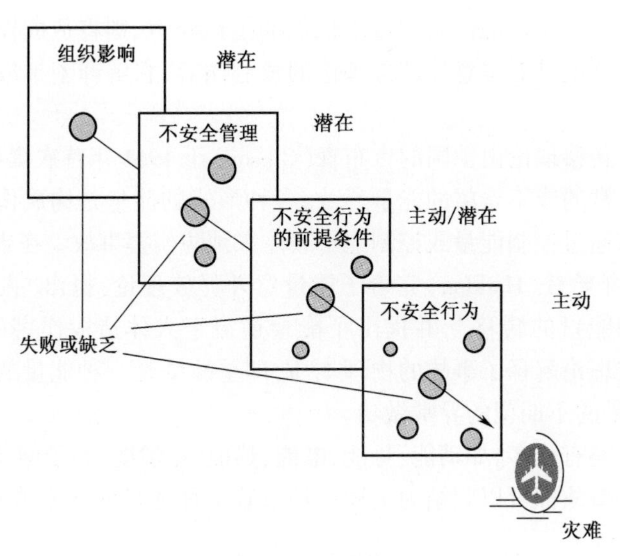

图 4-6　瑞士奶酪模型

4.3　能量意外转移理论

人类的生产活动本质上是不同类型能量之间的转化,利用能量进行做功以实现生产目的。例如蒸汽机将热能转化为机械能从而实现机械化生产,电气时代则是将水的势能、煤炭的化学能或原子能(通过蒸汽的动能)转化为电能,再在生产现场将电能转化为机械能进行生产制造。人们在总结工业生产、装备运行中的事故过程时,逐渐意识到事故的发生与各种形式能量做功有密切关系,如高空坠落与势能相关,车辆碰撞与动能相关,火灾爆炸与热能和化学能相关,辐射伤害则与原子能相关,因此除了研究事故发生的因果逻辑关系之外,人类也开始从事故的物理本质角度进行研究,最终形成了关于事故致因的能量意外转移理论,或者称为能量意外释放理论。

4.3.1　能量意外转移理论的原理

在工业生产、装备运行过程中能量是必不可少的,人类利用能量做功以实现生产目的。人类为了利用能量做功,必须采取措施控制能量。在正常生产过程中,能量在各种约束和限制下,按照人们的意志流动、转换和做功。如果由于某种原因能量失去了控制,就会发生能量违背人的意愿的异常或意外的释放,使进行中的活动中止而发生事故。如果意外释放的能量转移到人体,并且能量的作用超过了其承受能力,则将造成人员伤害;如果意外释放的能量作用于设备、建筑物、物体等，并且能量的作用超过了他们的抵抗能力，则将造成设备、建筑物、物体的损坏。这就是能量意外转移理论的核心内容，它解释了事故发生的物理本质。

能量意外转移理论由美国的吉布森（Gibson）于1961年首次提出，他认为事故是一种不正常的或不希望的能量释放，各种形式的能量是构成伤害的直接原因，因此，应该通过控制能量或控制能量载体来预防伤害事故。在吉布森的研究基础上，1966年哈登（Haddon）完善了能量意外释放理论，提出"人受伤害的原因只能是某种能量的转移"，并提出了能量逆流于人体造成伤害的分类方法。能量意外释放理论解释了事故的物理本质，即事故则是一种能量的异常或意外的释放，是能量的不期望的异常做功。

能量的种类有许多，如动能、势能、电能、热能、化学能、原子能、辐射能、声能和生物能等。事故都可以归结为上述一种或若干种能量的异常或意外转移（见表4-4、表4-5）。

1. 机械能

生产过程中意外释放的机械能是导致人员伤害或财产损失的主要类型的能量。机械能包括势能和动能。位于高处的人体、物体、岩体或结构的一部分，相对于低处的基准面有较高的势能。当人体具有的势能意外释放时，发生坠落或跌落事故；物体具有的势能意外释放时，高空坠落的物体可能发生物体打击事故；岩体或结构的一部分具有的势能意外释放时，发生坍塌、矿井冒顶等事故。运动着的物体都具有动能，如各种运动中的车辆、设备或机械的运动部件、被抛掷的物料等。它们所具有的动能意外释放时，则可能发生车辆碰撞伤害、机械伤害、物体打击等事故。

2. 电能

现代化工业生产和装备运行过程中普遍使用电能，一旦意外释放就会造成各种电气事故。意外释放的电能可能使电气设备的金属外壳等导体带电而发生所谓的"漏电"现象。当人体与30V以上电压接触时会遭受电击；强烈的电弧可能灼伤人体；电火花会引燃易燃易爆物质而造成火灾、爆炸事故；电能很容易转化为热能从而也会引起火灾。

3. 热能

热能或许是人类最早使用的一种能量类型，其历史可以追溯到原始时代，现今的生产、生活中仍到处利用热能。火灾是热能意外释放造成的最典型的事故，并且其他形式的能量在做功过程中也可能产生大量热能，如前述的电能可以转化为热能，而燃烧则是将化学能转化为热能。失去控制的热能可能灼烫人体、损坏财物、引起火灾。

4. 化学能

有毒有害的化学物质使人员中毒，是化学能引起的典型伤害事故。在众多的化学物质中，相当多的物质具有的化学能会导致人员急性、慢性中毒，致病、致畸、致癌。此外，化学能的转化也会造成设备设施的破坏，如腐蚀过程导致设备结构强度下降甚至破坏，从而引发后续灾害；火灾中化学能转变为热能，爆炸中化学能转变为机械能和热能。

5. 原子能

原子能的伤害可以分为电离辐射和非电离辐射。电离辐射主要指 α 射线、β 射线、γ 射线、X 射线和中子射线等，会造成人体急性、慢性损伤，电子设备故障等。非电离辐射主要是微波、红外线、可见光、激光、紫外线等，会造成人身烧伤、损害视觉器官、材料变性等后果。工业生产中常见的电焊、熔炉等高温热源会放出紫外线、红外线等有害辐射；医疗设备中的 X 光仪，军事装备中的激光、核反应堆以及工业探伤设备也是常见的辐射源。

表 4-4　能量类型与伤害

能量类型	产生的伤害	事故类型
机械能	刺伤、割伤、撕裂、挤压皮肤和肌肉、骨折、内部器官损伤	车辆伤害、飞机坠毁、高处坠落、机械伤害、物体打击、火药爆炸、瓦斯爆炸、压力容器爆炸、起重伤害、坍塌
热能	皮肤发炎、烧伤、烧焦、焚化	火灾、爆炸
电能	干扰神经—肌肉功能	触电
化学能	急性中毒、窒息、化学性烧伤、致癌、致遗传突变、致畸胎	中毒、窒息
电离辐射	细胞成分和功能破坏	反应堆事故、工业或医疗辐射

表 4-5　干扰能量交换与伤害

影响能量交换的类型	产生的损伤或障碍的类型	事　故　类　型
氧的利用	生理损伤，组织或全身死亡	由物理因素或化学因素引起的中毒或窒息（溺水、一氧化碳中毒、氰化物中毒）
热能	生理损伤，组织或全身死亡	由于体温调节障碍产生的损害、冻伤、冻死

能量意外转移理论认为，所有的伤害（或损坏）事故都可以分为两大类：第一类伤害是由于接触了超过机体组织（或结构）抵抗力的过量能量引起的；第二类伤害是由于有机体与周围环境的正常能量交换受到了干扰（如氧气交换）。人体各部分对每一种能量的作用都有一定的抵抗能力，即有一定的伤害阈值。当人体某部位与某种能量接触时，能否受到伤害及伤害的严重程度如何，主要取

决于作用于人体的能量大小。作用于人体的能量超过伤害阈值越多,造成伤害的可能性越大。例如,球形弹丸以 4.9N 的冲击力打击人体时,最多轻微地擦伤皮肤,而重物以 68.9N 的冲击力打击人的头部时,会造成头骨骨折。而干扰了人体的能量交换同样会造成伤害。例如,因物理因素或化学因素引起的窒息(如溺水、一氧化碳中毒等),因体温调节障碍引起的生理损害、局部组织损坏或死亡(如冻伤、冻死等)。在一定条件下某种形式的能量能否产生伤害造成人员伤亡事故取决于能量大小、接触能量时间长短和频率以及力的集中程度。

能量转移理论阐明了伤害事故发生的物理本质,指明了防止伤害事故就是防止能量意外释放,防止人体接触能量。根据这种理论,人们要经常注意生产过程中能量的流动、转换以及不同形式能量的相互作用,防止发生能量的意外释放或逸出。

4.3.2 能量转移与因果连锁的结合

能量意外转移理论和事故因果连锁理论分别从两个不同的角度阐述事故发生的原因,二者具有互补性,因此可以将两种观点结合起来。一方面,伤亡、损害事故都是因为过量能量的意外做功或者干扰了人体与外界正常能量交换;另一方面,这些过量能量或危险物质的意外释放通常都是由于人的不安全行为或物的不安全状态造成的,从而使能量或危险物质失去控制,造成伤害。

依据能量意外转移理论,可以对事故因果连锁模型进行改进,重新定义模型中的事故致因因素(见图 4-7)。

1. 事故

事故是能量或危险物质的意外释放,是伤害的直接原因。为防止事故发生,可以通过技术改进来防止能量意外释放,通过教育培训提高职工识别危险的能力,佩戴必要的个人防护用品来避免伤害或降低影响。

2. 不安全行为和不安全状态

人的不安全行为和物的不安全状态是导致能量意外释放的直接原因,是由于管理欠缺、控制不力、缺乏知识、对存在的危险估计错误,或者其他个人因素等基本原因造成的。

3. 基本原因

基本原因包括 3 个方面:

(1) 企业领导者的安全政策及决策。安全目标;人员配置及教育培训;信息获取及使用;职责划分及监督落实;设备、装置及器材的采购、维修和保养;安全操作规范与应急预案等。

(2) 个人因素。个人的知识和能力,动机、行为,生理、心理状态,兴趣爱好,精神状态等。

(3) 环境因素。包括工作环境、自然环境等“硬”环境,也包括企业文化、社会氛围等“软”环境。

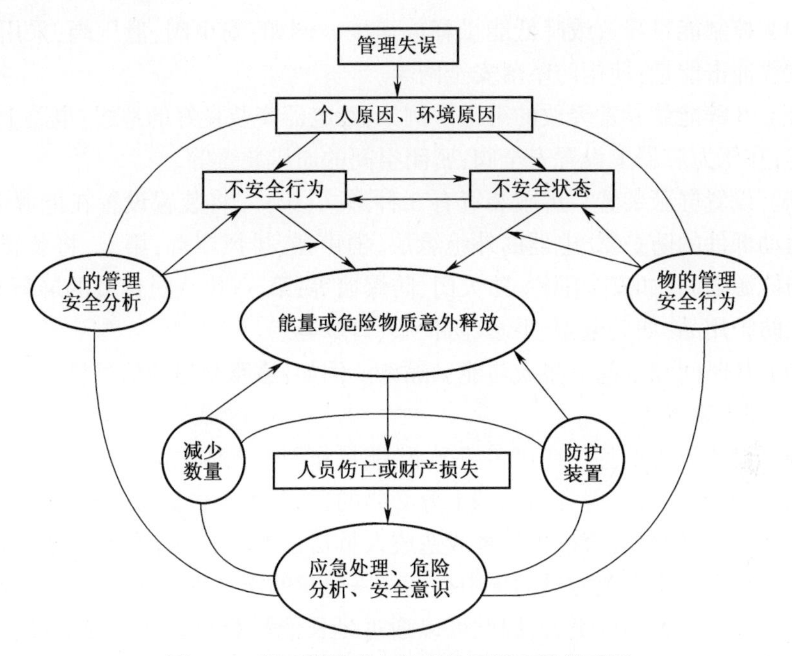

图 4-7 基于能量观点的事故因果连锁模型图

4.3.3 基于能量转移观点的安全管理与措施

基于能量转移观点,在工业生产和装备运行过程中可以利用各种屏蔽来防止意外的能量转移,从而防止事故的发生。首先确认某个系统内的所有能量源,然后确定可能遭受该能量伤害的人员或物体以及伤害的严重程度,进而确定控制该类能量异常或意外转移的方法。

安全工程技术人员在系统设计时应充分利用能量转移理论,对能量加以控制,使其保持在容许范围内。约束、限制能量,防止人体或物体与能量发生意外接触的措施被统称为屏蔽。这是一种广义的屏蔽,即包括防护罩、阀门等有形的“硬”屏蔽,也包括管理措施、操作步骤等无形的“软”屏蔽,尽管前者能够直接有效,后者的作用也不能忽视。

在工业生产中,经常采用的防止能量意外释放的措施有以下几种:

(1) 用较安全的能源替代危险大的能源。例如:用液压动力代替气压;在确保强度的情况下采用塑料制品代替金属制品;采用无毒材料、阻燃材料等。

(2) 限制能量。例如:在确保任务完成的前提下降低设备的运转速度;在保证功率的前提下降低电压等。

(3) 防止能量蓄积。例如:通过良好接地消除静电蓄积;采用通风系统控制易燃易爆气体的浓度等。

(4) 控制能量释放或降低能量释放速度。例如:安全阀、泄压阀;采用减振装置吸收冲击能量;使用防坠落安全网等。

(5) 开辟能量异常释放的渠道。例如:给电器安装良好的地线;电路上加装保险丝;在压力容器上设置安全阀;密闭空间的通风装置等。

(6) 设置屏蔽装置。屏蔽装置有 3 种形式:第一,将装置设置在能源上,如机械运动部件的防护罩、电器的外绝缘层、消声器、排风罩等;第二,将装置设置在人与能源之间,如安全围栏、防火门、防爆墙等;第三,由人员佩戴的屏蔽装置,即个人防护用品,如安全帽、手套、防护服、口罩等。

(7) 从时间和空间上将人与能量隔离。例如:道路交通的信号灯;机电设备的连锁/锁定装置等。

(8) 设置警告信息。在很多情况下,能量作用于人体之前,并不能被人直接感知到,因此使用各种警告信息是十分必要的,如各种警告标志、声光报警器等。

如前所述,能量能否产生伤害或造成人员伤亡事故取决于能量大小、接触能量时间长短和频率以及能量的集中程度。一定量的能量集中于一点显然要比分散开所造成的伤害程度更大,因此可以通过延长能量释放时间或使能量在大面积内消散的方法来降低其危害程度。对于需要保护的人或物应尽量远离释放能量的位置,以此来控制由于能量转移而造成的伤害。

以上措施往往几种同时使用,从而确保安全。此外,这些措施也要尽早使用,做到防患于未然。在条件允许的情况下,应优先采用自动化装置来控制能量,而不需要系统操作人员再考虑采取什么措施。

从能量的观点出发,按能量与被伤害对象之间的关系,可以把伤害事故分为 3 种类型,相应地,应该采取不同的预防伤害的措施。

(1) 能量在人们规定的能量流动渠道中流动,人员意外地进入能量流动渠道而受到伤害。设置防护装置之类的屏蔽设施防止人员进入,可避免此类事故。警告、劝阻等信息形式的屏蔽可以约束人的行为。

(2) 在与被害者无关的情况下,能量意外地从原来的渠道里脱逸出来,开辟新的流通渠道使人员受害。按事故发生时间与伤害发生时间之间的关系,又可分为两种情况:事故发生的瞬间人员即受到伤害,甚至受害者尚不知发生了什么就遭受了伤害。这种情况下,人员没有时间采取措施避免伤害,为了防止伤害,必须全力以赴的控制能量,避免事故的发生;事故发生后人员有时间躲避能量的作用,可以采取恰当的对策防止受到伤害。例如,发生火灾、有毒有害物质泄漏事故的场合,远离事故现场的人们可以恰当地采取隔离、撤退或避难等行动,避免遭受伤害。这种情况下人员行为正确与否往往决定他们的生死存亡。

(3) 能量意外地越过原有的屏障而开辟新的流通渠道;同时被伤害对象误入新开通的能量渠道而受到伤害。在现实中,这种情况很少发生。

能量意外转移理论从物理本质上研究事故原因,把各种能量对人体或物体的伤害归结为事故的直接原因,从而决定了以对能量源及能量传送装置加以控制作为防止或减少事故发生的最佳手段这一原则。依照该理论建立的从能量类型的角度对事故进行统计分类,是一种可以全面概括、阐明伤亡事故类型和性质的统计分类方法。

另一方面,尽管能量转移是造成伤害的直接原因,但系统中的危险因素并不仅限于各类能源,还包括了第二类危险源,因此仅局限于能量观点的话,将无法对系统开展全面的危险分析,反而会对系统的安全性设计造成不良影响。

4.4 动态变化理论

世界是在不断运动、变化着的,工业生产和装备使用过程也不例外。针对客观世界的变化,我们的安全工作也要随之改进,以适应变化了的情况。如果管理者不能或没有及时地适应变化,则将发生管理失误;操作者不能或没有及时地适应变化,则将发生操作失误。外界条件的变化也会导致机械、设备等的故障,进而导致事故的发生。

尽管事故因果连锁理论和能量意外转移理论从两个不同角度对事故原因进行了分析,但在总体上都着眼于宏观管理层面,而对于微观层面——即一个装备系统内部的运行情况——则并未深入讨论,特别是系统状态变化对于安全的影响更是很少涉及。随着安全理论的研究发展,有学者陆续提出了新型的事故致因理论,试图从微观动态层面上解释事故的发生与发展。

4.4.1 扰动起源事故理论

扰动起源事故理论(简称扰动起源论)是由本纳(Benner)和劳伦斯(Lawrence)的相继研究而形成的。

为了规范事故致因研究,本纳于1972年提出了一些解释事故过程的概念和术语。他认为事故过程包含了一系列相继发生的“事件”。这里的“事件”是指生产运行过程中某种发生或可能发生的事情,如一次瞬间或重大的状态变化,一次偶然事件等。状态是指物质系统所处的状况,可由一组物理量来表征;事件是指系统状态的(瞬间)变化。一个事件的发生总是由相关的人或物造成的,从而将相关的人或物统称为"行为者",其活动或动作则称为"行为"。行为者可以是任何有机生命体,如操作人员、管理人员、决策者等;也可以是任何非生命体,如装备、软硬件产品、设计图纸等。行为可以是行为者执行的活动/动作或发生的事情,如运动、观察、决策或故障等。通过事件、行为者和行为,就可以对事故过程进行分析和描述:首先将事故过程划分为一系列相继发生的(离散)事件,然后再将每个事件转化为相关的行为者及其行为,从而可以得到事故过程的微观描述。在生产活动中,如果行为者的行为得当,则可以维持事件过程稳定地进行;否则,可能中断生产,甚至造成伤害事故。

1974 年劳伦斯进一步发展完善了该理论,利用上述概念和术语形成了扰动起源论。该理论认为"事件"是构成事故过程的基本单元,任何工业生产或装备使用过程都可以被看作是一个自觉或不自觉地指向某种预期的或意外的结果的事件链,包含系统元素间的相互作用和变化着的外界的影响。

在正常情况下,系统内部单元或实体彼此作用,并与外界形成交互,构成一种动态平衡过程。此时的事件链处于一种自动调节的动态平衡过程中,整个系统在事件的稳定运行中向预期的结果发展。如果发生了某种非正常的"扰动",意味着一个新的事件发生,作为起源事件会导致新的动态过程。扰动将作用于系统内部的行为者,当行为者能够适应不超过其承受能力的扰动时,生产活动可以维持动态平衡而不发生事故。如果受到作用的某个行为者不能适应这种扰动,其行为发生异常,则原有的动态平衡过程被破坏,开始一个新的事件过程,即事故过程。该事故过程可能使某一行为者承受不了过量的能量而发生伤害或损害,这些伤害或损害事件可能会进一步引起其他变化或能量释放,并作用于下一个行为者,使其承受过量的能量,从而发生连续的伤害或损害。

扰动起源论把事故看作源于扰动并导致异常事件相继发生,最终以伤害或损坏告终的动态事件链,因此该理论也可被称为"P 理论"(Perturbation 理论①)。基于扰动起源论,事故过程如图 4-8 所示。

扰动起源事故理论是在第二次世界大战以后系统科学/系统工程思想影响下形成的,它将系统正常和事故过程都看作一个动态平衡的事件链过程(只不过后者的结果是非预期和不可接受的),事故过程也是系统内部单元之间以及系统与外界环境之间的交互过程,从而可以利用系统分析手段对事故过程进行

---

① Perturbation 的原意是"摄动",强调的是系统内实体的变化,该变化可能源于外界影响,也可能是自身变化;而"扰动"一词更多的是强调外部对系统的影响,因此笔者认为"扰动"一词并不能准确地反应 P 理论的含义。但扰动论一词目前已得到广泛接受,所以本书也保留该术语,但希望读者能有正确全面的理解。

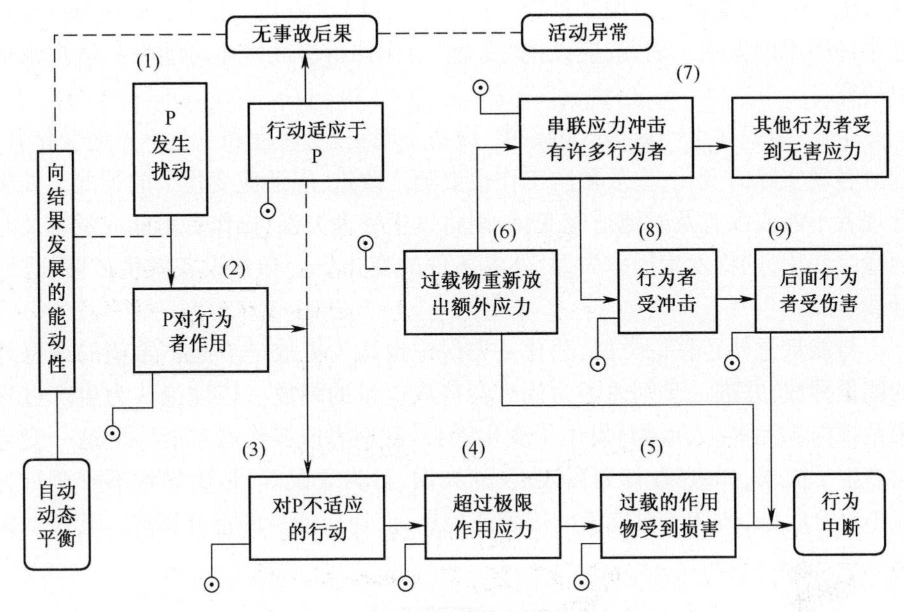

图 4-8　基于扰动起源论的事故一般过程

详细分析,如事件树(Event Tree)模型、故障树(Fault Tree)模型等;还可以引入发生概率作为事件的度量,从而实现对事故过程的量化分析。此外,动态过程必然涉及过程控制,因此由该理论再进一步发展到系统化的事故模型(认为安全问题是一个控制问题,事故是系统涌现现象之一)就成为一个很自然的过渡。当然,也正是由于需要分析系统内外部交互过程,所以基于扰动起源论的安全性分析工作的难度与工作量也是很大的。

4.4.2　变化—失误论

系统的运行是一个动态过程,其要素和状态总是在发生变化,但是某个局部(如设备、分系统等)变化过大时就可能对总体产生本质性影响,乃至造成事故。因此,研究系统中某个部分发生的变化及其对安全的影响,会造成什么样的后果,这是系统安全分析的基本任务之一。例如,故障模式影响分析(FMEA)就是通过识别较低层次单元的故障模型(单元的一种异常变化),然后再逐级向上分析其对于上一级和整个系统的影响。基于这种思路,识别分析系统内的变化以及因变化而引起的失误就成了研究和分析事故的基本内容,从而形成了事故致因理论中的变化—失误论。

当某一使用或操作过程失去控制时,显然会发生变化。变化包括:预期的有计划的变化或意外的变化。大多数事故原因都涉及变化,所以说,变化会导致事故发生。同时,变化也可用来创造一些安全条件。“变化”还可用来作为一种判断事件因果的方法。因此,应该把“变化”当作评价事故发生可能性的依据来加以研究。

企业/组织在生产或运行过程中,设备不断更新,流程和工艺不停地变化着。针对客观实际的变化,事故预防工作也要随之改进,以适应变化了的情况。如果管理者不能或没有及时地适应变化,则将发生管理失误;操作者不能或没有及时地适应变化,则将发生操作失误;外界条件的变化也会导致设备发生故障,进而导致事故。

与能量意外转移论类似,变化—失误论也认为事故是一起不希望的或意外的能量释放,并进一步阐述了为什么会造成能量的释放。该理论认为生产过程中系统内部元素(人或物)发生了变化,但是管理者或操作者未能适应这一变化而产生了失误,如决策/计划错误、设计失误、行为失误等,从而导致不安全行为或不安全状态,破坏了对能量的屏蔽或控制,而造成能量的意外释放。其模型如图 4-9 所示。

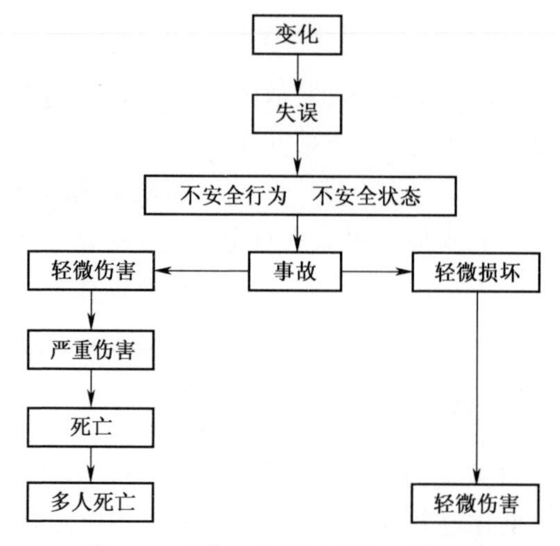

图 4-9　变化—失误论事故连锁模型

企业的生产过程、装备的使用过程中总是在发生着各种变化。不同人员的变化、同一人员在不同时间的生理、心理、技能变化,设备更新,同一台设备的磨损、老化乃至故障等,都是常见的变化情况。在安全管理工作中,变化被看作是一种潜在的事故致因,应该尽早识别并采取相应的措施。一个企业或组织中需要注意的变化有:

(1) 企业外部社会环境的变化。企业外部社会环境,特别是国家政治或经济方针、政策的变化,对企业的经营理念、管理体制及员工心理等有较大影响,必然也会对安全管理造成影响。以我国的历史发展为例,当国家基本政策发生重大变化,社会出现大的动荡时,企业内部秩序被打乱,基本的生产过程都无法保证,生产安全更是无从谈起,伤害事故均大幅度上升。

(2) 企业内部的宏观变化和微观变化。宏观变化是指企业总体上的变化,如领导人的变更,经营目标的调整,职工大范围的调整,生产计划的较大改变等。微观变化是指一些具体事物的改变,如原材料、元器件的变化,机器设备的工艺调整、维护等。印度的博帕尔事故就是由于企业内部在市场压力下发生变化,导致安全技术人员减少,设备维修保养不善,生产计划频繁变动,最终导致有毒气体泄漏,造成二十多万的人员伤亡。

(3) 计划内与计划外的变化。对于有计划进行的变化,应事先进行安全分析并采取安全措施;对于不是计划内的变化,一是要及时发现变化,二是要根据发现的变化采取正确的措施,避免由于不能适应变化而出现失误。

(4) 实际的变化和潜在的变化。通过检查和观测可以发现实际存在着的变化;潜在的变化却不易发现,往往需要靠经验和分析研究才能发现。潜在的变化由于并不会立刻产生效果,所以人们通常意识不到变化的存在。例如,大型装备通常都有安全裕度,因此维修周期逐渐拉长并不会立刻引起故障,但是这种变化累积到一定程度就很可能突然导致事故的发生。2000 年美国阿拉斯加航空公司的一架 MD-83 飞机就是由于维修周期被违规延长,导致尾翼水平安定面伸缩螺杆的螺母脱落发生致命故障而坠毁,机上人员无一幸存。

(5) 时间的变化。随着时间的流逝,人员对危险的戒备会逐渐松懈,设备、装置性能会逐渐劣化,这些变化与其他方面的变化相互作用,引起新的变化。此外,由于市场竞争、经费开支等压力,局部决策往往是以牺牲安全管理为代价进行企业内部调整,也会使企业安全水平随着时间的流失而逐渐下降。

(6) 技术上的变化。采用新工艺、新技术在提高生产、使用效率的同时也可能会引入新的危险因素;开始新工程、新项目时发生的变化,人们也会由于不熟悉而易发生失误。

(7) 人员的变化。这里主要指员工心理、生理上的变化。人的变化往往不易掌握,因素也较复杂,需要认真观察和分析。例如,民航驾驶员在执行任务前需要进行例行体检,就是为了及时掌握人员变化情况,确保这些变化不会影响飞行安全;而近年来也发生过由于驾驶员生理、心理问题而导致的空难事故,如 2015 年德国之翼航空公司 4U9525 航班空难就是由于驾驶员患有抑郁症而故意驾驶飞机撞山坠毁。

(8) 劳动组织的变化。当劳动组织发生变化时,可能引起组织过程的混乱,如项目交接不好,造成工作不衔接或配合不良,进而导致操作失误和不安全行为的发生。

(9) 操作规程的变化。新规程替换旧规程以后,往往要有一个逐渐适应和习惯的过程。

需要指出的是,在管理实践中,变化是不可避免的,也并不一定都是有害的,关键在于系统以及管理是否能够适应客观情况的变化。企业要及时发现和预测变化,并采取恰当的对策,做到顺应有利的变化,克服不利的变化。

约翰逊认为,事故的发生一般是多重原因造成的,包含着一系列的变化—失误连锁。应用变化的观点进行事故分析时,可从以下几个方面着手进行分析,对比分析当前状态和以前状态的差别来发现变化。

① 对象物、防护装置、能量等;

② 人员;

③ 任务、目标、程序等;

④ 工作条件、环境、时间安排等;

⑤ 管理、监督、检查工作等。

变化—失误论与扰动起源论具有很大的相似性,本质上都是在分析变化在系统内部引起的连锁反应,只不过扰动论强调外界影响以及其在系统交互关系下的连锁反应,而变化—失误论则关注于人员对于变化(可能源于外部也可能是内部发生)的反应及其后续影响。当分析对象是一个具体的装备系统时,两种理论可以认为是相同的。

4.4.3 轨迹交叉论

不论是企业的生产制造过程还是复杂装备的使用操作过程,其核心都是人—机交互过程,即使高度自动化的设备使人员由直接操纵者转变为状态监控与决策者,但这只是改变了人—机交互的形式,并没有消除交互过程本身。事故也是发生在人—机交互过程中,如果不存在交互过程,至少不会造成人员伤亡,这已经显著降低了事故后果的严重程度。安全管理的核心也可以说是对人—机交互过程的管理。从这个角度来研究事故及其原因就形成了轨迹交叉事故致因理论(简称轨迹交叉论)。

轨迹交叉论的基本思想是:生产过程的核心是人与物(如设备、环境等)的交互过程,它们有各自的行为以及状态变化过程和事件序列(即"轨迹"),伤害事故就是这些相互联系的过程和序列发展变化的结果。正常情况下,两个轨迹各自发展并发生必要的交互;如果轨迹出现异常,即人的不安全行为和物的不安全状态,且在特定时间、空间发生接触(即"交叉"),能量转移于人体,就会造成人身伤害。

轨迹交叉论的示意图如图 4-10 所示。图中的起因物与致害物可能是不同的物体,也可能是同一个物体;同样,肇事者和受害者可能是不同的人,也可能是同一个人。需要指出的是,在装备使用和生产运行过程中,人和物两大时间链往往是相互关联、互为因果、相互转化的。有时人的不安全行为促进了物的不安全状态的发展,或导致新的不安全状态的出现;而物的不安全状态可以诱发人的不安全行为。因此,事故的发生可能并不是如图 4-10 所示的那样简单地按照人、物两条轨迹独立地运行,而是呈现较为复杂的因果关系。

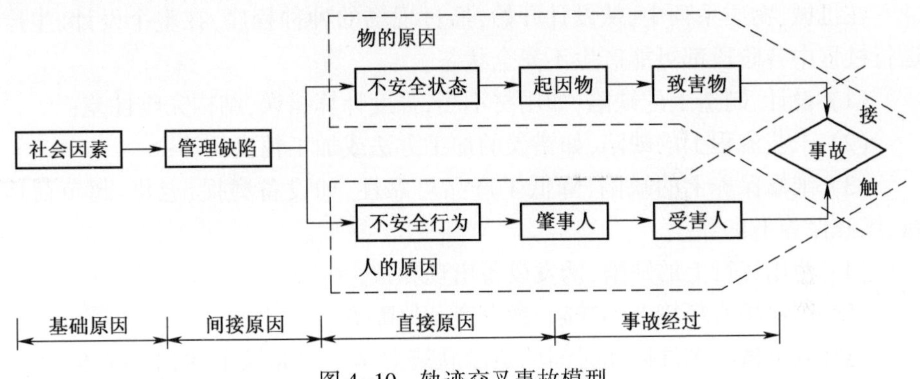

图 4-10　轨迹交叉事故模型

轨迹交叉论也符合绝大多数事故的统计情况。在实际生产过程中,只有少量的事故仅仅由人的不安全行为或物的不安全状态单独引起,绝大多数的事故是与二者同时相关的。例如:日本劳动省通过对 50 万起工伤事故调查发现,只有约 4%的事故与人的不安全行为无关,而只有约 9%的事故与物的不安全状态无关。

人的不安全行为和物的不安全状态是造成事故的表面的直接原因,如果对它们进行更进一步的考虑,则可以挖掘出二者背后深层次的原因。这些深层次原因的示例如表 4-6 所列。

表 4-6　事故原因示例

基础原因(社会原因)	间接原因(管理缺陷)	直接原因
遗传、经济、文化、教育培训、民族习惯、社会历史、法律	生理和心理状态、知识技能情况、工作态度、规章制度、人际关系、领导水平	人的不安全行为
设计、制造缺陷、标准缺乏	维护保养不当、保管不良、故障、使用错误	物的不安全状态

人的不安全行为基于生理、心理、环境、行为几个方面而产生:

(1) 生理遗传,先天身心缺陷。

(2) 社会环境、企业管理上的缺陷。

（3）后天的心理缺陷。

（4）视觉、听觉、嗅觉、味觉、触觉等感官差异。

（5）行为失误。人的主观能动性是一把双刃剑，与物相比，人的行为自由度很大，生产劳动中受环境条件影响，加上自身生理、心理缺陷都易于发生失误动作或行为失误。

总体来说，人的事件链随时间进程的运动轨迹按上述（1）→（5）的方向顺序进行。

在机械、物质系列中，从设计开始，经过现场的种种程序，在整个设计、生产运行过程中各阶段都可能产生不安全状态。

（1）设计、制造上的缺陷，如用材不当，强度计算错误，结构完整性差；

（2）工艺流程上的缺陷，如错误的加工方法或加工精度低等；

（3）维修保养上的缺陷，降低了产品可靠性，如设备磨损、老化、超负荷运行、维修保养不良等；

（4）使用运行上的缺陷，诱发设备出现异常；

（5）作业场所环境上的缺陷，激发产品故障等。

物质或机械的事件链随时间的运动轨迹总体上也是按上述（1）→（5）的方向进行。

基于轨迹交叉论，事故的预防不仅要消除人的不安全行为和物的不安全状态，还要防止两个轨迹的意外交叉；并且既然事故的发生是由于轨迹交叉，说明生产操作人员和机械设备两种因素都对事故的发生产生影响，因此就需要尽量同时消除两类危险因素。例如，美国铁路车辆安装自动连接器之前，每年都有数百名铁路工人死于车辆连接作业事故中，受到伤害的更是不胜枚举。铁路部门的负责人把事故的责任完全归因于工人的错误或不注意，但人员的更换并不能改善事故状况。后来，根据政法法令的要求，在提高工人技能的同时，在所有铁路车辆上都安装了自动连接器，从而大大减少了车辆连接作业中的伤亡事故。

控制人的不安全行为的目的是切断前述的行为形成轨迹。人的不安全行为在事故形成的过程中占有主导地位，因为人是设备与环境的设计者、创造者、使用者、维护者。人的行为受多方面影响，如作业时间紧迫程度、作业条件的优劣、个人生理心理素质、安全文化素质、家庭社会影响因素等。安全行为科学、安全人机学对控制人的不安全行为都有较深入的研究。对于人的不安全行为主要有如下控制措施：

（1）职业适应性选择。选择合适的员工以适应职业的要求，对防止不安全行为发生有重要作用。由于工作的类型不同，对职工的要求亦不相同，因此，在聘用选拔时应根据工作的特点、要求，选择适合该职业的人员，掌握其各方面的素质。应特别重视从事特种作业的职工的选择以及职业禁忌症的问题，避免因职工生理、心理素质的欠缺而造成工作失误。

（2）创造良好的行为环境和工作环境。创造良好的行为环境，首先是创造良好的人际关系，培养积极向上的集体精神。融洽和谐的同事关系、上下级关系，能使工作集体具有凝聚力，这样一来职工工作才能心情舒畅、积极主动地配合工作；实行民主管理，职工参与管理，能调动其积极性、创造性；关心职工生活，解决实际困难。做好家属工作，可以促进良好的、安全的环境气氛，以及社会气氛。创造良好的工作环境，就是尽一切努力消除工作环境中的有害因素，使设备、环境适合人的工作，也使人容易适应工作环境，使工作环境真正达到安全、舒适、卫生的要求，从而减少人失误的可能性。

（3）加强培训、教育。提高职工的安全素质，应包括 3 方面内容：文化素质、专业知识和技能、安全知识和技能。事故的发生与这 3 种素质密切相关。因此，企业安全管理除重视职工的安全素质提高以外，还应注重职工文化知识的提高、专业知识技能的提高，密切注视文化层次低、专业技能差的人群。坚持一切行之有效的安全教育制度、形式和方法。

（4）严格管理。建立健全管理组织、机构，按国家要求配备安全人员；完善管理制度；贯彻执行国家安全生产方针和各项法规、标准；制订、落实企业安全生产长期规划和年度计划；坚持一把手负责，实行全面、全员、全过程的安全管理，使企业形成人人管安全的气氛，才能有效防止各类违规违章现象的发生。

控制物的不安全状态的目的是切断轨迹交叉中物的不安全状态形成的轨迹。最根本的解决办法是创造本质安全条件，使系统在人发生失误的情况下，也不会发生事故。在条件不允许的情况下，应尽量消除不安全因素，或采取防护措施，以削弱不安全状态的影响程度。这就要求在系统的设计、制造、使用等阶段，采取严格的措施，使危险被控制在允许的范围之内。例如提倡采用可靠性高、结构完整性强的系统和设备，大力推广可靠性系统工程，并适当增加保险系统、防护系统和信号系统以及自动化遥控装置，消除物的不安全状态。此外，从避免两个轨迹的意外交叉的角度来看，在人的轨迹和物的轨迹之间设置安全装置作为屏蔽也是需要重点采用的手段。

需要注意的是，尽管轨迹交叉论强调同时消除两类不安全因素，但在实际工作中的消除手段和效果往往是不同的。对于人员来说，通常是采用管理手段，且由于人的主观能动性，人为失误难以控制；而设备、工作环境等物的因素则可以通过技术手段来提高可靠性，减少故障，因此安全工作的重点应放在控制物的不安全状态上，努力提高本质安全。

轨迹交叉论作为一种动态变化理论，介于宏观管理和微观控制之间，强调人的因素和物的因素在事故致因中占有同样重要的地位。按照该理论,可以通过避免人与物两种因素的运动轨迹交叉,来预防事故的发生。同时,该理论对于调查事故发生的原因,也是一种较好的工具。但恰恰是由于该理论在微观描述上的不足,使得其对于事故过程的描述过于简单,实际的事故过程可能并不是如该理论所说的简单地按照人、物两条轨迹独立地运行,而是更为复杂的因果关系,从而导致无法分析深层次原因。

4.5 以人为核心的事故致因理论

从系统的角度来看,系统运行是一个人、机、环境交互作用的过程,需要研究人、机、环境之间的相互作用、反馈和调整,从中发现事故的原因,揭示出预防事故的途径。

在人、机、环境交互过程中,人具有主观能动性且自由度较高,因此通常处于主导地位,因此在事故致因理论研究中就会关注对人的特性的研究,包括人对设备和环境状态变化信息的感觉和察觉,对这些信息的认识和理解,采取适当响应行为所需的知识,面临危险时的决策,响应行动的速度和准确性等。系统理论认为事故的发生来自于人的行为和设备特性间的适配或不协调,是多种因素相互作用的结果,但人员处于核心位置,由此形成了一些具有代表性的事故致因理论。

4.5.1 瑟利模型

1969年,瑟利(J. Surry)提出了一个事故模型,他把事故的发生过程分为是否产生迫近的危险(危险出现)和是否造成伤害或损坏(危险释放)两个阶段,每个阶段都各包含一组类似的心理—生理成分,即对事件信息的感觉、认识以及行为响应的过程。

在危险出现阶段,如果人的信息处理过程的各个环节都是正确的,危险就能被消除或得到控制;反之,只要任何环节出现问题,就会使操作者直接面临危险。

在危险释放阶段,如果人的信息处理过程的各个环节都是正确的,则虽然面临着已经出现的危险,但仍然可以避免危险释放出来,就不会发生伤害或损坏;反之,只要任何一个环节出错,危险就会转化成伤害或损害。

瑟利模型如图4-11所示。

由图可以看出,两个阶段具有类似的信息处理过程,每个过程均可分解为6个方面的问题。下面以危险出现为例,分别介绍这6个方面问题的含义。

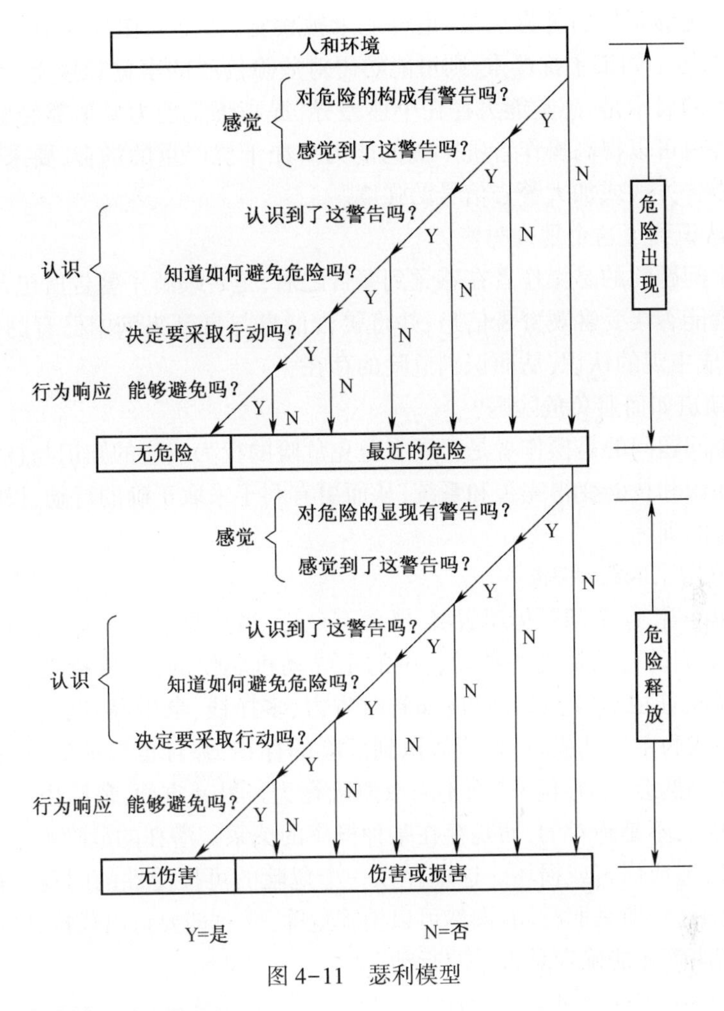

图 4-11　瑟利模型

1. 对危险的出现有警告吗？

这个问题问的是装备在运行或生产使用过程中对危险的显现是否客观存在警告信息。这里警告的意思是指工作环境中是否存在与安全运行状态之间可被感觉到的差异。如果危险没有带来可被感觉的差异，则会使人直接面临该危险。在生产实际中，危险即使存在，也并不一定直接显现出来。这一问题给我们的启示，就是在系统运行期间应该密切观察工作过程和环境的状况，要让不明显的危险状态充分显示出来，这往往要采取一定的技术手段和方法来实现。

2. 感觉到了这个警告吗？

这个问题问的是如果有警告信号，操作者能察觉到吗？这个问题有两方面的含义：一是人的感觉能力如何。如果人的感觉能力差，或者注意力在别处，那么即使有足够明显的警告信号,也可能未被察觉;二是工作环境对警告信号的“干扰”如何。如果干扰严重,则可能妨碍对危险信号的察觉和接受。根据这个问题得到的启示是,感觉能力存在个体差异,提高感觉能力要依靠经验和训练,同时训练也可以提高操作者抗干扰的能力。在干扰严重的场合,要采用能避开干扰的警告方式或加大警告信号的强度。

3. 认识到了这个警告吗?

这个问题问的是操作者在感觉到警告之后,是否理解了警告所包含的意义,即操作者能否接受客观警告信息,并将警告信息与自己头脑中已有的知识进行对比,形成主观的认识,从而识别危险的存在。

4. 知道如何避免危险吗?

这个问题问的是操作者是否具有避免危险的行为响应的知识与技能。为了使这种知识和技能变得完善和系统,从而更有利于采取正确的行动,操作者应该接受相应的训练。

5. 决定采取行动吗?

表面上看,这个问题毋庸置疑,既然有危险,当然要采取行动。但是,在实际情况下,人们的行动是受各种动机中的主导动机驱使的,采取行动回避风险的“避险”动机往往与“趋利”动机(如省时省力、多挣钱、享乐等)交织在一起。当趋利动机成为主导动机时,尽管认识到危险的存在,并且也知道如何避免危险,但操作者仍然会“心存侥幸”而不采取避险行为。另一方面,危险由潜在状态变为现实状态,不是绝对的,而是存在某种概率的关系。潜在的危险下不一定将要导致事故,造成伤害或损坏。这里存在一个危险的可接受性的问题。在察觉潜在危险之后,立即采取行动,固然可以消除危险,却要付出代价,因此有可能需要权衡决策才能确定是否采取行动。

6. 能够避免危险吗?

这个问题问的是操作者在做出采取行动的决定后,能否迅速、敏捷、正确地做出行动上的反应。由于人的行动以及危险出现的时间具有随机性,这将导致即使行为响应正确,有时也不能避免危险。人的反应速度和准确性不是稳定不变的,危险出现的时间也并非稳定不变,正常情况下危险由潜在变为显现的时间可能足够容许人们采取行动来避免危险,但危险显现可能提前,人们再按照正常速度就无法避免危险了。上述随机性可以通过设备的改进、维护,人员技能的提高而减小事故发生的可能性,但是要完全加以消除是困难的。

上述6个问题中,前两个问题都是与人对信息的感觉有关的,第3~5个问题是与人的认识有关的,最后一个问题是与人的行为响应有关的。这6个问题涵盖了人的信息处理全过程,并且反映了在此过程中有很多发生失误进而导致事故的机会。

瑟利模型从人、机、环境的结合上对危险从潜在到显现从而导致事故和伤害进行了深入细致的分析，这给人以多方面的启示。比如为了防止事故，关键在于发现和识别危险。这涉及环境的干扰、操作者的感觉能力、对危险的认识和掌握的技能等。改善安全管理就应该致力于这些方面问题的解决：如人员的选拔、培训；作业环境的改善；监控报警装置的设置等。

4.5.2 安德森模型

瑟利模型实际上研究的是在客观已经存在潜在危险的情况下，人与危险之间的相互关系、反馈和调整控制的问题。然而，瑟利模型没有探究如何会产生潜在危险，没有涉及设备及其周围环境的运行过程。1978 年，安德森（R. Anderson）等人在应用瑟利模型分析实际案例中发现了上述问题，从而对其进行了扩展，形成了安德森模型。该模型是在瑟利模型之上增加了一组问题，所涉及的是：危险线索的来源及可察觉性，运行系统内的波动以及控制或减少这些波动使之与人的行为波动相一致。这一工作过程的增加使瑟利模型更为有用，详见图 4-12。

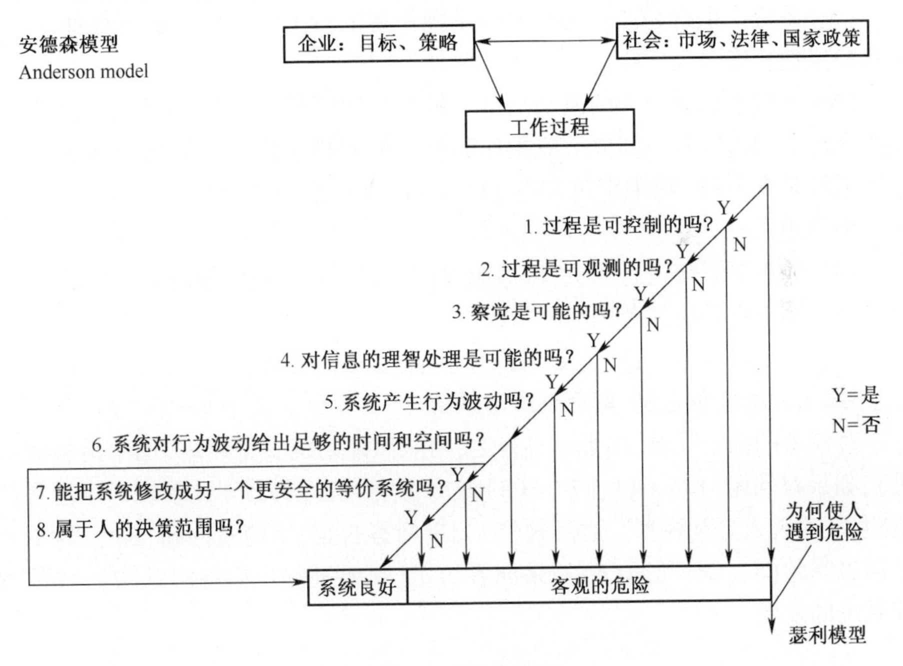

图 4-12　安德森模型

安德森对瑟利模型的增补，始于控制系统（一个不可控的系统，例如闪电，不适用于模型开始组中的问题）。问及系统是否能观察到（通过仪表或人的感官)过程,阻止察觉是否可能主要指有无噪声、照明不良或因栅栏而阻碍了对工作过程的察觉。

安德森模型对工作过程提出的8个问题分别是:

(1) 过程是可以控制的吗? 即不可控的过程(如闪电)所带来的危险无法避免,此模型所讨论的是可以控制的工作过程。

(2) 过程是可以观察的吗? 指的是依靠人的感官或借助于仪表设备能否观察了解工作过程。

(3) 察觉是可能的吗? 指的是工作环境中的噪声、照明不良、栅栏等是否会妨碍对工作过程的观察了解。

(4) 对信息的理智处理可能吗? 此问题有两方面的含义:一是问操作者是否知道系统是怎样工作的,如果系统工作不正常,他是否能感觉、认识到这种情况;二是问系统运行给操作者带来的疲劳、精神压力(如长期处于高度精神紧张状态)以及注意力减弱是否会妨碍其对系统工作状况的准确观察和了解。

上述问题的含义与瑟利模型第一阶段问题的含义有类似的地方,所不同的是,安德森模型是针对整个系统,而瑟利模型仅仅是针对具体的危险线索。

(5) 系统产生行为波动吗? 问的是操作者的行为响应的不稳定性如何,有无不稳定性? 有多大?

(6) 运行系统对行为的波动给出了足够的时间和空间吗? 问的是运行系统是否有足够的时间和空间以适应操作者行为的不稳定性。如果是,则可以认为运行系统是安全的(图中跨过问题(7)、(8),直接指向系统良好),否则就转入下一个问题。

(7) 能否对系统进行改进,以适应操作者行为在预期范围内的不稳定性。

(8) 属于人的决策范围吗? 指改进系统是否可以由操作和管理人员做出决定。尽管系统可以被改进,但如果操作和管理人员无权改动,或者涉及政策法律,不属于人的决策范围,那么就改进系统。

对模型的每个问题,如果回答肯定,则能保证系统安全可靠(图中沿斜线前进);如果对问题(1)~(4)、(7)~(8)做出否定回答,则会导致系统产生潜在的危险,从而转入瑟利模型。对问题(5)如果回答否定,则跨过问题(6)、(7)而直接回答问题(8)。对问题(6)如果回答否定,则要进一步回答问题(7),才能继续系统的发展。

第5章　安全工程原理与技术体系

5.1　概　　述

安全工程是解决安全问题的系统工程过程和技术手段的总和,是解决安全问题的交叉学科,其基本理论属于技术科学的范畴。

安全工程的起始,人们是以被动的思维模式解决问题,即"fly-fix-fly",就是出了问题、分析问题、总结经验,改进安全,如FAA(美国联邦航空管理局)的适航条例,主要依靠经验解决问题,进而转变到以预防为主的思维模式。

以美军标882为起点,形成以ALARP为原则,在系统/产品全寿命周期内,以系统工程原理为主线,综合应用各项技术与管理手段,实现安全目标的系统思维模式,即系统安全工程。

其核心是在系统/产品全寿命周期内,遵循工程事理,应用科学技术与经验,在研制阶段给予系统/产品尽可能高的安全能力:安全性,在系统/产品使用阶段尽可能保持系统/产品的安全能力,监控和保障系统的安全;同时,保障工程研制过程中的各项安全。系统安全工程形成了自身的工程过程模型和应用技术体系。

5.2　系统与系统工程原理

20世纪60~70年代以后,系统工程作为一门独立学科逐渐发展和成熟,并在很多领域得到了推广。系统工程以一般系统为研究对象,从系统的观点出发,运用系统分析理论,对系统的规划、研究、设计、制造、试验和使用等各个阶段进行有效的组织管理。通过最佳方案的选择,使系统在各种约束条件下,达到最合理、最经济、最有效的预期目标。它着眼于整体的状态和过程,而不拘泥于局部的、个别的部分,通过各分系统或单元之间的相互配合与联系,来优化整个系统的性能,以求得整体的最佳方案。

系统时刻伴随着我们,科学思维也从还原论发展到系统论,系统科学与工程思想已经成为我们解决科学技术问题的必由之路,安全(系统)工程更是离不开系统思维。

5.2.1 系统

1. 系统的概念

系统就是由相互作用和相互依赖的若干组成部分结合而成的具有特定功能的有机整体。

在21世纪的工业4.0时代，航空航天、船舶、交通，以及我们日常生活中所使用的电器等，无论大小都是一个系统，甚至是一个复杂系统，更甚者如GPS、北斗导航系统是天地一体化的多系统综合，称之为系统之系统（system of systems）。技术系统就是为人类服务的科技产物，由众多的软硬件组成，按照一定的体系规则构成，协同实现其预期的功能、完成其预定的任务。

2. 系统的特征

系统有5个基本特性，即：整体性、层次性、相关性、目的性和适应性。

整体性：就是系统具有整体的结构、特性、状态、行为和功能等。系统的各组成部分，及其相关关系与作用，都是以系统的整体功用为目的而存在，为系统整体功能服务，服从于整体。对于复杂系统而言，具有非线性的"涌现"特性，所谓"整体大于各部分之和"，即"1+1>2"。

层次性：系统在结构和功能等方面具有层次性，任何一个系统都可以分解为一系列的不同层次的子系统，而它本身又是它所从属的一个更大系统的子系统。越是复杂或大的系统，其层次可能会更多一些。系统的层次结构表述了系统中不同层次子系统之间的从属关系或相互作用关系。在不同的层次结构中存在着动态的信息流和物质流，构成了系统的运动特性。

相关性：即系统的各组成部分相互联系、相互依赖和相互作用，形成一个为总体目标服务的有机整体。系统的任何组成部分不可能孤立于其他部分而存在，系统的各组分或元素只要有一个变化都会影响其他元素和组分。系统的相关性说明这些联系之间的特定关系。

目的性：系统都是以实现某种功能为目的的，不同的系统有不同的目的，需要具有不同的功能。系统的目的一般通过更具体的目标来体现，复杂的系统通常不止一个目标，而是多个目标。当系统存在多个目标时，要从整体协调的角度出发寻求平衡，需要相互协调，达到整体最优。

适应性：环境适应性是指系统随环境的变化而改变其结构和功能的能力。任何系统都存在于一定的物质环境之中，并与环境进行物质、能量和信息的交换，外部环境的变化必然引起系统内部各要素之间的变化，系统必须适应外部环境的变化，否则没有生命力，不能生存与发展。

5.2.2 系统工程

1. 系统工程概述

钱学森等对系统工程的定义：系统工程是组织管理系统的规划、研究、设计、制造、试验和使用的科学方法，是一种对所有“系统”都具有普遍意义的科学方法。

系统工程就是在全寿命周期内，以系统的安全为底线，满足时间、费用约束前提下，从系统整体出发，辩证地应用综合和解析的科学与工程技术和方法，获得最佳的系统效能；是指导系统需求分析与定义、系统设计开发与实现、技术管理、使用和报废处理的方法论。

1）系统工程原则

系统工程原则来自于系统思想，是系统思想在实际中的应用，是系统思想的具体化。包括：目的性原则、整体性原则、动态性原则、适应性原则，以及综合性原则、协调与优化原则、验证性原理和反馈原理。

2）霍尔三维结构

霍尔三维结构从“时间维、逻辑维和知识维”完整地阐明了系统工程原理，体现了系统工程方法的系统化、综合化、最优化、程序化和标准化的特点。霍尔三维结构模式的出现，为解决大型复杂系统的规划、组织、管理问题提供了一种统一的思想方法，因而在世界各国得到了广泛应用。霍尔三维结构如图 5-1 所示。

三维结构体系形象地描述了系统工程的框架，对其中任一阶段和每一个步骤，又可进一步展开，形成分层次的树状体系。将逻辑维的 7 个步骤逐项展开讨论，可以看出，这些内容几乎覆盖了系统工程理论方法的各个方面。霍尔三维结构是将系统工程整个活动过程分为前后紧密衔接的 7 个阶段和 7 个步骤，同时还考虑了为完成这些阶段和步骤所需要的各种专业知识和技能。

时间维表示系统工程活动从开始到结束按时间顺序排列的全过程，分为规划、设计、分析、运筹、实施、运行、更新 7 个时间阶段。

逻辑维是指时间维的每一个阶段内所要进行的工作内容和应该遵循的思维程序，包括明确问题、系统设计、系统综合、模型化、最优化、决策、实施 7 个逻辑步骤。

知识维表征系统工程工作所需的知识，如运筹学、控制论、工程技术、管理科学、社会科学、艺术等各种知识和技能。

霍尔三维结构方法论具有研究方法上的整体性（三维）、技术应用上的综合性（知识维）、组织管理上的科学性（时间维和逻辑维）和系统工程工作的问题导

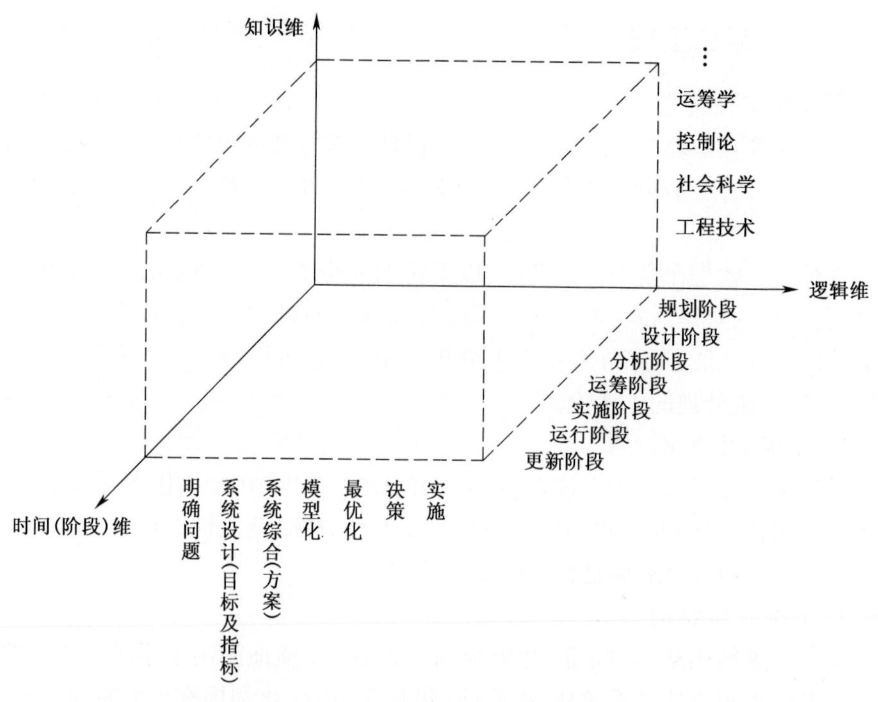

图 5-1　霍尔三维结构

向性(逻辑维)等突出的特点。

3）系统工程技术过程模型

与众多的过程模型相似,美国国家航天局(NASA)给出了系统研发的系统工程技术过程模型,包括:系统设计、技术管理和产品实现等过程。如图 5-2 所示,描述过程的步骤、流程和相关性,第 1~9 步描述项目实施的任务,第 10~17 步, 表述为系统研制过程开展的交叉并行过程。

系统设计过程:图 5-2 所示的系统设计过程是用来确定用户期望和技术要求基线,并将技术要求转化为设计解决方案,满足用户的期望。此过程应用于系统各层次的产品。设计者不仅开发了用于执行系统使用功能的设计解决方案,而且还建立对各产品和服务的要求。

产品实现过程:此过程应用于系统结构中的每个产品,并集成到更高层次产品。此过程用来创建每个产品的设计方案,并验证、确认和传递到下一层次的产品,满足其设计方案和用户的期望。

技术管理过程:技术管理过程用于建立和变更项目的技术计划,通过接口管理信息交流,依据计划和需求,对系统产品和服务的进展情况进行评估,控制项目的技术执行完成,并帮助决策过程。迭代地应用技术过程,分解系统的初始概

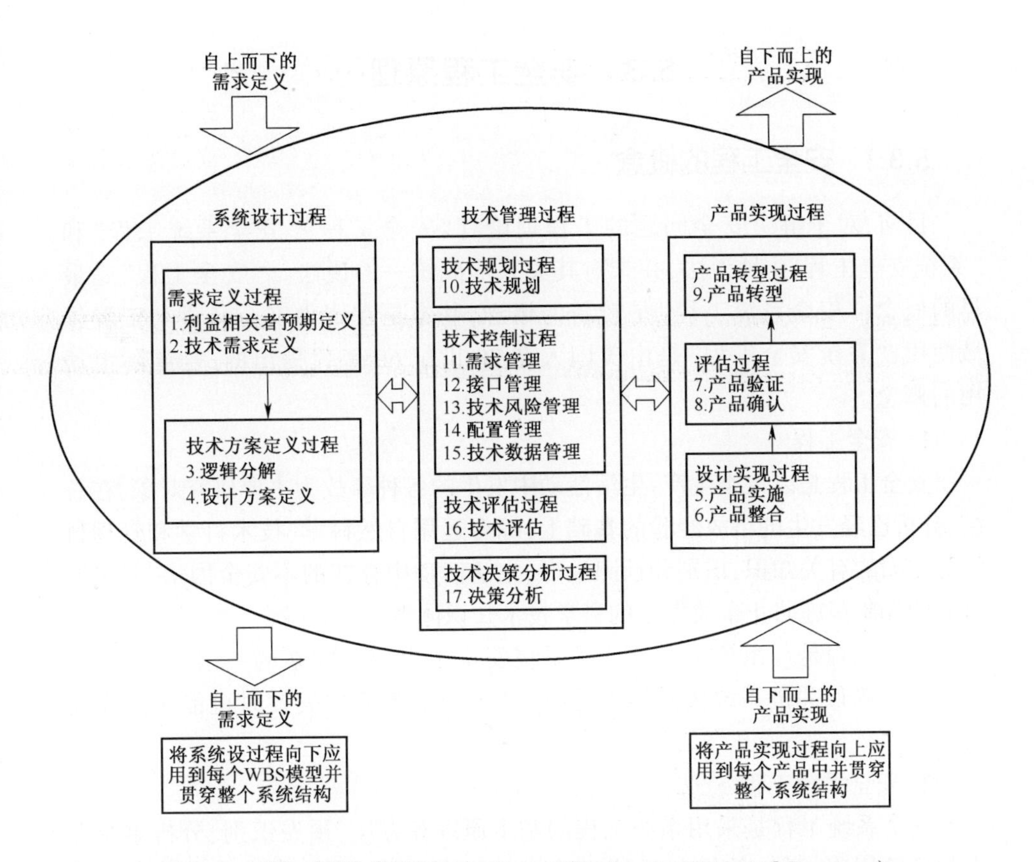

图 5-2　系统工程技术过程(The Systems Engineering Technical Processes)

念到足够具体详细的程度,足以使技术设计团队可以实现产品。此过程的迭代应用来将最小的产品逐级综合为较大的和更大的系统,直到整个系统总装完成、验证、确认和交付。

2. 系统工程与安全

系统工程这种追求整体优化的理念与安全工程提高产品整体安全性水平的要求完全一致,因此系统工程理论和技术在安全工程应用中很快就得到了广泛应用。从追求整体最优出发,安全工程的研究对象从最初的单纯技术系统(即“机”),扩展到“人—机”,再进一步扩展到“人—机—环”,并逐步形成了社会技术系统的安全概念。系统工程中的复杂系统理论也在安全领域得到应用。基于复杂系统的特点,事故被看作复杂系统的涌现现象,从而形成了新的事故模型及相关理论,这有助于进一步深入研究事故的发生、发展及其深层次原因。当然,有些研究目前仍处于理论探索阶段,但近年来不断更新的安全标准仍充分体现了系统工程理论与技术对于安全工程发展的推动作用。

5.3 安全工程原理

5.3.1 安全工程的概念

目前,对于解决安全问题的工程理论有“安全工程”“安全系统工程”和“系统安全工程”3 种说法,并未对其关系形成统一的说法。“安全工程”是最早的概念;“安全系统工程”是较新的概念,基本是在国内安全科学与工程领域使用;“系统安全工程”是由美国人在 20 世纪 60 年代提出的,是国际上通用的概念。

1. 安全工程

安全工程是以人类生产、生活活动中发生的各种事故为主要研究对象,在总结、分析已经发生的事故经验的基础上,综合运用自然科学、技术科学和管理科学等方面的有关知识,识别和预测生产、生活活动中存在的不安全因素,并采取有效的控制措施防止事故发生的科学技术知识体系。

安全工程是与系统工程及其子系统安全工程密切联系的一门应用科学。安全工程确保关键系统按照需要运行,甚至当系统部件失效时也能按照需要运行。

2. 安全系统工程

安全系统工程是采用系统工程的基本原理和方法,预先识别、分析系统存在的危险因素,评价并控制系统风险,使系统的安全性达到预期目标的工程技术。

安全系统以人为中心,由安全工程、卫生工程技术、安全管理、人机工程等几部分组成,安全系统是以消除伤害、疾病、损失,实现安全生产为目的的有机整体,它是生产系统中的一个重要组成部分。

3. 系统安全工程

系统安全工程的概念来源于 MIL-STD-882,其最新标准 MIL-STD-882E 对系统安全、系统安全管理与系统安全工程的定义如下:

系统安全:贯穿系统寿命周期各阶段,在系统使用效能、时间和费用约束下,应用工程和管理的原理、准则和技术达到可接受的事故风险。(System safety: The application of engineering and management principles, criteria, and techniques to achieve acceptable risk within the constraints of operational effectiveness and suitability, time, and cost throughout all phases of the system life-cycle. [MIL-STD-882E])

系统安全管理:实施相关的计划和措施,以识别、评价、消除和持续跟踪、控制和归档环境、安全和健康事故风险(System safety management: All plans and actions taken to identify, assess, mitigate, and continuously track, control, and document environmental, safety, and health (ESH) mishap risks encountered in the development, test, acquisition, use, and disposal of DoD weapon systems, subsystems, equipment, and facilities. [MIL-STD-882E])

系统安全工程:是应用科学和工程原理、准则与技术,采用专门的专业知识和技能,识别和消除危险,以减少相关的事故风险的一个工程学科。(System safety engineering: An engineering discipline that employs specialized professional knowledge and skills in applying scientific and engineering principles, criteria, and techniques to identify and eliminate hazards, in order to reduce the associated mishap risk. [MIL-STD-882E])

ISO 和 ESA 对系统安全的定义为:贯穿系统寿命周期各阶段,在系统使用效能、时间和费用约束下,应用工程和管理的原理、准则和技术使安全的各方面达到最优化。(application of engineering and management principles, criteria, and techniques to optimize all aspects of safety within the constraints of operational effectiveness, time, and cost throughout all phases of the system life cycle。[ISO 14620-1][ECSS-Q-ST-40C])

从定义可以看出"安全工程"的概念中没有体现其工程原理,"安全系统工程"和"系统安全工程"的内涵基本一致,"安全系统工程"有些定义强调生产安全,有些强调系统的安全性。

"系统安全工程"是国际通用的术语,是在全寿命周期,基于系统工程解决安全问题,在美军标 882E 中强调研发中的产品安全性,NASA 的标准中更为全面地论述全寿命周期内的安全问题。

本书使用国际通用的"系统安全工程"术语。系统安全工程是安全工程原理的发展成果,它基于系统论,以系统工程思想为主线,贯穿于系统/产品的全寿命周期,用于解决安全问题。系统安全工程涵盖了安全工程的各方面。因此,系统安全工程就是升级版的安全工程。

综上所述,本书给出系统安全工程定义:系统安全工程是基于系统工程原理与方法,贯穿系统寿命周期各阶段,综合应用技术和管理原理、准则与方法,识别、消除危险,减少、跟踪和控制事故风险的一个工程学科。

5.3.2 系统安全工程原理

系统安全工程过程的核心是解决两个方面的安全问题:其一是产品研发、试验与生产自身过程的安全保证;其二是从需求开始全寿命周期内所研制生产产品的安全保证。目前系统安全工程过程重点是第二项内容。

图 5-3 所示是系统安全工程技术过程原理的总体描述。整个过程基于系统工程原理,以危险为核心,经历全寿命周期分析设计、风险评价、跟踪与控制的闭环过程。在研制阶段,主要由需求确定、分析设计、试验与评价等手段,赋予产品满足要求的安全保障能力:安全性水平;在使用阶段,主要由事故预测与控制、安全管理、救援与调查等保障使用安全。

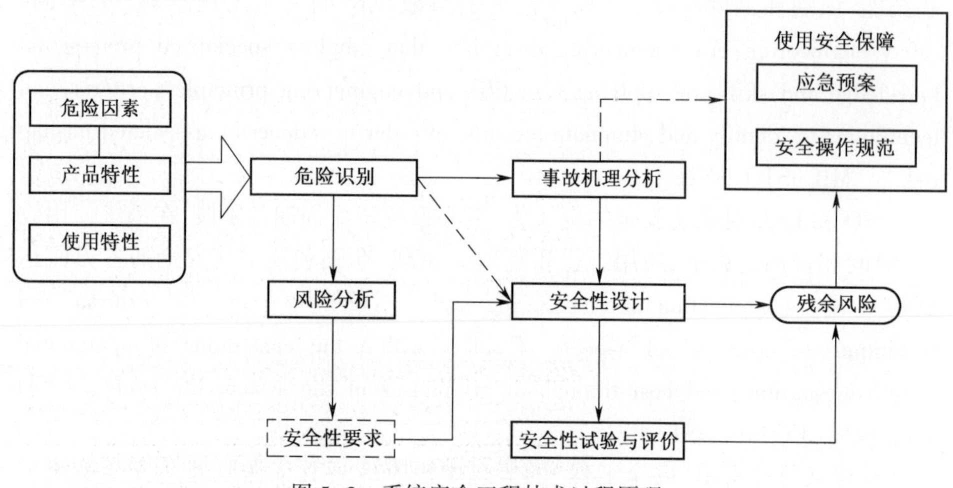

图 5-3　系统安全工程技术过程原理

1. 危险识别/分析

危险分析也可以称为安全性分析,是系统安全工程的核心内容,包括危险的识别与其影响机理分析、风险分析与评价等,是安全性设计、评价的基础。安全性分析通过对系统进行深入、细致地分析,检查系统或设备在每种使用模式中的工作状态,确定潜在的危险,预计这些危险对人员伤害、设备损坏或环境破坏的严重性和可能性,为确定消除或减少危险的方法(包括改进系统设计或改变系统运行程序)提供依据。

提高产品的安全性,使其不发生或少发生事故,其前提条件是预先识别系统可能存在的危险,全面掌握其基本特点,明确其对系统安全影响的程度。在系统寿命周期各个阶段开展安全性分析的作用主要体现在以下几个方面:

(1) 识别产品中所有可能存在的危险;

(2) 确定系统设计的不安全状态以及与危险有关的系统接口;

(3) 分析危险引发事故的原因、过程和后果;

(4) 结合已采取的安全性措施,评价危险导致事故的可能性、严重性和事故风险；

（5）依据预先确定的规则划分危险类别，确定安全性关键项目和残余风险；

（6）提出分析结论和评价意见，为后续安全性设计、验证、评价和工程决策活动提供参考和依据。

2. 安全性要求

系统/产品的研制都是追求在保障安全前提下的最大效能和最佳费效比。安全性是系统/产品研制所赋予的固有属性，安全性要求是系统安全工程中开展设计、分析、验证与评价等工作的依据。

安全性要求一般是政府强制性的要求，各类系统/产品均有强制性的最低安全性要求，如飞机的适航要求，一般产品的电气安全、防火安全等安全性要求。

安全性要求包括定性要求和定量要求，定性要求指的是用一种非量化的形式来描述对产品安全性的要求；定量要求采用安全性参数、指标来规定对产品安全性的要求。此外，为了保障安全性工作在系统/产品研制中系统性地顺利开展，也对有关产品的安全性工作提出了要求。

3. 事故机理分析

机理是指事物变化的原因与道理，机理分析就是通过对系统内部原因（机理）的分析研究，从而找出其发展变化规律。事故机理分析即事故是如何发生的过程分析，以事故致因理论为基础，应用危险分析方法如 FMEA、FTA 和 ETA 等，和相关专业理论与工程知识、建模与分析方法，依据产品的使用模式与环境、功能、运行机理与操作模式等，深入分析危险模式可能导致的事故及其严重程度，特别是事故发生的条件与模式，事故过程的事件链等，切实理清事故发生的原因、过程与影响程度。事故机理分析的本质，就是从危险模式出发，考虑人—机—环因素，实事求是、科学性地分析清楚："事故"是如何发生的。事故机理分析是危险分析的重要环节，它为产品的安全性设计和使用安全保障提供技术依据。

4. 安全性设计

安全性设计是通过各种设计活动来消除和控制各种危险，以提高系统/产品的安全性。在安全性分析的基础上，即运用各种危险分析技术来识别和分析各种危险，确定各种潜在危险对系统的安全性影响，设计人员必须在设计中采取各种有效措施来保证所设计的系统具有要求的安全性。安全性设计是保证系统满足规定的安全性要求最关键和有效的措施，它包括进行消除和降低危险的设计，在设计中采用安全和告警装置以及编制专用规程和培训教材等活动。

事故是能量的意外释放,安全性设计的本质就是避免和控制能量的意外释放。

5. 安全性试验与评价

安全性试验与评价,也可称为安全性验证,是指在研制和试用阶段,对产品的安全性要求是否合理与完整,安全性是否达到要求以及是否按合同规定的要求给出结论性意见,所需进行的检查、考核、试验或评价工作的总称,它是伴随研制全过程而进行的,其多数工作是在研制后期开展。

通过安全性试验与评价可以发挥如下作用:

(1) 及早发现和纠正产品研制中出现的安全性缺陷,防止事故的发生;

(2) 考核安全性的技术特性在研制结束时能达到的水平,以判定(或确定)规定的安全性要求是否达到;

(3) 为产品后续改进设计提供所需的安全性信息。

安全性试验与评价的方法一般包括:(现场/实验室)试验、仿真试验、演示、类比、审查评审、计算评估等,安全性的试验与评价工作,与产品研制的其他各项试验与评价工作协调进行。

6. 使用安全保障

系统/产品的安全性设计,本质上是面向使用安全的。通过设计可以消除或降低一定的事故风险,但不能彻底消除危险,必然有残余风险存在,小概率的事故仍有可能发生。因此,在使用阶段还涉及使用安全保障工作。

在研制阶段通过对残余风险的分析,可以提供安全操作规范、危险警示和应急救援预案等,更重要的是对于复杂系统,如飞机、高铁等,必然有针对安全的维修保障方案与措施,如故障检测与诊断、定期与不定期维修等,为使用安全保障提供技术依据和支持。

使用安全保障是在使用阶段通过管理和技术手段,维持产品安全性固有水平,防范事故发生,开展事故的救援与调查,确保使用安全,使事故风险的发生处于最低水平。同时,开展安全性的评价与信息管理等工作,可以为事故预防和产品的改进提供依据。

使用安全保障是以安全为第一位宗旨、减少事故为目标,以人—机—环为对象,在一个完整的安全保障组织体系下开展工作,需要有法律与法规、体制与机制、规章与制度、人员、技术与设备,以及费用等方面的支持。

5.3.3 系统安全工程框架

系统寿命周期是指一个系统/产品从方案论证到报废处置经过的实际阶段。我国产品的寿命周期一般划分为:论证阶段、方案阶段、工程研制(细分为系统设计、详细设计两个阶段)与定型阶段、生产(含生产定型)阶段、使用阶段和退役阶段。

系统安全工作就是在产品寿命周期内,与产品的研制与使用协调开展,将安全性工作融入产品研制与使用全过程,保障全寿命周期的产品安全。为了主动地将安全性设计到产品中,非常有必要从方案阶段就开始将安全性纳入研制过程并一直贯穿于整个寿命周期,系统安全工程是产品研制与使用全寿命周期系统工程不可分割的一部分。图 5-4 整体描述在了系统寿命周期内的系统安全工程框架。

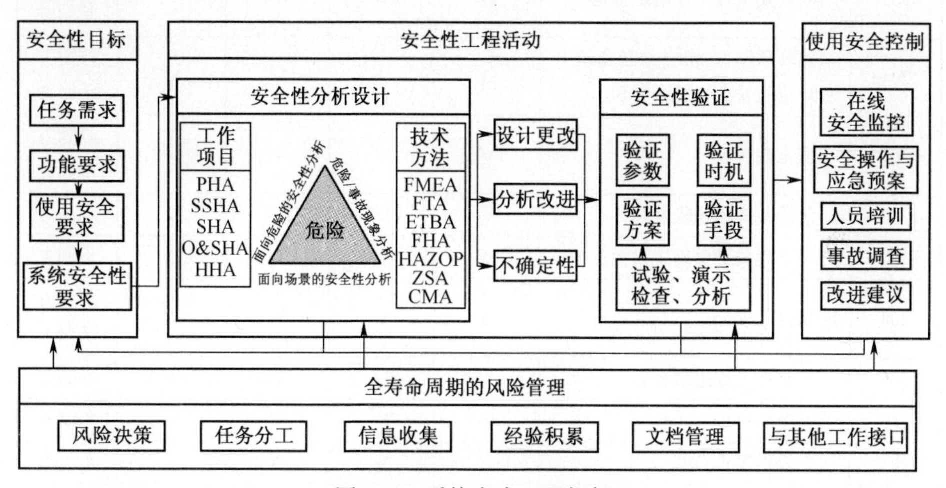

图 5-4　系统安全工程框架

安全性工作分为工程和管理两大部分:管理工作方面主要是形成组织机构、职责分工、规划安全性工作,过程监控和信息管理等;工程工作方面主要是结合研制过程,开展安全性要求制定、设计分析、试验与评价、使用安全保障等工程工作。

系统安全工程框架本质上就是协同系统/产品研制过程,基于系统工程原理,在整个寿命周期,针对安全性与使用安全保障,系统性地开展一系列工作,各项工作应用相关的技术方法,实现全过程的危险闭环控制和事故风险评价,达到可接受的风险水平。

表 5-1 所列是 GJB 900A—2012 所规定的系统安全工程工作。

5.3.4　系统安全管理

系统安全管理的核心是保障系统/产品的系统安全工作能够目标明确、职责清晰、责任到位,有序地按计划开展工作并全程受控,从而顺利实现系统安全的工程目标。

表 5-1 GJB 900A—2012 装备安全性工作项目应用矩阵示例表

工作项目编号	工作项目名称	论证阶段	方案阶段	研制与定型阶段	生产与使用阶段	责任单位
101	确定安全性要求	√	√	×	×	订购方
102	确定安全性工作项目要求	√	√	×	×	订购方
201	制定安全性计划	√	√	√	√	订购方
202	制定安全性工作计划	Δ	√	√	√	承制方
203	建立安全性工作组织机构	Δ	√	√	√	订购方 承制方
204	对转承制方、供应方和建筑工程单位的安全性综合管理	Δ	√	√	√	订购方 承制方
205	安全性评审	√	√	√	√	订购方 承制方
206	危险跟踪与风险处理	√	√	√	√	承制方
207	安全性关键件确定与控制	Δ	√	√	Δ	承制方
208	试验的安全	Δ	√	√	Δ	订购方 承制方
209	安全性工作进展报告	Δ	√	√	Δ	承制方
210	安全性培训	×	√	√	√	承制方
301	安全性要求分解	×	√	Δ	×	承制方
302	初步危险分析	Δ	√	Δ	Δ	承制方
303	制定安全性设计准则	Δ	√	Δ	×	承制方
304	系统危险分析	×	Δ	√	Δ	承制方
305	使用和保障危险分析	×	Δ	√	Δ	承制方
306	职业健康危险分析	×	√	√	Δ	承制方
401	安全性验证	×	Δ	√	Δ	承制方
402	安全性评价	×	√	√	Δ	承制方
501	安全性信息收集	×	×	×	√	订购方
502	使用安全保障	×	×	×	√	订购方
601	外购与重用软件的分析与测试	×	√	×	×	承制方
602	软件安全性需求与分析	√	√	×	×	承制方
603	软件设计安全性分析	×	√	√	Δ	承制方
604	软件代码安全性分析	×	Δ	√	√	承制方
605	软件安全性测试分析	×	×	√	Δ	承制方

（续）

工作项目编号	工作项目名称	论证阶段	方案阶段	研制与定型阶段	生产与使用阶段	责任单位
606	运行阶段的软件安全性工作	×	×	×	√	订购方
注：表中符号的含义分别为： √——适用；×——不适用；Δ——可选用						

首先，要成立专门负责安全性工作的组织机构，明确职责分工，全面和全过程负责管理系统/产品的系统安全的各项工作。

其次，最为核心的工作是制定系统/产品研制中的安全性工作计划。安全性工作计划全面统领系统/产品的系统安全工作。根据产品的安全性要求和特点，以及产品研制的进度、费用等，全面规划安全性工作。包括：确定应开展的安全性工作项目（管理和工程）和项目要求。项目实施的细则包括工作目的目标、工作的实施人员、工作项目的输入/输出、时间节点、保障条件，以及各项工作和系统各层次工作的相关性及接口，甚至包括采用的技术手段等。

第三，危险的闭环控制与风险管理。如第 5.3.2 节所述，系统安全工程是以“危险”为核心管控事故风险。因此，在系统安全管理中，危险的闭环控制是其十分重要的核心工作，可以说所有的工作都是围绕着危险的闭环控制来开展。所谓“危险”的闭环控制就是识别所有可能的危险，在系统全寿命周期，使得每一个危险的处理方式与结果都处于管控之下，如危险的消除、降低危害程度、减少导致事故的概率，以及采取防护措施、使用规范、使用过程监控等。总之，对每一个危险都有明确的处理方式，并将整体事故风险控制在可接受范围之内。

另外，对于系统安全管理工作而言还包括：对各研制阶段的安全性工作及其技术结果的评审，作为过程控制手段，保证事故风险控制在可接受范围内；根据安全性分析的结果，确定安全关键项，在研制过程中对其进行重点控制，因为这些关键项对产品的事故风险影响至关重要；如果作为系统/产品研制的总体单位，对于子系统、设备等研制单位、成品供应方等的安全性，要进行综合管理，需提出安全性要求及工作要求，对过程进行监控并检查其安全性工作，对其安全性工作的结果进行检查验证；还有试验安全管理、安全性信息管理和安全性培训等工作。

最后，还包括使用阶段的安全管理工作，详见第 8 章，不在此论述。

5.3.5 系统安全工程工作

系统安全工程工作遵循 ALARP 的目标原则和危险闭环控制的工作原则，在产品全寿命周期开展各项工作，各项工作可能交叉并行，也可能首尾相接，从而形成一个相互关联的封闭体系。

主要开展的安全性工作:安全性要求的论证;设计分析,包括编制初步危险表(PHL)和开展初步危险分析(PHA),方案阶段开始分系统危险分析(SSHA),工程研制阶段开始系统危险分析(SHA)、使用和保障危险分析(O&SHA)以及职业健康危险分析(OHHA);安全性试验与评价,使用安全保障,包括事故预测与风险分析、安全性信息处理、事故救援与调查;产品报废处理的安全保障等。

图 5-5 是产品寿命周期各阶段安全性分析工作流程。各阶段的工作要点如下:

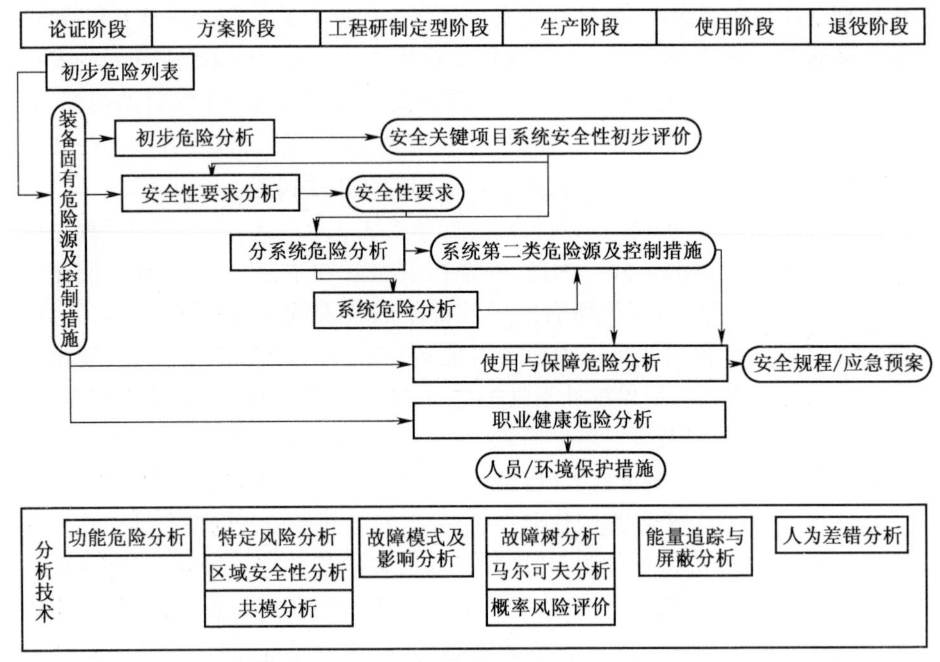

图 5-5 产品寿命周期各阶段安全性分析工作流程

(1) 论证阶段。

论证阶段主要是对产品的需求分析、技术要求和性能指标进行论证,以及对研制周期、经费和保障条件等的分析论证,以此提出初步总体方案。在安全性方面,根据论证提出安全性的初步要求和安全性工作要求,编制初步危险表,宏观确定危险的范围,也可开展初步危险分析。此阶段,对产品及其安全性都是极其重要的阶段,其结果是产品研制的基准与目标。

(2) 方案阶段。

方案阶段是产品研制的关键阶段,其主要是根据甲方/订购方的要求,开展技术方案设计论证、关键技术攻关与验证,形成产品的总体设计方案和技术要求,确定功能基线等。在安全性方面,制定安全性工作计划 及安全性设计准则,开展初步危险分析,确定产品及其系统的安全性要求,也可进行系统危险分析。拟定安全关键项目清单,依据安全性分析结果进行方案权衡;总体单位提出对转承制方的安全性及其工作要求。

(3) 工程研制与定型阶段。

工程研制与定型阶段,是产品研制工作最为繁重的阶段,主要开展产品的设计分析、试验与验证等,形成功能分配基线和产品基线。在系统安全工程方面,深入开展系统安全性分析与设计工作,以及安全性评审、验证等。结合操作规程对产品使用中的危险进行分析,制定使用安全规程和应急预案。

(4) 生产阶段。

生产阶段,主要是质量保证工作和生产安全工作。此阶段应保证按照设计的安全性要求制造出安全性合格的产品,对生产过程进行危险分析,对工程更改和技术状态更改进行安全性分析与验证评价,采集并反馈信息。按照安全生产的要求,开展安全保障工作。

(5)使用阶段

使用阶段是收集、反馈使用安全性信息与事故调查信息,必要的设计更改与安全性验证评价,以及安全规程与应急预案的培训、使用与修订。

(6) 退役阶段。

退役阶段是对危险物质/材料的处置,防止人员伤亡和环境破坏。

为完成各项分析工作,需要采用具体分析方法开展工作。通常会选取一种或几种方法来完成一项分析工作。常见的定性分析方法有功能危险分析(FHA)、故障模式及影响分析(FMEA)、故障树分析(FTA)、潜在通路分析(SCA)、事件树分析(ETA)、意外事件分析(CA)、区域安全性分析(ZSA)、接口分析(IFA)、特定风险分析(PRA)、能量跟踪与屏蔽分析(ETBA)、电路逻辑分析(CLA)、环境因素分析(EFA)等。定量分析方法有故障模式、影响及危害性分析(FMECA)、故障树分析(FTA)、概率风险评价(PRA)等。

这些分析方法各有自己的特点,但也存在交叉相似之处,使用中应根据系统的特点、分析的要求和目的及分析时机,选用适当的分析方法。在分析过程中,不能死搬硬套,必要时要根据实际需要对其进行改造和简化,并且应从系统原理出发,开发新方法,开辟新途径,对现有方法总结提高,形成系统性的安全分析方法。

系统安全工程各阶段的基本工作与技术方法对应关系,如表 5-2 所列。

表 5-2　系统安全工程工作与技术方法对应表

寿命周期阶段	系统安全工程工作	技术方法
论证阶段	安全性要求论证	
	确定初步危险表	初步危险表法
方案阶段	安全性要求论证	
		功能危险分析法
	初步危险分析	初步危险分析法
		功能危险分析法
		故障危险分析法
	安全性设计准则制定	
	安全关键项目确定与控制	
	危险跟踪报告/安全性工作进展报告	
工程研制与定型阶段	系统危险分析	故障树分析
		事件树分析
		(过程)故障模式与影响分析
		特定风险分析
		区域安全性分析
		共模分析
		能量跟踪与屏蔽分析
		弯针分析
		潜在通路分析
		Petri 网分析
		马尔可夫分析
	安全性设计(含设计准则实施)	
	使用与保障危险分析	
	维修大纲制定(安全)	RCM
	职业健康危险分析	
	安全操作规范制定	
	应急预案制定	
	危险跟踪报告/安全性工作进展报告	
	安全性验证(试验与评价)	试验法(实验室、现场或演示试验)
		检查评分法
		计算评价法(FTA)
		仿真法

（续）

寿命周期阶段	系统安全工程工作	技术方法
生产阶段	生产过程危险分析	危险与可操作性分析
	生产过程危险分析	管理缺陷与故障树分析
	工程更改和技术状态更改的安全性分析与验证评价	参考系统危险分析和安全性试验与评价的方法
	安全生产管理	
使用阶段	事故救援与调查	
	安全性信息收集与危险跟踪	
	安全培训	
退役阶段	报废处理过程危险分析	
	危险物质处置	

1. 安全性要求论证

如前所述，安全要求分为定性和定量要求。因此，安全要求的论证与确定也分为两部分，即定性要求的确定和定量要求的确定。

安全性要求的特点，其他产品特性相比具有其特殊性，一般安全性的要求是针对某一类产品的较为统一的强制性要求，如飞机的适航要求等。

对于定性要求，通过确定的初步危险表，即可确定系统/产品涉及的危险范围。根据所涉及的危险范围、安全性的一般要求和历史的经验，即可确定安全性的定性要求，包括设计原则要求，以及针对环境、能量、电源及燃油等安全性要求。

安全性的定量要求也具有特殊性，不像可靠性与维修性等直接根据任务需求和技术、经济等因素在论证阶段由甲方直接论证确定。安全性是强制性的底线要求，同时又是根据设计方案的具体情况才能确定。所以，安全性要求的最终确定是在方案阶段。如民用飞机对安全性的定量要求是针对每一个功能故障后果要求的每飞行小时的失效概率。那么，针对整架飞机的定量要求，是在功能危险分析之后才能确定。当然，安全性的定量要求也可由甲方直接在论证阶段确定。

2. 确定初步危险表

确定初步危险表（PHL）是指在论证阶段，通过检查和分析，最终编制的危险项目表。初步危险表是一份产品中可能存在的危险（源）的清单，它给出了产品涉及的危险范围，安全性设计中可能需要特别重视的危险或需做深入分析的危险部位，以便尽早选择实施重点管理的部位。

由于在论证阶段缺乏足够的产品设计信息，因此重点是根据经验和相似产品初步识别产品方案中可能存在的固有危险因素(第一类危险源),作为开展后续的安全性设计和分析活动的基本参考和依据,为进行初步危险分析(PHA)做准备。

确定初步危险表是产品研制过程中开展的第一项安全性分析,是产品安全性分析和评价工作的起点。研制人员根据产品的任务需求和技术特性,指出产品固有的、最基本的危险因素并对其进行初步的风险评价,以此作为后续安全性工作的基础。初步危险表应在产品研制方案确定时最终完成。

确定初步危险表所使用的技术方法为初步危险表法。初步危险表法给出所有危险(源)的清单,危害及其成份,消除或控制危险的建议措施。

3. 初步危险分析

初步危险分析(PHA)是对产品中潜在危险及事故风险进行初始分析和评价的过程,这一过程以初步危险表为基础。同时,其尽可能收集并采用相关的经验数据和工程信息。初步危险分析的目的是识别、分析产品中的各类潜在危险,对产品的安全性进行初步评价,确定产品的安全性关键项目或关键区域。

初步危险分析属于定性分析,主要使用的技术方法为初步危险表法,也可使用故障危险分析法和功能危险分析法。初步危险分析主要在论证阶段和方案阶段开展。当然,根据需要,PHA 可以在产品寿命周期任何阶段进行,对于现役的系统或设备也可采用 PHA 以总体了解其安全性。

在论证阶段和方案阶段,PHA 的分析结果可用于制定产品安全性要求和设计规范,协助工程管理人员度量备选方案的事故风险,从而为方案的权衡决策提供重要的支持信息。

初步危险分析在初步危险表的基础上对产品固有危险因素及其可能引发的事故后果等进行研究和评价,包括事故后果的严酷度、事故发生的概率以及系统运行的约束条件,由此提出安全措施或备选方案,从而能够消除危险或将事故风险降低到订购方可以接受的程度。同时,分析人员可考虑在产品设计中已采取或准备采取的安全性措施,评价这些措施的有效性,并对产品整体的安全性进行分析和评价,提出后续安全性工作的建议。

4. 安全性设计准则制定

安全性设计准则是把已有的、相似的产品的工程经验总结起来,使其条理化,系统化、科学化,成为设计人员进行安全性设计所遵循的原则和应满足的要求。安全性设计准则一般都是针对某个型号或产品的,建立设计准则是工程项目安全性工作的重要而有效的工作项目,其重要作用体现在:安全性设计准则是进行安全性设计的重要依据;贯彻设计准则可以提高产品的固有安全性;安全性设计准则是使安全性设计和性能设计相结合的有效办法。在设计过程中,设计人员只要认真贯彻设计准则,就能把安全性设计到产品中去,从而提高产品的安全性。

安全性设计准则包括通用准则和专用准则两部分,其中通用准则规定了各种类型产品在设计过程中均应满足的安全性设计要求;专用准则是针对不同的产品类型,如电子产品、机械产品、化工与火工品、核产品等及其在设计、生产、使用过程中可能涉及的电气和电子、机械、热、压力、振动、加速度、噪声、辐射、着火及爆炸以及毒性等危险形式,提出的系统设计人员在设计时必须遵循的安全性设计准则。

5. 系统危险分析

系统危险分析是在有一定的系统/产品设计信息时,系统性地对产品进行全面、细致的危险模式识别、危险可能导致的事故机理和风险分析,以及可能的设计措施分析。

系统危险分析是系统/产品研制中最为重要的系统安全工作之一,也是工作量最大、最为繁琐的工作,一般在工程研制阶段开展,也可在方案阶段即开始分析。

系统危险分析的目的是在初步危险表和初步危险分析的基础上,通过系统性分析全系统/产品的各种危险,发现在功能设计、产品设计、环境适应和人机交互等各方面的安全性设计缺陷和薄弱环节,以及对应的安全性措施。据此对系统/产品(或以下各级产品)的安全性进行评价,进一步细化、补充安全性关键项目,并提出改进建议,为后续安全性工作提供参考和依据。

系统危险分析主要工作包括:

(1) 识别与所确定的设计方案或任务功能相关的危险事件或事故,确定其发生的原因、过程和后果;

(2) 确定分系统部件的各种故障模式(除单点故障外还包括人为差错)及其对安全性的影响;

(3) 确定软件事件、故障和偶然事件(如定时不当)对分系统的安全性所产生的可能影响;

(4) 确定独立的、相关的和同时发生的危险,包括安全装置的故障或产生危险的共同原因;

(5) 分析人为差错的影响;

(6) 确定危险事故或事故发生的可能性、后果的严重性、评价并划分风险的等级;

(7) 确定软硬件安全性设计准则是否已得到满足;

(8) 说明用于消除和控制危险及风险的措施,明确相应的验证方法;

(9) 在实施安全性改进措施后,重新评价危险风险和被分析产品的安全性,并提出安全性工作建议。

在开展系统危险分析过程中,应重点做好以下5个方面的工作:

(1) 分析对象的固有危险因素分析:根据初步危险表和产品一般危险(源)检查项目,识别在分析对象设计中固有危险特性,确定可能导致的危险事件或事故并给出其发生原因;分析时还应考虑分析对象所包含的能量源及特殊工作状态可能引发的危险事件或事故。

(2) 安全关键产品及其故障危险分析:在分析对象范围内,结合FTA、SCA、FMEA等支持分析的结果和产品研制信息,对初步危险分析确定的安全关键产品进行细化和补充,并确定安全关键产品的故障可能导致的危险事件和事故。应对安全关键产品的故障模式进行分析,并作为危险事件或事故的发生原因或条件加以记录。

(3) 安全关键操作和安全关键功能及其危险分析:在分析对象范围内,结合FTA、SCA、FMEA等分析的结果和产品研制信息,参照安全关键功能检查单,对初步危险分析确定的安全关键操作和安全关键功能(或事件)进行细化和补充,确定其差错或失败可能导致的危险事件和事故,分析应包括分析对象所经历的试验、生产、贮存、交付、运输、测试、发射、运行维修、回收等所有阶段。

(4) 接口危险分析:考虑当若干独立产品在系统中组合时,其各自的危险通过接口(物理的、功能的、人机、信息和能量流的关系等)和工作界面在系统中引起的相互影响,以及由于接口和工作界面自身而引入的新危险,特别是对安全状态产生关键影响的人为差错,分系统间接口的危险。

(5) 环境条件诱发危险分析:参考初步危险分析的结果,细化并分析特殊环境条件可能导致的危险事件或事故。

系统危险分析的方法主要有:故障树分析、事件树分析、故障模式与影响分析、特定危险分析、区域安全性分析、共模故障分析、能量跟踪与屏蔽分析、弯针分析、潜在通路分析、Petri网分析和马尔可夫分析等方法。

6. 危险跟踪与风险处理/安全性工作进展报告

系统安全工程工作的核心是贯穿全寿命周期对危险的闭环控制和事故风险评价,危险跟踪与风险处理,以及按阶段的安全性工作报告,是全寿命周期危险闭环控制的信息主线及风险处理状态管理重点。

危险跟踪与风险处理是在产品全寿命周期内、特别是研制阶段,对所有可能发生的危险进行闭环控制,对事故风险进行动态评价与管理,督促风险规避措施的实施。

在研制阶段，危险跟踪与风险处理就是要求识别出所有可能的危险及其事故风险，对其处理过程和最终的处理结果进行全程控制，不能有任何遗漏或失控，保证安全性满足最低可接受水平，并尽可能减少事故风险；记录每一个危险的模式及影响与后果，控制措施与效果等细节；确定残余风险及处理措施，如安全操作规范和应急预案等。

在使用阶段，就是要跟踪记录每一个危险及其事故风险，特别是安全关键项目的事故风险的状态与发展趋势，为使用安全保障提供技术支持，为管理与决策提供依据，也可为安全性设计改进提供信息和依据。同时及时发现和处理尚未辨识的风险。

根据系统/产品的特点和安全性信息的需求，建立危险跟踪与风险处理信息系统，实现全寿命周期的安全性信息和风险管控，特别是研制阶段的信息系统与使用阶段的信息系统的无缝衔接和信息的相互支持。

安全性工作进展报告就是在系统/产品研制阶段，按阶段对所开展的安全性工作进展情况和系统/产品的安全性状态进行汇报，以便从整体上全局性地掌握安全性工作情况和系统/产品的安全性状态，为检查督促安全性工作和后续工作的开展提供信息和依据。

报告中要汇报阶段性的安全性工作内容及进展情况，产品安全性状态，新发现的可能发生的危险和处理措施的重大变化，工作成效以及存在的问题，改进工作的建议等。

7. 安全性设计

系统/产品的安全性是设计进去的，安全性设计是在产品研制阶段，赋予其抵御事故风险能力和安全保障能力的最核心和最终的技术手段，是通过各种设计活动来消除和控制各种危险，保障系统的安全性。在安全性分析的基础上，即在运用各种危险分析技术来识别和分析各种危险，确定各种潜在危险对系统的安全性影响，设计人员必须在设计中采取各种有效措施来保证所设计的系统具有要求的安全性。

系统/产品设计是涉及多学科综合的系统工程，因此安全性设计是一个涉及众多学科、众多需求和环境条件等因素的技术手段，涉及的内容和范围十分宽泛。综合起来，就是人—机—环因素及其综合，包括软件、硬件和信息等。

安全性设计的本质是控制能量的意外释放，因此安全性设计要通过各种手段，控制所有能量的意外释放，消除或减少所有可能触发能量意外释放的条件，并在事故发生时采取应急处置措施，以减少对人—机—环的伤害。

安全性设计针对产品的各个层次、各个设计步骤和各类问题，如需求错误与缺陷，系统体系结构缺陷，功能缺陷与失效，产品的软硬件故障或缺陷，环境适应缺陷，人机功效缺陷及人为失误，工艺与制造缺陷，使用与操作流程缺陷，维修保障失误等。不同的产品层次会出现不同性质的危险触发条件，安全性设计是一个综合性和复杂性很强的过程。

8. 使用与保障危险分析

使用与保障危险分析(Operating and Support Hazard Analysis，O&SHA)是指识别分析与评价系统/产品在使用与保障操作过程中及报废处理时可能存在的危险及事故风险。

O&SHA 是针对产品的使用、维修活动实施的安全性分析。为保证安全、降低和控制使用风险，使用与保障危险分析从系统的角度针对产品使用、保障过程提出安全性控制要求和改进措施建议，确定和评价产品在试验、安装、改装、维修、保障、运输、地面保养、贮存、使用、应急脱离、训练、退役和处置等过程中与环境、人员、规程和设备有关的危险，确定为消除已判定的危险或将其风险减少到有关规定或合同规定的可接受水平所需的安全性要求或备选方案。

使用与保障危险分析的目的和作用主要体现在：

(1) 把危险工作状态与其他的活动、区域和人员隔离开来；

(2) 提供控制措施以防止故障对系统造成不利影响或引起人员伤亡或设备损坏；

(3) 设计及安装部件使操作人员在使用、维修、修理或调整期间远离危险；

(4) 使操作人员免受不必要的生理和心理压力，进而避免可能导致差错而伤害人员；

(5) 保护操作人员，在危险部件、设备等处安装有效的标准警告系统。

在工程研制阶段，O&SHA 可以从安全性的角度对产品研制、使用、维修方案的选择提供支持，针对使用和维修安全要求，补充、完善产品的安全关键项目清单，面向使用改进安全性设计，并为评价和改进产品的安全性和使用、维修方案提供依据。在使用阶段，使用和保障危险分析可以为使用风险管理给出基本的输入信息。

O&SHA 是承制方面向产品使用开展的危险分析，其重点是依据产品的使用及安全性要求，研究设计中存在的、与产品使用阶段活动有关的危险因素，考虑在设计和使用规程中的安全措施，并据此评价产品的使用安全。可在方案阶段后期开始 O&SHA，但通常是在工程研制阶段，能够获得比较详细的使用、保障信息后全面展开，以便识别安全性薄弱环节和关键项目，并贯穿整个研制和使用过程。在系统设计更改前也应进行这种分析，评价工程更改建议。

使用和保障危险分析可分为规程分析和意外事件分析两类。规程分析是对各种操作规程的正确性进行评价，通常划分为两个阶段：

(1) 第一阶段的分析是依据已确定的安全性要求和安全性分析结果，针对产品的研制、使用、维修过程中的各项活动开展危险分析，提出安全性改进建议，并评价产品的安全性。

(2) 第二阶段的分析是针对所确定的使用、维修规程，考虑可能发生的偏差和意外情况，分析其可能发生的危险事件和事故，研究对应的安全措施来评价事故风险和安全性，从而为工程管理和决策提供参考。

意外事件分析时对可能演变为事故的使用情况和防止事故发生的方法进行研究。通过意外事件分析可提出设计更改、建议修改操作规程和制定紧急规程。

9. 职业健康危险分析

职业健康危险指的是产品的使用、维修、贮存或废弃处置可能导致人员死亡、受伤以及患有急性或慢性的疾病，或者导致残疾的那些存在的或可能的状态。常见的职业健康危险包括温度危险、压力危险、毒性危险、振动危险、噪声危险、辐射危险和电气危险等。

职业健康危险分析(Occupation Health Hazard Analysis，OHHA)是利用生物医学或心理学的知识及原理来确定、评价和控制进行试验、使用和维修的人员的健康风险，用于确定产品使用过程中有害健康的危险并提出保障措施，以便将有关风险减少到订购方可接受的水平。

在进行职业健康危险分析时应考虑与系统及其保障有关的因素，这些因素如下：

(1) 有毒物质；

(2) 物理因素，如冷、热、噪声、辐射等；

(3) 有毒物质或物理因素的使用及释放，产生的危险废物，意外接触的可能性，以及有毒物质的装卸、输送和运输要求；

(4) 为保证使用和维修安全，对系统、设施和人员防护装置的设计要求；

(5) 防护服或保护设备的要求；

(6) 使用及维修操作规程；

(7) 定量确定人员所处环境的暴露水平所需的检测设备；

(8) 可能处于危险中的人数。

此外，应根据对化学物理因素接触极限的有关规定，或与生物环境工程协商，确定健康危险的可接受水平。

职业健康危险分析的实施步骤如下：

(1) 确定与系统及其保障有关的潜在有毒物质数量或物理因素的量级；

(2) 分析这些物质或物理因素与系统及其保障的关系，根据这些有毒物质或物理因素的量级、类型以及与系统及其保障的关系分析及评价人员可能接触的场合、方式及接触频度。

在系统及其保障设备或设施的设计中，采用经济有效的控制措施，将人员与有毒物质或物理因素的接触降低到可接受水平，若控制措施的寿命周期费用过高，则需要考虑更改系统设计方案。

10. 安全操作规范与应急预案制定

从安全(性)的特点，我们知道安全不是绝对的，研制阶段赋予的系统/产品的安全性更不可能解决所有安全问题，必然有残余风险的存在。

在研制阶段，根据系统/产品的特点、使用模式和环境，针对残余风险，结合使用与维修保障方案，制定安全操作规范和应急预案是保障使用安全的重要手段。在使用阶段，对使用保障人员，要进行安全操作规范和应急预案的培训，及应急预案演练。

安全操作规范(Safety Operation Regulation)是使用人员在使用和维修保障产品时，为保障工作能够安全开展而必须遵守的规章和程序。

安全操作规范包括：操作步骤和程序，安全技术知识和注意事项，正确使用个人安全防护用品，设备和安全设施的维修保养，预防事故的紧急措施，安全检查的制度和要求等。

应急预案，从宏观层面讲是面对突发事件如自然灾害、重特大事故、环境公害及人为破坏的应急管理与救援计划等。从技术层面讲是针对可能发生的事故，综合考虑人—机—环，为降低事故的伤害和损失，对事故的救援机构和人员，救援的方法、设备和保障要求，控制事故发展的方法和程序等，制定出的科学而有效的规划。

应急预案包括的几大子系统：应急组织管理指挥系统、应急救援保障体系、综合协调的相互支持系统、保障供应体系和应急队伍等。

11. 安全性验证

1）概述

安全性验证是指产品在研制和试用阶段，对系统/产品的安全性是否达到研制要求以及合同规定的要求给出结论性意见，所需进行的检查、考核、试验或评价工作的总称。

对安全性验证的认识可以基于以下 3 个方面：一是安全性验证的目的，判定(或确定)规定的要求是否达到；二是安全性验证的目标，至少包括安全性研制要求以及合同中相关的安全性要求；三是验证工作的内容，为实现验证目的所进行的各种工作，包括检查、试验、评价等。

安全性验证的根本目的是要向使用方交付有效和适用的系统/产品，确保其具有规定的安全性水平。具体目的是：

（1）及早发现和纠正研制中出现的安全性缺陷，防止事故的发生；

（2）考核安全性的技术特性在研制结束时能达到的水平，以判定（或确定）规定的安全性要求是否达到，为定型和设计改进提供依据；

（3）为后续改进设计提供所需的安全性信息。

2）安全性验证工作与流程

安全性验证工作包括管理和技术两方面的内容。安全性验证管理工作内容有：成立专门负责安全性验证的组织机构，制定安全性验证总体方案、安全性验证大纲和验证计划等文件，组织实施安全性验证及评审等。

安全性验证技术工作是指对安全性要求所进行的考核、试验与评价工作。开展安全性验证技术工作应针对安全性要求、已完成的安全性分析和设计等工作的结果进行。具体包括机械产品安全性验证、电子产品安全性验证、核安全性验证、人因安全性验证以及火工品安全性验证等诸多内容。

安全性验证总体方案与大纲是规范安全性验证工作的技术管理文件。制定安全性验证总体方案的目的是对所有安全性验证项目与安全性验证工作进行整体的规划与管理，确保验证工作的顺利进行。安全性验证总体方案是制定安全性验证大纲的依据。安全性验证大纲是对每一具体安全性验证项目的规划与要求。

安全性验证总体方案在研制要求综合论证时提出，经审查通过后，作为开展产品安全性验证的依据。制定安全性验证总体方案时，需要明确验证对象、验证时机、验证方法、验证实施单位、验证实施条件、信息收集方法、传递和管理要求等问题。

（1）明确安全性验证方法。

根据我国安全性验证工作中所取得的经验，并借鉴国外试验与评价管理的经验及民用航空适航性条例中对安全性的分析评价方法，安全性要求的验证方法可分为试验验证、检查验证、评价验证和仿真验证。其中试验验证包括实验室试验验证和现场试验验证。对于在设计上不可控的安全性定量要求采用评价验证，对于定性要求采用检查验证；设备、分系统可采用实验室试验验证，也可采用现场试验验证；产品采用现场试验验证。

针对型号中不同的产品层次、不同的产品特点、不同的验证要求，对拟选用的验证方法作适用性分析，经综合权衡，确定其采用的验证方法。

（2）安全性验证工作流程。

安全性验证的总体要求是在产品层次上按系统/产品、分系统、设备（含重要零部件）3 个层次进行验证；在设计定型阶段、试用阶段进行验证。安全性验证工作一般应在设计定型前完成，至少在设计定型时要给出结论性的评价结论；

但考虑到部分安全性验证工作的相对滞后性,设计定型阶段无法完成的部分验证工作可在试用阶段继续完成。

安全性验证工作流程如下:

① 制定安全性验证总体方案。结合安全性研制要求与其他安全性相关的法规要求,进行安全性验证总体方案的制定。

② 制定安全性验证大纲。安全性验证方案确定后,应根据方案中的要求制定可操作的验证大纲。该大纲主要包括验证方法的描述以及验证实施方面的要求等。

③ 制定安全性验证计划。该计划应符合研制总要求,并与产品的总体研制计划相协调。该计划主要包括产品要验证的所有安全性要求,各种要求验证的阶段和验证方法等。

④ 制定安全性验证实施程序。根据安全性验证大纲与计划中的规定,制定进行安全性验证的具体实施步骤和要求,作为指导安全性验证的具体实施文件。

⑤ 按照安全性验证实施程序进行安全性验证,主要包括验证实施、数据收集和分析处理。

⑥ 编写安全性验证报告,主要包括验证过程的实施、危险及处理、验证结果的分析和建议等。

最后,上述每项工作完成后均应提交验证报告并开展相应的评审工作。验证结果一般以验证报告或者评审结果的方式给出。

安全性验证工作结束后,按照安全性验证大纲的要求进行评审。根据验证工作的需要也可以安排阶段结果评审。

12. 事故救援与调查

事故(应急)救援是对具有破坏力的突发事故或事故征候,应当采取的正确、准确的预防、预备、响应和恢复等救援方法和实施计划。包括航空航天救援、生产事故救援、交通事故救援、自然灾害救援和卫生救援等。

事故救援的目的是控制事故发生与扩大,开展有效的救援,尽量减少伤害与损失,并迅速恢复正常状态。

事故救援是一个专业性很强的活动,针对不同的领域,都有不同的事故救援方法与体系,即应急预案(参考“安全操作规范与应急预案制定”),事故救援的基本内容包括:

(1) 立即营救受害人员,组织撤离或采取其他措施保护危险危害区域的其他人员;

(2) 迅速控制事态,并对事故造成的危险、危害进行监测、检测,测定事故的危害区域、危害性质及危害程度;

(3) 消除危害后果,做好现场恢复。

应急预案为事故救援提供了技术与组织的保障,事故救援演练则是提高实际救援能力的有效手段,是依托于模拟现实应急救援演练环境,模拟各类事故、灾害或事件现场,进行事故救援方法与过程的学习与演练。事故救援演练应具有:

(1) 真实性,模拟场景现实感强(声音、影像变化),环境中各种自然实体仿真客观;

(2) 科学性,依据科学原理对场景进行推演,模拟场景和过程符合科学原理;

(3) 实时性,必须保证模拟现实演练中产生的各种命令或者行为能够实时地得到响应。

事故调查是事故发生后的认真检查,确定起因,明确责任,并采取措施避免事故的再次发生,这一过程即为“事故调查”(Accident Investigation)。

其目的是防止事故的再发生,通过事故调查还原与分析事故的发生过程,识别事故的直接原因与间接原因,为提升相关系统/产品的安全性设计水平、提高其安全性,增强使用安全管理能力与水平,以及事故的统计分析提供信息和借鉴,也为安全生产工作的宏观决策提供依据。

事故调查工作必须坚持:实事求是、尊重科学的原则,及时、准确地查清事故经过、事故原因和事故损失,查明事故性质,认定事故责任,总结事故教训,提出整改措施,并对事故责任者依法追究责任。

事故调查是一项政策性、法律性、技术性很强的工作,需要遵循科学的调查程序。事故调查的基本程序包括:成立事故调查组;事故现场处理与勘查;物证与事故事实资料的搜集;证人材料的收集;事故现场摄影与现场事故图的绘制;事故原因分析;事故责任分析;填写事故报告;事故结案材料归档。

5.4 安全工程技术方法

安全工程技术方法是指在系统/产品全寿命周期开展各项系统安全工作的技术手段,所采取的技术手段因各阶段的工作性质、工作目的和目标的不同,以及产品的复杂程度和类别的差异而有所差异。技术体系可以按照寿命周期的阶段应用划分(其作用与目的也不同,如表5-7所列),也可以按照技术手段的性质而划分。按照技术手段的性质,安全工程技术方法可以划分为三类:预防、保障与控制、救援,它们组成了安全工程技术体系。

5.4.1 安全性要求分析与确定技术

1. ALARP 原则与安全性要求权衡

1）ALARP 原则下的安全性要求

ALARP 原则，较为合理的译法是“最低合理可行原则”。国外较多将 ALARP 作为风险管理的框架应用。将 ALARP 原则引入安全性要求的确定中能体现其权威性、客观性和时效性。ALARP 原则主要面向定量要求的制定和权衡，所以，ALARP 原则下的安全性要求确定主要是面向系统整体风险的。

ALARP 原则的意义：任何产品都是存在风险的，不可能通过有效的预防措施来彻底消除风险，而且，当系统的风险水平越低时，要进一步降低其风险就越困难，用于进一步降低风险所投入的成本往往呈指数曲线上升。也可以这样说，安全改进措施投资的边际效益递减，最终趋于零，甚至为负值。因此，必须在产品的风险水平和成本之间做出一个折衷。而究竟要做出怎么样的折衷才能使产品的风险变得“合理可行的低”就是 ALARP 原则下的安全性最低要求确定和权衡技术所要研究的内容。ALARP 原理图如霍尔三维结构如图 5-6 所示。

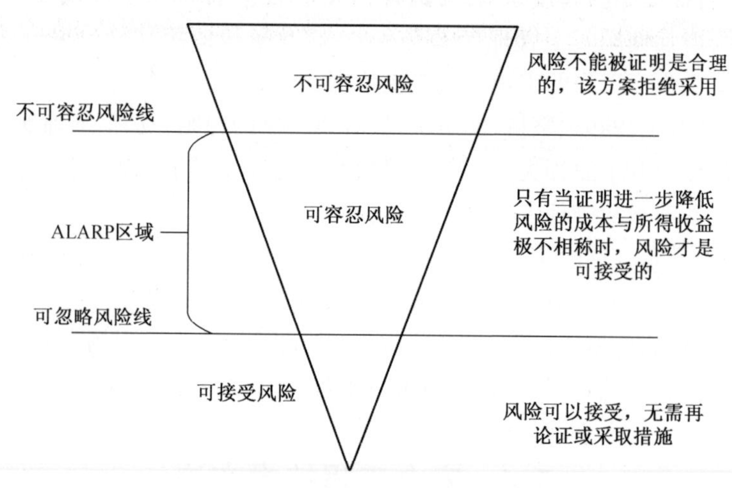

图 5-6 ALARP 原理图

在 ALARP 原则下，产品系统的安全性水平有 3 种情况：

（1）产品系统的风险水平高于不可容忍风险线，风险落入不可容忍区域，此时的风险除特殊情况外是不可被接受的，需要不计成本地采取安全措施，直到风险落入 ALARP 区域为止；

（2）产品系统的风险水平低于可忽略线，风险落入可忽略区域，此时的风险被认为是可以被接受的，无需采取安全改进措施；

(3) 产品系统的风险水平落于可忽略线和可容忍线之间,即“ALARP”区域,此时需要根据安全措施的投资与风险收益进行权衡,确定需不需要采取进一步的安全措施以及需要采取何种安全措施。

ALARP 原则下的安全性要求确定需要遵循的原则:

(1) 基于平等原则。

生命对于每个人来说都是同样宝贵的,在风险面前人人平等,所以不能使任何一个人暴露在较大风险之下,必须设定一个人类所能承受的最大风险限值,超过这一限值,应无条件采取措施降低风险。

(2) 基于效用原则。

在最大限值之下,风险是否需要进一步降低应采用成本收益函数进行分析、决策,只要合理可行,任何危害的风险都应努力降低,这既可以确保社会资源的优化使用,又可以保证对风险的控制。

(3) 基于实际风险原则。

任何一类风险都受技术水平、管理水平、文化差异等因素的影响,在稳定的社会中,风险水平变化不大,所以制定的安全性要求应以客观实际风险为基础。公众的个人安全性要求应不超过人们日常生产生活所面临的其他事故风险总和,员工的个人安全性要求不应超过其日常生产中所面临的其他事故风险总和。

(4) 行业差异原则。

各个行业的收入、客观风险等各不相同,所以对于不同行业的员工,应根据各个行业不同的工作环境制定不同的安全性要求;但公众的安全性要求应为一个统一值,不分行业。

(5) 动态原则。

安全性要求应是动态的,随着技术水平的发展而不断修订标准,加入新经验、新信息。但因其也是标准类的要求,在一定时期内又应保持相对稳定,所以,从长期看,安全性要求应具有动态特征;而从短时间来看,却又应具有一定的时效性。

(6) 地域原则。

人们对风险的可接受性认知受经济发展状况等因素影响,也受各种观念的影响,有很明显的行政管理区域性,所以在制定安全性要求时应遵循地域原则。

(7) 相关方平等协商原则。

安全性要求的确定应由相应的风险承受方与风险提供方在客观风险基础上平等协商决定。风险是否可接受与风险的性质及收益有直接关系,直接涉及风险提供者与风险承受者的利益,而且两者的矛盾在本质上难以消除(风险提供者希望风险承受者在收益相同的情况下可以承受更大的风险,而风险承受者则希望在收益相同的情况下可以承受更小的风险)，但迫于现实的需要，确定一个双方都接受的平衡点使得双方达成妥协，进而使该风险所涉及的绝大多数人都能接受该风险。

2）ALARP 原则下的权衡

依据 ALARP 原则的本质内涵，在其体系框架下确立安全性要求的过程，实际上就是在划分“ALARP”区域后，进行的系统安全性水平与安全性措施的投入之间进行的权衡，使系统的安全性水平达到一个合理可行的状态，这样一个简单明朗的过程实施起来其实是很难操作的，首先应该进行危险可能导致的事故后果分析，分析事故发生的概率和造成的后果影响，核心是统计事故后果损失的期望值，再与避免该类危险的安全性措施投入进行比较，最终决策是否应该加入安全性措施以及应该加入哪些安全性措施的组合才能使系统的安全性水平达到一个最合理可行的状态。

在 ALARP 原则下进行权衡时，需要注意的一点是，应对识别出的危险的后果严重度进行定量评价，即给出其经济损失的期望值。为了便于定量计算，将事故损失分为三类：人的损失，经济的损失，环境的损失。

（1）人的损失：人的损失即社会生命风险的期望值与人生命的经济等价值的乘积，生命价值的金钱量化值通常被认为是不道德的，但引入 ALARP 准则后，成本效益分析是在风险可接受的 ALARP 区域进行的，所以在这里进行金钱的量化是可行的。在衡量人的损失时，通常引入社会生命风险的概念。社会生命风险为一个群体遭受特定的事故所死亡的人数及其相应概率的关系，通常用 F—N 曲线表示，F—N 曲线下的面积表示社会生命风险，其定量表示是年死亡人数的期望值 $E(N)$。

（2）经济的损失：经济的损失包括四大类损失，即材料的损失、产品的损失、数据与信息的丢失和市场的损失。在进行 ALARP 状态权衡时同样需要使用经济损失的期望值 $E(D)$。

（3）环境的损失：传统的环境风险以破坏生态系统恢复所需时间的概率表示，ALARP 原则下的权衡技术理想状态是对系统的安全措施投资进行全方位的经济权衡，所以对传统的环境风险计算方法进行了改进，采用一年内治理环境污染令其恢复到原有水平所花费的费用作为环境损失的衡量标准。

环境损失的期望值 $E(T)$：

$$E(T) = \int_0^\infty x \cdot f_T(x)\, \mathrm{d}x$$

其中：$f_T(x)$ 为一年内治理环境污染花费的概率密度函数。

依据 ALARP 原则的经济学本质，当系统处于 ALARP 状态时，进一步降低风险所投入的风险控制措施成本会大于该措施所能够带来的风险收益。不同的风险控制措施所带来的效用是不同的,我们面临的问题是如何选择适当的风险控制措施组合,使系统最终处于更合理的风险水平。衡量某一风险控制措施带来的预期总收益的计算公式为

$$E[B] = I \cdot (1 - P_F(C_R)) - C_R - C_F \cdot P_F(C_R)$$

式中 C_F ——措施失效的损失;

C_R ——风险控制措施的成本;

P_F ——措施失效概率,P_F 是 C_R 的函数;

I——措施的预期收益,I 的实质是增加该措施后减少的某项损失的经济等价值,表现为加入措施前后损失的期望值(包括 $E(N)$、$E(D)$、$E(T)$)之差与其单位价值的乘积。

依据 ALARP 的经济权衡原则,风险控制措施所带来的预期总收益 $E[B]$ 必须大于零,在处于 ALARP 区域的前提下,$E[B]$ 值越大时系统越接近 ALARP 状态。

2. 相似产品类比和德尔菲法相结合的方法

该方法主要用于确定安全性要求的初始值,如果其结果未达到 ALARP 的下限值,则重新修改方案,如果达到 ALARP 的上限,基本可作为安全性要求。如果在 ALARP 原则的中间区,则需要进一步的权衡确定。

其应用步骤包括:

(1) 选择一个或多个已有的相似产品作参考。

(2) 分析并确定产品系统安全性最低要求的主要影响因素:

① 新产品作战使用要求(适用范围、使用强度);

② 新产品执行作战任务的时间;

③ 新产品的复杂程度;

④ 新产品可靠性、维修性和保障性等的改进程度;

⑤ 新产品的使用保障能力。

(3) 确定影响因素的权重,推选 n 名专家对以上所有 m 个因素的影响程度打分,k_{ij} 为分数($i = 1,2,\cdots,n; j = 1,2,\cdots,m$),分别计算出各个因素的权重:

$$a_j = \frac{\sum_{i=1}^{n} k_{ij}}{\sum_{i=1}^{n} \sum_{j=1}^{m} k_{ij}}$$

(4) 建立评分矩阵,对比新产品系统与相似产品的差异,利用专家对以上各个影响因素进行评分,建立如下评分矩阵:

	δ_1 较低	δ_2 稍低	δ_3 相同	δ_4 稍高	δ_5 较高
μ_1					
μ_2					
⋮					
μ_m					

其中：μ_i 为影响因素，共 m 个，评价等级分为 5 等，为较低、稍低、相同、稍高和较高，可以分别对应（$\delta_1,\delta_2,\delta_3,\delta_4,\delta_5$）分，分数 δ_i 的量值由人工确定。可得到综合评分：

$$C = \sum_{i=1}^{m} a_i \delta_i, \delta_i = [\delta_1, \delta_2, \delta_3, \delta_4, \delta_5]$$

如有多名专家进行评分，则 δ_i 取所有专家评分的平均值。

（5）得到产品系统安全性最低要求参数的初始值 P_i。

$$P_i = 1 - \frac{(1 - P_0)\delta_3}{C}$$

式中　C——参数的综合评分；

δ_3——该参数评分矩阵中对应“相同”栏的分数值；

P_0——相似产品对应参数的数值；

m——影响因素的总数。

5.4.2　安全性分析技术

1. 功能危险分析

1）简介

功能危险分析（Function Hazard Analysis，FHA）是通过对系统/产品（包括软件）可能出现的功能故障状态的分析，从而识别并评价系统中潜在危险的一种分析方法。

FHA 的分析对象是系统/产品的“功能”，即面向功能的分析。功能是指系统完成任务的能力和形式，系统/产品设计的目的正是为了实现一系列功能，这些功能又可以被划分成子功能或子子功能等。

FHA 是一种由因寻果的归纳式危险分析方法，用来评价功能故障、误用、功能异常，属于定性分析方法。通过分析系统可能的“不能实现功能”“功能实现错误”或“功能实现时机偏差”造成的安全影响来识别危险，并评价当功能故障、衰退或功能丧失可能带来的风险。当一个功能故障被判定为危险状态时，功能故障的影响因素及功能故障机制必须予以详细研究并形成安全性设计的相关要求。

功能危险分析一般应用在系统/产品的方案设计阶段和系统设计阶段(初步设计阶段),主要目的是识别并减少由于系统功能故障引起的危险与事故风险,并分配系统安全性设计与验证评价要求。通过 FHA 可以获得功能危险模式与原因、安全关键的功能、系统风险和危险的安全性要求等。

功能危险分析也可用于使用阶段,从使用安全的角度分析,为保障使用安全,为交互功能安全保障等提供技术依据。

2) 方法原理

图 5-7 给出了功能危险分析的基本过程,包括输入、输出的信息及其关系。这个过程包括了对系统功能的分析、对危险的识别和采取的措施。

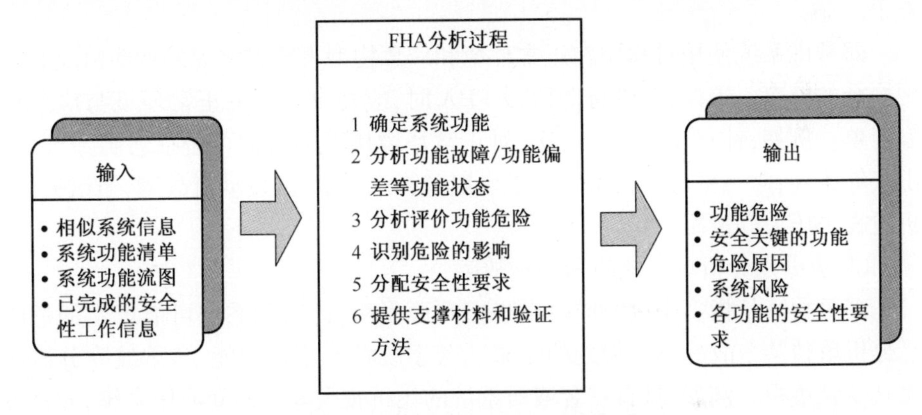

图 5-7 功能危险分析的基本过程

其分析过程就是以功能为分析对象,填写如表 5-3 所列的功能危险分析表,FHA 表是 FHA 的核心。其关键分析过程包括如下 3 个方面:

表 5-3 功能危险分析表(格)

功能及编号	故障模式编号	故障模式	工作状态或阶段	影响	影响等级	初始风险	措施建议	最终风险	处理状态

(1) 系统功能分析。

FHA 是以“功能”为对象,功能分析是 FHA 的基础,FHA 只考虑功能问题。因此,系统/产品的功能定义是十分关键的,首先必须有明确的功能定义和详细的描述,一般包括:功能树/功能列表、功能流程图、功能表述和功能与外部的接口(信息)等。

功能包括系统/产品的内部功能和交互功能。系统内部功能是指系统自身所需完成的主要功能。例如对于飞机而言,其内部功能包括飞机自身完成的主要功能,如提供推力功能、座舱环境控制功能等。系统交互功能是指与其他系统或自身外环境的交互所产生的功能。同样以飞机为例,就飞机这一层次而言,飞机与空中管制系统之间的通讯功能就是一种交互功能。

(2) 功能故障模式识别。

应分析每一个功能可能出现的失效状态及可能导致的危险,并形成功能故障清单。功能故障模式包括功能丧失、功能参数出现偏差或功能实现的时机出现偏差等情况。功能状态识别及分析一般包括以下两个方面:

① 在识别功能故障模式和分析潜在的危险时,应从功能实现的环境条件着手。

即考虑系统使用过程中在正常环境和应急构型下需要实现的功能以及其实现途径的特点。因此,在进行此阶段 FHA 时,应列出系统的正常环境与应急构型清单。例如,针对飞机这一层次,对正常环境构型的考虑可包括恶劣天气、火山灰等条件;对飞机应急构型的考虑一般包括水上迫降、发动机故障、通讯失灵、机舱丧失压力等情况。

② 应分别分析单一故障和多重故障。

多重故障是指多个故障同时发生或顺序发生,此时的系统可能产生的危险是分析单独某个故障不能得到的结果。若系统具有容错功能,多重故障分析应尤其受到重视。例如,具有三套液压系统的飞机丧失其中两套液压系统,或是飞机同时丧失通讯和导航功能。在分析单一故障和多重故障时,要结合设计方案以及准备工作中需要给出的功能原理或功能流图来进行。

(3) 确定功能故障模式的危险影响及分类。

确定功能故障状态影响的过程是分析人员基于功能实现逻辑的推断过程。在此过程中,分析人员同时要考虑到功能故障带来的可能使人员处于危险的环境。如火焰、振动、烟雾等情况。分析人员在确定功能故障状态对产品的影响时,应该注重借鉴使用经验,因为用户体验产品的使用之后对产品故障的理解会更为真实,描述更为准确,并且可以避免设计人员的主观误判。

3) 注意事项

根据实际工程经验,要得到合理有效的功能危险分析结果,开展 FHA 工作需要做好以下工作:

(1) 首先必须建立功能基线,进行清晰的功能分析,详细了解系统预期的功能原理;

(2) 尽可能详尽地分析所有可能的功能故障模式、原因及其影响,准确确定危害等级;

(3) 对故障危险模式必须有相应的处理措施,确保闭环管理。

FHA 适合任何简单或复杂的软硬件系统,包括维修、训练和试验,甚至一项服务。但它只针对功能故障开展分析,分析到哪个层次和详细程度取决于功能的层次。同时,要避免陷入对软/硬件设计的讨论中。

尽管 FHA 关注于功能,但功能故障本身不能导致事故。功能故障属于危险模型中的触发机制,能导致能量的意外释放。它还可能覆盖其他形式的危险,例如能量源危险、潜通路、危险材料等,因此,FHA 可以作为其他分析输入参考。

2. 故障树分析

1) 简介

故障树分析(Fault Tree Analysis, FTA)是一种用于确定特定不期望事件的根原因和发生概率的分析技术。FTA 用于评价复杂系统,以便掌握和预防潜在问题。通过使用严谨的和结构化的 FTA 方法,可以建立能导致不期望事件发生的故障事件组合模型。

故障树(Fault Tree, FT)是一种表现系统中可能发生事件的各种组合的具有逻辑性的图形化模型,利用逻辑门和故障事件来建立导致不期望事件发生的因果关系,这些可能事件,一旦在系统内发生就会引起预定义的不期望事件。这种图形化的表达揭示了系统事件间的相互关系,这些系统事件组合能导致不期望事件的发生。

该分析属于演绎方法。故障树建立了从一个顶层的不期望事件到所有可能的底层根本原因的故障逻辑路径。FTA 的优势在于该方法易于开展,容易理解,有助于更全面深入地了解系统,以此揭示出被调查问题的所有可能原因。

完整的故障树结构可以用于确定故障事件的重要性和发生概率。在某些情况下,通过量化故障树和一定的数值计算,有助于提高用来消除或减少故障事件措施的有效性。量化和数值计算得到了与风险可接受性和预防措施的决策制定相关的 3 个基本指标:

(1) 不期望事件的发生概率;

(2) 引起不期望事件的故障事件集(割集)的发生概率和重要度;

(3) 风险的重要性和部件的重要度。

由于故障树能以图形化和逻辑化的方法表示导致不期望事件发生的原因或系统故障,所以它可用于沟通与支持分配资源来消除危险的决策。因此,故障树可以以一种简单且高度可视化的形式来验证风险可接受性和预防措施要求决策的有效性。

故障树分析可用于系统寿命周期的任何阶段——从方案阶段到使用阶段。但是,FTA 应该尽可能早地应用于设计过程中,因为越早进行必要的设计更改,就越能节省费用。

总之,故障树以一种有序简洁的方式探查所关注的系统,来识别和描述不期望事件的关系和原因。它可以在定性评价的基础上开展定量评价,计算顶事件发生概率,分析导致顶事件发生的主要故障。分析人员可以将 FTA 结果用于以下工作:

(1) 验证设计是否符合确定的安全性要求;

(2) 识别现有要求之外的安全性设计缺陷(显性或隐性);

(3) 识别共模故障;

(4) 制定预防措施以消除或减少已识别的安全性设计缺陷;

(5) 评价已制定的预防措施的合理性;

(6) 制定或修改适用于下一阶段的安全性要求;

(7) 事故调查中的事故分析。

2) 原理

(1) 故障树。

故障树是一种特殊的倒立树状逻辑因果关系图,用事件符号、逻辑门符号和转移符号描述系统中各种事件之间的因果关系,是一个能够导致顶层不期望事件(顶事件)发生的所有事件(失效模式、人为差错和正常状态)的逻辑图。逻辑门的输入事件是输出事件的"因",逻辑门的输出事件是输入事件的"果"。

如图 5-8 所示,FTA 的原理就是以一个顶层非期望事件(例如危险)为起始点,建立所有引起该顶层事件的系统故障模型。故障树模型是从故障状态角度反映系统的设计特性。

(2) 事件符号与逻辑符号。

在故障树分析中各种故障状态或不正常情况均称为故障事件,用一定的符号表示。而故障树分析中逻辑门只描述事件间的因果关系。转移符号则是为了避免画图时重复和使图形简明而设置的符号。常用的故障树符号如表 5-4 所列。

(3) 割集(CutSet,CS)。

割集是指故障树的若干底事件的集合,如果这些底事件都发生将导致顶事件发生。图 5-8 中的割集为:$\{X_1\}$、$\{X_2,X_4\}$、$\{X_3,X_4\}$、$\{X_2,X_3,X_4\}$。

(4) 最小割集(Minimal CutSet,MCS)。

最小割集是指底事件的数目不能再减少的割集,即在该最小割集中任意去掉一个底事件之后,剩下的底事件集合就不是割集。图 5-8 中的最小割集为:

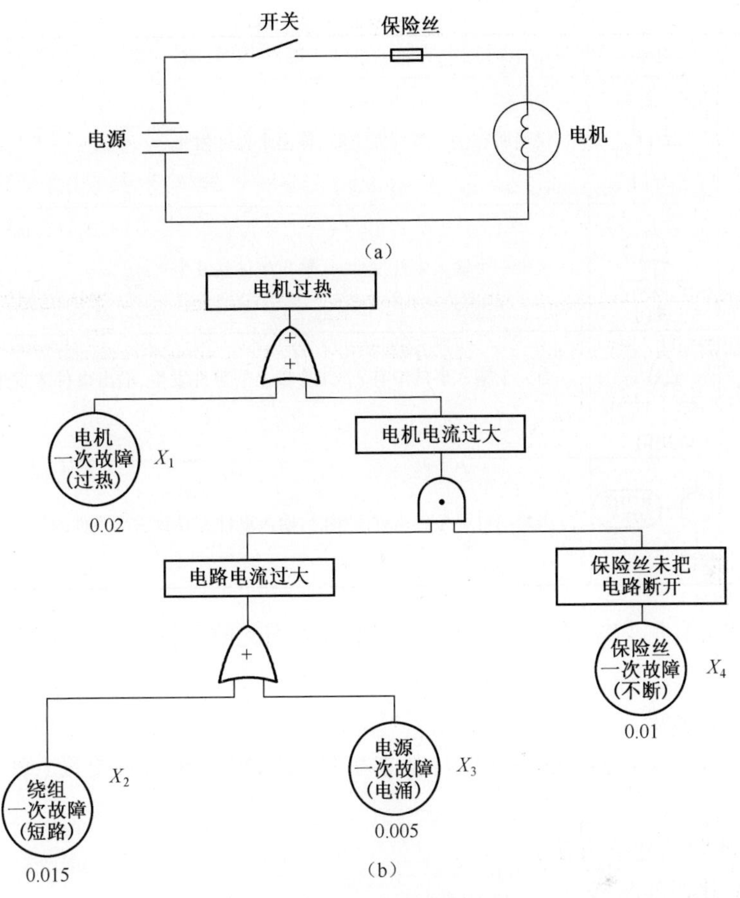

图 5-8 FTA 原理图

(a)电机工作原理图;(b)“电机过热故障树”。

表 5-4 常用的故障树符号

分类	符号	说　明
事件	矩形	顶事件或中间事件
	圆形	底事件,代表部件的故障模式;部件故障;软件故障;人及环境影响等
	菱形	未展开事件,其输入无须进一步分析或无法分析的事件

（续）

分类	符号	说　　明
逻辑门	与门	仅当所有输入事件发生时，输出事件才发生
	或门	至少一个输入事件发生时，输出事件就发生
	r/n 表决门	当 n 个输入事件中有 r 或 r 个以上的事件发生，输出事件才发生（$1 \leq r \leq n$）
	禁门打开的条件 禁门	当禁门打开条件事件发生时，输入事件方导致输出事件的发生

$\{X_1\}$、$\{X_2, X_4\}$、$\{X_3, X_4\}$。一个最小割集代表引起故障树顶事件发生的一种故障模式。

（5）重要度。

重要度是指在整个故障树中，基本事件或割集的相对重要度（敏感性）的度量。

3）故障树建立方法

（1）建树的步骤。

建树步骤如图 5-9 所示。

（2）建树方法。

故障树的建造是 FTA 法的关键，因为故障树的完善程度将直接影响定性分析和定量计算的准确性。现以一种演绎法建树为例，作简单介绍：

先写出顶事件（即系统不希望发生的故障事件）表示符号作为第一行，在其下面并列写出导致顶事件发生的直接原因——包括软硬件、人及环境因素等作为第二行。把它们用相应的符号表示出来，并用适合的逻辑门与顶事件相连。再将导致第二行的那些故障事件（称为中间事件）发生的直接原因作为第三行，并用适合的逻辑门与中间事件相连。按这个线索步步深入，一直追溯到引起系统发生故障的全部原因，直到不需要继续分析为止（称为底事件）。这样就形成了一棵以顶事件为"根"，中间事件为"节"，底事件为"叶"的倒置的故障树。

图 5-8 是以"电机过热"为顶事件所述建树方法建立的电机故障树。

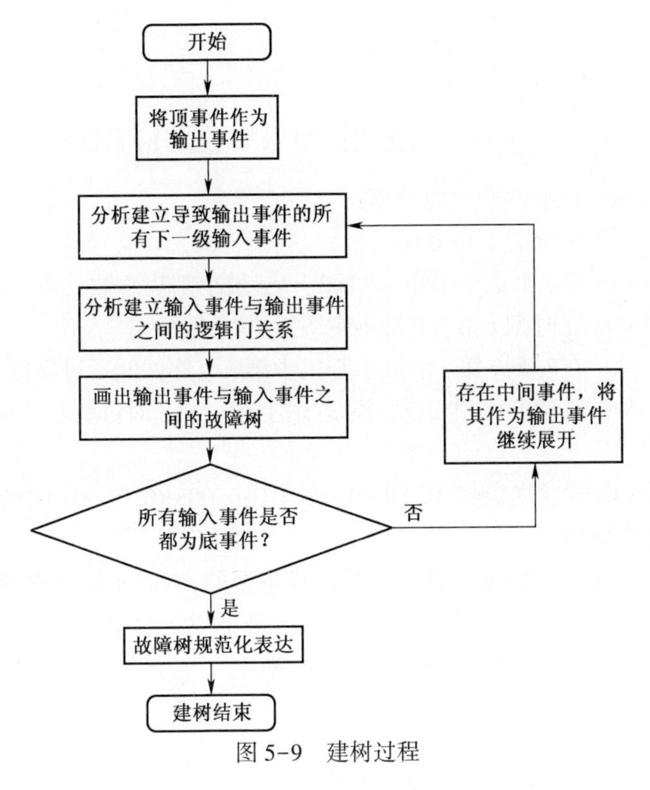

图 5-9　建树过程

4) 故障树分析

(1) 定性分析。

定性分析的目的在于寻找导致顶事件发生的原因和原因组合,识别导致顶事件发生的所有故障模式,即找出全部最小割集,可以帮助判明潜在的故障,以便改进设计。可以用下行法或上行法求最小割集。图 5-8 中最小割集就是:电机一次故障,绕组一次故障及保险丝一次故障,电源一次故障及保险丝一次故障,共 3 个。

在各底事件发生概率较小,且其差别不大的情况下,可按下述原则进行定性分析。

① 阶数(最小割集中所含底事件数)越小的最小割集越重要;

② 在低阶最小割集中出现的底事件比高阶最小割集中的底事件重要;

③ 在不同最小割集中重复出现次数越多的底事件越重要。

按上述原则即可将底事件及最小割集按重要性进行排序,以便确定改进措施的顺序。

(2) 定量分析。

① 计算顶事件发生概率的近似值方法。

根据底事件的发生概率，按故障树的逻辑门关系，计算出顶事件发生概率的近似值。

$$P(T)=F_s(t)\approx\sum_{j=1}^{N_K}P[K_j(t)]\approx\sum_{j=1}^{N_K}\left(\prod_{i\in K_j}F_i(t)\right)$$

式中 $P(T)$——顶事件发生的概率；

$F_s(t)$——系统的不可靠度；

$K_j(t)$——第 j 个最小割集；$j=1,2\cdots N_K$ 最小割集总数；

$P[K_j(t)]$——在时刻 t 第 j 个最小割集发生的概率；

$F_i(t)$——在时刻 t 第 j 个最小割集中第 i 个部件的不可靠度。

按图 5-8 中底事件发生的概率，运用上述公式，即可算出“电机过热”的概率：

$$P(\text{电机过热})\approx 0.02+0.015\times 0.01+0.005\times 0.01\approx 0.0202$$

② 重要度分析。

实践证明，系统中各元部件并不是同样重要的，有的元部件故障就会引起系统故障，有的则不然。一般认为，一个部件或最小割集对顶事件发生的贡献称为重要度。有很多种重要度，本书仅介绍概率重要度，可用于指导改进设计的顺序。

$$\Delta g_i(t)=\frac{\partial F_s(t)}{\partial F_i(t)}$$

式中 $\Delta g_i(t)$——第 i 个部件的重要度；

$F_s(t)$——系统不可靠度；

$F_i(t)$——第 i 个部件的不可靠度。

该公式的物理意义是：第 i 个部件不可靠度的变化引起系统不可靠度变化的程度。$\Delta g_i(t)$ 越大，则第 i 个部件越重要，改进第 i 个部件，可使系统不可靠度快速下降。

5）注意事项

（1）FTA 常用于安全性分析，分析时应与 FMEA 结合进行。FTA 选择 FMEA 所确定的严酷度Ⅰ类的故障模式作为顶事件进行多因素综合分析。

（2）由设计人员建树，并由有关的技术人员参加审查，以保证故障树逻辑关系的正确性。

（3）应在研制阶段的早期即进行 FTA，以便及早发现问题，及时改进。随着设计的进展以及系统技术状态的变化，FTA 还要反复进行。

（4）对于大型复杂系统，所建的故障树比较庞大，一般应利用计算机辅助进行 FTA，以提高分析效率和分析结果的可信度。

3. 事件树分析

1）简介

事件树分析(Event Tree Analysis, ETA)是一种用于在可能的事故场景中识别和评价在某个初始事件发生后的事件序列的分析技术,它采用了一种称为事件树(Event Tree, ET)的图形化逻辑树结构进行分析。ETA 实际上是一种二元决策树,是以特定初因事件(即初始事件)为起点,沿着事故场景从前到后的逻辑建立事件链,分析可能导致的事故,并可定量评价事故的概率的方法。

ETA 的目的是为了判断初始事件是否会演变成严重事故,或者能否利用系统设计采用的安全系统和安全规程有效控制该事件。ETA 能够获得单一初始事件可能导致的各种不同后果及其概率。

ETA 技术可以用于一个完整系统的建模,分析其中的分系统、组件、部件、软件、规程、环境以及人为差错,也可用于不同层次的分析,如方案设计、系统设计和详细的部件设计等。在研制阶段应用 ETA 可以分析评价系统/产品事故风险,发现薄弱环节,也可用于使用阶段,为事故预防提供依据,或在事故后进行事故调查与分析。

ETA 是一种识别和评价系统由于特定初始事件引发的各种可能后果的有效工具。ETA 模型能够显示设计方案所导致的系统安全运行路径、降级运行路径和不安全运行路径及其概率。

2）方法原理

图 5-10 描述了基于事件序列的系统状态演化过程的事故机理。

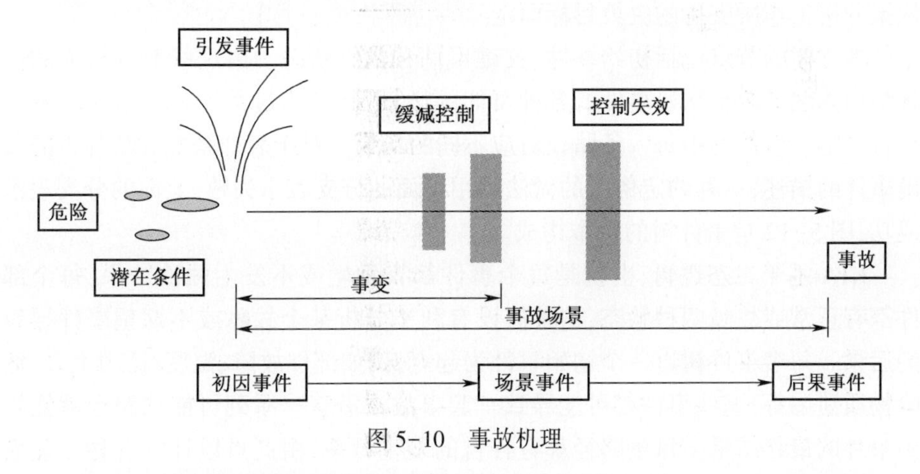

图 5-10 事故机理

设备故障、有害环境以及人为差错往往是造成或促成这种危险失控的引发事件 (即初因事件),它将导致某种不期望的事件发生,是事故链中的第一个不希望事件,其发生标志着事故过程的开始;场景事件是指在引发事件后可能发生的恶性事件,如果不被控制,这些事件将导向后果事件;后果事件是造成某种恶性后果的不希望事件,它直接导致人员伤亡、财产损失或环境破坏。事故链就是由上述各类不期望事件所构成的某一可能的事故过程。

一个事件树由初始事件开始,经历事故场景中的一系列关键事件,直到达到系统的某个最终状态。场景事件是那些减缓或加重事故场景的故障或事件。场景事件的频率(或概率)由事件的故障树分析获得。

如图 5-11 所示,事故场景包含了初始事件、一个或多个场景(关键)事件以及导致的最终状态。

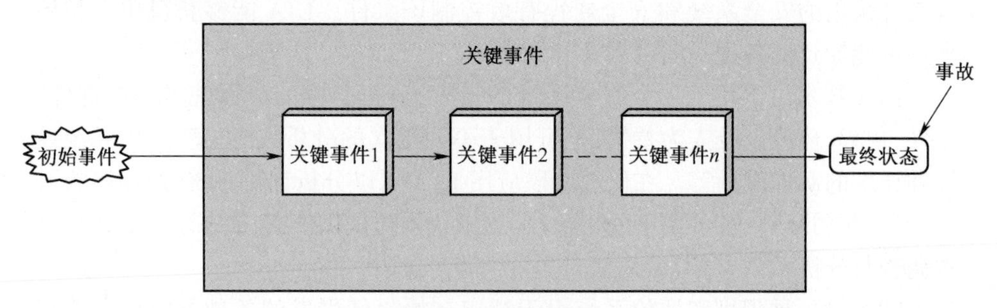

图 5-11　事故场景

在大多数概率风险评价模型中,初始事件是一个对系统的扰动,需要操作人员和/或一个或多个系统对其进行响应以防止不希望后果的发生。关键事件包括这些响应的成功或失败,以及外部条件或关键现象的发生与否。最终状态则依据分析工作所支持的决策目标而定。

事件树的节点包括初始事件、关键事件和最终状态。由这些节点构成的树状结构体现了源自初始事件的各种可能的场景,其具体过程视关键事件的发生与否而定。事件树中每一条路径对应不同的场景。对于表征系统成功与否的关键事件的描述,一种约定俗成的做法是用下面的分支表示失败,上面的分支表示成功,图 5-12 是事件树的基本构成。

ETA 基于二态逻辑,也就是每个事件都有发生或不发生两种结果,每个部件都有正常或故障两种状态,这种假设有利于分析某个故障或不期望事件导致的后果。每个事件树以一个初始事件为起点,例如部件故障、温度/压力上升、危险物质泄漏等,这些事件都可能导致一起事故。沿着一系列可能的路径就能得到事件的最终结果。每条路径都有各自的发生概率,由此可以计算各种可能后果的概率。

如图 5-12 所示,已识别的初始事件作为 ETA 的起点,位于图形的左侧。所有的安全性设计方法或措施作为“贡献事件”列在图形的顶部。每一项安全性

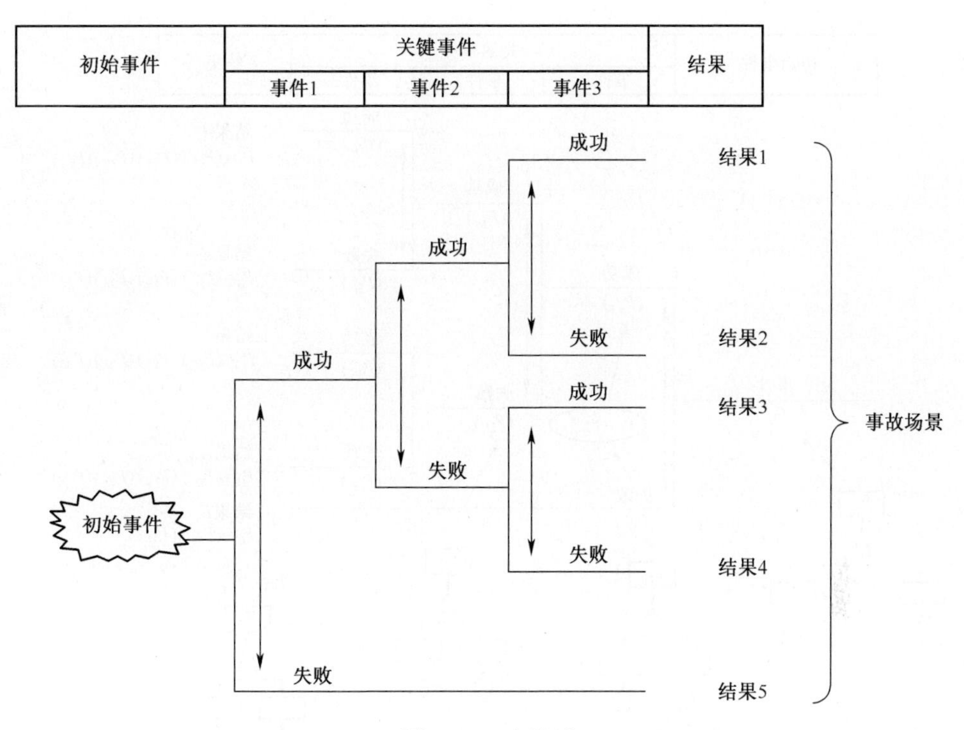

图 5-12　事件树

设计措施都根据其贡献(即运行成功或失败)进行分析。事件结果图包含了所有成功/失败事件的组合,并以树形结构向右侧呈扇型发展。每一个成功/失败事件都有一个发生概率,而最终结果的概率是其路径上所有事件概率之积。根据事件链的不同,最终结果的范围包括从安全状态到灾难事故的多种可能。

综合图 5-12 和图 5-13 可知事件树是如何建立事故场景模型的,及如何进行定量计算。

3) 分析过程

ETA 基本过程以及分析过程中的重要关系如图 5-14 所示。ETA 需要利用详细的设计信息,以对特定初始事件构建事件树图(Event Tree Diagram, ETD)。ETD 建成后,可以利用故障频率数据计算图形中的故障事件。通常可以通过故障事件的故障树分析获得上述信息。既然成功和失败的概率之和为 1,则易于由失败概率计算获得成功概率。事件树中特定输出结果的概率是其路径中的事件概率之积。

表 5-5 列出并简要介绍了 ETA 过程的基本步骤,其中要对初始事件到最终结果的事件链中涉及的所有安全设计特性进行详细分析。

复杂系统包含了大量的相互依赖的部件、冗余、备用系统和安全系统。仅使

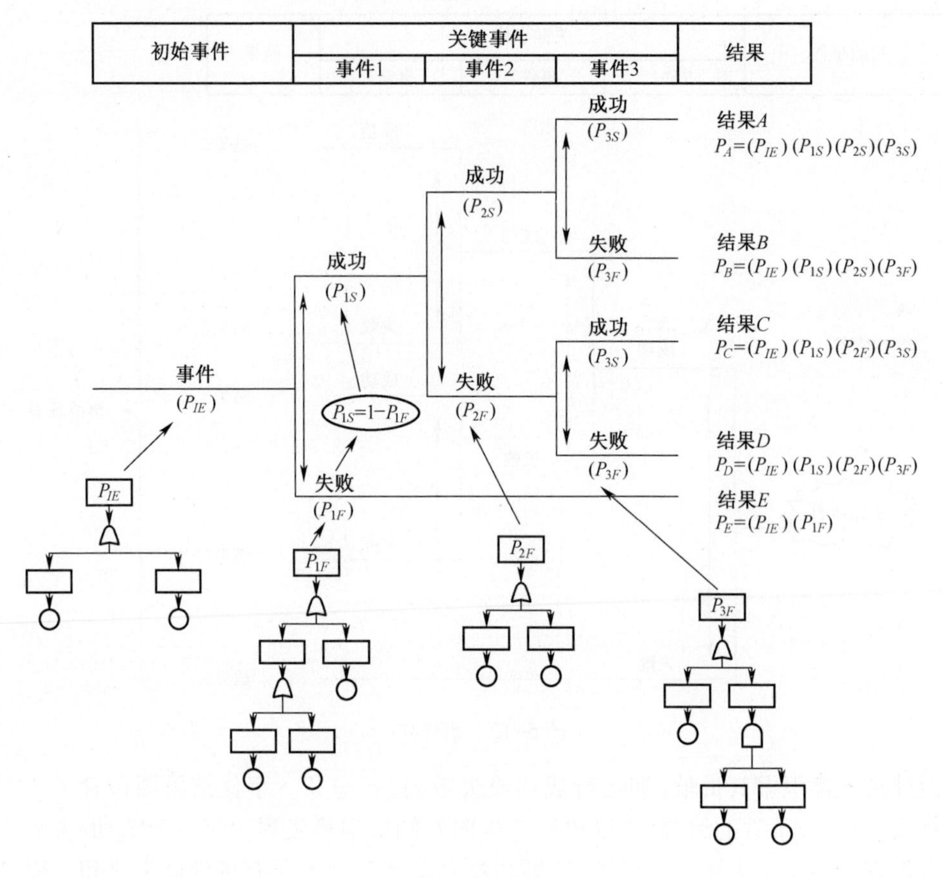

图 5-13 ETA

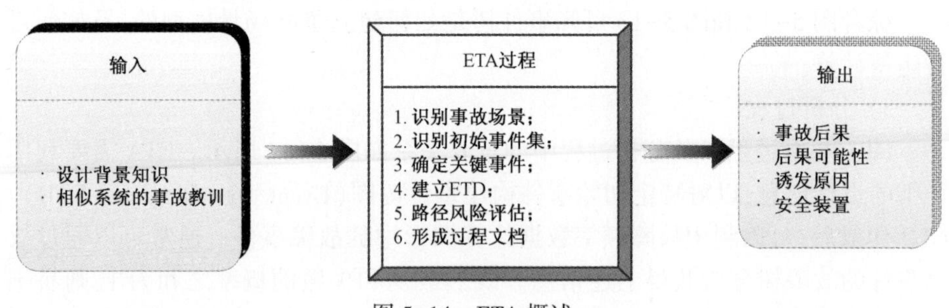

图 5-14 ETA 概述

用故障树对系统建模,有时会很困难或者模型过于庞大,因此,概率风险分析(Probabilistic Risk Analysis,PRA)综合应用了故障树和事件树图:事件树图对事故因果场景建模,故障树对复杂的子系统建模以得到其故障概率。一个事故场景可以得到多个不同的结果,而最终得到何种结果,取决于哪个关键事件发生故障、哪个正常运行。事件树和故障树相结合可以很好地描述这一复杂特性。

表 5-5 ETA 过程

步骤	任务	说明
1	定义系统	审查系统,定义系统边界、分系统、接口关系
2	识别事故场景	进行系统评估和危险分析以识别系统设计中存在的系统危险和事故场景
3	识别初始事件	根据危险分析确定事故场景中有效的初始事件,初始事件的可能类型有着火、碰撞、爆炸、管道破裂以及有毒物质释放等
4	识别关键事件	识别特定事故场景中为防止事故发生而制定的安全防护或应急措施
5	建立事件树图	从初始事件开始,经过关键事件最终得到每个路径的后果,从而建立逻辑结构的 ETD
6	确定事件失效概率	确定或计算 ETD 中每个关键事件的失效概率,其中可能需要使用故障树技术确定关键事件是如何失效的,并获得相应的概率
7	确定后果风险	计算 ETD 中每条路径后果的风险
8	评价后果风险	对 ETD 中每条路径后果的风险进行评价,确定其是否可接受
9	建议改进措施	若某条路径后果的风险不可接受,提出设计改进措施以降低风险
10	生成 ETA 报告	将完整的 ETA 过程记录在分析表格中,并及时更新信息

4) 注意事项

开展 PRA 分析工作需要掌握详细的产品设计资料,应在产品研制的方案阶段后期,甚至进入工程研制阶段后再开展 PRA 分析。由于 PRA 分析往往需要大量的定量计算,费时费力,因此应重点对后果较为严重的重大事故,如机毁人亡事故,开展 PRA 分析,对于其他事故类型则可采用定性分析或较为简单的定量计算,以免造成不必要的浪费。

分析过程中,应注意以下几个方面的工作:

(1) 应充分利用前期的定性分析结果,明确分析的重点范围或部位,以便提高工作效率;

(2) 确定初因事件时,应重点考虑 PHA 或 FMEA 分析结果,特别是当系统结构比较复杂,建立主逻辑图比较困难的情况下;

(3) 当事故场景过程比较复杂时,可先利用事件序列图建立定性的过程模型,然后再转化为定量的事件树模型;

(4) 应充分利用可靠性分析工作中的 FTA 分析结果,以减少定量计算的工作量;

(5) 分析人员不仅要掌握系统的功能结构原理,还应掌握系统的使用运行过程,特别是人员操作和应急过程,以建立全面的事故场景过程模型;

(6) 概率计算需要大量的底层设备可靠性数据,可能与工程实际存在差距,因此计算结果的相对值往往比绝对值更有意义。

4. 过程故障模式与影响分析

1) 简介

过程故障模式与影响分析(Process Failure Mode and Effects Analysis, PFMEA)是一种基于过程分解的,自下而上的对过程进行归纳分析的方法。

PFMEA 是将 FME(C)A 方法的技术特点与思想应用于过程分析的一种分析技术。PFMEA 按照过程的层次自下而上,分析每个级别过程中的可能事件以及该事件的故障模式和最坏的影响。过程的结构划分模型如图 5-15 所示。

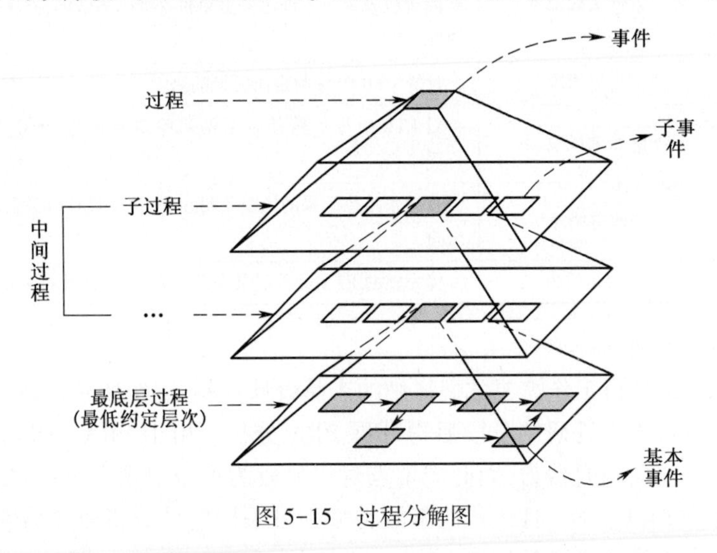

图 5-15 过程分解图

图 5-15 中的相关术语定义如下:

(1) 过程:分析的最高层次,包括生产与操作过程、使用与维修过程和管理过程等。

(2) 子过程:代表将过程分解后的分析层次。

(3) 最底层过程:将过程分解的最低层次,是 PFMEA 分析的起点。

(4) 事件:组成过程的单元,是 PFMEA 分析的具体对象。

(5) 基本事件:代表组成最底层过程的事件,即 PFMEA 的初始分析对象。

过程故障模式与影响分析(PFMEA)的基本做法与一般 FME(C)A 相同,即确定:约定层次/初始约定层次、故障判据、事故严重性等级划分等。两者的基本思想与过程也相同,只是分析的主要对象不同,PFMEA 的分析对象是一个过程或事件的故障、缺陷或失误。

PFMEA 可应用于产品的使用与维修过程、生产与操作过程等,其检查过程的方法是对产品或系统运行造成的危险进行分析,是安全性分析的有效手段。

2) 方法原理

过程故障模式与影响分析流程如图 5-16 所示。

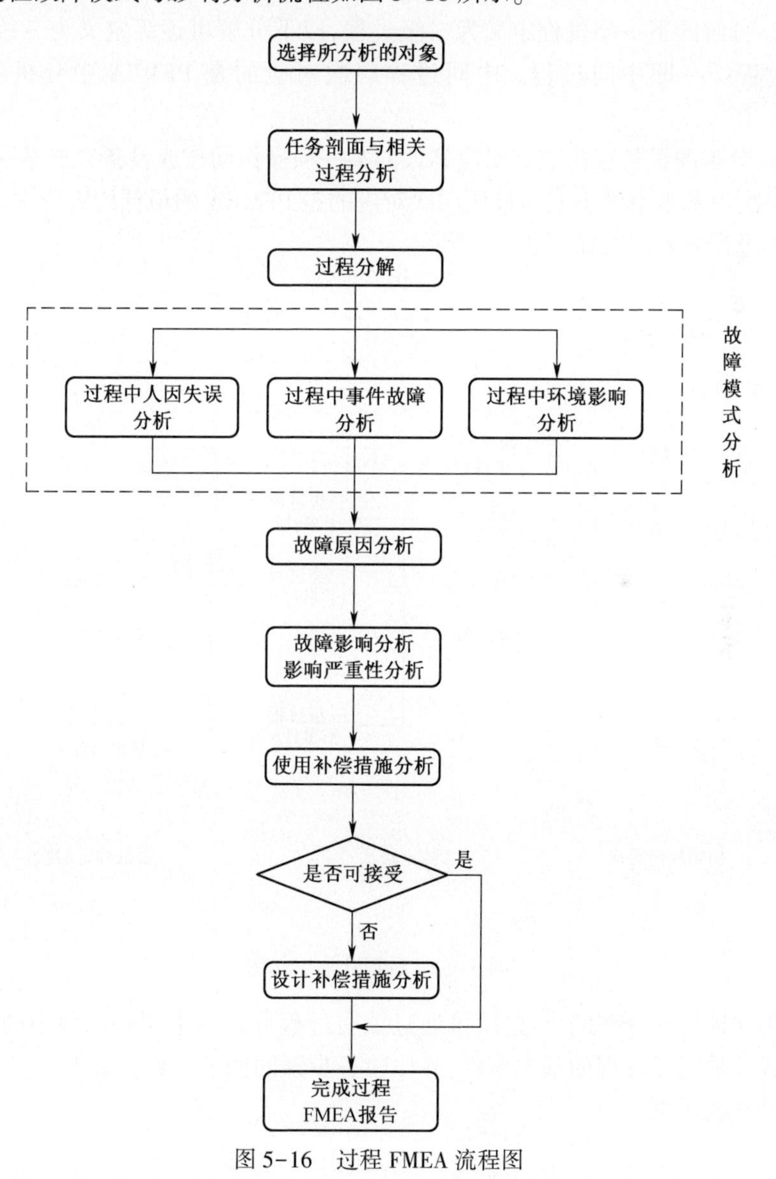

图 5-16　过程 FMEA 流程图

PFMEA 的几个反映其特点的分析步骤是:过程分解、模式分析、原因和影响分析。

(1) 过程分解。

确定所需分析的过程,需按过程所实现的功能或完成的任务等因素将该过程逐层次分解。分解的规则如下:

① 最高层次的过程定义为一级过程即全过程。全过程层次对应的是 PFMEA 的初始约定层次。

② 分解的下一层过程定义为二级过程,以下分解可逐级定义为三级过程、四级过程…… 即中间过程。中间过程层次对应的是 PFMEA 中分析的约定层次。

③ 分解的最低层次应该对应到人的某一项操作动作或设备完成某一功能。最低层次由基本事件组成。最低层次对应的是 PFMEA 的最低约定层次。

④过程分解层次如图 5-17 所示。

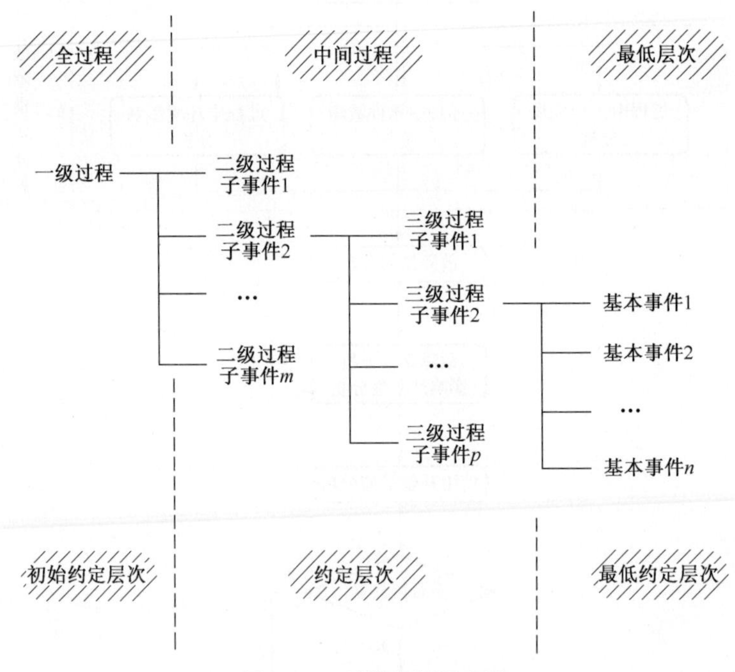

图 5-17　过程分解层次图

为保证过程分解的合理性,可通过填写过程分解表来明确过程中的各个子事件以及最底层过程的基本事件,并检验各步骤间的独立性。表 5-6 为通用的过程分解表示例。

表 5-6 通用过程分解表(部分)

过程分解表 任务剖面： 任务阶段： 完成人： 完成日期：									
全过程		中间过程						最低层过程	
一级过程		二级过程		三级过程		……		K 级过程	
序号	事件名称	序号	事件名称	序号	事件名称	序号	事件名称	序号	基本事件

(2) 故障模式分析。

PFMEA 的故障模式是使用维护或制造过程中过程自身或事件的故障、缺陷或问题。其最终的原因可能是：过程/事件自身问题、人为差错、环境影响和硬件故障。

① 过程中的硬件故障分析。

PFMEA 中，硬件故障模式是指影响生产、使用或维修过程要求和/或设计意图的产品故障。它可能是引起使用过程中下一基本事件故障模式的原因，也可能是上一基本事件故障的后果。一般情况下，在 PFMEA 中，硬件的故障模式可参考设计过程的功能和硬件 FMEA 资料，并重点分析对使用过程产生影响的产品功能故障。

② 过程中的人为差错分析。

人为操作可能发生的错误主要包括疏忽型错误和操作型错误两大类。在对使用过程中人为差错进行分析时应将分析的内容细化，以便分析时不遗漏可能出现的故障模式。分析内容可参考 GB6441—86，该标准将不安全行为的内容分为 13 类。

③ 过程中的环境影响分析。

对过程的分析不但应考虑参与使用过程的产品故障和人的失误影响，还应考虑使用过程所受外界环境以及其他过程的影响，其他产品和过程以外的人对所分析的过程的影响。由以上所述的影响造成的分析对象过程的故障，应计入到该过程的故障模式中。

(3) 故障原因分析。

故障原因分析涉及过程、事件之间的故障影响关系与时序关系，过程中的事件之间具有相互的影响，有些事件对上一级别过程中的事件或对全过程具有直接的影响。因此在分析故障原因时,可根据过程中事件之间的故障影响关系,找出事件的故障原因;有些故障原因也可以根据事件中的时序关系直接找到,所以分析事件的时序关系也是故障原因分析的重要步骤。

(4) 故障影响分析和事故影响严重性分析。

各级别过程即各约定层次间存在着一定的关系,即低级别过程的故障模式是紧邻上一级别过程的故障原因;低级别过程故障模式对高一层次的影响是紧邻上一级别过程的故障模式。PFMEA 是一个由下而上的分析迭代过程,如图 5-18所示。

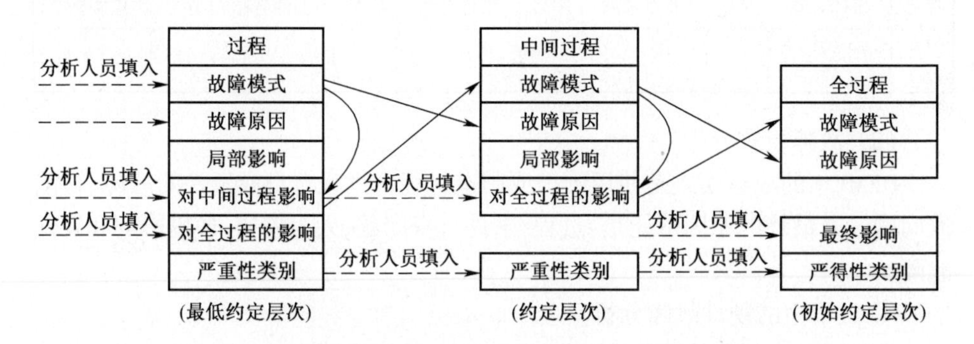

注:假设此过程只分为全过程、中间过程和最低层次过程(即最低约定层次、约定层次和初始约定层次)

图 5-18　不同级别过程间故障模式、原因和影响关系

3) 注意事项

(1) 约定层次划分的注意事项。

划分系统过程的约定层次要注意以下几点:

① 要处理好分析对象的结构、功能和过程的关系,由于故障的判定一般都是从功能入手的,而使用过程和产品的结构与功能息息相关,因此在确定约定层次时要充分考虑分析对象的结构特点和功能特点;但是,对过程的层次划分不能从结构图或仅从功能图来确定约定层次,而是要根据逐层细分的原则,将复杂的使用过程分解为简单的过程直至分解到基本事件。

② 约定层次的划分应当从效能、费用、进度等方面进行综合权衡,在系统的不同任务剖面内,由于过程的复杂性,在约定层次的划分上也不必完全相同。

③ 充分借鉴相似系统或产品的过程约定层次划分经验。

(2) 过程分解工作注意事项。

对过程进行分解是 PFMEA 的重要步骤。只有合理的对过程进行分解,PFMEA 的故障分析才能全面、准确,故障原因分析才能合理,才能保证采取正确的补偿改进措施。

对系统使用和运行过程进行过程分解,重点如下:

① 对过程描述详尽,不遗漏对过程分析重要的信息。

② 明确过程中的功能目标。

③ 分析过程中的人为操作。人为操作通常包括:认识型操作、决策型操作和执行动作3类。

④ 过程分解后的各部分应相对独立,能够清晰描述各个部分的使用操作过程和功能。

⑤ 注意包括全部的隐含步骤。

⑥ 过程应按级别逐层分解,最低级别分解为过程中的基本事件。基本事件是使用过程分析中的最低约定层次。

5. 共模分析

1) 简介

共因故障(Common Cause Failure,CCF)是指由同一个原因或事件引起系统中多个部件同时故障。共因故障与相关故障密不可分,可使冗余或独立性无效。共因故障是多个部件由于一个共同的原因而同时发生故障。例如,两个电机使用同一个断路器供电,由于断路器的故障导致两台电机同时无法运行。

如果各个部件的故障模式是一样的,是一个同时影响多个部件的事件,而这些部件原本被认为是独立的,则称此故障为共模故障(Common Mode Failure, CMF)。例如,由同一个制造商生产的一组相同的电阻会全部以同一种模式(或工作了相同的时间后)故障,因为它们具有相同的制造缺陷。

共因故障的根原因包括诸如热、振动、潮湿等事件;相似的设计、安装位置、环境、任务以及操作、维修和试验规程等耦合因素;也包括使冗余设计失去独立性的事件等。另外,由于先前故障的存在而导致其发生概率显著增加的级联故障(Cascading Failure),以及如果一个事件的发生就会阻止另一个事件的发生,则称这两个事件是互斥事件(Mutually Exclusive Events),也属于CCF的范畴。

CCF是更为一般的概念,而CMF强调共同的故障模式,CMF是CCF的一种特例。

共因分析(Common Cause Analysis,CCA)用来确定产品中是否存在由于相同的原因或事件导致的系统降级或丧失功能的部件或操作的组合多重失效,包括特定风险分析、区域安全性分析和共模分析(Common Mode Analysis, CMA)等。

共模分析是针对影响一个以上冗余通道的故障或事件模式进行的分析,可用来识别独立冗余系统中可能存在的相关性及相互关系，查找导致共模故障发生的原因，评价共模故障对系统的影响。共模分析(CMA)是对共模故障进行定性和定量分析的工具，可以用来检验系统各组成部分之间是否满足独立性要求，确定共模故障条件下系统故障的概率。

一般情况，共模分析是故障树分析的扩展，在假定故障独立前提下构建故障树，再增加共模(或共因)故障的节点，从而得到完整的故障分析。它的重点在于直接识别由于单一原因导致的多重故障，而这些单一的原因可能来自相同过程、设计与制造缺陷以及相同的人为差错或者一些共同的外部事件。

理论上，共模分析可以用于任何类型的系统，在实际应用中主要针对采用冗余设计的安全关键系统进行分析。功能的共模故障分析应该在产品研制早期开展，以识别设计需要重点考虑的关键项目，详细的部件级别共模故障分析需要在详细设计阶段开始。

2) 共模故障基本原理

在可靠性分析评价中，通常假设不同设备之间的故障是独立的，系统中故障 A 的发生与故障 B 的发生无关，即 $P(A \cap B) = P(A) \cdot P(B)$ 。

如果两个故障之间存在相关性，故障 A 的发生会对故障 B 的发生造成影响，则表明设备之间存在相关性，此时 $P(A \cap B) = P(A) \cdot P(B \mid A) \neq P(A) \cdot P(B)$ 。

如果系统故障存在相关性，则同时发生故障的可能性将大幅提高，冗余设计很可能会失去预期效果。

3) 共模故障的原因

根据对引发共模故障的作用可将共模故障的原因分为两类：

(1) 根本性原因(Root Cause)，是导致共模故障的最直接、最基本的事件，例如系统内部的部件故障，外部的温度、振动、潮湿环境等。

(2) 耦合因素(Coupling Factor)，是指使一组设备或部件容易遭受到相同故障机理影响的系统特性，例如：相同或相似的设计、位置、环境、任务以及运行、维修和试验程序等。耦合因素属于故障原因，但其自身并不会引发故障。例如，两个完全相同的冗余电气元件，由于暴露在过高的温度下导致同时失效(共模故障)的原因包括：高温(根本性原因)和两个元件共同具有的对热的敏感性以及同时暴露在相同的恶劣环境中(耦合因素)。

4) 方法原理

共模分析包括两个阶段，首先是定性分析，识别产品中的共模故障，分析故障原因和耦合因素，提出改进措施；在此基础上，利用故障树进行定量计算，评价产品的概率风险。

(1) 共模故障定性分析。

产品的共模故障定性分析过程如图 5-19 所示。其中 CMA 清单由故障树的与门事件或其他模型余度设计产生。

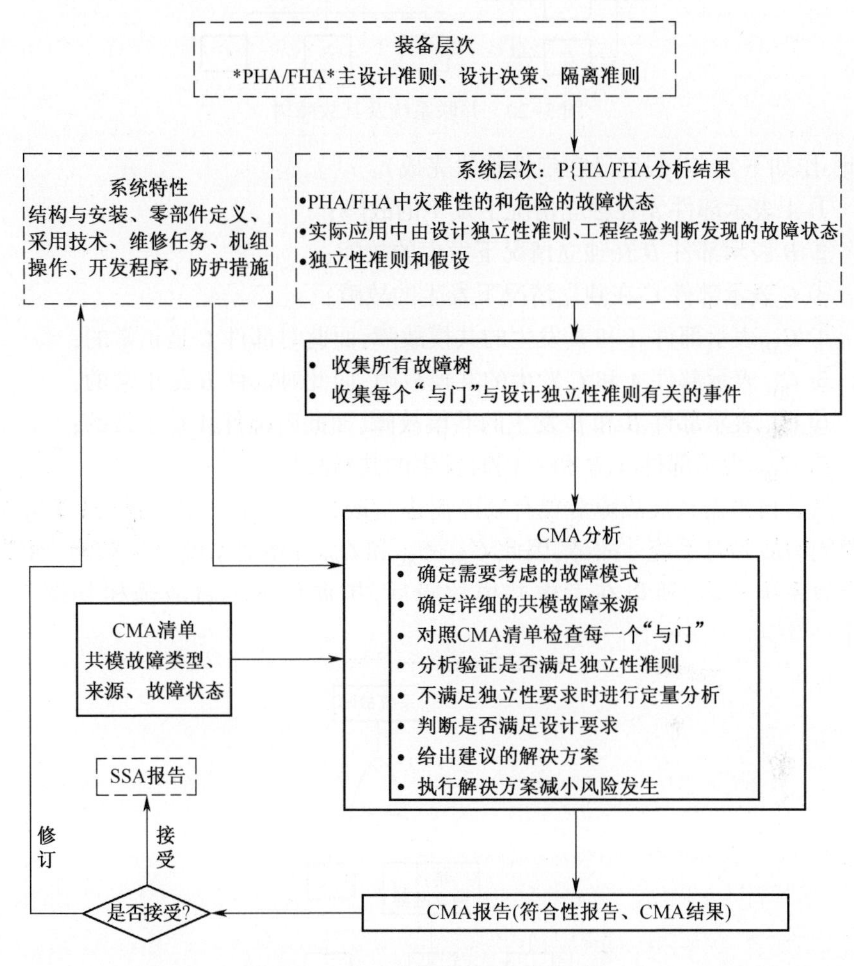

图 5-19　产品共模故障定性分析过程

(2) 共模故障定量分析。

共模故障定量分析在定性分析得到的共模故障的基础上,对传统故障树(独立假设前提)进行扩展,增加共模故障节点,利用故障树的定量模型计算产品的故障概率。这里以一个例子说明定量分析的过程。

图 5-20 所示是一个并联系统及其在独立故障假设条件下的故障树,其中 A、B、C 是 3 个相同的部件,由系统的并联特点可知,只要有一个部件正常则系统保持正常。在进行共模故障定量分析时,首先要确定可能存在的共模故障。

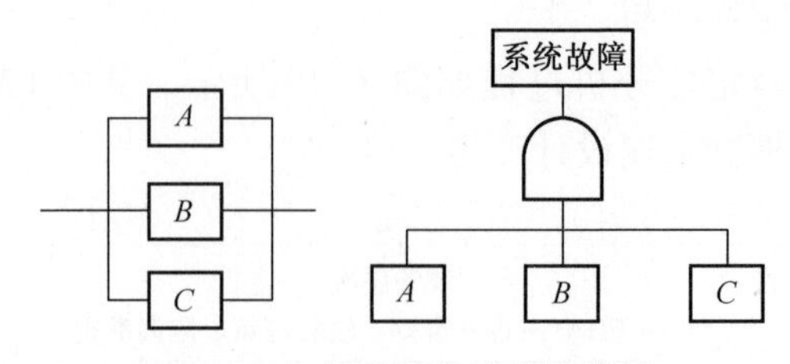

图 5-20　并联系统及其故障树

为此,作如下定义(假定已在定性阶段完成):

① A 表示部件 A 在独立情况下发生的故障;

② B 表示部件 B 在独立情况下发生的故障;

③ C 表示部件 C 在独立情况下发生的故障;

④ C_{AB}表示部件 A 和 B 发生的共模故障,而此时部件 C 是正常的;

⑤ C_{AC}表示部件 A 和 C 发生的共模故障,而此时部件 B 是正常的;

⑥ C_{BC}表示部件 B 和 C 发生的共模故障,而此时部件 A 是正常的;

⑦ C_{ABC}表示部件 A、B 和 C 同时发生的共模故障。

然后再根据共模故障对现有故障树进行改进。在本例中,由于只有当 3 个部件同时故障时系统才故障,因此 C_{AB}、C_{AC} 和 C_{BC} 并不对系统产生影响,而 C_{ABC} 会导致系统故障,所以在考虑共模故障后,扩展后的系统故障树如图 5-21 所示。

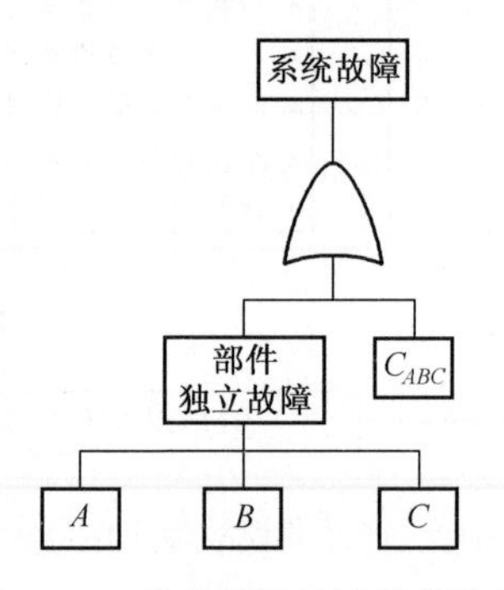

图 5-21　考虑共模故障的故障树

显然,故障树的割集由原来的$\{(A,B,C)\}$变为了$\{(A,B,C);C_{ABC}\}$,系统故障概率为

$$P(S)=P(C_{ABC})\cup(P(A)\cap P(B)\cap P(C))$$

5) 注意事项

作为一种结构化,系统化的分析方法,共模分析能有效地识别那些导致安全关键系统的冗余设计故障的意外事件,并且利用故障树模型,可以对共模故障进

行定量评价，得到更为真实的故障概率。但在另一方面，共模分析对分析人员的经验和能力也提出了很高要求，特别是对于复杂产品，完整地开展共模分析往往费时费力。还需要注意的是，尽管能够对故障进行分析，共模分析只能对共模故障造成的危险进行评价，并不能完全取代其他安全性分析方法，对于产品中其他类型的危险仍需采用相应的方法进行分析。

在进行共模分析时，应注意以下几个方面：

(1) 全面分析产品中所有共模因素，包括耦合因素、共模事件以及共模故障影响的部件等；

(2) 全面分析产品中所有的冗余系统，识别其薄弱环节；

(3) 应首先在假定独立的前提下建立系统故障树，然后再对故障树进行扩展。

6. 特定风险分析

1) 简介

在系统/产品使用过程中，处于外部的特定事物或效应可能会对某些区域产生影响，从而造成共因或共模故障，例如爆裂的轮胎碎片可能会同时击中并破坏产品的多个部位；闪电可能会对产品的多个电子设备产生影响。这些特定事物或效应对系统/产品可能造成的危害被称为特定风险。特定风险分析(Particular Risk Analysis)就是有针对性地分析这些特定事物对系统/产品造成的事故风险，并提出相应的解决措施。

特定风险分析与区域安全性分析存在很多相似之处，两者的出发点和输出结果类似，应在相同的设计阶段进行。但两者也存在明显不同，区域安全性分析的重点是系统/产品内部的相互影响，特定风险分析则针对外部的风险。特定风险可能同时影响若干区域，而区域安全性分析(ZSA)被限制在每一个具体的区域。

造成特定风险的典型危险源如下：

(1) 着火；

(2) 高能装置(非包容)，如发动机；

(3) 高压瓶破裂/高压空气管道断裂/高温空气管道泄漏；

(4) 流体泄漏(通常作为区域安全性分析的一部分被检查，但有时可能要求特定附加评价)，如：燃油/液压油/蓄电池液/水；

(5) 冰雹、冰、雪与雷电；

(6) 鸟撞飞机；

(7) 轮胎爆破，气流抽打胎面；

(8) 高强度辐射场等。

识别有关被涉及的相应风险后，应针对每一类风险进行单独的研究。有关分析的目标是确保任何与安全性有关的影响或被设计排除，或表明是可接受的。

对于一个新研系统/产品而言，在整个研制过程中都应进行特定风险分析。对于做出任何重大更改的产品，也应进行这一分析。开始时，应对图纸、模型进行分析，但随着项目的进展，特定风险分析应基于样机，然后基于实际产品。通常，由研制总体单位负责实施这一分析。

2）方法原理

在特定风险分析过程中，通常按每一项特定风险依次开展分析。总体分析过程是逐个分析特定风险的危险模式，确定受影响的区域以及评审特定风险的后果。具体来说，包括如下步骤：

(1) 定义被分析的特定风险的细节（例如，轮胎/机轮爆裂）；

(2) 定义分析中使用的失效模型（例如，轮胎爆裂模型和机轮爆裂模型）；

(3) 列出需要满足要求的清单（例如，CCAR/FAR/CS25-729 起落架速度）；

(4) 定义受影响的区域（例如，飞机起落架舱）；

(5) 定义受影响的系统或部件（借助 ZSA 进行交叉检查）；

(6) 定义所采取的设计和安全预防措施（借助在 ZSA 中使用的设计和安装指南进行交叉检查）；

(7) 评审特定风险对受影响部件的后果（借助 FMEA 进行交叉检查）；

(8) 评审该特定风险由于部件失效模式或其组合对产品产生的影响（借助系统危险分析进行交叉检查）；

(9) 确定该后果是否可接受：如果可接受，则将其纳入相关设计文档；如果不可接受，则开始进行设计更改。

3）注意事项

对于每一特定风险后果的评审以一定的格式写成文件，该格式应包括下列信息：

(1) 所分析特定风险的说明；

(2) 受特定风险影响的部件；

(3) 部件所安装的区域；

(4) 特定风险的危险模式；

(5) 对产品的最终影响以及该影响的分类。

此外，还应包括下列细节：

(1) 对初始假设的任何偏离；

(2) 被分析所强调问题的解决方式。

7. 区域安全性分析

1）简介

区域安全性分析（Zonal Safety Analysis，ZSA）是分析系统/产品内部在同一区域的设备/分系统之间在结构上和功能上的相互影响而造成的安全问题，其本质是对设备/分系统之间的相容性与使用维修等干扰性的分析。该方法从系统/产品各组成部分之间的相互干涉关系入手，找出区域内的危险因素并对事故风险进行评价，为制定安全准则提供重要依据，其对于提高复杂产品安全性具有重要的意义。

区域安全性分析通过区域划分的方法对组成系统的分系统或设备及其接口的安装位置进行系统地分析和连续地检查，评价在故障和无故障情况下各分系统或设备潜在的相互影响以及其安装存在的固有危险的严重程度。主要用于：

（1）评价各分系统和各设备之间的相容性；

（2）确定系统各区域及整个系统存在的危险并评价其严重程度；

（3）确保设备的安装满足与下列事项有关的安全性要求：

① 基本安装，应根据相应的设计和安装要求，对安装进行检查；

② 系统之间的干扰，应考虑设备正常或失效的影响与其对处于其物理影响范围之内的其他系统和结构的影响之间的关系；

③ 维修差错，应考虑安装维修差错及其对系统的影响。

ZSA 分析较简单、直观性好，但要求分析人员对系统的设计、安装及使用有丰富的经验，保证能充分发现各种设计及安装的潜在危险。

ZSA 可在设计早期，继分系统和设备的 FMECA 之后进行，以便尽早发现问题及时采取设计改进措施。但是 ZSA 一般适用于对系统研制阶段的设计图样、样机及真实系统进行区域性分析检查。

ZSA 是系统安全性分析的一个重要内容，多个国家的工业部门和民用航空适航管理机构一直以来都有进行区域安全性分析的要求。例如近年来，美国联邦航空局（FAA）组织联合开展了加强区域分析程序研究；加拿大运输管理局发布了航空器的加强区域分析程序（EZAP）[4 TP14331]，用于加强对电缆线路连接系统（EWIS）的维修和检查，以便及时发现和处理电缆线路的老化和受损问题。

2）方法原理

区域安全性分析方法的分析流程如图 5-22 所示。

（1）区域划分。

按照系统的组成界面（例如飞机的梁、隔框、地板等），考虑分析检查及维修要求以对分析区域进行划分，区域划分时应符合：划分应简明，尽量将故障相关

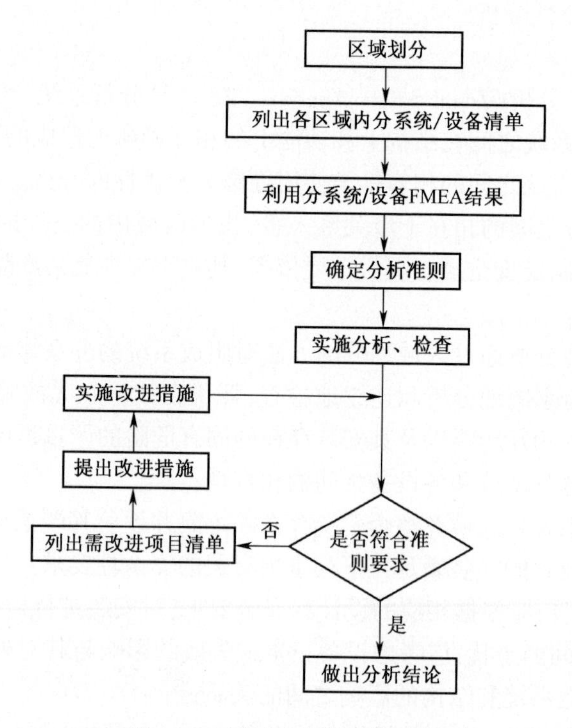

图 5-22　区域安全性分析流程

的相邻部位划分在同一个区域内;区域应尽可能按实际有形的边界划分;区域的大小应以能在区域内作仔细全面地分析检查,判定其故障影响为准等。

例如,飞机的区域编号原则:机翼由内向外,由前向后;机身由前向后,垂直安定面由根部向尖部。图 5-23 给出了按国际运输协会 ATA100 规定的方法对飞机进行区域划分及编号方法示例。

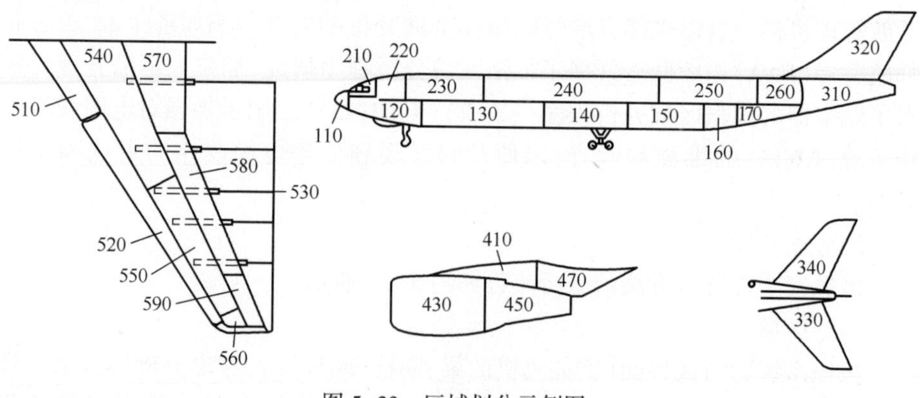

图 5-23　区域划分示例图

(2) 列出各区域内分系统和设备清单。

为了使分析检查时具有针对性,不遗漏分析项目,应列出各区域内分系统和设备清单,清单的内容及形式可根据具体情况而定。

(3) 利用分系统/设备 FMEA 结果。

ZSA 是在分系统和设备 FMEA/CA 之后进行,必须了解分系统和设备的单个故障,利用 FMEA/CA 的分析结果,归纳提取出对安全和其他产品的使用、功能和状态的影响的关键的故障模式,确定其对其他设备/分系统的潜在危险及其严重程度,为 ZSA 在下一步区域内进行设备间影响分析提供信息。

(4) 确定分析准则。

分析准则是必须达到的设计、制造和安装要求,是进行区域安全性分析的依据,在系统设计初期应根据设计要求、以往的设计和使用经验等制定分析准则。

分析准则包括通用和专用准则。通用准则规定了分系统和设备的安装、相互影响、维修及环境等方面的共性要求,是每个分系统和设备均应满足的要求;专用准则针对分系统和设备,规定了其所在各个区域内应满足的相关具体要求,包括安装、相互影响、维修、环境和分系统功能等方面。

(5) 实施分析、检查。

在设计阶段,ZSA 一般由设计人员按系统设计图样、总体协调图样对照分析准则进行分析检查;在样机和实际系统上,可由质量检查人员结合质量审查对每个区域作分析检查,判定其是否满足分析准则。每次分析检查后,对结果做出评价,若不能满足分析准则要求,则应列出需要改进的项目清单,提出并实施改进措施。

(6) 做出分析结论。

经过 ZSA 并对所发现的重大问题采取了改进措施后,进行复查并做出分析结论,写出分析报告。该报告是系统安全性评价的组成部分。

3) 注意事项

(1) 分析人员的要求:该方法对分析人员经验要求较高,应由系统安全分析人员、系统设计人员以及维修人员共同参与开展区域安全性分析工作。

(2) 分析准则的制定:分析准则是开展区域安全性分析工作的重要基础。分析准则的制定,主要参考以下方面:GJB/Z99 中已有的 ZSA 通用设计准则与专用设计准则;以往的设计、使用、维修等经验; FMEA 结果。

(3) 文档的制定:对区域安全性分析应以日期为基础进行记录。

(4) 任何问题或偏离都应引起设计机构的注意,并应作为设计更改来考虑。

8. 能量跟踪与屏蔽分析

1) 简介

系统/产品中的能源既是动力/能量的基础,也是潜在的危险因素,需要在设计、使用过程中对其认真分析，避免引发事故。能量意外释放理论阐明了事故发生的物理本质，指明了防止事故就是防止能量意外释放，防止人体或设备接触异常能量。

能量跟踪与屏蔽分析（Energy Trace and Barrier Analysis, ETBA）的目的就是要评价这些危险源，判断设计方案中与其相关的潜在危险是否已通过能量屏蔽得以消除或将风险降低到可以接受的程度。

能量跟踪与屏蔽分析，就是分析系统中能量的异常流动。当因缺乏足够屏蔽从而使异常能量流沿某一路径发展，导致人员伤亡或设备损坏，就引发了系统事故。任何事故都是由3类因素组成的（见图5-24），包括异常或不希望的能量流（即危险），能量路径所经过的人员和设备/设施（即危及目标）以及能量与目标之间的屏蔽。当屏蔽不足以阻止或控制能量流时，就会导致事故的发生。基于此，ETBA就是要系统地分析这3类因素及其相互关系，从而发现薄弱环节，通过改进设计以提高系统的安全性水平。

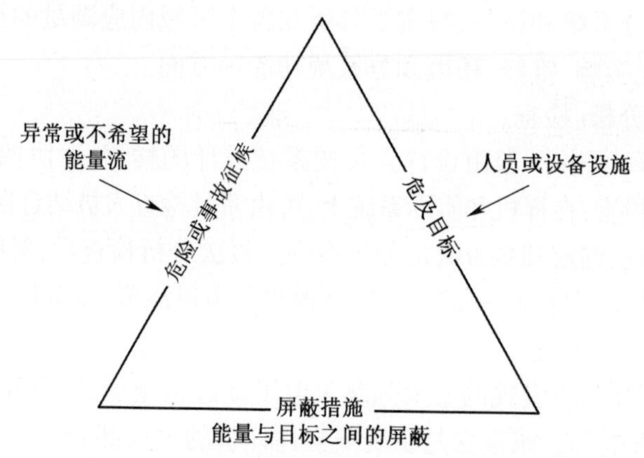

图5-24　基于能量释放理论的危险构成因素

ETBA可广泛用于分析各种系统/产品，它提供了一套分析系统中能量危险的规范高效的程序，可用于系统/产品研制阶段，也可用于事故调查，其有助于理解和分析事故场景过程。ETBA首先从总体上分析系统中的各种能量（源），然后再对特定的危险或风险进行详细分析，通过识别可能会引起危险的能量流路径，分析制定必要的屏蔽方案以避免能量流造成设备损坏或人员伤亡。在产品设计过程中可以采用不同类型的能量屏蔽方案，如：物理屏蔽（防护罩）、程序屏蔽或时间屏蔽等。事实上，屏蔽可以理解为针对特定能源类型的任何可以降低事故可能性或后果严重性的措施。

2）方法原理

ETBA基于能量释放理论。图5-25给出了一些常见的屏蔽方案。

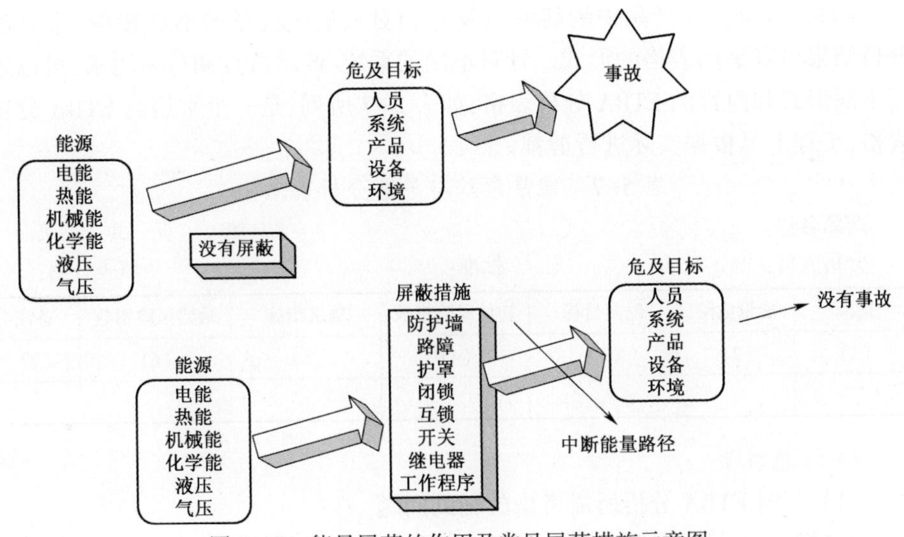

图 5-25　能量屏蔽的作用及常见屏蔽措施示意图

开展 ETBA 分析,首先是识别产品中存在的各种类型的能量,然后确定每种类型的能量在产品中的位置,并跟踪能量流或能量路径以识别各种必需的屏蔽设备/设施或方法。对各类屏蔽的保护效果进行评价,包括其对能量的控制和一旦失效可能危及的潜在危险目标。利用风险指数法(RAC)对每一种异常能量流的风险进行评价,对不能接受的风险提出改进建议以提高产品的安全性水平。

ETBA 的基本分析流程如图 5-26 所示。

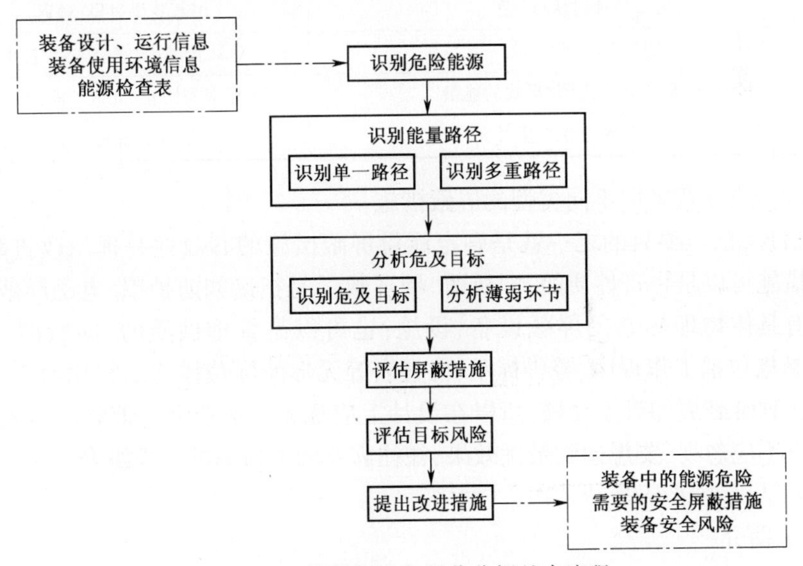

图 5-26　能量跟踪与屏蔽分析基本流程

ETBA 详细分析产品中的能源以及它们对人员或设备的潜在影响，最终的分析结果可以采用表格的形式。针对不同的系统/产品特点和分析要求，可以采用不同形式和内容的 ETBA 分析表格，如表 5-7 所列，是一个常用的 ETBA 分析表格，工程上可根据实际进行剪裁。

表 5-7　能量跟踪与屏蔽分析表示例

产品名称：　　　　　　　　　　　　　　　　　　　　第　　页 共　　页

分析人员：　　　　　　　　　　批准：　　　　　　　　　　填表日期：

能源	能量危险	危及目标	初始风险指数	屏蔽措施	最终风险指数	备注
(1)	(2)	(3)	(4)	(5)	(6)	(7)

3）注意事项

（1）开展 ETBA 分析所需考虑的辅助问题。

在识别了产品中各种类型的能源后，可以通过依次回答一系列关于能量流和屏蔽措施的问题，辅助分析产品设计方案中存在的危险，表 5-8 列出了以下典型问题。

表 5-8　ETBA 分析中的常用问题

与能量流相关的问题	与屏蔽措施相关的问题
能量传递过多/过少/没有	屏蔽装置过于坚固/薄弱
能量传递过早/过迟/没有	屏蔽措施设计错误
能量传递过快/过慢	屏蔽效果过早/过迟
能量被堵塞/释放	屏蔽装置退化/完全失效/被干扰
输入/输出错误类型/形式的能量	屏蔽装置阻止/促进了能量传递
不同能量流是否发生冲突	错误的屏蔽类型

（2）应注意采用不同类型的屏蔽措施。

ETBA 的重要目的之一就是确定能量屏蔽措施的有效性并提出改进建议。屏蔽措施可以是物理性质的，即所谓“硬屏蔽”，是指诸如防护罩、电磁屏蔽装置等具有具体物理形态的屏蔽设备、设施；也可以是管理性质的，即所谓“软屏蔽”，是指包括工作程序、警告标示、检查表等无形的屏蔽措施。相比而言，硬屏蔽要比软屏蔽更加难于突破，所以在设计上应优先考虑前者。但软屏蔽的辅助效果也不应忽视，要想达到最优效果，往往需要两类措施的合理组合。

9. 人为差错分析

1）简介

人为差错分析(Human Error Analysis，HEA)，就是研究人为差错发生的原因及在事故过程中的影响和机理，它已经成为安全工程重要的研究内容之一。

人为差错可以理解为与正常行为特征不一致的人员活动或与规定程序不同的任何活动。人为差错是造成系统事故的主要原因。同时，随着硬件/软件设备可靠性不断提高，人员对于产品安全性的作用日益突出。人为差错对事故的影响随着系统/产品的不同而不同，因此在研究时必须对人为差错的特点、类型及后果进行分析，给出定量的发生概率。人为差错分析以研究人机交互为重点，因此可以支持产品研制阶段的系统危险分析工作。

在几十年的发展过程中，研究人员先后提出了众多的人为差错分析方法和模型，但在工程中广泛应用的仍是第一代分析方法。第二代分析方法中人为差错研究结合了认知心理学，以人的认知可靠性模型为研究热点，将人放在事故场景环境中去探究人为差错的机理，着重研究人在应急情况下的动态认知过程，包括探查、诊断、决策等意向行为。然而由于人的认知过程的复杂性，目前仍处于理论研究阶段。

第一代人为差错分析方法主要包括人为差错的理论与分类框架研究、人的可靠性数据的收集和整理（包括现场数据和模拟实验数据）及发展以专家判断为基础的人为差错概率的统计分析与预测方法。人为差错率预计技术（THERP）是目前应用较广的人为差错分析技术，该技术可预计人为差错造成的整个系统或分系统的故障率。这种分析把系统划分为一系列的人—设备功能单元，对每个人—设备功能单元分析预计数据，利用计算机程序来计算工作完成的可靠性和完成的时间，并考虑到完成工作中的非独立的和冗余的关系。

2）THERP 方法原理

THERP 是以事件树为核心对人为差错进行了描述和分析，包含了 HRA（Human Reliability Analysis）事件树、人的绩效形成因子（Performance Shaping Factor，PSF）、动作相关性分析等方面，并采用主要由专家判断提供的人为差错数据库进行定量化计算。用 THERP 方法完成人为差错分析包括 4 个阶段，共 12 个步骤，如图 5-27 所示。

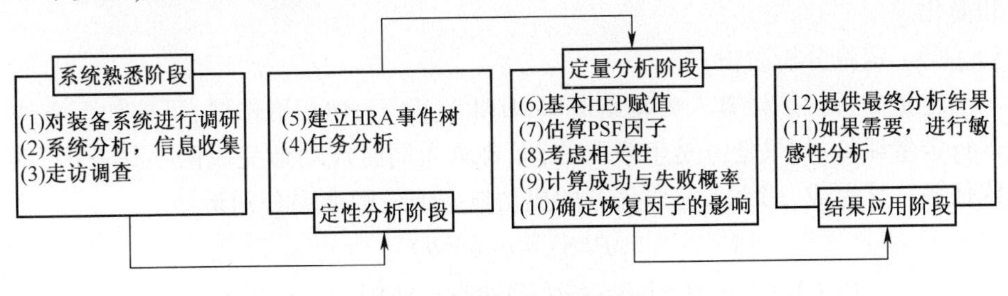

图 5-27　THERP 分析流程

（1）系统熟悉阶段。

开展人为差错分析的第一阶段是熟悉被分析（或被使用）的产品、收集相关资料以及对有关人员进行考察访谈，在这一阶段的任务是了解事故过程中：人为差错事件，与事件有关的人员任务；人员操作的边界条件，包括技术与时间要求、人员职责、管理规定、纠正措施等。

（2）定性分析阶段。

人员任务分析：任务分析是建立 HRA 事件树的基础。要进行详细的任务分析，找出人机相互作用的界面，判断人在完成任务时所产生的失误类型，必须清楚地了解人员所要完成的每项任务的内容并将它分解为相应的一系列相连贯的动作或子任务序列。

HRA 事件树的建造与分析：HRA 事件树是在人员任务分析的基础上，以事件树的形式描述人员所要完成的某项任务，并按时间顺序分析人员在其中的各项行为与活动的过程。HRA 事件树是二叉树，即两状态的事件树。用 HRA 事件树进行人为差错分析时，每一个分支节点都存在着失败或者成功的两种可能性。

建立 HRA 事件树应按照系统要求对任务先后次序进行分解，事件树的每一次分叉表示该系统在完成任务过程中必须进行的各项子任务。

建树的有关规则约定如下：

① 用大写字母表示某项子任务失败，同时代表它失败的概率；用相应的小写字母表示该子任务成功和它的成功概率。字母应分别标记在任务分叉点上的右侧（失败）或左侧（成功）。

② 位于 HRA 事件树各序列末尾的字母 S 和 F 分别表示人员完成任务的成功或失败。

③ HRA 事件树的每个节点上有两个分支，左侧的分支表示成功，右侧的分支表示失败。

对于极小概率的分支事件可以从事件树中删去，因此事件树可以进行剪裁和简化。

（3）定量分析阶段。

定量分析就是计算人为差错概率（HEP），对于 HRA 事件树，可按如下方法进行定量评价：如果任务是串联型的，即要求人同时成功地完成两项任务后，系统任务才算完成，那么人完成任务的成功概率或失败概率分别是

$$P(S) = a(b \mid a)$$

$$P(F) = 1 - a(b \mid a) = a(B \mid a) + A(b \mid A) + A(B \mid A)$$

如果任务是并联型的，只要人完成了两项任务中的任何一项任务，系统就成

功,在这种情况下,人完成任务的成功概率或失败概率分别是

$$P(S)=1-A(B\mid A)=a(b\mid a)+a(B\mid a)+A(b\mid A)$$

$$P(F)=A(B\mid A)$$

式中:a 为任务 A 成功完成的概率;A 为任务 A 不能完成的概率(失败概率);b 为任务 B 成功完成的概率;B 为任务 B 不能完成的概率(失败概率);$P(S)$ 为人员完成任务的成功概率;$P(F)$ 为人员未能完成任务的失败概率。

在 HRA 事件树及其定量评价公式基础上,利用各项子任务的概率数据可计算得到整个任务与人为差错相关的成功(或失败)概率,子任务概率数据,即人为差错概率(如 A、B),称为基本人为差错概率(BHEP),可通过有关的数据库或由专家判断给出。而 HRA 事件树中,人为差错的概率因人员素质、事故背景等方面的差异存在很大差别,因此子任务的人为差错实际概率需要经过绩效形成因子 PSF(通过查表可得)修正,如下式所示:

$$\text{HEP}=\text{BHEP}\cdot\text{PSF}_1\cdot\text{PSF}_2\cdot\cdots$$

在确定了人为差错概率和上述因子之后,利用 HRA 事件树的概率公式即可得到整个任务过程中的人为成功(或失败)概率。

3) 注意事项

THERP 是一种较为全面的人为差错分析方法,已经得到了广泛应用,特别是在核电站的概率风险评价中,其正确性也得到了实际结果的支持。但作为第一代分析方法,它仍然存在如下不足:

(1)《THERP 手册》中的数据有相当大一部分来自各行业日常操作人员的人为差错概率以及专家判断,它适用于分析以规程为基础的日常操作,对于危险状态下操作的实用性仍需进一步确认;

(2) 人为差错概率和 PSF 的影响由分析人员从 THERP 所提供的表中选取,带有一定的主观性;

(3) 实际场景对人为差错概率有很大影响,仅仅用 PSF 因子来修正人为差错概率可能不够充分;

(4) 使用多个 PSF 分别考虑其对 HEP 的影响,但没有考虑 PSF 之间是否存在相关性,即 PSF 之间的影响可能是不独立的;

(5) THERP 方法主要通过对任务的分解来考察任务的可靠性,这类似于处理硬件故障的分解方法,并不能了解人员执行任务时内在的认知过程。

5.4.3 安全性设计

1. 概述

安全性设计是通过各种设计活动来消除和控制各种危险,提高现代复杂系

统的安全性的过程。在系统安全性分析的基础上,即在运用各种危险分析技术来识别和分析各种危险,确定各种潜在危险对系统的安全性影响的基础上,设计人员必须在设计中采取各种有效措施来保证所设计的系统具有要求的安全性。安全性设计是保证系统满足规定的安全性要求最关键和有效的措施,包括进行消除和降低危险的设计,在设计中采用安全和告警装置以及编制专用规程和培训教材等活动。

1）安全性设计一般要求

在产品研制的初期,需要在参考分析有关标准、规范、条例、设计手册、安全性设计检查单及其他设计指南对成品研制的适用性之后,制定安全性设计要求。承制方应根据初步危险分析等各种来源获得的所有信息制定安全性设计准则。安全性设计要求包括定性和定量要求。安全性设计的一般要求如下:

(1) 通过设计(包括器材选择和代用)消除已判定的危险或减小有关的风险;

(2) 危险的物质、零部件和操作应与其他活动、区域、人员和不相容的器材相隔离;

(3) 设备的位置安排应使工作人员在操作、保养、维护、修理或调整过程中,尽量避免危险(例如:危险的化学药品、高压电、电磁辐射、切削锋口或尖锐部分等);

(4) 尽量减少恶劣环境条件(例如:温度、压力、噪声、毒性、加速度、振动、冲击和有害射线等)所导致的危险;

(5) 系统设计时应尽量减少在系统的使用和保障中人为差错所导致的危险;

(6) 为把不能消除的危险所形成的风险减少到最低程度,应考虑采取补偿措施,这类措施包括:联锁、冗余、故障—安全设计、系统保护、逃逸、灭火和防护服、防护设备、防护规程等;

(7) 采用机械隔离或屏蔽的方法保护冗余分系统的电源、控制装置和关键零部件;

(8) 当不能通过设计消除危险时,应在装配、使用、维护和修理说明书中给出警告和注意事项,并在危险零部件、器材、设备和设施上标出醒目的标记,以使人员、设备得到保护;

(9) 应尽量减轻事故中人员的伤害和设备的损坏;

(10) 设计由软件控制或监测的功能,以尽可能减少危险事件或事故的发生;

(11) 对设计准则进行评审,找出对安全性考虑不充分或限制过多的准则,根据分析或试验数据，推荐新的设计准则。

在设计中为了满足系统安全要求和纠正已判定的危险，应按以下优先顺序（见图5-28）采取措施：

（1）最小风险设计。首先在设计上消除危险，若不能消除已判定的危险，应通过设计方案的选择将其风险减少到订购方规定的可接受水平。

（2）采用安全装置。若不能通过设计消除已判定的危险或不能通过设计方案的选择满足订购方的要求，则应采用永久性的、自动的或其他安全防护装置，使风险减少到订购方可接受水平，可能时，应规定对安全装置定期进行功能检查。

（3）采用报警装置。若设计和安全装置都不能有效地消除已判定的危险或满足订购方的要求，则应采用报警装置来检测出危险状况，并向有关人员发出适当的报警信号。报警信号应明显，以尽量减少人员对信号作出错误反应的可能性，并应在同类系统内标准化。

（4）制定专用规程和进行培训。若通过设计方案的选择不能消除危险，或采用安全报警装置也不能满足订购方的要求，则应制定专用的规程和进行培训。除非订购方放弃要求。对于Ⅰ级和Ⅱ级危险决不能仅仅使用报警、注意事项或其他形式的提醒作为唯一的减少风险的方法。专用的规程包括个人防护装置的使用方法。对于关键的工作，必要时应要求考核人员的技术熟练程度。

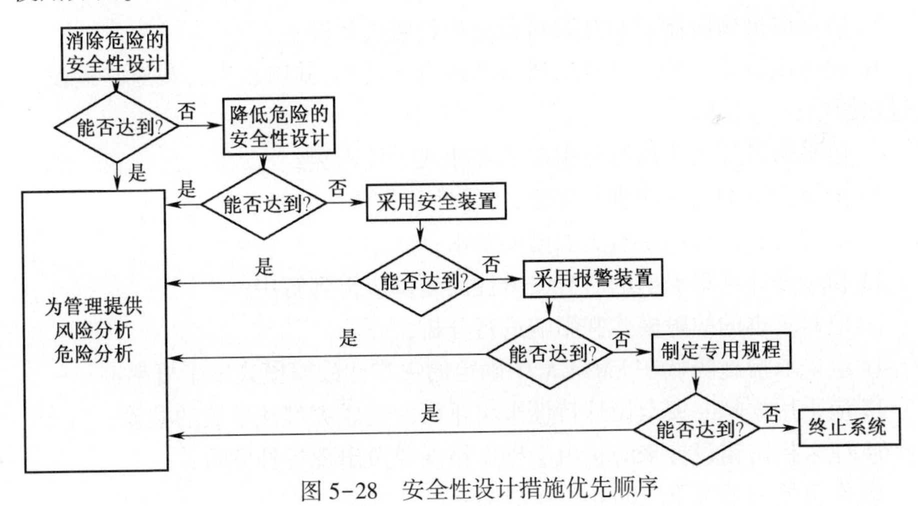

图5-28　安全性设计措施优先顺序

2）安全性设计准则的制定及实施

（1）概述。

安全性设计准则是把已有的、相似的产品的工程经验总结起来，使其条理化、系统化、科学化，以便成为设计人员进行安全性设计所遵循的原则和应满足的要求。安全性设计准则一般都是针对某个产品的,建立设计准则是工程项目安全性工作的重要而有效的工作项目,其重要作用体现在:安全性设计准则是进行安全性设计的重要依据;贯彻设计准则可以提高产品的固有安全性;安全性设计准则是使安全性设计和性能设计相结合的有效办法。

(2) 准则的基本框架与构成。

安全性设计准则包括通用准则和专用准则两部分,其中通用准则规定了各种类型产品在设计过程中均应满足的安全性设计要求;专用准则是针对不同的产品类型,如电子产品、机械产品、化工与火工品、核产品等,及其在设计、生产、使用过程中可能涉及的电气和电子、机械、热、压力、振动、加速度、噪声、辐射、着火及爆炸以及毒性等危险形式,提出的系统设计人员在设计时必须遵循的安全性设计准则。

(3) 安全性设计通用准则。

常用的安全性设计通用准则包括:

① 元器件或零件应对诸如温度、压力、电压、电流和功率等参数进行适当降额;

② 应提供适当的密封以防外来物的进入;

③ 应采取措施防止湿气或其他流体的进入;

④ 应考虑热应力及不同的热膨胀的影响;

⑤ 应采取措施限制安装在减振器上的设备的运动;

⑥ 设备应有适当的冷却或通风以散逸内部的热,并防止来自或对临近设备的过热影响;

⑦ 应采取措施防止过行程引起的卡死或零件破裂;

⑧ 最轻重量的设计应满足强度、可靠性和安全性的要求;

⑨ 所有材料都应满足有关温度的要求;

⑩ 初步设计评审提出的所有安全性问题都应得到解决;

⑪ 应对灾难的故障模式和影响进行分析;

⑫ 应采取措施降低在 FMECA 中确定的灾难性故障模式发生概率;

⑬ 应采用故障—安全设计特性来防止可能造成灾难性事故的故障;

⑭ 应采用防错设计来防止由于操作错误导致出现各种危险;

⑮ 在可能的情况下应防止二次故障;

⑯ 应使可能造成灾难性故障的零部件数减少到最低的限度;

⑰ 安全警告标示应显而易见;

⑱ 在紧密接触的地方应限制采用不同的金属;

⑲ 应采用抗腐蚀的材料和涂料等。

3) 危险的控制方法

为满足规定的安全性要求，针对 GJB/Z99 所提出的 15 类危险，在系统/产品研制过程中可以采用各种不同的安全性设计方法。这些方法在总体上可分为通用安全性设计方法与专用安全性设计方法两大类（见表 5-9），其中通用设计方法是所有产品在研制过程中都应遵循的设计原则或方法（见表 5-10）；专用设计方法则用于电子、机械、火工品与含化学品、核等不同类别产品，针对其可能存在的危险类别，在基本控制原则的基础上提出的安全性设计方法（见表 5-11）。

表 5-9　危险控制方法与危险类型对应表

序号	危险类型	通用安全性设计方法	专用安全性设计方法			
			电子产品	机械产品	火工品及化学品	核产品
1	环境危险					
2	热	*				
3	压力	*				
4	毒性	*				
5	振动	*				
6	噪声	*				
7	辐射	*				
8	化学反应	*				
9	污染					
10	材料变质					
11	着火	*				
12	爆炸	*				
13	电气	*				
14	加速度	*				
15	机械	*				

表 5-10　通用安全性设计方法

<table>
<tr><th>序号</th><th>危险类型</th><th>基本控制原则</th><th>危险控制方法</th></tr>
<tr><td>1</td><td>环境危险</td><td>防护/屏蔽装置，改善工作环境</td><td rowspan="6">（1）控制能量
（2）环境危险的控制
（3）材料变质危险的控制
（4）隔离
（5）闭锁、联锁、锁定</td></tr>
<tr><td>2</td><td>热</td><td>供暖/冷却，通风，湿度，个人装具</td></tr>
<tr><td>3</td><td>压力</td><td>降压，改变压力媒介，改进压力容器</td></tr>
<tr><td>4</td><td>毒性</td><td>防护装置，通风，改进材料</td></tr>
<tr><td>5</td><td>振动</td><td>消除振动，隔振，控制振源</td></tr>
<tr><td>6</td><td>噪声</td><td>消除或控制噪声，隔离，个人保护装置</td></tr>
</table>

（续）

序号	危险类型	基本控制原则	危险控制方法
7	辐射	屏蔽，防护装置	（6）降额 （7）冗余 （8）状态监控 （9）故障—安全设计 （10）告警 （11）标志 （12）损伤抑制 （13）逃逸、救生、营救 （14）检查薄弱环节
8	化学反应	避免反应物质的接触	
9	污染	控制污染源，过滤，保持清洁	
10	材料变质	改进材料，改进设计方案，定期检查和更换，隔离	
11	着火	控制温度，避免燃料与火源接触，降低物质活性	
12	爆炸	起爆控制装置，贮存	
13	电气	绝缘体，防电击措施，防止电弧或电火花，散热，防静电，防雷击，启动保护装置，警告标示	
14	加速度	改进设计，安装防护装置	
15	机械	防护装置，警告标示，培训，制定操作规范	

表 5-11　专用安全性设计方法

产品类型	危险类型	安全性设计方法
电子产品	电子、电气危险	(1)防电击 • 限制电路输出的电压或电流 • 外壳防护 • 安全接地措施 • 防止危险带电件与可触及件之间的绝缘击穿 • 防止一次电路的电容器放电 • 安全联锁装置 (2)防雷电 (3)防止设备意外起动事故
	着火危险	(1)限制易燃材料的温度 (2)限制可能的桥接 (3)限制导电零部件进入设备的可能 (4)限制着火和火焰蔓延 (5)限制易燃材料的温度 (6)减小火焰蔓延 (7)使用正确的电源软线 (8)使用合适的软线护套 (9)正确使用端子 (10)正确配置器具输入插座 (11)使用低可燃性的代用材料 (12)将可燃性材料与引燃源隔开 (13)采取排风措施来减小蒸汽聚集 (14)对可能的危险提供警告标记

（续）

产品类型	危险类型	安全性设计方法
电子产品	高温(热危险)	(1)机壳设计 (2)发热元件的处理 (3)合理选用热保护装置 (4)选用适当的散热方法
	化学危险	(1)尽可能避免使用有潜在危险的化学品 (2)通过提供防护、排气或容器措施来减小可能性 (3)提高警告标记 (4)使散发物减至最小 (5)尽可能减少使用能产生臭氧的功能 (6)采取充分的室内排气措施 (7)采取清除臭氧的过滤措施 (8)减少悬浮在空气中的细微颗粒 (9)在有细微颗粒源附近避免使用气动装置 (10)警告用普通真空吸尘器去清除洒落物可能引起的危险
	辐射危险	电磁屏蔽
	静电危险	(1)防止电荷聚集 (2)排除或安全中和累积电荷
机械产品	机械危险	(1)一般设计方法 • 锐边和棱角安全性设计 • 危险旋转或其他运动的零部件 • 松脱、爆炸或内爆的零部件安全性设计 • 针对设备的不稳定性的安全性设计 (2)防挤压危险的安全性设计 (3)防剪切危险的安全性设计 (4)防切割危险的安全性设计 (5)防缠绕危险的安全性设计 (6)防拉入危险的安全性设计 (7)防冲击或撞击危险的安全性设计 (8)防摩擦磨损危险的安全性设计
	热危险	(1)尽可能降低运动件的运动速度 (2)减小运动副的摩擦 (3)加强冷却降温措施 (4)防止高温流体的喷射等

（续）

产品类型	危险类型	安全性设计方法
电子产品	噪声危险	(1)设计上消除噪声方法 (2)噪声隔离方法
	振动危险	(1)消除振动 (2)对人员、其他部件或其他设备进行隔振 (3)在振源处控制(减小)振动
	加速度危险	(1)设计消除 (2)安装防护装置
火工品	着火、爆炸危险	(1)防静电设计 •"堵"静电系列设计技术 •使用对静电钝感的药剂 •"泄放"静电系列设计技术 •采用抗静电电极塞 •采用半导体涂料泄放静电 (2)防射频技术 •电火工品射频钝感化技术 •低通滤波器衰减射频能量技术
核产品	辐射危险	(1)外照射防护方法 •控制受照射时间 •增大与辐射源间的距离 •采用屏蔽 (2)内照射防护方法

2. 通用安全性设计方法

为满足规定的安全性要求,可以采用各种不同的安全性设计方法,根据采取安全性措施的优先顺序,安全性设计思路和方法大致可包括如下 14 种。

1) 控制能量

在研究安全性的问题时,基于任何事故影响的大小直接与所含能量有直接关系的原理,提出了通过控制能量来确保安全的方案。例如,在某些高压容器的标准中,为了体现能量控制的方法,对在大于 100kPa 压力下运行的设备比在小于 100kPa 压力下运行的设备规定了更严格的安全要求。事故造成人员伤亡和设备损坏的严重程度随着失控能量的转移或转换的大小而变化。例如,两辆汽车相撞损坏的严重程度与汽车动能成比例。

在安全性设计中,能量是一个很重要的考虑因素,能源的类型是一个同等重要的考虑因素。安全性设计和分析人员必须了解上述这类事实,对具体的系统进行分析,确定可能发生最大能量失控释放的地方,即可能产生最大人员伤亡、设备损坏和财产损失的危险。考虑防止能量转移或转换过程失控方法,及尽量减少不利影响的方法。

2）环境危险的控制

进行安全性设计时,首先要考虑的问题之一是环境可能对产品造成的有害影响。环境是指产品在任何时间任何地点遇到的自然条件或诱发条件的总和。环境作为工作条件或影响因素,可按其起源划分为两大类:自然环境因素和诱发环境因素。自然环境因素通常是指那些从起源来讲是自然的因素,如地形、气候、生物等。安全性分析中必须考虑的自然环境因素有:太阳辐射、温度、湿度、压力、雷电、尘、沙、雨、雪、风、霜、冰、雾等以及这些因素的各种组合。有时还要考虑其他一些影响到人和产品发生危险的环境效应,例如,磁性、月亮和太阳的影响、大气压等。这些自然因素即使不在其极限情况下也可能产生不利影响。诱发环境因素是指人的活动对其影响起重要作用的要素。

在战争条件下,诱发环境还必须包括由原子、生物和化学战所造成的条件。在产品设计过程中必须考虑这些环境对产品及人员的污染以及后续的清除污染的问题。应该避免某些特别容易遭受这类污染的设计特性。

所谓环境危险源不仅包括自然环境的气象和气候条件,也包括由人所造成的诱发环境条件。在这两类环境下,相似的条件将产生相似的效果。因此,可以用同样的方式对两类环境作危险分析。

环境危险可能独立发生,也可能会组合发生。例如,高温与高湿(如在热带丛林地区),高湿和盐雾(如在我国南海地区),高低温和沙尘(如沙漠地区),沙尘与振动(越野)等。环境危险源同时起作用时,其后果与单独起作用的后果可能会完全不同。例如,在高湿度环境下,高温将加速腐蚀;在低湿度环境下,高温和干燥作用将会推迟腐蚀。另一方面,低温一般降低腐蚀速度,但在某些情况下,低温会造成水气凝结而加速腐蚀。因此,必须考虑不同环境因素的影响,即搞清这些影响究竟是相加的、协同的,还是相反的。表5-12列出了环境危险的一些常见原因及影响。

在上述所考虑的问题中,可能需要衡量究竟是采用某种形式的罩子把人员和设备都罩起来,还是只给人员穿上防护衣。设计人员可能还需要确定另外一些问题,例如:使用过滤器是否能防止尘土和飞扬的沙子进入人体呼吸系统或设备;各种屏蔽物是否能防止皮肤和眼睛受到太阳辐射的烧伤。屏蔽物可以包括从刚性或柔性结构一直到护肤脂和滤色眼镜;在不降低设备性能的条件下是否能改善具体设计方案的诱发环境条件,例如,当人员不可避免地暴露于辐射之中时,应采用较低功率的辐射设备;增加某些外部环境因素是否能改善环境,例如,用加热的方法改善过冷的环境或者用散热的方法改善过热的环境。用同样的方式可控制过多或过少潮气所造成的危险。

表 5-12 环境危险的原因和影响

可能的原因	可能的影响
高湿度	• 雾云或凝结物使能见度降低,腐蚀加速 • 电气设备中水汽凝结造成短路,无意中接通或中断系统的工作 • 潮湿引起车轮表面摩擦力降低,造成车辆打滑和失控 • 吸水材料膨胀,木制品翘曲和黏结 • 长期泡在海水中的产品受海水污染和腐蚀 • 长期经受高湿环境使人的健康受损 • 使需要技能的操作效率降低 • 需要高度集中注意力的作业容易发生差错
低湿度	• 有机材料变干、发裂 • 低湿度是产生灰尘的条件 • 容易产生静电,引起火灾 • 大气中的盐、沙、尘、霉菌增加 • 皮肤发裂、鼻腔干燥
日光	• 紫外线辐射效应 • 红外线辐射效应,无保护的皮肤被晒伤 • 雪盲 • 强烈阳光使驾车、读表困难
雷电	• 对没有良好屏蔽的电子设备造成电磁干扰 • 闪电放电路径上或在电磁脉冲或电场附近启动或接通电气设备,使电路或设备过载 • 引燃可燃材料,造成火灾或使人遭受电击
气象与微气象条件、高压低压和压力变化、飞禽等外来物、高温低温温度变化、大气中的盐沙污物	略

3) 材料变质危险的控制

材料变质即材料强度削弱、材料失效或材料变化。对设计人员来讲,材料强度削弱或材料失效就意味着会引起严重的危险。

危险源及危险的原因、影响及控制技术如下:

造成材料变质的原因很多,如腐蚀、持久应力、振动、老化、耗损、摩擦生热、潮气、放射性环境甚至昆虫。金属的强度会因腐蚀而慢慢降低,满足不了设计要求。腐蚀也可以由电解造成。在此过程中,电解作用逐渐将金属腐蚀掉。

持久应力能改变材料的属性。当一钢螺栓长时间承受接近其弹性极限的应力时,它会逐渐伸长,最终将损坏。如果该零件是关键件,就有可能导致一场恶性事故。因此,设计人员应采用安全系数法或其他设计方法,以确保材料在其预计的使用寿命内能经受住预期的变质作用,同时仍能满足设计强度要求。

振动会引起材料持久的挠曲,并且超过一段时间后会削弱材料的某一截面,从而致使材料破裂并产生潜在的危险。设计人员应采用减振装置或质地坚固的支架,保证将关键元件和部件控制在安全限度内。另外,振动还会造成丧失关键的机械对准。因此,必须注意从安全关键的和损伤模式的观点出发,鉴别出振动敏感部件,并确定出能验证输入的振动波和设计上的振动控制措施的试验方法。

在现实环境中,一些材料会发生老化,材料的特性随时间而改变。聚合物和其他非金属材料会收缩并产生裂纹,而承压的铝材可能变形。在老化的同时,材料还会持续地承受某种环境的影响。电子封装材料和绝缘材料通常是对老化变质较敏感的典型材料。当这些材料用在高电压设备或可能因短路而产生大电流的部位上时,就构成潜在的危险。在信号电路中,变质的绝缘材料会容纳潮气,潮气与存在的杂质混合会造成多余的信号通路,即危险。为避免此类问题,须制定预防性维修规程,在失效之前换掉老化的材料。在此情况下,设计人员必须保证各种零件的期望寿命是以考虑了环境中老化的材料性能为基础求出的。对于安全关键的机械件,必须定期检查或更换,以防止由于材料变质而产生危险情况。

关键部位出现材料磨损的情况是很危险的。所以设计人员必须保证在系统研制的初期就要确定出应力和相应的磨损,以便精确地预测出安全关键的部件的期望寿命。同样,材料相互摩擦生成的热量可能使材料变质。某些钢质零件需要进行特殊的热处理,使其具有足够的强度,而摩擦产生的热量会降低这些零件的强度并可能引起失效。通过破坏性试验常能识别出这样的部位。

潮气是引起其他类型变质的原因。许多化合物在干燥的条件下不会同其他材料发生反应,但一接触到潮气或水,它们就会发生化学反应,材料也会发生化学变化。积累的冷凝水会使混和物中可溶的部分物质浸出,从而使混合物的特性发生变化。如果木质材料受到霉菌破坏,就会腐朽,失去其结构强度。这显然是危险的,尤其是在木材做成了木箱或木制平板架时,将潮气从可能损坏材料的凹处排出的最佳方法是设置排水孔。人们很难期望防止所有形式的潮气进入设备,但通过提供潮气出口,可以确保设备有合理的干燥度。

辐射也是使材料变质的一个原因。阳光、紫外和红外辐射会引起聚合物和其他合成材料分解。臭氧会加速某些橡胶材料的变质,因此,在改善橡胶性能的配方中还需有臭氧抑制剂。辐射还会使绝缘材料的绝缘性能减弱。为了保护绝缘材料免受辐射的影响而变质,可在其表面涂漆,将绝缘材料与抗辐射染料相结合,或把要保护的材料包覆或密封起来。

其他自然的与人工的环境因素也会加速材料变质。因此,必须从安全的角度对材料进行检查。沙漠、极地过热或过冷的气候均会对材料的性能产生影响,并会永久地改变它们的特性。烟雾会加速橡胶制品的变质。含盐的空气能加速腐蚀,盐水能溶解某些金属。

设计人员必须分析环境对系统的关键部位的影响。例如,若要求两种不同的材料能配合紧密,就应该挑选膨胀系数较小或相似的材料。如果设备对极端温度的反应是关键性的,就有必要安装温度补偿装置。涂漆或表面处理可以保护机械件不受腐蚀。为了控制橡胶机械件的变质,应采用能耐受具体预定环境的特殊橡胶涂料或橡胶配方。如果不能提供上述防护性设计特性,就应该把敏感的机械件放入封闭环境中(如飞机库或汽车库)或者用帆布及其他防护性材料盖住,对其进行防护。对于特别关键的部件,要气密封装在惰性气体中。

设计人员还必须考虑到昆虫、啮齿类动物、蛇、鸟及其他类型的动物对材料的影响。霉菌可削弱木质结构,老鼠啃咬各种军用设备或材料,会使敏感材料(如白磷)暴露在空气中或使一小块炸药脱落,其中任何一种情况都可能引起火灾或爆炸。鸟类会在飞行器的冷却空气进口处筑巢。当飞机在飞行中与鸟相撞时,鸟可能撞碎机窗,破坏飞机结构或运动机件,诸如旋翼或发动机。昆虫可能通过筑巢侵入敏感设备,或堵塞像飞机上静压孔之类的小洞。

设计人员在消除动物对设备的不利影响方面有着多种选择。可将贮放或无人看管的容器做得坚固,或用防护性材料制成,以阻止老鼠和其他啮齿动物的破坏。入口处放筛网可挡住昆虫。当设备暂停使用时,应将大孔盖上。为确保预防措施是否有效而进行的使用前检查,应列为设计人员对正确的操作规程提出的要求之一。

4) 隔离

隔离是采用物理分离、护板和栅栏等将已确定的危险同人员和设备隔开,以防止危险或将危险降低到最低水平,并控制危险的影响。这种方法是最常用的安全措施。

隔离可用于分离接触在一起会导致危险的不相容器材。例如,着火需要燃料、氧化剂和火源 3 个要素同时存在,如果将这些要素中的一个与其他隔离,则可消除着火的可能性。某些极易燃的液体存放在容器中,在其上充填氮气或其他惰性气体,以避免这些液体与空气中的氧气接触。

隔离也可用于控制失控能量释放的影响。易爆器材常常装在专用容器中运输和搬运。这些容器不仅用于抑制爆炸力(若发生爆炸),还用于将该器材与可以引爆它的外部能源隔离开。

隔离还用于防止放射源等有害物质对人体的伤害。例如,电焊工用面罩来防止焊接电弧所产生的辐射影响是常见的一种隔离方法。

护板和外壳也常用于隔离危险的工业设备,例如,各种旋转部件、热表面和电气设备等常用护板和外壳防止人员接触到危险。

此外,采用护板和栅栏隔离的常见示例还有:

(1) 将极高压部件和电路安装在保护罩、屏蔽间或栅栏中;

(2) 在热源和可能因热产生有害影响的材料或部件之间采用隔热层;

(3) 电连接器的封装可避免潮气和腐蚀性物质的有害影响;

(4) 使用止动器来限制机械装置运动到对人员或产品有危险的区域;

(5) 采用护板和外罩以防止外来物卡住关键的操纵面、堵塞小孔或活门;

(6) 在激光器、X 射线设备和核装置上采用防辐射罩以抑制有害射线的射出;

(7) 对浸油的擦布要用带盖的金属容器来装,以隔离空气,减少自燃的可能性;

(8) 采用带锁的门、盖板来限制接近运行的机械或高压配电设备。

5) 闭锁、锁定、联锁

闭锁、锁定和联锁是一些最常用的安全性设计措施,其功能是防止不相容事件接连在不正确的时间上发生或以错误的顺序发生。

闭锁是防止某事件发生或防止人、物等进入危险区域;反之,锁定保持某事件或状态,或避免人、物等脱离安全的限制区域。例如,将开关锁在开路位置,防止电路接通是闭锁;类似地将开关锁在闭路位置,防止电路被切断称为锁定,表 5-13 给出了闭锁和锁定的一些示例。

表 5-13　闭锁和锁定装置示例

类　型	工作方式
飞机和直升机点火开关	开关断开时,接地,如果发动机运转也不会产生火花
弹药和导弹的保险以及解除保险装置	防止在点火或发射前引爆,并且使弹药和导弹处在距发射装置的安全距离之外
螺母和螺栓上的保险丝以及其他锁定装置	防止振动使紧固件松动
电气开关闭锁杆	防止电路误接通
防止向油罐车加注易燃液体的闭锁装置	防止向油罐车注入易燃液体,除非系统接地良好
防止车辆运行的挡块	当车辆被顶起时,防止车辆沿地面运动
运载器起动时用的轮挡	当运载器在地面起动时,防止它在地面运行
电源开关锁定装置	防止重要设备(例如安全关键的计算机控制器、安全排气扇、警告灯、应急灯和障碍灯等)断电

联锁是最常用的安全措施之一，特别是电气设备经常采用联锁装置。在下述情况下常采用联锁安全措施：

(1) 在意外情况下，联锁可尽量降低某事件B意外出现的可能性。它要求操作人员在执行事件B之前要先完成一个有意的动作A。例如，在扳动某个关键性的开关之前，操作人员必须首先打开保护开关的外罩。

(2) 在某种危险状态下，为确保操作人员的安全。例如，在高压设备舱的检查舱门上设置联锁装置。为了调整高压设备，必须打开舱门，这时联锁装置切断电路，使不安全状态消失。此外，一种短程防空系统设置联锁和闭锁装置，禁止在口盖打开前发射导弹。同时，指挥官也可控制联锁开关以防止射手发射导弹，当指挥官证实各种状态安全之后，他就解除电路的联锁，允许发射。

(3) 在预定事件发生前，操作顺序是重要的或必要的，而且错误的顺序将导致事故发生，因此要求采用联锁措施。例如，一个联锁装置可以要求在起动会发热的系统之前先接通冷却装置。

联锁有多种形式，表5-14列出了最常用的联锁及工作方式。在某些情况下，在一种联锁装置的设计中可采用不同的原理及工作方式。例如，当前板或设备柜打开或卸下进行修理时，使危险的电气设备不工作的联锁可以是一个限制开关、一个解扣装置或一个钥匙联锁器。表5-14中所示的许多安全装置都具有在安全装置被旁路时，使设备不工作的联锁。其他联锁的作用是防止一个组件或系统意外地进入不安全状态。

表5-14 联锁装置

类型	目的
限制开关，包括： • 快动开关 • 确动开关 • 近发开关	多种限制开关可用于联锁，在某些情况下，限制开关是电路的一部分，本身可断开或接通电路；在另一些情况下，限制开关发出一个信号(或无信号)可断开或闭合继电器，继电器进而断开或闭合电源电路
解扣装置	其动作释放一个机械挡块或起动装置以起动或停止运动
钥匙锁	在机械锁中插入并转动钥匙便可动作
信号编码	发射机发出特殊编码的脉冲序列必须与适当的接收机中的脉冲序列相匹配，当这些序列匹配时，接收机便开始或允许工作
运动联锁	被保护的机构运动时防止防护罩或其他通道被打开
参数敏感	当压力、温度、流量或其他参数出现、消失、过高或过低时，便允许或停止动作
位置联锁	当两个或多个部件未对准时将防止进一步动作
双手控制	要求操作人员双手同时动作，有时还要求在一定时间内双手动作

（续）

类型	目　　的
顺序控制	必须按正确顺序进行活动，否则不能工作
定时器和延时	设备仅在规定的时间后才能工作
通路分离	拆除一个电路或一条机械通路就不能工作
光电装置	光电管上光的中断或出现将产生一个中止或起动动作的信号
磁或电磁敏感	磁性材料中磁场的出现将中止或起动设备的工作
无线电频率感应	对各种导电材料（特别是钢或铝）受感应时，使设备工作
超声	当材料移动到控制区时，敏感到无孔材料的出现，并使某些电路动作
水银开关	水银和触点密封在开关内，水银提供了两个金属触点间的电流通路，当开关倾斜时，水银就流出一个触点使电流通路中断

6）降额

降额是使元器件以承受低于其额定值的应力方式使用。电子设备通常采用电子元器件降额的设计方法（相当于机械设备采用安全系数法）来提高系统及设备的可靠性及安全性。在实际应用中，实现降额的方法一种是降低元器件的工作应力，另一种是提高元器件的强度，即选用更高强度的元器件。

降额等级：电子元器件降额的量值随着不同的应用而异，在最低降额值与过降额值之间存在着一个最佳降额点，即应力增加一点将引起元器件故障率迅速增加的应力点。因此，元器件存在着一个可接受的降额等级范围，通常划分为Ⅰ、Ⅱ、Ⅲ级降额。

（1）Ⅰ级降额。

Ⅰ级降额是最大降额，对元器件使用可靠性及安全性的改善最大。当低于该降额应力水平时，可靠性及安全性随应力减小而提高的幅度很小，并且在该降额级进一步降额，可能会产生不可接受的设计困难。

该降额级可用于最关键的设备，即其故障将严重危及人身安全，或严重危及任务完成，或者不可修，或经济上证明修理是不合算的设备。

（2）Ⅱ级降额。

Ⅱ级降额是中等降额，对元器件使用可靠性有明显改善。应力降低使设计实现比Ⅰ级降额容易而比Ⅲ级降额困难。

Ⅱ级降额用于那些其故障将使任务降级或导致不合理修理费用的设备。

（3）Ⅲ级降额。

Ⅲ级降额是最小的降额，对元器件使用可靠性的改善较小，其应力水平降低所产生的设计困难最小，而使用可靠性改善的相对效益最大。

Ⅲ级降额用于那些其故障不危及安全和任务的完成或能迅速和经济地修理的设备。

降额常常表现为体积、重量、费用和故障率之间的一种权衡。降额量增大将增加体积、重量和费用,并增加设计的困难程度。如果降额量太大还可能导致现有器件不能执行其功能。

对绝大多数应用来讲,降额等级的选择应以实际情况为依据,并符合有关规定,同时还应考虑安全性、可靠性、系统修理、体积和重量、寿命周期费用等5个方面的因素。

各种电子元器件的降额参数主要取决于对元器件故障率影响起主要影响的因素。电子元器件常用的降额参数是温度、功率、电流和电压,不同的元器件,所选用的降额参数也可能不同。例如,电容器的降额参数是电压与温度,电感器为电流、电压和温度,二级管为功率、电压和温度。各类元器件所选用的降额等级是在对用户拥有的大量历史数据进行分析或根据工程经验进行判断,或者充分了解应力和可靠性关系的基础上确定的。

7)冗余

冗余设计是提高系统安全性及可靠性的一种常用的技术。它通过采用多个部件或多个通道来实现同一功能以达到提高系统安全性及可靠性的目的。现代军民用飞机、航天飞机的飞行控制系统等复杂的安全性关键的系统都采用各种冗余技术。

根据具体的应用场合,包括故障的检测方法和冗余单元在系统的配置,冗余可大致分为两大类:

(1)工作冗余——所有冗余单元同时工作;

(2)备用冗余——只有当执行功能的主单元(或通道)故障之后,备用单元(或通道)才接入系统开始工作。

冗余技术一般是当采用降额等其他的方法不能解决系统的安全性和可靠性问题,或当改进产品所需的费用比采用冗余单元更多时采用的唯一方法。冗余技术的采用应以有关的权衡分析为依据,主要是从安全性、任务成功性及费用等方面权衡,因为冗余意味着增加重量、体积、复杂性、备件、维修、费用和研制时间。总之,采用冗余设计是以增加费用为代价来提高系统的安全性。

8)状态监控

状态监控作为尽量减少故障发生的一种方法,它持续地对诸如温度、压力等所选择的参数进行监控,以确保该参数不会达到可能导致意外事故发生的危险程度。因此,状态监控能够避免可能急速恶化为事故的意外事件。

(1)监控装置通常可以指示下述状态:

① 系统、分系统或部件是否准备好投入工作，或正在按规定计划良好地工作；

② 是否提供所要求的输入；

③ 是否产生所要求的输出；

④ 是否存在规定的条件；

⑤ 是否超过规定的限制；

⑥ 测量的参数是否异常。

(2) 监控过程通常包括检测、测量、判断和响应等功能。

① 检测。

监控装置必须能够敏感所监控的参数，而不受类似的但无关参数的影响。某些情况下，要求连续地或间歇地进行监控。监控器必须能够检测足够低的危险信号，以便在要求采取应急措施之前采取纠正措施。例如，毒气监控器必须能够检测出极小浓度的毒性物质。

监控装置的传感器应安装在能够最快、最准确地敏感所选定参数的位置。例如，飞机及坦克等产品的火警探测器必须安装在火灾最常发生的区域，即燃料可能泄漏到发动机热部件附近的地方。

② 测量

现有的监控装置有许多类型。对安全来说有重要意义的监控装置有两类：其一是敏感两种状态的一个状态，例如“开”或“关”；其二是对参数的现时的和预先规定的安全性水平进行比较。这两类监控装置的工作都要求进行测量，其方法包括很简单的和相当复杂的过程。指示器是一种简单的方法。例如，汽车发动机的油压表，在刻度盘上标有预先规定的极限值，而指针指出现时的油压，驾驶员通过比较油压表上的规定值和现时值便可确定是否存在异常。

③ 判断

上述监控装置向使用人员提供的信号实际上是发出必须采取纠正措施以避免意外事故的告警。因此，使用人员必须清楚地了解监控装置所显示信息的确切含意，以正确地作出采取适当纠正措施的决策。选择作为监控的参数应是有明确意义的，而且指示器应提供及时而且易辨认的信息。根据各种要求，当参数超出预定限度或符合要求时，应不断给出指示。

④ 响应

当监控装置指示正常状态时，除了连续工作外不需要作出响应。当要求采取纠正措施时，操作人员可以进行判断，尽快作出决策和响应，以确保在可预见的情况下有足够的时间来采取纠正措施。如果要求立即采取纠正措施，以避免危险的或灾难的状态，监控装置应采用联锁，以便能自动启动危险消除或损坏抑制装置。

9）故障—安全设计

故障—安全设计确保故障不会影响系统安全，或使系统处于不会伤害人员或损坏设备的工作状态。在大多数的应用中，这种设计在系统发生故障时便停止工作。

（1）在任何情况下，故障—安全设计的基本原则是必须保证：

① 保护人员安全；

② 保护环境，避免引起爆炸或火灾之类的灾难事件；

③ 防止设备损坏；

④ 防止降低性能使用或丧失功能。

（2）故障—安全设计包括如下3类：

① 故障—安全消极设计（也称故障—消极设计）。这种设计是当系统发生故障时使系统停止工作，并且将其能量降低到最低值。系统在采取纠正措施前不工作，而且不会由于不工作使危险产生更大的损坏。用于电路和设备保护的断路器或保险丝属于故障—消极装置。当系统达到危险状态或出现短路时，断路器或保险丝断开，于是系统断电，处于安全状态。

② 故障—安全积极设计（也称故障—积极设计）。这种设计是在采取纠正措施或起动备用系统之前，使系统保持接通并处于安全状态。采用备用冗余设计通常是故障—积极设计的组成部分。交通管制系统中的交通信号指示灯采用的是故障—积极设计，即一旦发生故障，信号将转换成红灯亮，以这种方式进行交通管制将避免事故发生。

③ 故障—安全工作设计（也称故障—工作设计）。这种设计能使系统在采取纠正措施前继续安全工作，这是故障—安全设计中最可取的类型。

（3）故障—安全设计的一些示例如下：

① 铁路上信号机的开关信号器采用重力控制的故障—安全设计。如果信号器电路发生故障，则信号机悬臂在重力作用下降落，发出警告信号。

② 飞机起落架收放系统的设计。当起落架收放的液压系统发生故障时，可放下起落架并将它锁定在着陆位置，保护飞机安全着陆。

③ 炮弹上的引信具有故障—安全特性，若不能将弹头射到最小安全距离以外时，引信不引爆弹头。

④ 某些军用卡车、大型拖车和有轨机车上的气动刹车，当空气软管破裂或脱离时会自行动作，刹住车辆。

10）告警

告警通常用于向有关人员通告危险、设备问题和其他值得注意的状态，以便使有关人员采取纠正措施,避免事故发生。告警可按接收告警人员的感觉分为:视觉、听觉、嗅觉、触觉和味觉等许多种告警。在某些关键情况下,常同时采用视觉和听觉等类告警。

(1) 视觉告警。

视觉是向人员传递危险信息的基本感觉。视觉告警的方法和装置有下述各类,它们可以单独或组合使用:

① 发光。它使存在危险的地点比周围危险少的区域更为明亮,以使人们把注意力集中在该地区。例如,障碍物发光可减少车辆、轮船及飞机碰撞障碍物的危险。

② 辨别。运行的结构及设备或可能被车辆碰撞的固定物体可涂上明显的、易辨别的颜色,或亮暗交替的颜色,例如急救车上涂上便于辨别的颜色;有毒、易燃或腐蚀性气体或液体的管路和气瓶上也都涂上色码,以表示所含的危险。

③ 信号灯。着色的信号灯是一种指示存在危险的常用方法。这种信号灯可以是固定的或移动的,连续发光的或闪光的。信号灯所用的颜色表示下列意义:红色表示存在危险、紧急情况、故障、错误和中断等;黄色表示接近危险、临界状态、注意和缓行;绿色表示良好状态、继续进行、准备好的状态、功能正常和在规定的参数限度内;白色(用于指示板时)表示系统可用、系统在运行中。闪光灯(或移动灯)用于引起注意或指示紧急事件,例如飞机告警、急救车和飞机的翼尖灯都是采用闪光灯。

④ 旗子和飘带。这些常用作告警装置来表明安全或危险状态。飘带用于提醒注意,例如表示军械上已装上了保险(这种锁在使用前必须拆下)。旗子用于表示危险状态,例如,航空仪表出现小旗,表明仪表已有故障,不能工作,舰船上的旗子可表示在装卸爆炸品或船上有病人等危险状态。

⑤ 标志。它用于表示某设备具有危险,例如,指出电子设备的高压电源;给出载荷、速度或温度限制;发出压力危险的警告;指出具有放射性设备危险的处理方法;在飞机等系统某些易受损坏的部件上涂上“禁止踩踏”的标志。

⑥ 符号。最常用的符号为固定符号,例如,指出弯道、交叉路口、窄桥、滑路或其他危险的路标。指示特定危险的符号为统一的、有特殊形状和颜色。目前各国越来越多地采用国际通用的符号来标志各种危险材料(如易燃物、易爆物、有毒气体和腐蚀物)、储存罐或其他容器。

⑦ 规程注释。注释包括操作和维修规程、说明书、细则和检查表中的警告和注意事项。这些注释可使有关人员注意到危险、错误的可能性和影响,应采取的专门措施和必须的保护装置、服装或工具。

(2) 听觉告警。

听觉信号在其作用范围内可能比视觉信号更为有效,例如,警报器比起闪光灯更有效。听觉信号用来表明紧急情况的类型和必须遵循的应急程序。听觉告警有时与视觉告警配合,提醒人员注意视觉告警提供的详细信息。下述情况适于采用听觉告警:

① 需要传递的信息为简短的、简单的、瞬时的、亦需要马上响应的;

② 操作人员还有其他目视要求、光线变化或受限制、操作人员需走动或可能疏忽的其环境限制的场合;

③ 需要有补充告警或冗余告警的某些关键的应用场合;

④ 需要警告、提醒或提示操作人员注意后续的附加信息或作出后续的附加响应;

⑤ 习惯于采用听觉信号的场合;

⑥ 话音通信是必须的或是希望有的场合。

目前常用的听觉告警装置有报警器、蜂鸣器、铃或报告规定时间已到需采取下一步动作的定时告警装置。

(3) 嗅觉告警。

通常仅当某些气体分子影响到鼻腔中微小敏感区域,约 $645mm^2$ 时,才可能闻到气味。某些气体是无味的,有些气体却是气味极强;对气味的敏感能力随着不同的人及习惯变化很大,这些因素减少了嗅觉告警的作用。然而,在下述情况下,可成功地采用嗅觉告警:

① 诸如芥子气等某些毒气具有特殊的气味,它可给出告警并可据此确定气体的类型。

② 在本身无味的易燃和易爆气体中加入有味的气体。例如,除去了硫化物的天然气是无味的,为防止天然气在屋内泄漏而引起失火或爆炸,在其中加入少量气味很强的硫醇等气体。

③ 设备过热通常会产生告警性气味。例如,气化温度较低的润滑剂用于轴承中,当轴承过度磨损所引起的过热,润滑剂挥发便可使操作人员闻到气味,这就是轴承过热的嗅觉告警。

④ 对燃烧后所产生的气体气味的探测可发现火灾的部位。例如,塑料和橡胶这类材料燃烧后具有特殊的气味,它可表明被燃烧的物质及其可能的位置。

(4) 触觉告警。

振动敏感是触觉告警的主要方法。设备过度振动表明设备运行不正常并正在发展成故障,例如,进入磨损状态的转轴、轴承或发动机等运转中的剧烈振动。振动幅值的大小可表示问题的严重性。

飞机电传操纵系统或液压飞行操纵系统通常在操纵杆及脚蹬上装有操纵

"感力"(振杆)器,以警告飞行员临近危险的气动力状态。

温度敏感是另一种触觉告警方法。维修人员通过手的感觉可确定设备是否工作正常。温度升高意味着设备已有故障需要维修,或设备性能满足不了要求,或设备承受异常的载荷。这种方法对于检查在有空调设施中安装的设备特别有用。

11) 标志

标志是一种很特殊的目视告警和说明手段。它是一种最常用的告警方法。传统上,标志是在设计师的指导下进行设计并标在设备的特定位置上。它包括文字、颜色和图样,以满足告警的要求。

(1) 标志的设计要求。

在产品设计中,不能提供合适的告警被认为是一种设计缺陷;设计者不能提供对可能导致人员伤亡的危险的警告是一种失职。为在任何情况下都能充分提供告警,告警标志必须包括的基本信息项目如下:

① 引起可能处于特定危险下的使用人员、维修人员或其他人员注意的关键词;

② 对防护危险的说明;

③ 对为避免人员伤害或设备损坏所需采取措施的说明;

④ 对不采取规定措施的后果的简要说明;

⑤ 在某些情况下,也要说明对忽视告警造成损伤后的补救或纠正措施,如毒药的解毒剂、电击事件中的急救说明。

为使产品设计能充分利用告警标志减少危险,保证安全,要求各种标准、规范、规程和手册对各告警标志要统一协调。标志设计的一般要求如下:

① 应设置有关的标志以提醒维修及操作人员,在设备开始工作之前必须先参考有关的技术手册;

② 如果人员有可能受到毒性气体、噪声或压力变化、激光光束、电磁辐射或核辐射的影响,应设置醒目的警告标志;

③ 对需要提供专用的防护服装、工具及设备的工作区或维修区应予标志;

④ 所有电气插座都应标出其相应的电压、相位及频率的特性参数;

⑤ 飞机、导弹和航天飞行器应按有关规定清晰而明确地标志流体的导管、软管和管道系统,并标明其流体类型、压力、热、低温或其他危险特征;

⑥ 必要时应采用"止步"标志来防止人员受伤或设备受损;

⑦ 在提重作业中,应清晰而明确地标出重物的重量及提升的着力点,并应对这些作业的特殊操作要求进行说明;

⑧ 应根据需要分别标明设备的重心及重量;

⑨ 应标明各种台架、起重设备、吊车、升降设备、千斤顶及类似承重设备的承重能力以防产生过载；

设置标志时应尽可能给出如下有关信息：

① 为什么存在危险；

② 应避开的场所；

③ 应避免的行为；

④ 避免某一危险所需遵循的程序。

（2）标志设计的原则与方法。

由于不适当的告警会使所给出的“告警标志”失去应有的作用。因此，为保证告警标志的效用，建议设计人员采用下述原则：

① 告警词——无其他规定，警告词的应用如下：

a. 注意——它用于指出需要正确的操作、维修程序或习惯做法以防止设备轻微损坏或人员轻伤的告警。例如，指出在设备启动前应先启动冷却系统，以免设备过热或损坏的标志。

b. 警告——它用于指出需要正确的操作、维修程序或习惯作法以防止可能的（非立即出现的）危险造成人员伤亡的告警。例如标在可能使人触电的电气设备的检查口盖上的标志。

c. 危险——它用于指出可能导致人员伤亡的直接危险的告警。例如，标在可能使人员触电的电气设备附近的标志。

② 色码——在有效的标志系统中，适当采用色码是一项很重要的工作。若无其他规定，建议红色用于“危险”，橙色用于“警告”，黄色用于“注意”。

③ 位置——告警标志应设置在被告警人易看到和阅读的地方，并尽可能靠近危险的部位，或设置在挡板上。在设置时还应考虑防止油污和机械损伤的问题。

④ 设备与手册——设备上的标志必须与使用和维修手册上的告警相一致，一般应有一页包括较为重要的告警。在手册的某一地方，应有安全性摘要，包括所有的一般预防措施、警告和注意事项。

⑤ 标志语和符号——标志语和符号（或图案）对告警人员危险和提醒人们应采取或避免什么动作往往是很有效的。例如，人们常见到的“危险——易燃物！”的标志语。

⑥ 易懂性——标志应简明、易懂，不会产生误解，并尽可能用最少的字写成。其措词应与被告警人的文化水平相适应。必要时，要采用多种语言。

⑦ 一致性——为防止可能产生混淆，应避免用不同的告警词或符号来表达相同的意思；或用同一种符号来表示不同的含义。

12）损伤抑制

只要存在危险，尽管可能性很小，总存在导致事故的可能性，但目前尚不可能准确确定事故何时将发生。因此，设计人员必须采用各种可能抑制损伤的方法，保证人员和设备免受损伤。

（1）物理隔离。

隔离作为一种预防事故的方法已在前面讨论过，它也常用作为尽量减少因事故中能量猛烈释放而造成损伤的一种方法。隔离技术包括距离、偏转装置和限制技术。这些技术可限制发生不希望事件的后果对邻近人员或产品的伤害和损坏。

① 距离——涉及炸药的一种常用的物理隔离方法是将可能的事故地点设置在远离人员、材料和建筑物的地方。

② 偏转装置——偏转装置也可作为物理隔离。例如，炸药与其他重要设施之间的隔墙就是一种转向装置，它吸收部分爆炸能量，并使其余的能量向不会造成伤害的方向偏转。

③ 限制——限制技术是用于控制损伤的另一种常用的隔离方法。在工程设计及施工中，常用限制技术来减少事故造成的后果。例如，为限制事故中材料失火的扩散，应在邻近的区域喷水冷却，以防止引燃其他物质，尽量减少巨热所导致的损失。在有毒液体和易燃材料的储存罐周围开设壕沟，以抑制它们泄漏外流。

（2）防护设备。

人员防护设备是尽量减少事故伤害的另一种方法。它向使用人员提供一个有限的可控环境，将使用人员与危险的有害影响隔离开。人员防护设备由穿或戴在身上的外套或器械组成，包括从简单的耳塞到带有生命保障设备的宇航员太空服。

人员防护设备主要用于在危险区域进行各种操作和应急情况下的操作的情况下，特别是在应急情况下，为了尽量减少危险的发生和尽量减少伤害和损坏，人员的防护设备的设计应是简单而且穿戴迅速，并不会过度地限制使用人员的灵活性和能见度，它本身的可靠性高，不会产生危险。

能量缓冲装置是一种防护设备，它可以保护人员、器材和灵敏设备免受冲击的影响。例如，座椅安全带、缓冲器和车内衬垫可降低事故中车内人员的伤亡。此外，储存或运输容器内的泡沫塑料和类似的软垫材料，在容器跌落或剧烈振动时，可保护容器内的物品免受损坏。

防护设备的设计和试验应确保最大限度地满足下列要求：

① 在贮存中或在所防护的环境中不会迅速退化；

② 不会因正常移动中的弯曲、极限温度、阳光照射或其他有害环境而变脆、开裂；

③ 易于清洗和净化；

④ 作为防毒或腐蚀性液体或气体而设计的服装应是密封的；

⑤ 用于防火的外套应是不可燃的或可自动熄火的；

⑥ 贮存应急防护设备的设施应尽可能地靠近所用设备的地区，但又不能近到应急情况下受影响而拿不出来的程度。贮存点还应易于达到，并有便于识别的标志；

⑦ 应有简单、清晰的说明书以说明防护设备的装配、测试和维修的正确方法。

13) 逃逸、救生、营救

逃逸和救生是指人们使用本身携带的资源自身救护所作的努力；营救是指其他人员救护在紧急情况下遇到危险的人员所作的努力。从意外事件发生直到从紧急情况下恢复，消除危险和可能的损坏，隔离不利的影响和恢复正常的状态等努力都失败后，逃逸、救生和营救便是不可缺少的；因为生命攸关，逃逸、救生和营救是最后的救助手段。

逃逸、救生和营救设备对于所需的场合来说是极为重要的，但它们只能作为最后依靠的手段来考虑和应用。系统设计应尽量采用安全装置和规程，以避免采用逃逸和营救设备。然而，在危险不可能完全消除时，必须采用逃逸、救生和营救设备。

逃逸、救生和营救设备的故障所造成的影响可能比不采用这类设备的后果更糟，甚至会比原事故造成的伤亡更大。因此，逃逸、救生和营救设备必须作为系统的关键项目来处理，必须进行全面的分析和试验，确保以极低的故障概率满足其预期的目标。

逃逸、救生和营救设备的要求必须根据各种事故分析来确定，并认真选择这类设备。为了确保这些设备满足规定的要求，并便于制订相应的规程，必须对这些设备进行 FMECA 及其他分析。为保证设备在预期的环境条件下按规定要求正常工作。必须制定试验大纲，应在最坏情况下进行试验，以确定各类人员能否正常操作并达到使用规程中的要求。为了保证这些设备能够保持良好工作状态，必须制定适当的使用及维修规程，必要时进行定期检查和更换耗损部件。

(1) 逃逸和救生设备。

逃逸与救生设备对于确保操作人员在事故发生后的安全都是必不可少的。逃逸设备用于使操作人员逃出危险区；救生设备确保逃出危险区的操作人员仍处于安全状态。它们之间的区别的典型示例是喷气飞机的应急设备，弹射座椅是帮助飞行员逃出处于严重故障状态的飞机的逃逸设备;飞行员的护罩、降落伞、供氧设备、救生缆、飞行服和食品等是使飞行员在弹射时高速气流中以及降落在冷、热地区和海洋等新的环境中仍能生存的救生设备。

飞机和载人航天飞行器的逃逸和救生设备对确保飞行人员的安全起着关键的作用。它们是一个复杂的自动控制系统。例如,某飞船的逃逸和救生系统由敏感单元(速率陀螺、压力开关等)、控制单元、执行机构、逃逸塔、回收舱和逃逸火箭等组成。控制单元可接收飞行器上的中止飞行信号,也可接受地面指挥中心的信号。当接收到中止飞行指令后,使助推火箭关机,当助推火箭推力下降到临界值时时,起动分离螺栓,逃逸塔与回收舱分离,之后起动加速火箭,飞船重新定位,点燃助推火箭,使回收舱与助推器分离,回收飞船的宇航员。

(2) 营救设备。

营救设备通常是由不同类型的营救人员来操作,它的设计和标志适当与否可能意味着营救的成功或失败。如飞机外边座舱盖的把手,如果有明显的标志,则各类人员都可操作进行营救,否则只有熟悉飞机结构的人员才能正确使用。营救设备包括如下 3 类:

① 为某一系统专门设计的,例如,飞机的应急抛盖装置;

② 用于多种应急情况的通用设备,例如,机场的飞机失事救援车;

③ 由用于其他目的设备临时调用的,例如,用直升机营救处于燃烧中的飞机上的人员。直升机不是为这种目的设计的,但旋翼所产生的向下气流可将火焰吹离飞机上人员的逃逸通路,同时直升机将受难人员救出送到安全地点。

14) 薄弱环节

所谓薄弱环节指的是系统中容易出故障的部分(设备、部件或零件)。它将在系统的其他部分出故障并造成严重的设备损坏或人员伤亡之前发生故障。应用薄弱环节来限制故障、偶然事件或事故所造成的损伤。常用的薄弱环节有电、热、机械或结构等类型。

(1) 电薄弱环节。在电路中采用的保险丝(熔断器)是最常用的电薄弱环节,它用于防止持续过载而引起的火灾或其他损坏。如果由于短路产生过载,通过由低熔点金属制成的保险丝的过载电流所产生的热将使保险丝熔化,断开电路,保护其他电路器件,但保险丝不能防护电击。

(2) 热薄弱环节。轻便式蒸气清洁器中的蒸发器的易熔塞是常见的一种热薄弱环节,作为安全保险。在正常情况下该孔塞低于水面,靠水冷却。如果水位低于塞的位置,便不能起冷却作用,孔塞熔化,蒸气从该孔排出,使压力降低。蒸发器中易熔孔塞设在事故临近发生前不被水覆盖的位置上。

(3) 机械薄弱环节。靠压力起作用的机构保险隔膜是最常用的机械薄弱环节。例如,压力灭火器所用的安全隔膜。当灭火器由于过热而使压力过大,则隔膜就会破裂,使灭火器的内部压力保持在规定限度内。此外,为保证大型火箭发射前的安全性,某些火箭发动机的燃烧室中装有与喷口反向的安全隔膜。如果发动机在装配前的贮存过程中点火了,则燃气使安全隔膜破裂并通过隔膜和喷口排出。由于气体从两个方向排出,故发动机处于相对静止的位置。当发动机装配好准备点火时,将安全隔膜盖好。

(4) 结构薄弱环节。结构设计中某些低强度的元件就是结构薄弱环节。它设计成在某个特定的点或沿着某个特定的线路破坏。例如,主动联轴节中的剪切销,它设计成在持续过载会损坏传动设备或从动设备之前先损坏。结构薄弱环节已用于飞机及直升机的坠撞安全性设计,当飞机或直升机坠毁时,机体会沿某规定的路线破坏和断开,使空勤人员和乘客迅速逃逸或被营救,避免被陷入大火之中。

当薄弱环节发生故障后,只有等到更换了薄弱环节后,设备才可以再次工作,为克服这一缺点已发展了无损的安全装置。自动保护开关(或断路器)和热敏开关就是这类无损安全装置。前者用于各种电气线路中,可多次重复使用并能自动切断过电流的电路;后者用于飞机及直升机发动机润滑系统,在极冷的环境和过高的温度下,保护润滑油散热器免受损坏。薄弱环节可与无损的安全装置联用,但它仅作为辅助的和最后的安全措施。例如,压力容器的减压阀用于控制暂时的少量超压;若减压阀故障,则薄弱环节(隔膜)可用于防止容器的高压破裂。

5.4.4 事故预测技术

事故预测是运用各种知识和科学手段,分析、研究历史资料,对安全生产发展的趋势或可能的结果进行事先的推测和估计。

产品使用或安全生产及其事故规律的变化和发展是极其复杂和杂乱无章的,但在杂乱无章的背后,往往隐藏着规律性。事故的发生表面上具有随机性和偶然性,但其本质上更具有因果性和必然性。对于个别事故具有不确定性,但对大样本则表现出统计规律性。通过应用概率论、数理统计与随机过程等数学理论,就可以研究具有统计规律性的随机事故的规律;而应用惯性原理、相关性原理、相似性原理、量变到质变原理、误差性原理等,就可以进行科学的事故预测。

(1) 惯性原理。任何事物在其发展过程中,从其过去到现在以及延伸至将来,都具有一定的延续性。这种延续性称为惯性。利用惯性原理可以研究事物或预测一个系统的未来发展趋势。例如从一个单位过去的安全生产状况、事故统计资料,可以找出安全生产及事故发展变化趋势,以推测其未来安全状态。惯性越大，影响越大；反之，则影响越小。一个系统的惯性是这个系统内的各个内部因素之间互相联系、互相影响、互相作用，按照一定的规律发展变化的一种状态趋势。绝对稳定的系统是没有的，因为事物是发展的，惯性在受外力作用时，可使其加速或减速甚至改变方向。

（2）相关性原理。相关性是指一个安全系统，其属性、特征与事故存在着因果的相关性。事故和导致事故发生的各种原因（危险因素）之间存在着相关关系，表现为依存关系和因果关系。危险因素是原因，事故是结果，事故的发生是由许多因素综合作用的结果。深入分析事物的依存关系和因果关系以及影响程度是揭示其变化特征和规律的有效途径。

（3）相似性原理。相似性原理是根据两个或两类对象之间存在着某些相同或相似的属性，从一个已知对象具有某个属性来推出另一个对象具有此种属性的一种推理过程，也叫类推原理。如果两事件之间的联系可用数字来表示，就叫定量类推；如果这种联系只能用性质来表示，就叫定性类推。常用的类推方法有平衡推算法、代替推算法、因素推算法、抽样推算法、比例推算法和概率推算法。

（4）量变到质变原理。任何一个事物在发展变化过程中都存在着从量变到质变的规律。同样，在一个系统中，许多有关安全的因素也都存在着从量变到质变的过程。在预测一个系统的安全状况时，也都离不开从量变到质变的原理。

（5）误差性原理。客观事物发展的规律性，是通过偶然性表现出来的，其每一种状态的出现，常带有一定的随机性，事先也无法完全确定，就如事故的发生，往往是随机的。因此，未来虽然可知，但又不可能确知，预测结果与实际状态之间的偏差即预测误差在所难免。

事故的预测方法有 50 种以上，常用的也有 20~30 种，主要预测方法及分类如下：

（1）经验推断预测法：头脑风暴法、德尔菲法、主观概率法、试验预测法、相关树法、形态分析法、未来脚本法等。

（2）时间序列预测法：移动平均法、指数平滑法、周期变动分析法、线性趋势分析法、非线性趋势分析法等。

（3）计量模型预测法：回归分析法、马尔科夫链预测法、灰色预测法、投入产出分析法、宏观经济模型等。

1. 德尔菲预测法

德尔菲法（Delphi method），是采用背对背的通信方式征询专家小组成员的预测意见，经过几轮征询，使专家小组的预测意见趋于集中，最后做出符合未来发展趋势的预测结论。德尔菲法又称专家规定程序调查法。该方法主要是由调查者拟定调查表，按照既定程序，以函件的方式分别向专家组成员进行征询；而专家组成员又以匿名的方式(函件)提交意见。经过几次反复征询和反馈,专家组成员的意见逐步趋于集中,最后获得具有很高准确率的集体判断结果。

德尔菲法是一个可控制的组织集体思想交流的过程,使得由各个方面的专家组成的集体能作为一个整体来解答某个复杂问题。它有如下特点:

(1) 匿名性。德尔菲法采用匿名函询的方式征求意见。由于专家是背靠背提出各自的意见的,因而可免除心理干扰影响。把专家看成一台电子计算机,脑子里储存着许多数据资料,通过分析、判断和计算,可以确定比较理想的预测值。而专家可以参考前一轮的预测结果以修改自己的意见,由于匿名而无需担心有损于自己的威望。

(2) 反馈性。德尔菲法在预测过程中,要进行 3~4 轮征询专家意见。预测主持单位对每一轮的预测结果作出统计、汇总,提供有关专家的论证依据和资料作为反馈材料发给每一位专家,供下一轮预测时参考。由于每一轮之间的反馈和信息沟通,可进行比较分析,因而能达到相互启发,提高预测准确度的目的。

(3) 统计性。为了科学地综合专家们的预测意见和定量表示预测结果,德尔菲法对各位专家的估计或预测数进行统计,然后采用平均数或中位数统计出量化结果。

2. 时间序列预测法

时间序列是指一组按时间顺序排列的有序数据序列。时间序列预测法是从分析时间序列的变化特征等信息中,选择适当的模型和参数,建立预测模型,并根据惯性原理和相似性原理,假定预测对象以往的变化趋势会延续到未来,从而作出预测。

时间序列预测法的基本思想是把时间序列作为一个随机应变量序列的一个样本,用概率统计方法尽可能减少偶然因素的影响,或消除季节性、周期性变动的影响,通过分析序列趋势进行预测。该预测方法的一个明显特征是所用的数据都是有序的。这类方法预测精度偏低,通常要求所研究的系统相当稳定,历史数据量要大,数据的分布趋势较为明显。

根据对资料分析方法的不同,又可分为:简单序时平均数法、加权序时平均数法、移动平均法、加权移动平均法、趋势预测法、指数平滑法、季节性趋势预测法、市场寿命周期预测法等,本书将介绍两种常用的时间序列预测方法。

1) 移动平均法

一般情况下,可以认为未来的状况与较近时期的状况有关。根据这一假设,可采用与预测期相邻的几个数据的平均值,随着预测工作向前移动,相邻的几个数据的平均值也向前移动作为移动预测值。

假设未来的状况与过去 t 个月的状况关系较大,而与更早的情况联系较少,因此可用过去 t 个月的平均值作为下个月的预测值,经过平均后,可以减少偶然因素的影响。

$$\bar{x}_{t+1} = \frac{x_t + x_{t-1} + \cdots + x_{t-(t-1)}}{t}$$

式中 $\bar{x}_{t+1}$ ——预测值;

t——时间单位数;

x——实际数据。

也可以用连加符号把上面的公式归纳为

$$\bar{x}_{t+1} = \frac{1}{t}\sum_{i=0}^{t-1} x_{t-i}$$

在这一方法中,对各项不同时期的实际数据是同等看待的。但实际上距离预测期较近的数据与较远的数据,它们的作用是不等的,尤其在数据变化较快的情况下更应该考虑到这一点。

2）指数平滑法

指数平滑法是移动平均法的改进,它既有移动平均法的优点,又减少了数据的存储量,应用方便。

指数平滑法的基本思想是把时间序列看作一个无穷的序列,即 $x_t, x_{t-1}, \cdots, x_{t-i}$ 。把 $\bar{x}_{t+1}$ 看作是无穷序列的一个函数,即

$$\bar{x}_{t+1} = \alpha_0 x_t + \alpha_1 x_t - 1 + \cdots + \alpha_i x_{t-i}$$

为了在计算中使用单一的权数,并且使权数之和等于 1,即 $\sum_{i=0}^{+\infty} a_i = 1$,

令: $a_0 = a, a_k = a(1-a)^k, k = 1,2,\cdots,n$

当 $0 < a < 1$ 时,则 $\sum_{i=0}^{+\infty} a_i = 1$

这样,应用指数平滑法得到的预测值 $\bar{x}_{t+1}$ 为

$$\begin{aligned}\bar{x}_{t+1} &= ax_t + a(1-a)x_{t-1} + a(1-a)^2 x_{t-2} + \cdots + a(1-a)^i x_{t-i} \\ &= ax_t + (1-a)[ax_{t-1} + a(1-a)x_{t-2} + \cdots + a(1-a)^{i-1}x_{t-i}] \\ &= ax_t + (1-a)\bar{x}_t\end{aligned}$$

即, 预测值 = 平滑系数 × 前期实际值 + (1 − 平滑系数) × 前期预测值

上面的公式并项后可得

$$\bar{x}_{t+1} = \bar{x}_t + a(x_t - \bar{x}_t)$$

即, 预测值 = 前期预测值 + 平滑系数 ×(前期实际值 − 前期预测值)

由此可见,指数平滑法得到的预测值 $\bar{x}_{t+1}$ 是上一时期的实际值 x_t ,和预测值 $\bar{x}_t$ 的加权平均而得的。或者是上一时期的预测值 $\bar{x}_t$ 加上实际与预测值的偏差的修正值而得。平滑系数取值大小对时间序列均匀程度影响很大, a 的选定取决于实际情况。一般来说,近期数据作用越大,则值就取得越大。根据经验,在实际应用中 a 取 0.8 或 0.7 为宜。

3. 回归分析法

要准确地预测就必须研究事物的因果关系。回归分析法就是一种从事物变化的因果关系出发的预测方法。利用数理统计原理,在大量统计数据的基础上,通过寻找数据变化的规律来推测和描述事物未来的发展趋势。

事物变化的因果关系可用一组变量来描述,即自变量与因变量之间的关系。一般可以分为两大类。一类是确定的关系,其特点是自变量未知就可以准确地得出因变量:变量之间关系可用数学关系确切地表示出来。另一类是相关关系,或称为非确定关系,其特点是虽然自变量与因变量之间存在密切的关系,却不能由一个或几个自变量的数值准确地得出因变量,在变量之间往往没有明确的数学表达式,但可以通过观察,应用统计方法,大致地或平均地说明自变量与因变量之间的统计关系。回归分析法正是根据这种相互关系建立回归方程的。

1）一元线性回归法

比较典型的回归法是一元线性回归法,它是根据自变量 x 与因变量 y 的相互关系,用自变量的变动来推测因变量变动的方向和程度,其基本方程式是

$$y = a + bx$$

式中 y——因变量;
x——自变量;
a、b——回归系数。

进行一元线性回归,应首先收集事故数据,并在以时间为横坐标的坐标系中,画出各个相对应的点,根据图中各点的变化情况,就可以大致看出事故变化的某种趋势,然后进行计算,求出回归直线。

回归系数 a、b 是根据统计的事故数据,通过以下方程组来决定的:

$$\begin{cases} \sum y = na + b\sum x \\ \sum xy = a\sum x + a\sum x^2 \end{cases}$$

式中 y——因变量;
x——自变量;
n——事故数据总数。

解上述方程组得

$$
\begin{cases}
a = \dfrac{\sum x \sum xy - \sum x^2 \sum y}{(\sum x)^2 - n\sum x^2} \\
b = \dfrac{\sum x \sum y - n\sum xy}{(\sum x)^2 - n\sum x^2}
\end{cases}
$$

a、b 确定之后就可以在坐标系中画出回归直线。

2）一元非线性回归方法

在回归分析法中，除了一元线性回归法外，还有一元非线性回归分析法、多元线性回归分析法、多元非线性回归分析法等。

非线性回归的回归曲线有多种，选用哪一种曲线作为回归曲线，则要看实际数据在坐标系中的变化分布形状。也可根据专业知识确定分析曲线。非线性回归的分析方法是通过一定的变换，将非线性问题转化为线性问题，然后利用线性回归的方法进行回归分析。

（1）$y = ae^{bx}$

令 $y' = \ln y, a' = \ln a$

则有 $y' = a' + bx$

（2）$y = ae^{\frac{b}{x}}$

令 $y' = \ln y, x' = \frac{1}{x} a' = \ln a$

则有 $y' = a' + bx'$

4. 马尔可夫链预测法

若事物未来的发展及演变仅受当时状况的影响，即具有马尔可夫性质，且一种状态转变为另一种状态的规律又是可知的情况下，就可以利用马尔可夫链的概念进行计算和分析，预测未来特定时刻的状态。

马尔可夫链是表征一个系统在变化过程中的特性状态，可用一组随时间进程而变化的变量来描述。如果系统在任何时刻上的状态是随机性的，则变化过程是一个随机过程，当时刻 t 变到 $t+1$，状态变量从某个取值变到另一个取值，系统就实现了状态转移。而系统从某种状态转移到各种状态的可能性大小，可用转移概率来描述。

马尔可夫计算所使用的基本公式如下：

已知初始状态向量为

$$
s^{(0)} = [s_1^{(0)}, s_2^{(0)}, s_3^{(0)}, \cdots, s_n^{(0)}]
$$

状态转移概率矩阵为

$$p = \begin{bmatrix} P_{11} & \cdots & P_{1n} \\ \vdots & \ddots & \vdots \\ P_{n1} & \cdots & P_{nn} \end{bmatrix}$$

状态转移概率矩阵是一个 n 阶方阵,它满足概率矩阵的一般性质,即有

(1) $0 \leqslant P_{ij} \leqslant 1$;

(2) $\sum_{j=1}^{n} P_{ij} = 1$。

满足这两个性质的行向量称为概率向量。

状态转移概率矩阵的所有行向量都是概率向量;反之,所有行向量都是概率向量组成的矩阵,即概率矩阵。

一次转移向量 $s^{(1)}$ 为

$$s^{(1)} = s^{(0)x}p$$

二次转移向量 $s^{(2)}$ 为

$$s^{(2)} = s^{(1)}p = s^{(0)}P^2$$

类似地

$$s^{(k+1)} = s^{(0)}P^{k+1}$$

5. 灰色预测法

灰色系统(Grey System)理论将信息完全明确的系统定义为白色系统,将信息完全不明确的系统定义为黑色系统,将信息部分明确、部分不明确的系统定义为灰色系统。灰色系统内的一部分信息是已知的,另一部分信息是未知的,系统内各因素间具有不确定的关系。例如与安全的各种关系是一个灰色系统,各种因素和系统的安全行为的关系是灰色的,人—机—环境系统中 3 个子系统之间的关系也是灰色关系,安全系统所处的环境也是灰色的。因此就可以利用灰色预测模型对安全系统进行预测。

尽管灰色过程中所显示的现象是随机的,但毕竟是有序的,因此这一数据集合具备潜在的规律。灰色预测通过鉴别系统因素之间发展趋势的相异度,即进行关联分析,并对原始数据进行生成处理来寻找系统变动的规律,生成有较强规律性的数据序列,然后建立相应的微分方程模型,从而预测事物未来的发展趋势的状况。

灰色系统预测是从灰色系统的建模、关联度及残差辨识的思想出发,获得关于预测的新概念、观点和方法。

将灰色系统理论用于厂矿企业预测事故,一般选用 GM(1,1)模型,它是一阶的一个变量的微分方程模型。

设原始离散数据序列 $x^{(0)} = \{x_1^{(0)}, x_2^{(0)}, \cdots, x_n^{(0)}\}$,其中 n 为序列长度,对其

进行一次累加生成处理

$$x_k^{(1)} = \sum_{j=0}^{k} x_j^{(0)}, k = 1,2,\cdots,n$$

则以生成序列 $x^{(1)} = \{x_1^{(0)}, x_2^{(0)}, \cdots, x_n^{(0)}\}$ 为基础建立灰色的生成模型

$$\frac{\mathrm{d}x^{(1)}}{\mathrm{d}t} + ax^{(1)} = u \qquad \text{(A)}$$

称为一阶灰色微分方程,记为 GM(1,1),式中 a、u 为待辨识参数。

设参数向量 $a = [au]^{\mathrm{T}}, y_n = [x_2^{(0)}, x_3^{(0)}, \cdots, x_n^{(0)}]^{\mathrm{T}}$ 和

$$B = \begin{bmatrix} -(x_2^{(1)} + x_1^{(1)})/2 & 1 \\ \vdots & \vdots \\ -(x_n^{(1)} + x_{n-1}^{(1)})/2 & 1 \end{bmatrix}$$

则由下式求得最小二乘解:

$$a = (B^{\mathrm{T}}B)^{-1}B^{\mathrm{T}}y_n$$

时间响应方程(即式 A 的解)

$$\overline{x}_1^{(1)} = \left(x_1^{(1)} - \frac{u}{a}\right)\mathrm{e}^{-ak} + \frac{u}{a}$$

离散响应方程:

$$\overline{x}_{k+1}^{(1)} = \left(x_1^{(1)} - \frac{u}{a}\right)\mathrm{e}^{-ak} + \frac{u}{a}$$

式中:$x_1^{(1)} = x_1^{(0)}$。

将 $\overline{x}_{k+1}^{(1)}$ 计算值作累减还原,即得到原始数据的估计值:

$$\overline{x}_{k+1}^{(0)} = \overline{x}_{k+1}^{(1)} - \overline{x}_k^{(1)}$$

第6章　安全生产管理

6.1　安全管理概述

6.1.1　形成与发展

安全管理是伴随着社会化大生产的需要而产生的，随着生产规模的扩大，生产效率日益提高的同时，安全问题也日益突出。

20世纪初期，美国煤矿事故频繁发生，1910年美国成立了煤矿管理局，1913年成立了劳工部和全国工业安全委员会（随后更名为全国安全委员会），1915年成立了美国安全工程师协会。20世纪50年代，美国很多企业采用了实行工程技术教育为基础的安全管理，这标志着美国现代安全管理的起步。1969年，美国颁布了《联邦煤矿安全与卫生法》，1970年颁布了《职业安全与卫生法》，1971年成立了美国劳工部职业安全卫生管理局（OSHA），OSHA自成立以来，美国因工死亡人数下降幅度超过60%，职业伤害和职业病发病率下降了40%。

日本在第二次世界大战以后，工伤事故十分严重，其中1961年达到历史最高纪录，于是日本提出了“安全运动要赶上美国，工伤事故发生的概率也要低于美国水平之下”的口号，制定了《劳动安全卫生法》《矿山安全法》《劳动灾难防止团体法》等一系列法律法规。由于法律健全、措施得当、各方重视，日本的安全生产问题基本得到了有效控制。

我国的安全管理相对于工业发达的国家而言起步较晚。我国安全管理经历了以下4个阶段：建立和发展阶段（1949—1957）、停顿和倒退阶段（1958—1978）、恢复和提高阶段（1978—1992）以及市场经济下的高速发展阶段（1993年至今）。1978年，中共中央发布了《关于认真做好劳动保护工作的通知》，1987年将原来的“安全生产”方针确定为“安全第一，预防为主”，并于2005年更改为“安全第一，预防为主，综合治理”。与此同时，我国先后出台了较多综合的、全面的，适用范围广的基本法，如1993年颁布的《中华人民共和国矿山法》、1995年颁布的《中华人民共和国劳动法》、1997年颁布的《中华人民共和国消防法》和2002年颁布的《中华人民共和国安全生产法》。

6.1.2 内容和研究对象

安全管理是管理科学的一个重要分支,是为实现安全目标而进行的有关决策、计划、组织和控制等方面的活动。安全管理是指以国家的法律、规定和技术标准为依据,主要运用现代安全管理原理、方法和手段,分析和研究各种不安全因素,从技术上、组织上和管理上采取有力的措施,解决和消除各种不安全因素,防止事故的发生。企业安全管理包括:行政管理、技术管理、工业卫生管理三方面,可采取的安全管理手段有:行政手段、法制手段、经济手段、文化手段等。

为了确保各项系统安全任务的完成,安全管理的内容应包括确定系统的安全要求,人员配备,安全活动的计划、组织与管理,协调与其他系统的关系以及对计划进行分析、审查与评价。

安全生产系统是由 4 个要素构成的,这个系统是安全管理的对象体系,它包括的要素是:生产的人员、生产的设备和环境、生产的动力和能量,以及管理的信息和资料。因此,可以说,一个安全系统的四要素是人、物、能量和信息。作为企业的领导和决策者,要保证企业的安全生产,在进行安全生产管理和决策时,必须进行这 4 个要素的综合管理,进行综合全面的协调和系统管理,才能取得好的安全生产管理效果。

6.1.3 安全管理理念

1. 安全目标管理

安全目标管理是企业目标管理的重要组成部分,它是指企业内部各个部门以至每个职工,从上到下围绕企业安全生产的总目标,层层展开各自的目标,确定行动方针,安排安全工作进度,制定实施有效组织措施,并对安全成果严格考核的一种管理制度。在制订企业生产经营目标体系、实施整体目标、评价目标成果的各阶段,都必须同时建立安全目标,实施安全目标,同时评价安全目标成果。

目标管理的基本内容是动员全体职工参加制订目标并保证目标的实现。具体地说,是由本单位主要负责人根据上级要求和本单位具体情况,在充分听取广大职工意见的基础上制订出整个组织的总目标;然后进行层层展开、层层落实,要求下属各部门负责人以至每个职工根据上级的目标,分别制订个人目标和保证措施,形成一个全单位的、全过程的、多层次的目标管理体系。

目标管理的具体内容包括以下 3 个方面。

1)目标体系的制订

目标体系的制订是目标管理的第一个阶段。首先由单位总负责人根据上级领导机关下达的工作要求,并在充分发动群众的基础上确定整个组织的总目标;

下属各部门负责人根据本部门具体情况，为完成组织总体目标而提出部门目标，部门下属各小组负责人为完成部门目标而制订小组目标；基层每一个职工为保证完成小组目标而制订个人目标。这样，自上而下把总体目标层层展开，最后落实到每个职工，形成一个完整的目标连锁体系，共同为保证实现总目标而奋斗。这种目标连锁体系可用图 6-1 表示。

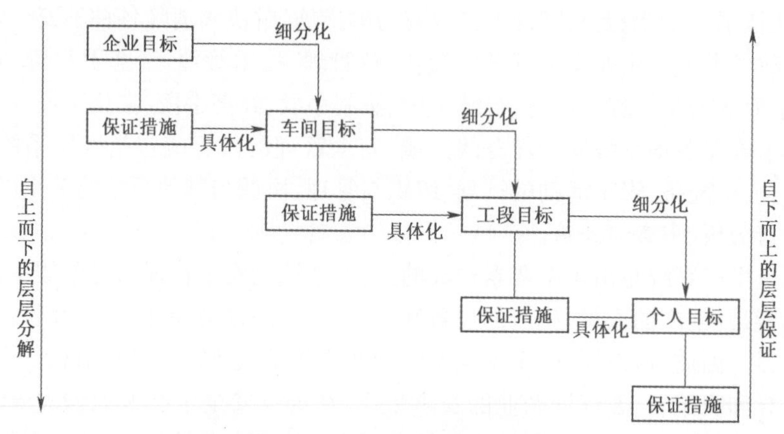

图 6-1　目标连锁体系示意图

2）目标的实施阶段

目标的实施阶段是目标管理的第二个阶段，也就是进入了完成预定目标的阶段，这个阶段的工作内容主要包括 3 个部分：一是通过对下级人员委任权限，使每个人都明确在实现总目标中自己应负的责任，让他们在工作中实行自我管理，独立自主地实现个人目标；二是加强领导和管理，主要是指加强与下级的意见交流以及进行必要的指导等，至于下级以什么方法和手段来完成目标，则由其自行选择，这样就能极大地发挥各级人员的积极性、主动性、创造性和工作才能，从而提高工作效率，保证所有目标的全面实现；三是目标实施者必须严格按照“目标实施计划表”上的要求进行工作，目的是为了在整个目标实施阶段，使得每一个工作岗位都能有条不紊、忙而不乱地开展工作，从而保证完成预期的各项目标。实践证明，“目标实施计划表”编制得越细，问题分析得越透，保证措施越具体、明确，工作的主动性就越强，实施的过程就越顺利，目标实现的把握就越大，取得的目标效果也就越好。

3）成果的评价阶段

这是目标管理的最后阶段，其工作内容是：当企业目标管理实施活动已按预定要求结束时，就必须按照定量目标值对已经取得的成果做出评价，并使这种评价与奖励挂钩；同时，还要把评价结果及时反馈给执行者，让其总结经验教训。搞好成果评价工作的关键是：必须把评定成果与集体和个人的经济利益真正挂钩,严格实行按劳分配、奖勤罚懒的原则。成果评价的目的是促进领导工作的改善,鼓舞全体职工的斗志,以便更好地为保证总目标而奋斗。总之,这种评定既是目标管理真正能落实的重要手段,又是下一循环周期制订目标体系的主要依据。由此可见,评价阶段是上级进行指导、帮助和激发下级工作热情的最好时机,同时也是发扬民主管理的一种重要形式,是群众参加管理的一种好方法。

为了管理,必须把管理对象的特性值与目标值进行比较,以便采取适当的控制行动。可以选择一个或几个状态量作为控制的标准,通常选择绝对指标。也可以把状态量计算成为指数作为控制标准,即用相对指标进行控制。

实行目标管理,必须确定好管理目标。而且,管理目标必须优化,才能做到优化管理。同时,要处理好长远目标与近期目标的关系,实行分层次目标管理,即将系统分为子系统,分解管理目标,分层落实。为了实现管理目标,必须采取一系列的控制手段。

2. 典型的安全管理理念

1)"三全"安全管理理念

"三全"安全管理来源于全面质量管理(TQC)的思想,是指生产企业的安全管理实行"全员参与、全过程控制、全方位展开"。其基本特点是从过去的事后检验把关为主,变为预防、改进为主,从管结果变为管因素,把影响安全问题的诸因素查出来,发动全员、全部门参加,依靠科学理论、程序、方法,使生产、经营的全方位、全过程都处于受控状态。

(1) 全员参加安全管理。

所谓全员安全管理,是指全体员工参加安全管理。它强调工作质量,同时强调发动群众,全员、全部门参加管理。

(2) 全过程安全管理。

所谓全过程安全管理,是依据规律,从源头抓起,全过程推进。强调以预防为主的观点,同时强调安全管理的过程方法管理原则。

(3) 全方位安全管理。

所谓全方位安全管理,是指分散在各部门、各层面的安全职能充分发挥起来,都对安全生产负责。

2) 杜邦公司的十大安全理念

(1) 所有的安全事故是可以预防的。

从高层到低层,都要有这样的信念,采取一切可能的方法防止、控制事故的发生。

(2) 各级管理层对各自的安全直接负责。

公司从高层管理者直至企业员工都是直接负责制,各自对所辖区的范围安全负责,保证企业安全被层层落实。

(3) 所有的安全操作隐患是可以控制的。

在生产安全过程中所有的隐患都要有计划,有投入、有计划的治理、控制。

(4) 安全是被雇用的条件。

在员工与杜邦的合同中明确写着,只要违反操作规程,随时可以被解雇。每位员工参与工作的第一天就意识到这家公司将是安全的,从法律上讲只要违反公司安全规定就可以被解雇,这是安全与人事管理结合起来的应用。

(5) 员工必须接受严格的安全培训。

让员工安全,要求员工安全操作,就要进行严格的安全培训,要想尽可能的办法,对所有操作进行培训。要求安全部门与生产部门合作,知道这个部门要进行哪些培训。

(6) 各级主管必须进行安全检查。

进行正面的、鼓励性的安全检查,以收集数据、了解信息,发现问题,解决问题为主。

(7) 发现安全隐患必须及时更正。

在安全检查中会发现许多隐患,要分析隐患发生的原因是什么,哪些是可以当场解决的,哪些是需要不同层次管理人员解决的,哪些是必须投入力量来解决的。重要的是把发现的隐患及时加以整理、分类,知道这个部门的安全隐患主要有哪些,解决需要多长时间,不解决会造成多大的风险,哪些是立即加以解决的,哪些是需要加以投入的。

(8) 工作外的安全与工作内的安全同样重要。

从这个角度,杜邦提出 8 小时外的预案,对员工的教育就变成了 7 天每天 24 小时的要求,想方设法要求员工积极参与,进行各种安全教育。包括旅游如何注意安全,运动如何注意安全,用气如何注意安全等。

(9) 良好的安全就是一门好的生意。

这是一种战略思想,如果把安全投入放在对业务发展投入同样重要的位置考虑,就不会说是成本,而是生意。抓好安全是帮助企业发展,否则,企业每时每刻都在高风险下运作。

(10) 员工的直接参与是关键。

没有员工的参与,安全是空想,因为安全是每名员工的事,没有员工的参与,公司的安全就不能落到实处。

6.1.4 安全管理体系

安全管理体系,顾名思义就是基于安全管理的一整套体系,体系包括硬件、软件方面。软件方面涉及人的思想观念，制度，教育，组织，管理；硬件方面包括安全投入、设备、设备技术、运行维护等。构建安全管理体系的最终目的就是实现企业安全、高效运行。

在不同的行业及企业里，安全管理体系的关键要素存在不同。但是，大部分优秀企业的安全管理，都大致具有以下几个类别的要素：

（1）安全文化及理念的树立；

（2）管理层的承诺、支持与垂范；

（3）安全专业组织的支持；

（4）可实施性好的安全管理程序/制度；

（5）有效而具有针对性的安全培训；

（6）员工的全员参与。

1. 我国安全管理体制构成

完善安全管理体制，建立健全安全管理制度、安全管理机构和安全生产责任制是安全管理的重要内容，也是实现安全生产目标管理的组织保证。这 4 个方面按不同层次和从不同角度构成安全生产管理的宏观体制，其目的是为了推动“安全第一，预防为主，综合治理”这一安全生产基本方针。我国现行的安全生产管理体制为“企业负责、行业管理、国家监察、群众监督、劳动者遵章守纪”。

1）企业负责

企业对安全生产负有应有的责任。企业负责是指企业在生产经营过程中，承担着严格执行国家安全生产的法律、法规和标准，建立健全安全生产规章制度，落实安全技术措施，开展安全教育和培训，确保安全生产的责任和义务。企业法人代表或最高管理者是企业安全生产的第一责任人，在此基础上，企业必须层层落实安全生产责任制，建立内部安全调控与监督检查的机制。企业对安全生产负责的关键是要做到“三个到位”，即责任到位、投入到位和措施到位。

2）行业管理

行业管理就是由行业主管部门，根据国家的安全生产方针、政策、法规，在实施本行业宏观管理中，帮助、指导和监督本行业企业的安全生产工作。行业归口管理部门与企业主管部门必须根据“管安全的必须管生产”的原则，在组织管理本行业、本部门经济工作中，加强对所属企业的安全管理。行业安全管理的主要职责是对行业所属企业贯彻执行国家安全生产方针、政策、法规和标准，进行计划、组织、指挥、协调、宏观控制，以提高整个行业的安全管理和技术装备水平，控制和防止伤亡事故和职业病的发生，保障职工安全健康和生产任务顺利进行。

3）国家监察

国家监察即国家劳动安全监察，它是由国家或政府部门依据法律对各类具有独立法人资格的企事业单位执行安全法规的情况进行监督和检查，用法律的强制力量推动安全生产方针、政策的正确实施。国家监察具有法律的权威性和特殊的行政法律地位。行使国家监察的政府部门是由法律授权的特定行政执法机构，该机构的地位、设置原则、职责权限以及该机构监察人员的任免条件和程序，审查发布强制性措施，对违反安全法规的行为提出行政处分建议和经济制裁等，都是由法律规定或授权的。因此，国家监察是由法定的监察机构，以国家的名义，运用国家赋予的权力，从国家整体利益出发来开展的。

4）群众监督

群众监督就是广大职工群众通过工会或职工代表大会等自己的组织，监督和协助企业各级领导贯彻执行安全生产方针、政策和法规，不断改善劳动条件和环境，切实保障职工享有生命与健康的合法权益。

工会是群众团体，它的监督属群众监督，并且通常只是通过批评、建议、揭发、控告等手段实现，而不能采取国家监察的某些形式和方法，特别是不能采取那些以国家强制的形式表达国家命令的手段，因而它通常不具有法律的权威性。

5）劳动者遵章守纪

按照事故模式理论，80%以上的事故都是由人的因素引发的，除了不断的改善生产条件，消除、控制生产过程中的各种物的不安全因素外，预防事故的最有效的措施是劳动者自觉地遵章守纪。安全管理的一项重要内容就是教育和约束劳动者遵章守纪。

遵章守纪是遵守安全生产方面的法规、制度、规范、标准和纪律。为了使劳动者能够自觉遵章守纪，必须加强安全生产思想教育，牢固树立“安全第一”的思想。在安全管理工作中，采取有效的教育措施并建立相应的激励机制，激励职工的安全生产的积极性和自觉性，变“要我安全”为“我要安全”；采取强制措施，建立相应的约束机制，规范约束人们的行为。

2. 典型的安全管理体系

1）健康、安全与环境（HSE）管理体系

HSE 管理体系是健康、安全与环境管理体系的简称。它的推行是国际石油行业重视健康、安全与环境问题的体现。国际标准化组织（ISO）的 TC67 技术委员会于 1996 年，由 ISO/TC67 的 SC6 分委会发布了 ISO/CD14690《石油和天然气工业健康、安全与环境管理体系》（标准草案），这一标准已得到世界上主要石油公司的认可，成为石油和天然气工业各公司进入国际石油勘探开发市场的通行证。HSE 管理体系的思想不仅在石油工业得到推行，这种 HSE 管理一体化的思想在其他行业也具有借鉴的意义。因此，HSE 管理体系的实施在石油、化工、冶金、矿山行业也具有推广价值。

HSE 管理体系标准,既是石油公司建立和维护 HSE 管理体系的指南,又是进行 HSE 管理体系审核的标准,它的内容由 7 个关键要素构成,相应地有 26 个二级要素,一般称为 26 个管理要素。HSE 管理体系的 7 个一级要素和相应的二级要素如表 6-1 所列。

表 6-1 HSE 管理体系的要素

一级要素	二级要素
领导和承诺	—
方针和战略目标	—
组织机构、资源和文件	(1)组织结构和职责;(2)管理代表;(3)资源;(4)能力;(5)承包方;(6)信息交流;(7)文件及其控制
评价和风险管理	(1)危害和影响的确定;(2)建立判别准则;(3)评价;(4)建立说明危害和影响的文件;(5)具体目标和表现准则;(6)风险削减措施
规划(策划)	(1)总则;(2)设施的完整性;(3)程序和工作指南;(4)变更管理;(5)应急反应计划
实施和监测	(1)活动和任务;(2)监测;(3)记录;(4)不符合及纠正措施;(5)事故报告;(6)事故调查处理
审核和评审	(1)审核;(2)评审

这 7 个一级要素在标准中是分别叙述的,但实际上它们之间紧密相关,并会在不同时候同时涉及,因此在许多步骤中应同时强调。HSE 管理体系任何一个要素的改变必须考虑其他所有要素,以保证整体 HSE 管理体系的建立过程和建立之后有计划地评审和持续改进的循环上升过程,从而使组织内部 HSE 管理体系得以不断完善和提高,有效地控制健康、安全与环境方面的事故。

2) 职业健康安全管理体系(OHSMS)

OHSMS 是职业健康安全管理体系的简称。在相关的 OHSMS 标准中,包括一些国家标准如《职业健康安全管理体系规范》以及一些行业标准如《石油天然气工业健康、安全与环境管理体系》,尽管其内容表述存在着一定差异,但其核心内容都体现着系统安全的基本思想,管理体系的各个要素都围绕着管理方针与目标、管理过程与模式、危险源的辩识、风险评价、风险控制、管理评审等展开。2001 年国家经济贸易委员会颁布的《职业健康安全管理体系审核规范》和国家质量监督检验检疫总局发布的《职业健康安全管理体系规范》(GB/T 28001—2001)都充分利用了科学管理的精髓,吸收了国内外相关标准的长处。

《职业健康安全管理体系规范》主要包括 3 个部分:第一部分——范围,对标准的意义、适用范围和目的做了概要性陈述。第二部分——术语和定义。对涉及的主要术语进行了定义。第三部分——OHSMS 要素。具体涉及 21 个基本要素(6 个一级要素,15 个二级要素),这一部分是 OHSMS 试行标准的核心内容，如表6-2所列。

表6-2 OHSMS要素

一级要素	二级要素
一般要求	—
职业安全卫生方针	—
计划	(1) 危害辨识、危险评价和危险控制计划；(2) 法律及法规要求；(3) 目标；(4) 职业安全卫生管理方案
实施与运行	(1) 机构和职责；(2) 培训、意识和能力；(3) 协商与交流；(4) 文件；(5) 文件和资料控制；(6) 运行控制；(7) 应急预案与响应
检查与纠正措施	(1) 绩效测量和监测；(2) 事故、事件、不符合、纠正与预防措施；(3) 记录和记录管理；(4) 审核
管理评审	

OHSMS的基本思想是实现体系持续改进，通过周而复始的进行"计划、实施、监测、评审"活动，使体系功能不断加强。它要求组织在实施OHSMS时始终保持持续改进意识，结合自身管理状况对体系进行不断修正和完善，最终实现预防和控制事故、职业病及其他损失事件的目的。

3）本质安全管理体系

本质安全(固有安全)是指通过设计等手段使生产设备或生产系统本身具有安全性，即使在误操作或发生故障的情况下也不会造成事故的功能。

本质安全管理体系是以风险预控管理为核心，以控制人的不安全行为为重点，以切断事故发生的因果链为手段，以持续改进为运行模式的一套管理体系。本质安全管理的目标是通过以风险预控为核心的、持续的、全面的、全过程的、全员参加的、闭环式的安全管理活动，在生产过程中做到人员无失误、设备无故障、系统无缺陷、管理无漏洞，进而实现人员、机器设备、环境、管理的本质安全，切断安全事故发生的因果链，最终实现杜绝已知规律的、酿成重大人员伤亡的煤矿生产事故发生的煤矿本质安全目标。

本质安全管理体系主要应用于煤矿企业的安全管理。煤矿本质安全管理体系是在煤矿全生命周期过程中对系统中已知的危险源进行预先辨识、评价、分级，进而对其进行持续、全面、全过程、全员、闭环式的消除、减小、控制，达到人员无失误、设备无故障、系统无缺陷、管理无漏洞，切断安全事故发生的因果链，最终实现人员、机器设备、环境、管理的本质安全。

煤矿本质安全管理体系主要包括风险管理、管理对象的管理标准和管理措施、人员不安全行为管理与控制、组织保障管理、煤矿本质安全管理评价和煤矿本质安全管理信息系统。

4）民航安全管理体系

民航安全管理体系主要是国际民航组织（ICAO）要求各缔约国民航建立的有关安全管理的体系标准。它要求各国已获批准的且在提供服务时面临安全风险的培训组织、航空公司、维修保养组织、型号设计机构和飞机制造商、空中交通管制机构和取得使用资格的机场实施成员国已接受的安全管理体系。ICAO 定义的民航安全管理体系是基于对安全管理因素特定界定，涵盖安全政策、安全文化和支持安全组织及特定界定的安全管理因素而构成安全管理体系。2009 版 ICAO DO9859 将安全管理体系框架分为安全政策和目标、安全风险管理、安全保证和安全改进 4 个组成部分和管理与承诺、安全责任等 12 个要素。随着新版 ICAO DOC9859 的面世，未来安全管理体系将纳入变革管理和国家安全纲要要求。变革要求组织必须积极应对变革，以保证安全。国家安全纲要包含全新的理念，即提出国家安全责任和义务的组织原则和结构方法，国家安全责任、义务有效执行的评估方法。国家安全责任的高效、有力执行，将提升安全管理体系的运行效果。

对民航安全管理体系用 4 句话可以涵盖其精髓：重点——风险管理；驱动——信息管理；本质——系统管理；基础——安全文化。

实施安全管理体系的重点是风险管理，通过发现、评估和风险缓解 3 个阶段，消除危险或将危险降低到可接受的水平，以提高组织的固有安全水平。风险管理必须在信息管理和数据驱动的基础上借助闭环管理予以实现。对大量的安全信息与数据进行统计及分析，是组织开展安全分析与趋势研究的依据。安全管理体系引入系统观念，采用系统安全分析方法，着力解决“组织事故”。将组织作为一个整体来考虑和评估，更加注重各系统之间的相互关联和作用，增强整体安全管理能力。实施安全管理体系的基础是培育积极的安全文化，良好的安全文化可促使人们千方百计弥补设备和规章的不足。

6.1.5 安全管理过程

安全管理是以证据为基础的，因为它需要分析数据以查明危险所在。使用风险评估方法，确定降低危险的潜在后果的优先次序。然后在明确规定问责办法的情况下制定和实施减少或排除危险的战略。不断地对情况进行再评估，并按要求采取进一步措施。

安全管理需要管理者可能通常不具备的分析技术，分析越复杂，需要使用恰当的分析工具就越重要。安全管理的整个过程还需要反馈信息，以确保管理者可以检测其决策的正确性和评估决策实施的有效性。

下面是对图 6-2 的安全管理过程步骤的简要描述：

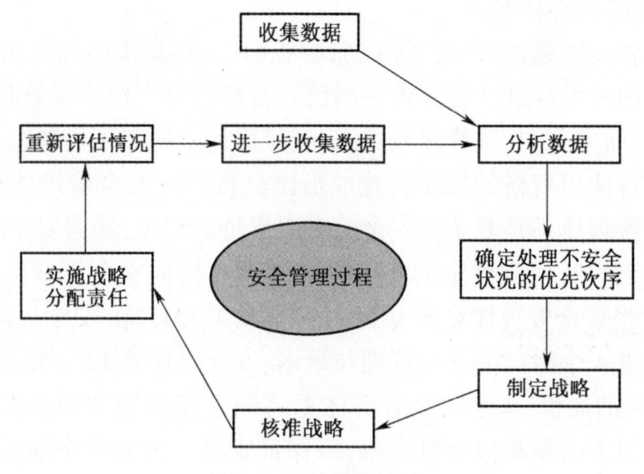

图 6-2　安全管理过程

1）收集数据

安全管理过程的第一步就是获取有关的安全数据——用来确定系统安全绩效或查明潜在不安全状况（安全危险）的必要证据。数据可能取自系统的任何部分：所使用的设备、操作人员、工作程序、人员/设备/程序之间的相互关系等。

2）分析数据

通过分析所有相关信息，可以识别安全危险。可确定危险构成实际风险的条件、其潜在后果和发生的可能性；换句话说，会发生什么情况？如何发生？何时发生？这种分析既可是定性的，也可是定量的。

3）确定处理不安全状况的优先次序

通过风险评估过程确定危险的严重性。对于那些构成最大风险的危险，考虑对其采取安全措施。这可能需要进行成本—效益分析。

4）制定战略

从最高优先风险开始，可以考虑多种风险管理方案，例如：

（1）尽可能大地扩大风险承担面（这是保险的基本原则）。

（2）完全消除风险（可能通过停止运行或作业）。

（3）接受风险，并继续照常运营。

（4）通过采取减少风险，或者至少有助于应付风险的措施减轻风险。

在选择风险管理的战略中，需注意避免引起导致不可接受的安全水平的新的风险。

5）核准战略

分析风险和决定适当的行动方针之后，需要得到管理者的批准。这一步的难题是要提出令人信服的（可能是昂贵的）变革理由。

6）分配责任和实施战略

决定做出后，必须制订出实施的具体细节。这包括确定资源分配、责任分配、时间安排、操作程序修订等。

7）重新评估情况

战略实施很少如原设想的那么成功。需要反馈信息完善安全管理过程。可能引起了什么新问题？商定的减少风险的战略达到预期绩效的情况如何？对系统或过程可能需要进行什么改进？

8）进一步收集数据

根据重新评估步骤，可能需要新的信息和重复整个过程，以改进安全措施。

6.2 安全管理理论

6.2.1 管理理论

随着现代自然科学和技术的日新月异，生产和组织规模急剧扩大，生产力迅速发展，生产社会化程度不断提高，管理理论引起了人们的普遍重视。管理思想得到了丰富和发展，出现了许多新的管理理论。本节将从现代管理科学原理入手，介绍相关的管理原理。

1. 系统理论

所谓"系统理论"，就是从整体出发而不是从局部出发去研究事物的一种理论。

现代管理不再是过去的小生产管理，它的管理对象总是处在各个层次的系统之中。作为一个系统，应当具备6个特征：整体性、相关性、目的性、层次性、综合性、环境适应性。其中，系统论的基本思想是目的性、整体性、层次性。整体效应是系统论最重要的观点。系统的整体具有组成部分在孤立状态中所没有的新性质，如新的特性、新的功能、新的行为等。美国的"阿波罗计划"是系统方法应用成功的一个例证。系统的规模越大，结构越复杂，它所具有超过个体性能之和的性能就越多。因此，系统论告诉人们，在分析问题和解决问题时，应该把重点放在整体效应上。

系统理论的主要特征有目的性、整体性和层次性。

1）目的性

系统的结构不是盲目建立的，而是按系统的目的和功能建立的。因此，在组织、建立、调查系统的结构时，要强调服从系统的目的。

2）整体性

整体性是指具有独立功能的各系统和要素之间，必须逻辑地统一和协调于系统的整体之中。

3）层次性

一个系统都有一定的层次结构，并分解为一系列的分系统。系统的各层次之间，应该职责分明。上一层次系统主要有两个任务：①根据系统的功能目标向下一层次发出指令信息，最后考核指令执行的结果；②解决下一层次各子系统之间的不协调。

2. 整分合原理

现代高效率的管理必须在整体规划下明确分工，在分工基础上进行有效的综合，这就是整分合原理。

整体把握、科学分解、组织综合，就是整分合原理的主要含义。管理者的职责，在于从整体要求，制定明确的目标，进行科学的分解。这里分解是关键，只有分解正确，分工才会合理。没有合理的分工，也就无所谓协作，没有协作，就无法明确地进行分工，因为分工是协作的前提。只有在合理分工的基础上进行严密有效的协作，才是现代的科学管理。

因此，没有永恒不变的分工，优秀的管理者就是要善于抓住时机进行科学的分解和合理的分工。

分工并不是现代化管理的终结，分工也不是万能的，也会带来许多新问题。分工的各个环节，特别容易在生产的时间和空间、产品的数量和质量方面相互脱节。因此，必须进行强有力的组织管理，使各个环节同步协调。与时俱进，继往开来，才能创造出真正新水平的生产力。这就是有分有合，分而后合。

3. 反馈原理

管理实质上就是一种控制，必然存在着反馈问题。控制论中的反馈，即由控制系统把信息输送出去，又把其作用结果返送回来，并对信息的再输出发生影响，起着控制的作用，以达到预定的目的。原因产生结果，结果又构成新的原因、新的结果……反馈在原因和结果之间架起了桥梁。这种因果关系的相互作用，不是各有目的，而是为了完成一个共同的功能目的，所以反馈又在因果性和目的性之间建立了紧密的联系。面对永远不断变化的客观实际，管理是否有效，关键在于是否有灵敏、准确和有力的反馈。这就是现代管理的反馈原理。

1）控制反馈

反馈不仅存在于自动控制系统，而且存在于生物系统、人体系统和社会系统。工业企业系统的生产经营管理中的反馈属于社会系统。控制反馈原理示意图如图 6-3 所示。

反馈有正反馈和负反馈。正反馈使系统趋向不稳定，是指反馈信号使系统的行为更加偏离系统的目标。正反馈在特定情况下，对某些工程来说，可以用来

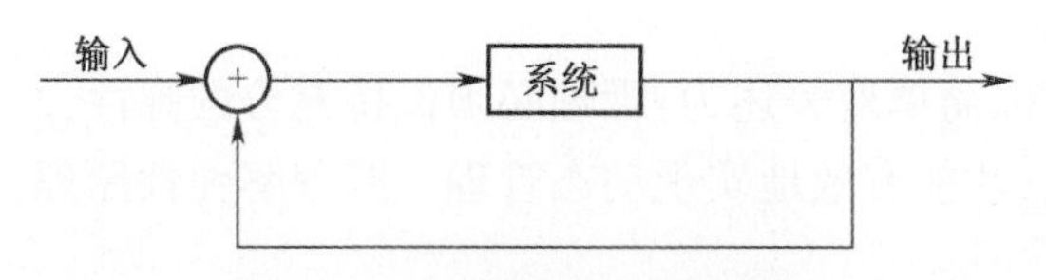

图 6-3　控制反馈原理示意图

增加传输系数。负反馈则相反，当系统的稳定性被干扰信号破坏时，负反馈可以起稳定性的作用。

2）效应反馈

效应控制系统的特点是：从系统的整体出发，将管理目标按组织机构的层次逐级分解，层层落实，一直到人，充分发挥各级组织和每个人的积极性。要将管理系统工作标准化，作为行动的准则。工作标准应详细而具体地规定工作的目标、内容、职责、方法、程序、完成期限、交接手续和考核办法，做到责、权、利有机结合。

4. 封闭原理

封闭原理是指任何一个系统管理手段必须构成一个连续封闭的回路，才能形成有效的管理运行，才能自如地吸收、加工和做功。

一个管理系统可以分解为指挥中心、执行机构、监督机构和反馈机构。指挥中心是司令部，管理的起点是由指挥中心发出指令。指令一方面通向执行机构，同时又发向监督机构，监督执行的情况。指令执行效果输入反馈机构。反馈机构对信息处理，比较效果与指令的差距后，返回指挥中心，使之根据情况发出新的指令。这就形成了管理的封闭回路。管理运行在封闭回路中不断振荡，推动管理前进，如图 6-4 所示。

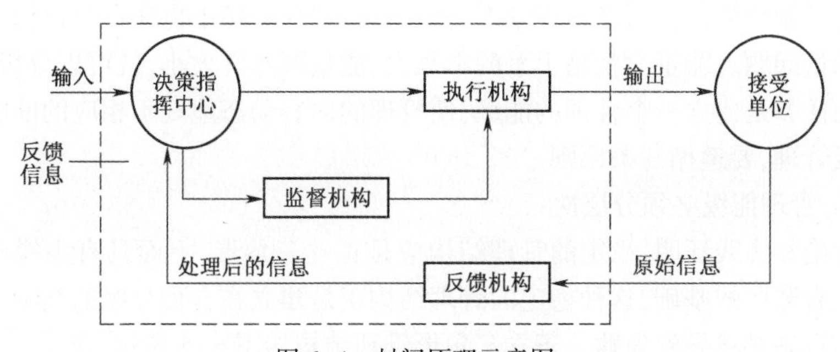

图 6-4　封闭原理示意图

管理法也应该符合这个回路加以封闭。不仅要有一个尽可能全面的执行法，而且应有对执行的监督法。还必须有反馈法，它包括对在执行过程中产生矛盾的仲裁法，对执行发生错误的处理法等。

5. 弹性原理

弹性原理可以简单地表述为:管理必须保持充分的弹性,及时适应客观事物各种可能的变化,才能有效地实现动态管理。要理解弹性原理,首先应该了解管理科学。

1) 管理科学与其他科学相比具有的特征

(1) 管理所碰到的问题,从来不是单因素的,管理的决策总是合力的结果。一个高明的管理人员必须如实地承认自己对客观的认识永远有缺陷,管理必须留有余地。

(2) 管理不仅要抓住主要矛盾,而且不可忽视细节。科学的管理必须尽可能考虑一切可能的因素,综合平衡,以求得到最佳的技术经济效益。

(3) 管理带有很大的不确定性。这不仅因为管理因素多,变化大,而且因为管理是人的社会活动。管理者是人,被管理者也是人。人作为有思维活动的生命,更有许多变化的不定性,管理办法必须适应这些变化,否则,就会导致效益下降,甚至管理本身脆裂。

(4) 管理是行为科学,它有后果问题。由于管理因素多、变化大,任何一个细节疏忽都可能产生巨大的影响。

2) 弹性分为局部弹性和整体弹性两类

(1) 局部弹性。局部弹性是指任何一类管理都必须在一系列管理环节上,保持可以调节的弹性,特别在重要的关键环节上要保持足够的余地。

(2) 整体弹性。每个层次的管理系统都有整体弹性问题,标志着系统的可塑性或适应能力。

6. 能级原理

能是做功的量。这个物理学上的概念,在现代管理中也存在。机构、法和人都有能量问题。能量大就是干事的本领大,能量既然有大小,就可以分级。现代管理的任务是建立一个合理的能级,使管理的内容动态地处于相应的能级中,实现能级管理,要遵循三条原则。

1) 管理能级必须分层次

理论和实践证明,稳定的管理结构应是正立三角形,上面具有尖锐的锋芒,下面又有宽厚的基础,这种稳定的管理结构正是建立在合理分级的基础上,没有能级的管理必然导致失败。正立三角形管理结构如图 6-5 所示。

任何一个管理三角形都分为 4 个层次:最高层次是经营决策层,它是确定这个系统的大政方针的;第二层是管理层,它是运用各种管理技术来实现经营方针的;第三层是执行层,它是贯彻执行管理指令,直接调动和组织人、财、物等管理内容的;最低层是操作层,它是从事操作和完成各项具体任务的。4 个层次不仅

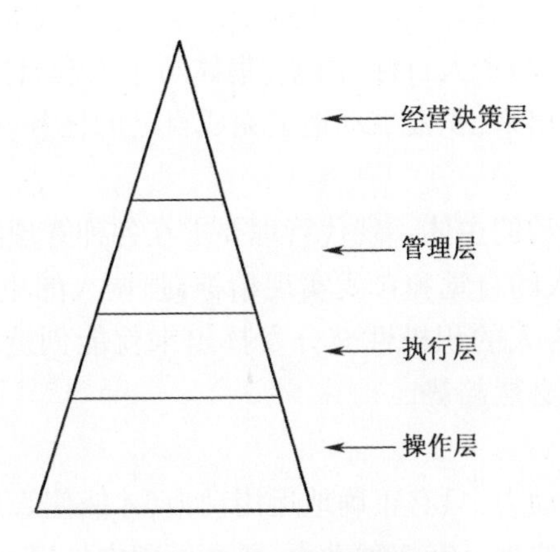

图 6-5　正立三角形管理结构

使命不同,而且标志着四大能级的差异,不可混淆。

2）不同能级表现不同的权力、物质利益和精神荣誉权力

能级原理不仅将人或机构按能级合理组织起来,而且规定了不同能级的不同目标。下一能级的目标是达到上一能级目标的手段,只有下一能级圆满地达到了自己的目标,才能保证上一能级顺利地达到目标,才能逐级地保证达到整个系统的目标。因此,上一能级对下一能级有一定的要求,下一能级对上一能级负一定的责任。为了使整个系统各能级都能在完成自身功能方面发挥高效率,表现出高可靠性,就要有一定的物质利益、精神荣誉,以及纪律约束与之相对应。总之,能级原理要求管理系统中的每个元素都能在其位,谋其政,行其权,尽其责,取其酬,获其荣,惩其误。

3）各类能级动态对应

各种管理岗位有不同能级,人也有各种不同的才能。现代化管理必须使相应才能的人得以处于相应能级的岗位上,这就叫各尽其才,各尽所能。现代化管理必须善于区别不同才能的人,放在合理的能级上使用。

实现各类管理能级的对应,必须保证人们在各个能级中能自由地流动。通过各个能级的实践、施展、锻炼和检验人们的才能,使各得其位。岗位能级是随客观情况不断变化的,不同历史时期任务的不同,岗位能级也有差别,因此,动态地实行能级对应,才能发挥最佳的管理效能。

7. 以人为本原理

所谓“人本”原理,是指各项管理活动都应该以人为本,以调动人的主观能动性和创造性为根本。

“人本”原理,要求各级管理者必须明确:要做好管理工作,要管好财、物、时

间和信息,首先必须抓住做好人的工作这个根本。使全体成员明确组织目标、自己职责,以及组织目标与个人目标,国家、集体与个人利益的一致性。使每个人的聪明才智充分发挥出来,积极主动地去完成自己的任务,就必然会大大提高管理效率。

人是一切管理活动的主体。现代管理要求在各种管理活动中把人的因素放在第一位,尽量发挥人的自觉和自我实现精神,强调人的主动性和创造性,充分发挥人的主观能动性,人的积极性充分发挥出来就能创造出管理高效的奇迹。这是现代管理发展的必然趋势。

8. 动力原理

管理必须有强大动力,只有正确地运用动力,才能使管理运行持续有效地进行下去。这就是动力原理。有 3 种动力,要在管理中加以运用。

1) 物质动力

物质动力是根本动力。物质动力不仅是物质刺激,更重要的是经济效益。经济效益是检验管理实践的标准,是现代管理的灵魂。企业也必须有物质的动力。当然,物质动力也不是万能的,如不能正确运用,也会有副作用。

2) 精神动力

精神动力既包括信仰、精神鼓励,也包括日常的思想工作。精神动力是客观的存在。因为管理是人的活动,人有精神,必有精神动力。精神动力不仅可以补偿物质动力的缺陷,而且本身就有巨大的威力。在特定情况下,它也可以成为决定性动力。当物质越来越丰富的时候,越要给以精神鼓励。

3) 信息动力

从管理角度看,信息作为一种动力,有其相对的独立性。从一个国家看,信息是前进的动力,就一个企业而言,信息是竞争的基础。在现代化大生产的情况下,没有信息的传递,科学管理是不可能的。当今是以信息的生产和交换作为重要特征的时代,信息已经渗透到社会生活的各个方面。

动力得不到正确运用,不仅会使管理效能降低,甚至起到相反的作用。三种动力要综合运用。不论对一个管理系统,还是对一个人,三种动力都是同时存在的。但是,在不同时间、不同地点和不同条件的情况下,三种动力的比重会有不同,不会绝对平均,必然存在差异。现代管理就是要及时掌握这种差异和变化,协调运用三种动力。

6.2.2 安全管理原理

安全管理是以安全为目的,通过管理职能,进行安全方面的决策、计划、组织、指挥、协调、控制等工作,从而有效地发现、分析生产过程中的不安全因素,达到预防事故、避免损失、保障人员安全、推进生产、提高效益的目的。安全管理原理是对管理学基本原理的继承和发展,主要包括:人本安全原理、物流安全原理、安全风险原理、安全经济原理及系统整体性原理。

1. 人本安全原理

人是安全主体,安全管理要以人为本。为防止因人失误造成事故,就要对人的不安全行为追踪探讨,研究行为科学有关理论,应用安全心理学和安全人机学的知识为安全生产服务。

人的不安全行为与动机、挫折、安全需要等有密切关系。在资本主义企业管理过程中,依据人性假说之不同,先后产生了各种不同的管理理论。当时的人性假说,适应当时资本主义企业的发展,起了一定积极作用,其某些方面对我国社会主义初级阶段中的企业管理和安全管理,仍有其借鉴意义。

大多数工伤事故的直接原因都是由于人的不安全行为所造成。企业领导、安全专职干部、工段、班组长及工程技术人员应了解安全心理学知识,发现不安全行为的影响因素。

人本安全原理即是以人为本,为防止因人失误造成事故而进行有关人的心理、行为管理。通过进行有效的人机工程设计,并采取安全教育与培训等有关措施,达到防止事故发生的作用。

2. 物流安全原理

在厂矿企业生产系统中,除劳动者——人流和信息流之外,还有一个重要的流通质,那就是物质、能量构成的物流。

物流通常包括机器、设备、装置、生产环境中的物质以及驱动设备的能源。

物流中主要有如下安全问题。

(1) 机械设备的本质安全;

(2) 合理的作业现场布置,建立安全的工作场所;

(3) 机械设备的选择、评价、使用、维修以及改造与更新;

(4) 排除物流中的事故,主要是运动人机(如车辆)系统的事故,搬运和厂内交通事故;

(5) 设备可靠性;

(6) 危险物质(尤其是易燃易爆物质)加工处理的危险性评价——石油化工企业的防火防爆的评价。

因此,物流安全原理即是通过掌握物流过程中的安全问题,通过从提升机械设备本质安全、关注设备的使用维修改造更新情况、提升工作场所的物品搬运与交通运输安全、提升设备可靠性、关注危险物质的加工处理以及有效运用安全控制系统等一系列管理措施,而保障物流过程安全状态的管理原理。

3. 安全风险原理

风险是危害性事件的后果及其发生概率的组合。一切安全工作的目的，归根结底就是为了降低或控制安全风险。所谓风险原理，是指要实现有效的风险控制，就必须针对危害性事件的后果及其发生概率采取综合性的控制措施。

风险水平是通过事件发生概率与后果严重程度的乘积大小来度量的。乘积越大，风险水平越高；乘积越小，风险水平越低。要降低系统的风险水平，可以采取两种方法，一是降低危害性事件发生概率；二是降低危害性后果的严重程度。前者要求采取预防性措施，后者则要求采取保护性或应急性措施。而无论是预防性措施、保护性措施还是应急性措施都需要从工程技术（Engineering）、教育（Education）、和制度约束（Enforcement）等方面加以综合考虑。

4. 安全经济原理

在工业化早期，安全生产与劳动保护仅仅定位于人的安全与健康，很少从经济角度认识。经过国内外学者对安全与经济关系的不断研究，将安全经济问题着重于两个方面进行探讨：

（1）在满足同样安全标准的条件下，能够使安全投入和消耗尽可能地小；

（2）在有限的安全投资条件下，能否使安全水平尽可能的高。

从经济的着眼点看，安全具有避免与减少事故造成的经济消耗和损失，以及维护生产力与保障社会经济财富增值的双重功能和作用。安全经济原理即是根据安全实现与经济效果对立统一的关系，从理论与方法上研究如何使安全活动（安全法规与安全政策的制定、安全教育与管理的进行、安全工程与技术的实施等，）以最佳的方式与人的劳动、生活、生存合理地结合起来，最终达到安全劳动、安全生活、安全生存的可行与经济合理，从而使人类社会取得较好的经济效益。

5. 系统整体性原理

在安全管理工作中应用系统整体性原理，就是将“人—机—材料—环境”纳入系统整体之中。

系统整体性是将相关因素纳入全局，表现在系统内部诸要素之间及系统与外部环境之间保持着有机的联系。系统之所以能保持它的整体性在于它具有自我调节的能力和对外部环境的适应性。系统内部诸要素之间的联系为内部联系，表征内部联系的范畴，称为结构。系统与外部环境之间的联系为外部联系，表征这种联系的范畴称为功能。要素、系统、环境 3 个环节，就是通过结构和功能两个中介的沟通而有机联系起来的。

系统的整体性是由系统七大属性确定的：目标性、边界性、集合性、有机性、层次性、调节性和适应性。一切工作的出发点，都是由这些属性所体现出的整体与局部的关系,结构与功能的关系,使系统整体性力争达到最优化。

系统整体性原理的示意图如图 6-6 所示。

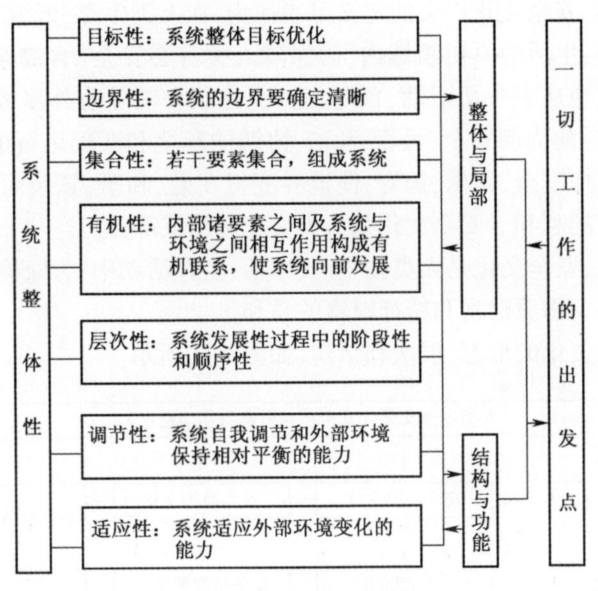

图 6-6　系统整体性原理

6.3　安全管理文化与法规

6.3.1　安全文化

1. 安全文化概述

要定义安全文化,首先要界定安全和文化的概念。关于安全的概念,本书第 1 章已经进行了论述,故而不再叙述。文化的概念也有广义与狭义之分,广义的概念是指人类社会历史实践过程中所创造的物质财富和精神财富的总和,狭义的概念是指社会的意识形态以及与之相适应的制度和组织机构。

安全文化的概念最先是由国际核安全咨询组(INSAG)于 1988 年针对核电站的安全问题提出的。1991 年出版的 INSAG 报告即《安全文化》,给出了安全文化的定义:“安全文化是存在于单位和个人中的种种素质和态度的总和。”英国保健安全委员会核设施安全咨询委员会认为,上述的安全文化定义是一个理想化概念,且没有强调能力和精通等必要成分。于是提出了修正的定义:“一个单位的安全文化是个人和集体的价值观、态度、想法、能力和行为方式的综合产物,它取决于保健安全管理上的承诺、工作作风和精通程度。”具有良好安全文化的单位有如下特征:相互信任基础上的信息交流,共享安全的重要思路,对预防措施效能的信任。

综上所述,安全文化广义的定义可表述为:在人类生存、繁衍和发展历程中,在其从事生产、生活的一切领域内,为保障人类身心安全(含健康)并使其能安全、舒适、高效地从事一切活动,预防、避免、控制和消除意外事故和灾害(自然的、人为的),为建立起安全、可靠、和谐、协调的环境和匹配运行的安全体系,为使人类变得更加安全、康乐、长寿,使世界变得友爱、和平、繁荣而创造的物质财富和精神财富的总和。安全文化是人类文化的组成部分。

简而言之,安全文化是人类在生产、生活、生存活动中,为保护身心安全与健康所创造的有关物质财富和精神财富的总和。

关于安全文化的形态、层次和结构,如图 6-7 所示。

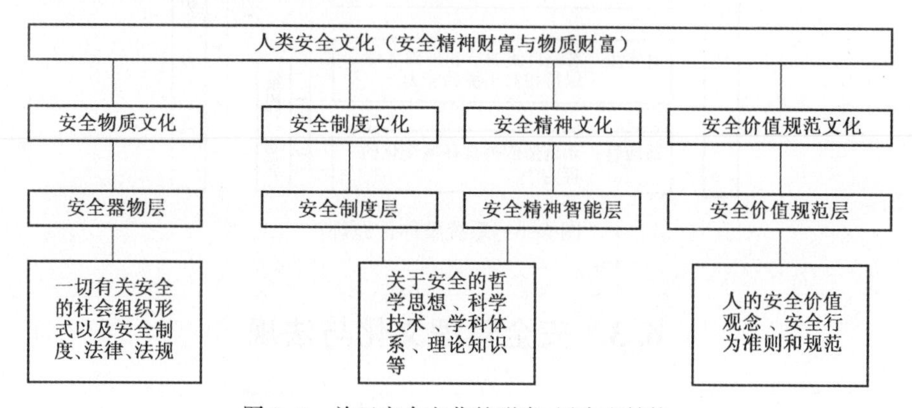

图 6-7　关于安全文化的形态、层次和结构

2. 安全文化与安全管理

安全管理的效能发挥,自然离不开管理的主体、对象,其最根本的决定因素是人,即管理者和被管理者,他们的安全文化素质及其安全文化环境直接影响管理的机制和能接受的方法。人们越来越注意到,职工的安全文化素质的提高,是不断推动安全文明生产,保护职工在劳动中的安全和健康的关键。

企业安全管理是企业安全文化的一种表现形式,是企业安全文化在企业安全管理中的某些经验化、理性化不断发展和优化的体现,科学的企业安全管理也属于企业安全文化建设的范畴。企业安全文化的氛围和背景或特定的安全文化人文环境也会形成或造就企业特殊的安全管理模式。无论是企业的决策层、管理层、执行(操作)层,他们对自己的安全的意识、态度、认知、信念、价值观,他们所具有的安全物质环境及各自具有的安全知识和操作技能都是企业安全管理的基础。企业安全文化不仅在安全科技的物质领域,还在人对安全的生理、心理、社会、道德、习俗、修养等无形的上层建筑的精神领域为现代企业安全管理提供了顺应时代发展的基础和成长的背景(环境)。因此,企业安全文化也直接影响或造就了与时代经济、文化发展相协调的企业安全管理的机制和方法。当然企业安全管理的进步和发展,作为一种独特的安全文化发展过程,作为企业安全文化的一种表现和相对独立的现象,自然也丰富了企业安全文化,也反过来促进了人类的发展。

3. 安全文化建设

安全文化建设就是要在一切生产经营活动的过程中,形成一个强大的安全文化氛围。建设安全文化,就是用安全文化造就具有完善的心理素质、科学的思维方式、高尚的行为取向和文明生产活动秩序的现代人,使每个成员,在正确的安全心态支配下,在安全化的环境中高度自觉地按照安全制度、准则规范自己的行为,并能有效地保护自己和他人的安全与健康,同时又能确保各类生产作业活动的顺利进行。

企业的安全文化是多层次的复合体,由安全物质文化、安全制度文化、安全精神文化、安全价值和规范文化组成。企业安全文化是以人为本,提倡"爱"与"护",以"灵性管理"为中心,以职工安全文化素质为基础所形成的群体和企业的安全价值观(即生产与人的价值在安全取向上的统一)和安全行为规范,表现于职工的安全生产的态度和敬业精神。

1) 物质安全文化建设

物质安全文化建设的目标是实现机、物、环境系统的本质安全化,这是人类长期追求的目标,也是企业安全文化建设的必然要求。进行物质安全文化建设,就需要依靠企业的技术进步和技术改造,来不断提高系统本质安全化程度,主要包括3个方面:

(1) 工艺过程本质安全化。工艺过程主要是指对生产、操作、质量等方面的控制过程。工艺过程本质安全化应做到:操作者不仅要了解物料、原料的性质,还要正确地控制好温度、压力、质量等参数,必须有严格的工艺规范和技术管理制度;企业应当落实科室和专人负责日常工艺过程管理,认真监督、检查操作规程、制度和工艺规范的执行情况。

(2) 设备控制过程的本质安全化。应当加强对生产设备、安全防护设施的管理。主要内容包括:从设备的设计、制造、订货等都要考虑其防护能力、可靠性和稳定性,要大力推广和开发应用安全新技术、新产品、新设施和先进的安全检测设备,抓设备"正确使用、精心维护、科学检修、技术攻关、革新改造"的同时,要抓好设备、工艺、电气的连锁和静止设备的安全措施。

(3) 整体环境的本质安全化。主要是为作业环境创造安全、良好的条件。

2）制度安全文化的建设

制度安全文化是指与物质、心态、行为规范安全文化相适应的组织机构和规章制度的建立、实施及控制管理的总和，其主要包括：建立健全企业安全管理制度，建立完善企业安全管理各项基本法规、标准，并且高效地运作这些法规、标准，使其真正落实到安全生产的实处。

3）员工心态安全文化的建设

员工心态安全文化是指安全文化中精神层次的文化。从本质上看，它是人的思想、情感和意志的综合表现，是人对外部客观世界和自身内心世界的认识能力与辨识结合的综合体现，其目的就是要提高职工的安全意识和安全思维。

安全意识来源于人们安全生产经验和安全管理科学知识相结合的实践，又反过来支配安全生产的复杂心理过程。它是以认识、情感和意志为基础的有机整体，从个体的安全防护意识层次上分析，大致可以归纳为 3 个层次，即应急安全保护意识、间接安全保护意识和超前安全保护意识。

（1）应急安全保护意识：主要体现在，当事故以显性危害方式出现时，能对这种直接的危害迅速觉察、避让和采取应急措施。这种应急保护意识是自发的、本能的、快速的反应。一般说来，职工的表现都比较强烈，但表现的正确与否和职工的安全技术素质有很大的关系。

（2）间接安全保护意识：主要体现在，当危险因素以隐性的危害方式出现时，对间接的慢性的伤害及其所造成的后果。一般说来，人们往往认识不清；对这种隐性的危害应采取的防护、隔离等安全措施，需经过安全教育与培训方可逐步形成。

（3）超前的安全保护意识：主要体现在，由于“安全管理的缺陷"造成人的态度、情绪与不安全行为，需要采取预防与控制的手段。一般说来，人们在这方面的安全意识比较薄弱，对潜在危险因素的洞察性、预防性和控制性都比较差。

促使人们树立正确的安全意识最有效的手段是通过各种形式的宣传教育方法，并从安全哲学、安全科学、安全文学、安全艺术等角度对职工进行安全文化渗透，唤醒人们对生命安全健康的渴望，从而从根本上提高对安全的认识，增强应急安全保护意识、间接安全保护意识和超前安全保护意识。

4）员工行为规范安全文化的建设

员工行为规范安全文化是指人的安全价值观和行为规范。公认的价值标准存在于人们的内心，制约其行为，这就是行为规范，其具体表现为道德、风俗、习惯等。而所谓安全道德就是人们在生产劳动过程中维护国家和他人利益、人与人之间共同劳动生产工作（生活）的行为准则和规范。

缺乏安全道德的行为表现，是我国伤亡事故高发的重要原因之一。对企业劳动安全卫生构成最大、最直接的危害，有的还造成了无可挽回的巨大损失。进行员工的行为规范安全文化建设，就是要提倡树立安全道德，具体做法如下：

(1) 树立集体主义的精神风貌。这是安全道德的基本原则，也是人们在劳动安全生产过程中体现出人与人之间的关系所应当遵循的根本指导原则。

(2) 开展安全道德的宣传工作，靠社会舆论、环境氛围和人们的内心信念的力量，来加强安全道德的修养。

(3) 做好安全道德教育，培养人们安全道德的情感，树立安全道德的信念，坚决执行由安全道德所引导的正确的行为，以养成良好的安全道德的行为习惯。

只要把人伦和道德有机地结合起来，在没有人监督的情况下，人人都能够自觉地按照安全道德的内容去做，把安全道德规范转化为人们的道德力量，这样就能有效地控制伤亡事故的发生，这就是行为规范安全文化建设的最终目的。

6.3.2 安全教育

1. 安全教育概述

1) 安全教育与培训的意义

安全教育的目的、性质是由社会体制所决定的。早期的安全教育，企业职工接受安全教育的目的较强地表现为“要我安全”，被教育者偏重于被动地接受；随着经济水平的不断提高，社会的发展，需要做到变“要我安全”为“我要安全”，变被动的接受安全教育为主动要求安全教育。安全教育的功能、效果以及安全教育的手段都与社会经济水平有关，都受社会经济基础的制约。并且，安全教育为生产力所决定，安全教育的内容、方法、形式都受生产力发展水平的限制。早期由于生产力的落后，生产操作复杂，对人的操作技能要求很高，相应的安全教育主体是人的技能。现代生产的发展，使生产过程对于人的操作技能要求越来越简单，安全对于人的素质要求主体发生了变化，即强调了人的态度、文化和内在的精神素质，安全教育的主体也应当发生变化。因此，安全教育要与现代社会的安全活动要求合拍，安全教育的本质问题是人的安全文化素质教育。

2) 安全教育的内容

安全教育包括思想教育、政治教育、劳动纪律教育、方针政策教育、法制教育、安全技术知识教育以及典型经验和事故教训的教育。

思想和劳动纪律教育是安全生产教育的重要内容，能使领导、管理人员和操作人员认识和搞清楚做好安全生产工作对促进经济建设的作用，增强保护生产力的责任感，正确处理好安全与生产的辩证统一关系，自觉地进行安全生产。

安全生产方针政策和法制教育是提高各级领导、广大职工的政策水平和法制观念的重要手段，使他们正确理解安全生产方针，了解安全生产政策和各项安全技术政策，严肃认真地执行安全生产法规，做到守法、执法和学会利用法律武器。

安全技术知识教育包括一般生产技术知识、一般安全技术知识、检测和控制技术知识以及专业安全生产技术知识。

安全技术知识寓于生产技术知识之中，对职工特别是对青年职工进行教育时必须把两者结合起来进行。一般生产技术知识教育包括：企业的基本概况，生产工艺流程，作业方法，设备性能以及产品的构造、质量与规格。一般安全技术知识教育有：尘毒防治的综合措施，消防规则，个体防护用具的正确使用以及伤亡事故的报告程序，企业生产过程中的不安全因素及其规律性，安全防护基本知识，发生事故时的紧急救护及自救措施等。专业安全技术教育是针对特殊工种进行的专业安全教育，例如提升运输、火药爆破、电气安全等专业安全技术知识。此外，要宣传安全生产的典型经验，从工伤事故中吸取教训。

2. 安全教育与培训的相关法律规定

企业安全教育的内容概括起来有：国家有关安全生产的方针、政策、法律、法规及有关规章制度、工伤保险、安全生产管理职责；企业职业安全健康知识及安全文化、有关事故案例及事故应急处理措施。

我国《安全生产法》就安全教育和培训问题，在第二十条、第二十一条、第二十二条、第二十三条、第二十四条做出了全面而详细的规定。早在1995年，原劳动部代表国务院行使国家监察权力时，就颁布了《企业职工劳动安全卫生教育管理规定》，该规定以法律的形式把企业安全教育纳入正轨。这个管理规定共6章27条，从总则、生产岗位职工安全教育、管理人员安全教育、组织管理、罚则、附则等方面全面系统地阐明企业安全教育的内容、要求、管理，是企业进行安全教育的法律依据，也是抑制事故高发的治本之举。《安全生产法》在更高层次对企业安全教育做出界定，更加说明安全教育在安全生产中的重要地位。

安全教育培训的相关法律规定如下：

1）高危企业主要负责人和安全生产管理人员

依据《安全生产法》第二十条第二款、《生产经营单位安全培训规定》第六条第二款、《安全生产培训管理办法》第三十五条第一款以及《危险化学品生产单位安全生产管理人员安全生产培训大纲及考核标准》4.4.1和4.4.2，高危企业主要负责人和安全生产管理人员必须取得安全资格证书后方可任职。安全资格证书由各级安全监管监察机构或煤矿安全监管部门颁发，全国统一样式，全国范围内有效，有效期为3年。

2）特种作业人员

依据《安全生产法》第二十三条、《生产经营单位安全培训规定》第二十条、

《特种作业人员安全技术培训考核管理规定》第十九条和第二十一条，特种作业人员必须取得特种作业操作证方可上岗作业。证书由有关安全监管监察部门或煤矿安全监管部门颁发，全国统一样式，全国范围内有效，有效期为6年，每3年复审1次。

3) 其他从业人员以及一般行业企业主要负责人、安全生产管理人员

《安全生产法》第二十一条、《生产经营单位安全培训规定》第十二条、第十五条、第二十一条、《安全生产培训管理办法》第三十条、第三十三条、《国务院安委会关于进一步加强安全培训工作的决定》，其他从业人员以及一般行业企业主要负责人、安全生产管理人员必须有安全培训合格证书。证书由有关生产经营单位或培训机构颁发，证书样式由负责培训考核的部门规定。

3. 安全教育的实施

1) 三级安全教育

三级安全教育制度是企业安全教育的基本教育制度，是指企业必须对新入厂职员、工人进行厂级安全教育、车间级安全教育和岗位（工段、班组）安全教育，受教育者，经考试合格后，方可上岗操作。

(1) 一级（厂部）安全教育内容。

进行安全基本知识、法规、法制教育，主要内容是：

① 国家的安全生产方针、政策；

② 安全生产法律、法规和标准，如《劳动法》《安全生产法》；

③ 劳动保护的意义、任务、内容及其重要性，使新入厂的职工树立起“安全第一”和“安全生产人人有责”的思想；

④ 本单位的安全概况，包括企业安全工作发展史，企业生产特点，工厂设备分布情况（重点介绍接近要害部位、特殊设备的注意事项）；

⑤ 本单位的安全生产规章制度、安全纪律以及企业内设置的各种警告标志和信号装置等；

⑥ 本单位安全生产形势及历史上发生的重大事故及吸取的教训；

⑦ 发生事故后如何抢救伤员、排险，保护现场和及时进行报告。

(2) 二级（车间）安全教育内容

进场现场规章和遵章守纪教育，主要内容是：

① 介绍车间的概况，如车间生产的产品、工艺流程及其特点，车间人员结构、安全生产组织状况及活动情况；

② 工程项目施工特点及现场主要危险源分布；

③ 本项目（包括施工、生产现场）安全生产规章；

④ 本工种安全技术操作规程；

⑤ 高处作业、机械设备、电气安全基础知识；

⑥ 防火、防毒、防尘、防爆知识及紧急情况安全处置和安全疏散知识；

⑦ 防护用品发放标准及防护用品、用具使用的基本知识。

(3) 三级(班组)安全教育内容

进行本工种岗位安全操作及班组安全制度、纪律教育，主要内容是：

① 本班组作业特点、作业环境、危险区域、设备状况、消防设施等；

② 本工种的安全操作规程和岗位责任、纪律；

③ 爱护和正确使用安全防护装置(设施)及个人劳动防护用品；

④ 本岗位易发生事故的不安全因素及其防范对策；

⑤ 本岗位的作业环境及使用的机械设备、工具的安全要求。

2) 以人为本的安全教育方法

安全生产教育工作是安全生产监管的重要手段，要切实贯彻“安全第一，预防为主”的方针，就必须把“以人为本”放在第一位。人是生产中最宝贵的因素，也是最活跃的因素。在生产中把保护人的安全和健康放在首位，不允许用人的生命和健康作为代价，去换取企业效益，当生产和安全发生矛盾时，生产必须服从安全。

合理的教育方法是提高教学效果的重要方面，安全教育的方法多种多样，各种方法都有各自的特点和作用，在应用中应当结合实际的知识内容和学习对象，灵活采用。比如，对于大众的安全教育，多采用宣传娱乐法和演示法；对于中小学生的安全教育，多采用参观法、讲授法和演示法；对于各级领导，多采用研讨法和发现法等；对于企业职工的安全教育，则多采用讲授法、谈话法、访问法、练习与复习法、外围教育法、奖惩教育法等；对于安全专职管理人员，则应采用讲授法、研讨法、读书指导法、全方位教育法、计算机多媒体教育法等。

6.3.3 安全法规

1. 安全法规概述

安全法规是保护劳动者在生产过程中的生命安全和身体健康的有关法令、规程、条例规定等法律文件的总称，是一种特殊的社会规范，由国家制定或认可，由国家强制力保证实施。安全法规规定了人们在某种情况下，可以做什么，应该做什么和禁止做什么，向人们提供了非常明确的行为模式、标准和方向。在工业生产中，有关安全的法规涉及劳动保护法规、安全技术规程、劳动卫生规程、环境保护法规等各个方面。

制定安全法规主要依据是中华人民共和国宪法。宪法第四十二条规定：“国家通过各种途径，创造劳动就业条件，加强劳动保护，改善劳动条件……”，

第四十三条规定:“中华人民共和国劳动者有休息的权利。国家发展劳动者休息和休养的设施,规定职工的工作时间和休假制度。”第四十八条规定:“妇女享有同男子平等的权利,国家保护妇女的权利和利益。”安全法规就是根据上述原则制定的预防事故、预防职业危害、劳逸结合、女工和未成年工保护等方面具体的法规和制度,以法律形式保障职工的安全健康,促进生产。

1) 安全法规的功能

安全法规的功能来源于安全法规产生的客观性,即只有建立和健全符合预防、控制事故规律的安全法规,才具有预防和控制事故的功能。同时也应当认识到,符合安全生产规律的安全法规虽然具有预防和控制事故的功能,但它必须用于指导安全管理的实践,只有用于统一人们的安全工作和安全生产行为,才能发挥其应有的作用。安全法规体系的功能主要包括:

(1) 依据预防事故规律客观要求所产生的生产技术法规,具有直接预防事故的特定功能;

(2) 依据控制事故规律客观要求所产生的安全技术法规,具有直接控制事故的特定功能;

(3) 依据安全管理规律客观要求所产生的安全工作法规和安全奖惩法规,具有间接预防和控制事故的特定功能。

2) 安全法规的分类

依据安全生产和安全管理的需要,按照安全法规体系的形成过程及各类法规所具有的特定功能,可以将安全法规划分为:生产技术法规、安全技术法规和安全工作法规。

(1) 生产技术法规。生产技术法规是指人们长期在生产实践过程中,通过总结安全生产经验,在认识生产实践的规律运动具有安全的必然性之后,依据预防事故规律的客观要求,逐步建立健全生产技术应用管理方面的规章制度。例如,各种生产技术标准、设计规范、生产工艺规程、技术操作规程等,统称为生产技术法规。

(2) 安全技术法规。安全技术法规是指人们在长期生产实践中,通过吸取事故教训,在认识到生产实践的异常运动具有导致事故的必然性之后,依据控制事故规律的客观要求,逐步建立健全安全技术应用管理方面的规章制度。例如,各种安全技术标准、工厂安全卫生规程、煤矿安全规程、各种工程施工安全技术措施等,统称为安全技术法规。

(3) 安全工作法规。安全工作法规是指人们长期在安全工作实践中,通过总结安全生产经验教训,在认识了安全规律、事故规律的同时,也认识了安全管理规律;为了促使生产实践规律运动,预防和控制事故的发生,依据安全生产与管理的需要,逐步建立健全安全工作管理方面的规章制度。例如,各种安全工作标准、安全监督检查条例、安全生产责任制、安全奖惩条例、安全教育和安全检测制度等,统称为安全工作法规。

2. 国家安全法律法规体系

1) 安全生产法规体系构成

根据我国立法体系的特点,以及安全生产法规调整的范围不同,安全生产法律法规体系由若干层次构成,如图 6-8 所示。按层次由高到低为:国家根本法、国家基本法、劳动综合法、安全生产与健康综合法、专门安全法、行政法规、安全标准。宪法为最高层次,各种安全基础标准、安全管理标准、安全技术标准为最低层次。

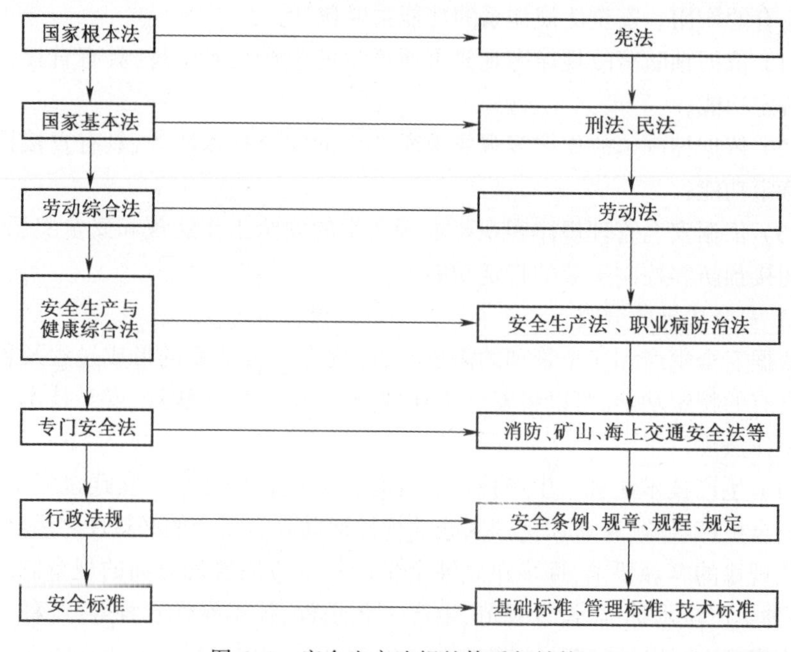

图 6-8　安全生产法规的体系与结构

安全生产法律法规体系,是指我国全部现行的、不同的安全生产法律规范形成的有机联系的统一整体。

从法的不同层级上,可以分为上位法与下位法。上位法是指法律地位、法律效力高于其他相关法的立法。下位法相对于上位法而言,是指法律地位、法律效力低于相关上位法的立法。

从同一层级的法的效力上,可以分为普通法与特殊法。普通法是适用于安全生产领域中普遍存在的基本问题、共性问题的法律规范,它们不解决某一领域存在的特殊性、专业性的法律问题。如《安全生产法》是安全生产领域的普通法。特殊法是适用于某些安全生产领域独立存在的特殊性、专业性问题的法律规范，它们往往比普通法更专业、更具体、更具有可操作性。如《消防法》《道路交通安全法》等特殊法。

从法的内容上，可以分为综合性法与单行法。综合性法不受法律规范层级的限制，而是将各个层级的综合性法律规范作为整体来看待，适用于安全生产的主要领域或者某一领域的主要方面。单行法的内容只涉及某一领域或者某一方面的安全生产问题。如《矿山安全法》是单独适用于矿山开采安全生产的单行法律。在一定条件下，综合性法与单行法的区分是相对的、可分的。

2）安全生产的安全技术标准体系

安全技术标准是我国安全生产法规体系中的一个重要组成部分，它属于强制性标准，是安全生产法规的延伸与具体化。安全标准由基础标准、安全生产管理标准、安全生产技术标准、其他综合类标准组成，如表6-3所列。

表6-3　安全标准

<table>
<tr><th>标准类别</th><th colspan="2">标　准　例　子</th></tr>
<tr><td rowspan="2">基础标准</td><td>基础标准</td><td>标准编写的基本规定、职业安全卫生标准编写的基本规定、标准综合体系规划编制方法、标准体系表编制原则和要求、企业标准体系表编制指南、职业安全卫生名词术语、生产过程危险和有害因素分类代码</td></tr>
<tr><td>安全标志与报警信号</td><td>安全色、安全色卡、安全色使用导则、安全标志、安全标志使用导则、工业管路的基本识别色和识别符号、报警信号通则、紧急撤离信号、工业有害气体检测报警通则</td></tr>
<tr><td>安全生产管理标准</td><td colspan="2">特种作业人员考核标准、重大事故隐患评价方法及分级标准、事故统计分析标准、职业病统计分析标准、安全系统工程标准、人机工程标准</td></tr>
<tr><td rowspan="2">安全生产技术标准</td><td>安全技术及工程标准</td><td>机械安全标准、电气安全标准、防爆安全标准、储运安全标准、爆破安全标准、燃气安全标准、建筑安全标准、焊接与切割安全标准、涂装作业安全标准、个人防护用品安全标准、压力容器与管道安全标准</td></tr>
<tr><td>行业卫生标准</td><td>作业场所有害因素分类分级标准、作业环境评价及分类标准、防尘标准、防毒标准、噪声与振动控制标准、其他物理因素分级及控制标准、电磁辐射防护标准</td></tr>
</table>

安全标准虽然处于安全生产法规体系的底层，但其调整的对象和规范的措施最具体。安全标准的制定和修订由国务院有关部门按照保障安全生产的要求，依法及时进行。安全标准由于它的重要性，生产经营单位必须执行，这在安

全生产法中以法律条文加以强制规范。安全生产法第十条规定:“国务院有关部门应当按照保障安全生产的要求,依法及时制定有关的国家标准或者行业标准,并根据科技进步和经济发展适时修订。生产经营单位必须执行依法制定的保障安全生产的国家标准或者行业标准。”

3. 安全生产法律法规

1) 安全生产方针

新修改后的《中华人民共和国安全生产法》里明确了我国推行的安全生产管理坚持“安全第一,预防为主,综合治理”的方针。

“安全第一”要求从事生产经营活动必须把安全放在首位,不能以牺牲人的生命、健康为代价换取发展和效益。“预防为主”要求把安全生产工作的重心放在预防上,强化隐患排查治理,从源头上控制、预防和减少生产安全事故。“综合治理”要求运用行政、经济、法治、科技等多种手段,充分发挥社会、职工、舆论监督各个方面的作用,抓好安全生产工作。

“安全第一、预防为主、综合治理”是开展安全生产管理工作总的指导方针,是一个完整的体系,是相辅相成、辩证统一的整体。安全第一是原则,预防为主是手段,综合治理是方法。安全第一是预防为主、综合治理的统帅和灵魂,没有安全第一的思想,预防为主就失去了思想支撑,综合治理就失去了整治依据。预防为主是实现安全第一的根本途径。只有把安全生产的重点放在建立事故预防体系上,超前采取措施,才能有效防止和减少事故,实现安全第一。综合治理是落实安全第一、预防为主的手段和方法。只有采取综合治理,才能实现人、机、物、环境的统一,实现本质安全,真正把安全第一、预防为主落到实处,不断开创安全生产工作的新局面。

2) 安全生产原则

(1) “管生产必须管安全”的原则。

一切从事生产、经营活动的单位和管理部门都必须管安全,必须依照国务院“安全生产是一切经济部门和生产企业的头等大事”的指示精神,全面开展安全生产工作。要落实“管生产必须管安全”的原则,就要在管理生产的同时认真贯彻执行国家安全生产的法规、政策和标准,制定本企业本部门的安全生产规章制度,包括各种安全生产责任制、安全生产管理规定、安全卫生技术规范、岗位安全操作规程等,健全安全生产组织管理机构,配齐专(兼)职人员。

(2) “安全具有否决权”的原则。

“安全具有否决权”的原则是指安全工作是衡量企业经营管理工作好坏的一项基本内容。该原则要求,在对企业进行各项指标考核、评选先进时,必须要首先考虑安全指标的完成情况。安全生产指标具有一票否决的作用。

(3)“三同时”原则。

“三同时”是指凡是我国境内新建、改建、扩建的基本建设项目(工程)、技术改造项目(工程)和引进的建设项目,其劳动安全卫生设施必须符合国家规定的标准,必须与主体工程同时设计、同时施工、同时投入生产和使用。

(4)“五同时”原则。

“五同时”是指企业的生产组织及领导者在计划、布置、检查、总结、评比生产工作的时候,同时计划、布置、检查、总结、评比安全工作。

(5)“四不放过”原则。

“四不放过”是指在调查处理工伤事故时,必须坚持事故原因分析不清不放过,事故责任者和群众没有受到教育不放过,没有采取切实可行的防范措施不放过和事故责任者没有被处理不放过。

(6)“三个同步”原则。

“三个同步”是指安全生产与经济建设、深化改革、技术改造同步规划、同步发展、同步实施。

3)安全生产的基本要求

不同的行业对于安全生产有不同的具体要求,不同的作业又有不同的防护措施。安全生产的基本要求是:

(1)法律许可。企业必须按照国家的法律和规定进行建设,并取得主管部门颁发的生产许可证。

(2)提高技术。在资金许可的前提下,尽量采用先进技术实现机械化、自动化,对危险岗位实现无人操作或远距离控制。

(3)设备。选用符合安全生产要求的设备。

(4)环境。创造良好的工作环境。

(5)制度。有严密的管理制度和切实可行的岗位责任制、安全操作规程。

(6)培训。工人上岗前经过良好的教育和技术培训。

(7)辅助设备。在发生事故时有报警设备、消防设备以及充足的防护抢救设备。

(8)应急管理。有良好的通信联络及交通工具,以便一旦发生事故,及时联系抢救。

(9)氛围。有从上到下对安全工作重视的良好风气和责任感。

4)安全生产责任制

安全生产责任制是明确企业各级负责人、各类工程技术人员、各职能部门和职工在生产中应负的安全职责的制度。安全生产责任制的内容,概括地讲就是:企业各级领导,应对本单位的安全工作负总的组织领导责任;各级工程技术人员、职能科室和生产工人，在各自的职责范围内应对安全工作负起相应的责任。至于具体的安全生产的职责范围，应根据各单位的生产特点和具体情况不同分别确定。安全生产是渗透到企业各个部门和各层次的工作。只有明确分工，各司其职、各负其责，协调一致，才可能实现。因而，安全生产责任制是企业中最基本的一项企业制度，是所有劳动保护、安全生产规章制度的核心。通过这一制度，使安全生产工作从组织领导上统一起来，把"管生产必须管安全"的原则从制度上固定下来。这样，劳动保护工作才能做到事事有人管，层层有专责，才能使各级领导和广大职工分工协作、共同努力，认真负责地把工作做好。建立、健全和执行这个制度，就是使企业安全卫生工作纳入生产经营管理活动的各个环节，实现全员、全面、全过程的安全管理，保证企业实现安全生产。

安全生产责任制的实质是，在一个企业中，人人都享有管安全的权利，也有管安全的义务，真正达到既保证完成生产任务，又保证不出事故。安全生产责任制明确规定，企业的法人代表是企业的第一安全责任人，企业的厂长(经理)必须把"安全第一，预防为主"的安全生产方针贯彻到企业的生产计划、方案和规划中，并以身作则，带头贯彻执行，同时监督和要求其他员工必须严格按照规定，进行操作。安全生产责任制的3个基本要素是：企业必须建立安全管理机构，企业的法人代表必须担当第一安全责任人，企业必须建立完善的安全管理制度。

第7章　软件安全性

7.1　软件安全性概述

7.1.1　由软件问题导致的事故案例

1962年7月22日，携带着金星探测器“水手1号”的“宇宙神”火箭从美国卡纳维拉尔角空军基地发射升空。起飞5分钟后，控制飞行姿态的计算机程序发生故障，导致火箭偏离预定轨道。经过几个星期的分析，问题被确定出现在软件中，是一个算法上的抄写错误。也就是说，程序严格按照程序员的设想执行，但在说明书中，指令本身却存在错误！错误被确定为操作平滑（平均）的速度。数学中，在变量符号上面加个水平的“-”符号表示求平均，在提供给程序员的手写制导方程中，这个“-”符号不小心被漏掉了。程序员正确地按照算法编写了程序，并使用了雷达指引的原始速度而不是平均速度。结果，程序使用的速度变量包含到了火箭速度的微小波动，在经典的负反馈循环中，试图调整火箭速度，但在这个过程中却出现了真正的不稳定行为。最后结果是负责发射安全的官员在离星箭分离只有6分钟时发出了自毁指令，任务控制器在大西洋上空将整个火箭摧毁。

1996年6月4日，欧洲航天局研制的“阿历亚娜5”火箭带着4颗卫星在法属圭亚那库鲁航天中心第三发射场首次升空，这4颗卫星用于研究地球和太阳之间的相互影响。库鲁当地时间上午9时33分59秒（HO），发动机点火。HO+7.5秒，助推器点火，起飞正常，直至HO+37秒飞行姿态和轨迹正常。HO+37秒至HO+39秒，两个助推器喷管突然摆到极限值，火箭很快倾斜，大幅度偏离轨道，在强烈气动力的作用下引起箭体结构的断裂，随后火箭安全系统自动将火箭和助推器炸毁，最终导致“阿历亚娜5”火箭首次飞行试验失败。《“阿历亚娜5”501飞行失败报告》总结“阿历亚娜5”的故障原因时指出，火箭起飞37秒后制导和姿态信息完全丢失，这是由于惯性制导系统软件中的部分技术要求和设计错误引起的，具体为：“阿历亚娜5”中的惯性制导系统软件沿用了“阿历亚娜4”的软件，但是“阿历亚娜5”更高速的发动机触发了惯性制导系统中的一个bug。惯性制导系统中的一个水平偏差量（BH）在由64位浮点数转换为16位带符号整数的运算中发生溢出,从而导致操作数错误,进而引起软件异常。由于软件异常,火箭上的2个惯性制导系统计算机相继故障停机,致使飞行器的制导和姿态信息丢失,最后导致运载火箭自毁,“阿历亚娜5”首飞失败。“阿历亚娜5”运载火箭由欧洲航天局耗资67亿美元,历时10多年研制而成。由于火箭惯性制导系统软件开发过程中的一个缺陷,最终导致火箭爆炸。高达近70亿美元的巨额研制费用和10多年的研制心血毁于一旦,结局实在令人扼腕叹息。

某型号飞机上载有一枚实弹(搭配惰性弹头),即将将其发射到用以进行试验点火的区域内。在试验点火过程中,导弹成功执行点火,但此时导弹尚未与飞机分离,导致导弹带着飞机飞行。该飞机上的导弹发射器由原先的硬件控制修改为软件控制,整个修改完全符合标准规定,而且在交付装机测试之前,已经从各个不同的等级进行了充分的测试。常规的武器机架接口和安全性覆盖已经进行了充分的测试和记录。正如设计好的那样,飞机在指定的地方收到点火指令。不幸的是,设计中并没有规定控制锁解锁的时长,也没有被程序员编码到软件中去。在这样的条件下,用来解锁的时间不足,在武器飞离机架之前,控制锁依旧是锁住的状态。在导弹还捆绑在飞机上的时候,由于导弹的启动,发动机开始驱动武器飞行。该事件最终导致了飞机的姿态失稳和混乱飞行。庆幸的是,最终该飞机还是带着耗尽的导弹安全着陆了。若不是惰性弹头,则导弹必定与飞机和飞行员同归于尽了。

巴拿马国家肿瘤机构所使用的计算机治疗系统是由美国一家公司开发的。该系统在运行时需要获取几个屏蔽块的空间坐标数据。这些屏蔽块需要按一定的顺序依次地接入系统,并且数量上也有限制。放疗期间,这些屏蔽块用于保护健康组织免受照射。在2000年8月以后的治疗中,所有的屏蔽块被同时接入系统,这样,多个屏蔽块就被系统看做是一个个单独的屏蔽块,导致计算机对辐射剂量和治疗时间的计算错误。此外,在正规的治疗过程中,需要有医生手动对计算机的计算结果进行两次检查确认,但是事故中这个过程却被医生略过了。此次事故共有28人的健康受到严重影响,其中有8个病人在这次事故中丧生,20个病人由于受到过多辐射产生了严重的健康问题。负责手动检查计算机计算结果的医生,最后也被以谋杀罪起诉。

软件本身对人员财产不会产生直接威胁,但软件中的错误有可能通过软、硬件的接口使硬件发生误动或失效,造成严重的安全事故,从而导致不可接受的人员的伤亡和财产损失！随着计算机技术的飞速发展,软件在智能化、灵活性、重量、功耗等方面比硬件更具优越性,航空、航天和国防科技工业的重要产品及铁路、汽车、医疗中越来越多地使用软件,这些软件的安全性往往影响着系统的成败。由于软件的复杂性和规模越来越大,尽管人们开展软件工程来提高软件质量,但一般的软件工程只能保证软件失效率水平在 $10^{-3} \sim 10^{-4}$,美国通过软件能力成熟度 2 级(CMM2)的软件公司开发出的软件其缺陷比通常情况下开发的软件缺陷可以低一个数量级,但这与安全关键系统的安全性要求还有很大差距。(美国联邦航空管理局(FAA)要求飞机在寿命期内不发生灾难性失效,美国国家航空航天局(NASA)对系统安全性要求的指标约为 $10^{-6} \sim 10^{-9}$ 灾难性失效/h)。因此,我们有必要针对软件的安全性开展研究,以采取措施,提高软件安全性。

7.1.2 软件在系统中的作用

当今时代,很少有系统不是由计算机来进行控制或者辅助设计的,或者既通过计算机来进行控制又用计算机来辅助设计,由计算机控制大多数的安全关键装置,计算机通常代替传统的硬件安全联动装置和保护系统。即使保留了硬件保护装置,也常常被计算机软件控制,而这些软件的失效往往会造成灾难性后果。

飞机面临着一种新型的来自计算机的危险,这种危险主要存在于飞行控制系统、导航系统和座舱显示系统中,这些危险增加了人为错误问题的维度。其中有的危险在一般正常输入时是不显现的,直到被某些事件的适当组合触发;有些使飞行员面临飞机系统管理的多种选择的干扰,增加了飞行员操作失误的可能性。

计算机(软件)参与安全关键控制回路主要有以下几种典型方式,包括:

(1) 根据操控人员的请求提供信息或者建议,如图 7-1(a);

(2) 解释数据并显示给作控制决定的操控人员,如图 7-1(b);

(3) 直接下达控制指令,但是有一个提供各种输入的计算机行为的监控人员,如图 7-1(c);

(4) 完全把人类从控制回路上取代,如图 7-1(d)。

计算机软件可能通过以上 4 种参与给系统带来危险。软件缺陷的发现和识别需要付出极大的成本,即使发现了一些软件错误,也仍然有残存的可能。事实表明,经过良好测试和长时间使用的软件中,可能造成事故的错误仍然难以全部被发现或证明它们不存在。

7.1.3 对软件的错误认识

计算机软件可能给系统带来灾难性的危险,而我们对软件的有些认识其实并不正确,如果我们想在安全关键系统中正确合理地使用计算机,那么首先要纠正这些似是而非的错误认识。

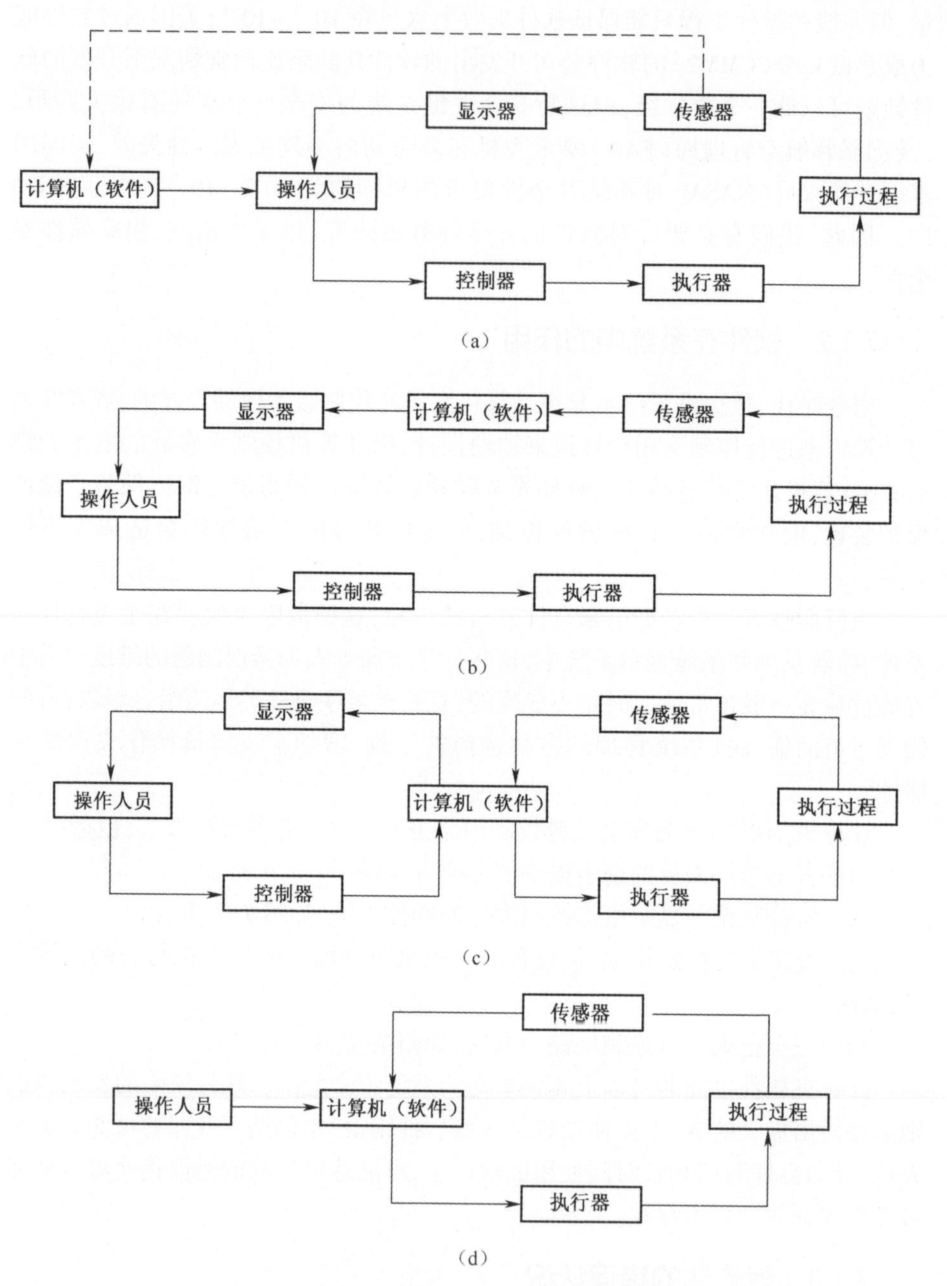

图 7-1　计算机(软件)参与安全关键控制回路

1）使用计算机的成本比使用模拟机或者机电设备的成本低

这种认识表面上看起来是对的:微机硬件相较于其他的机电设备便宜。但是,开发高可靠性安全性的软件来运行计算机,以及维护软件以使其不发生可靠性和安全性问题的费用是巨大的。设计一个机电系统通常要容易和便宜很多,尤其是可以使用标准化设计时。当然,软件编写比较便宜,但是之后的生命周期费用,包括发现错误和需求更改的费用会很高,甚至无法承受。

2) 软件容易更改

同样地,这种认识表面上看起来是对的:软件的变更很容易。不幸的是,更改软件同时不引入新的缺陷是极其困难的。和硬件一样,软件的每一次更改,都需要完全地重新验证和确认,这也许需要一笔极大的费用。另外,随着软件的更改,软件会很快变得脆弱,即:沿着软件的生命周期往后,做出更改而不引入新的错误的难度会不断增加。

3) 计算机软件提供的可靠性比被其取代的设备高

理论上是正确的,而且软件在实际中并不发生耗损,但事实表明软件导致的问题通常都是重大事故。当系统只由机电装置和人员组成时,工程师们通常需要担心机械故障和操作失误或者维护错误,各种技术主要用来减少(而不是消除)其随机耗损失效和人的错误以及缓解它们的影响。现在计算机被引入到系统中之后,软件这一新的、完全抽象的因素加入进来了。因为软件是纯逻辑的,没有必要来担心软件像物理设备那样的随机耗损失效,但是现在系统的行为将极大地受到软件设计错误的影响。错误是软件固有的,甚至在经过了高端测试平台严格测试的软件中仍然发现了软件错误。很多软件错误非常少,不易发现。对于硬件的耗损失效问题可以很容易地通过采用冗余来解决,但是对于软件设计错误的有效措施至今还没有很完善,而且消除由于软件设计错误而引起的失效比预测和消除硬件的耗失效困难得多。况且,即使计算机比被其取代的设备的可靠性高,也不意味着计算机比被其取代的设备更安全。

4) 提高软件的可靠性能够提高软件的安全性

消除软件的错误可以提高软件的可靠性,但提高软件可靠性并不一定能够提高软件安全性。另外,软件可靠性的定义要求软件符合相应的需求规格说明,但是很多安全关键软件的错误可以追踪到需求规格说明的问题。很多软件相关的安全事故发生时,软件实际上是按照规定的要求运行,也就是说软件符合需求规格说明,它并没有发生“故障”,软件其实是可靠的,但是事故仍然发生了。所以,软件安全性是系统特性,而不是软件特性。

此外,认为通过软件测试和使用形式化验证技术能够消除所有的软件错误,认为软件重用能够提高软件的安全性等认识都是有问题的;认为计算机比机械系统能够降低风险的这一看法也一直存在争议。

7.2 软件安全性相关基本概念与度量

7.2.1 基本概念

1）错误（Error）、缺陷（Defect）、故障（Fault）、失效（Failure）

（1）错 误：是指开发人员或开发工具在开发过程中出现的失误、疏忽或错误。例如，遗漏或误解软件需求说明书中的用户需求，不正确的理解或遗漏设计规格说明书中的设计要求；

（2）缺陷：是指代码中能引起一个或一个以上故障的错误代码（步骤、过程、数据定义等）。软件缺陷是程序固有的，只要不修改程序去除已有的缺陷，缺陷就会永远留在程序当中。广义地说，软件文档中不正确的描述也称为缺陷，例如，不正确的功能需求，遗漏的性能需求等。本书中如果没有特别说明，缺陷包括代码缺陷和文档缺陷；

（3）故障：是指软件在运行过程中出现的一种不希望或不可接受的内部状态，通常是由于软件缺陷在运行时引起并产生的错误状态。例如，不正确的数值，数据在传输过程中产生的偏差等；

（4）失效：在讨论软件可靠性时一般是指程序的运行偏离了软件需求，是软件动态运行的输出结果。当软件运行出现故障而没有相关处理时，会导致软件失效。例如，软件输出结果错误，没有在规定时间内输出等；在讨论软件系统安全性时，也包括软件按照软件需求运行，但导致系统安全事故的软件动态输出结果。

软件中常用错误、缺陷、故障和失效来描述故障的因果关系。软件作为一个整体，其故障的因果关系如图 7-2 所示。软件错误、缺陷、故障、失效在下文中会统称软件问题。

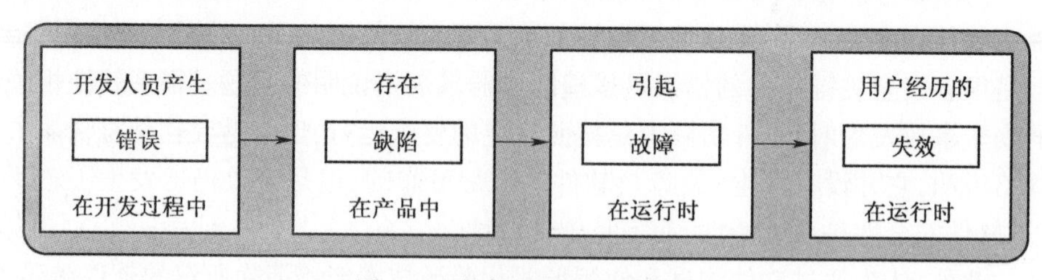

图 7-2　软件问题的因果关系

2）软件安全性（Software Safety）

关于软件安全性主要有以下几种定义：

(1) 美国软件安全性领域著名学者 Nancy G. Leveson 对软件安全性的定义：软件安全性涉及确保软件在系统环境中运行而不产生不可接受的风险，软件安全性是软件运行不引起危险和灾难的能力。

(2) IEEE 对软件安全性的定义：软件具有在正常或异常的条件下，能减小意外事件发生的可能性并且软件所导致的后果是可以控制的特性以及阻止产生伤亡或损失的能力。

(3) GJB/Z 142-2004《军用软件安全性分析指南》对软件安全性的定义：软件具有的不导致事故发生的能力。

2004 年美国国家航空航天局的软件安全性标准中将"Software Safety"定义为"软件工程和软件保证中提供识别、分析和追踪软件危险并减缓和控制危险及危险功能的系统方法，以保证系统中运行的软件更安全"。这里的定义应该指软件安全性工程，与系统安全（System Safety）的定义方式是一致的。同时，也有相关文献认为：软件的安全性是指软件在规定的运行时间内是否会对系统本身和系统外界造成危害的概率，这种危害包括人身安全、重大财产损失和人们极不期望发生的事件等。

以上对软件安全性的定义不尽相同，但却从不同的角度描述了软件安全性的相关特征。综上论述可以看到，软件安全性是软件在系统中的属性，必须在系统环境中讨论软件安全性问题，研究软件安全性的目的，是要在软件工程和软件保证中提供识别、分析和追踪软件危险，并减缓和控制危险及危险功能的系统方法，使得软件具有在正常或异常的条件下，减小对系统本身和外界造成危害的能力。

3) 安全相关①软件（Safety-Criticality Software）

如果软件至少满足下述准则之一，则该软件被确定为安全相关软件；否则可将软件定为非安全相关软件。

(1) 软件驻留在某个（由危险分析确定的）安全相关系统之中，且至少满足下述条件之一：

① 若该软件失效能导致或促成某个危险发生。

② 用于控制或缓解危险。

③ 用于控制安全相关功能。

④ 用于处理安全相关命令或数据（注：如果数据是用于人或者系统进行安全性决策，则该数据被确定为安全相关的；获取、处理和传输该数据的软件也被确定为安全相关的；对于可提供安全相关信息，但这些信息不被用来进行安全或

---

① Safety-Criticality 译为"安全相关"

危险控制的数据或软件,则不是安全相关的(如:工程自动测量信号)。

⑤ 用于检测并报告系统是否进入某个特定的危险状态,或者在系统达到一个特定的危险状态时采取纠正措施。

⑥ 用于危险发生时减轻危险造成的损害。

⑦ 与其他安全相关软件一起驻留于同一个安全相关的系统(处理器)中的原本非安全相关的软件。(注:把与安全相关软件驻留在一起的原本是非安全相关软件也确定为安全相关软件,其原因是该软件的失效有可能使安全相关软件的功能丧失或者削弱。但若采取某种方法(如:划分)使二者的代码隔离开,则应将该隔离方法确定为安全相关的,而原本非安全相关的软件依旧可确定为非安全相关的)。

(2) 用于处理数据或进行趋势分析,其结果直接提供给安全性决策(如:确定何时断开风洞电源以防止系统损坏)。

(3) 用于为安全相关系统(其中包括硬件或者软件子系统)提供全部或部分的验证或确认。

7.2.2 与其他概念的关系

1. 软件安全性与软件可靠性的关系

根据上面定义,软件安全性指软件具有的不导致事故发生的能力,根据GB/T11457-95《软件工程术语》的定义,①软件可靠性是指在规定的条件下,在规定的时间内软件不引起系统失效的概率;②或是指在规定的时间周期内,在所述条件下程序执行所要求功能的能力。

从研究目的上看,软件可靠性考虑的是避免软件不满足要求的功能,或避免导致系统失效,而软件安全性考虑的是避免或减少与软件相关的危险条件的发生。很明显,软件导致系统的失效,有可能是事故,但也可能不是事故,因而软件可靠性中包括部分软件安全性问题,但也有软件安全性不关注的。从研究范围上看,软件可靠性研究的是规定的条件下和规定的时间内的软件特性,规定的条件是指与程序存储、运行有关的计算机及其操作系统,以及软件输入、软件与系统其他部件交互等环境条件。而软件安全性的研究对象并无此限制,因而在各种异常环境条件下的软件行为也是软件安全性要考虑的,因而软件安全性中包括部分软件可靠性问题,但也有软件可靠性没考虑的。从工程技术手段看,目前软件可靠性主要涉及确定软件可靠性指标、软件可靠性分配预计、软件可靠性设计、分析、测试、评估、管理,最后给出满足可靠性指标的软件,以满足量化指标为目标;软件安全性主要涉及软件分级、软件安全性需求获取与验证、软件安全性设计、分析、测试、评价、管理,以满足过程要求为目标;这些技术在前期有很大的不同,在进入软件设计阶段,设计准则和分析方法会有相同之处。鉴于以上分析,我们可将软件安全性与软件可靠性的关系,用图 7-3 简单表示。

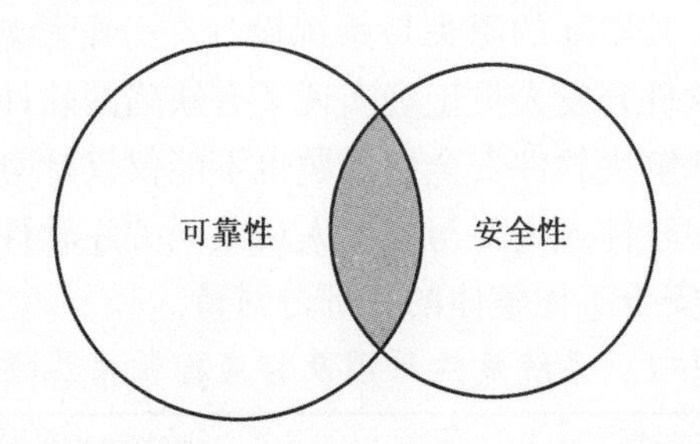

图 7-3　软件可靠性和软件安全性的关系

2. 软件安全性与保密安全性的关系

在 GB/T11457-95《软件工程术语》中,对“Security”的翻译为保密性,安全性,其定义为:“对计算机硬件、软件进行的保护,以防止其受到意外的或蓄意的存取、使用、修改、毁坏或泄密。保密性也涉及对人以及数据、通信以及计算机安装的物理保护”。在该标准中当时没有“Software Safety”(软件安全性)的定义。因此,若在中文文献中查找软件安全性,大多数都是指的保密性。由于近年来软件在航空、航天、铁路、医疗等领域的广泛应用,软件相关的各种问题,导致系统进入危险状态或灾难事故的案例时有发生,才使得软件安全性越来越受关注。

从问题产生的源头看,保密性重点针对人为恶意的,未经受权的信息泄露或破坏,而软件安全性通常重点避免由于软件没有考虑完善使用环境各种失误和异常导致系统产生危险或灾难事故。从问题的影响看,保密性涉及关系个人隐私和团体秘密的被泄露产生的财富、声誉、政治、经济、军事、科技等影响,软件安全性主要涉及影响生命安全、环境破环等系统危险或灾难事故。而被当泄露或破坏的信息会导致系统产生危险或发生灾难事故时,软件的保密性问题也成为软件安全性问题。

3. 软件安全性与(系统)安全性的关系

本书第 2 章详细阐释了“安全性”的定义,它是对整个产品/系统而言不发生事故的能力。本章所讨论的“软件安全性”,应是系统的安全性问题的一个子集,是随着软件广泛应用给系统带来的新问题,需要在以前相关原理、技术和标准的基础上进行补充。

由于软件与硬件在实现原理和组成结构上有明显的不同,软件开发在系统研制中相对独立,软件安全性问题的产生机理与危险控制措施与以往主要以硬件组成的产品/系统的安全性相关问题的研究及解决方案有很大的不同,因而有必要针对软件安全性进行专门的研究;但是,在当前系统中软件与硬件密切交互,软件可以直接实现某些关键功能,也可以参与系统危险控制,如表 7-1 所列。软件安全性问题不仅仅是由软件本身带来的,例如很多看似直接由软件的输出错误产生的问题,其实际的源头是系统设计在分配给软件任务时对软件的功能要求就有错误,软件开发人员正确实现了有缺陷的软件需求,从而导致了系统事故。因此,研究和解决软件安全性问题也不能仅仅针对软件本身,要在系统中研究软件,在工程中软件人员要与系统人员共同关注软件安全性问题,必须把软件安全性作为系统安全工作整体的一部分对待。

表 7-1　系统危险原因及相应控制措施举例

危险原因	控制形式	控制措施举例
硬件	硬件	压力容器与减压阀
硬件	软件	故障检测和恢复功能;告警等
硬件	操作人员	操作人员打开转换开关以从故障单元转移能量
软件	硬件	传感器直接触发安全转换开关以覆盖软件控制系统
软件	软件	两个独立的处理器,相互检查,发现故障就介入
软件	操作人员	操作人员通过显示器发现控制参数异常并终止进程
操作人员	硬件	发射电路中三个电气开关串联以防两个操作人员的失误
操作人员	软件	不安全模式下软件拒绝操作
操作人员	操作人员	两个控制人员,一个作出指令,另一个监控

7.2.3　软件安全性相关度量与评价

1. 软件安全关键等级

软件的安全关键等级是根据该软件异常对所在系统影响的严重程度而进行的分类。确定软件安全关键等级是软件安全性工作的重要内容之一。在 DO-178C《机载系统和设备合格审定中的软件考虑》中对软件按照安全关键程度递减分为 A、B、C、D、E 5 个等级。软件安全关键等级不同意味着为达到预期的软件安全性要求所开展的安全性工作也有所不同。确定软件安全关键等级是开展后续安全性计划和安全性技术活动的基础。在 NASA 软件安全性标准 NASA 8719《软件安全性指南》中将软件分为 4 个等级,下文中用 A、B、C、D 表示。确定软件的安全关键等级的方法如下。

1) 确定软件所在系统的风险指数

根据第 2 章定义的事故严重性和可能性等级划分,可以得到系统的风险指数矩阵(见表 7-2)。

表 7-2　系统风险指数矩阵

	软件所在系统的危险后果严重性			
	灾难的	严重的	一般的	轻微的
频繁	1	1	2	3
很可能	1	2	3	4
有时	2	3	4	5
很少	3	4	5	6
不可能	4	5	6	7

通过对系统进行初步危险分析(PHA)可以确定软件所在系统的危险后果严重性;通过获取(通常是根据经验)危险发生的可能性,然后,在表中查到该软件所在系统的风险指数。风险指数为 1 的系统,在 NASA 标准中要重新进行设计;风险指数为 6 和 7 的系统,可以不考虑安全措施;对其余系统,若其中存在软件,要对软件进行分级,以确定不同级别软件所要开展的安全性工作。

2) 确定软件对系统的控制类别

软件对系统的控制类别指的是软件在系统中在安全性方面的参与程度,如表 7-3 所列。表中所示的每个软件控制类别有 3 种描述,它们之间是“或”的关系,只要确定软件符合其中的一种描述,就可以据此确定软件控制类别。

表 7-3　软件对系统的控制类别

软件控制类别	软件及所在系统的特征	
	系统风险等级	软件特点
Ⅰ	2	软件部分或者完全控制安全性关键功能
		具有多个子系统、交互式并行处理器或者多个接口的复杂系统
		某些或者全部安全性关键功能都是时间关键的
Ⅱ	3	控制危险,但其他安全性关键系统能够部分的缓解,或者检测危险,通报安全员需要采取安全性措施
		适度复杂性,包含少量子系统和/或接口的中等复杂系统,没有并行处理
		某些危险控制措施可能是时间关键的,但不超过操作员或者系统自动响应的时间

（续）

软件控制类别	软件及所在系统的特征	
	系统风险等级	软件特点
Ⅲ	4	如果软件存在故障,存在若干缓解系统以防止危险,或者是冗余的安全性关键信息来源
		稍微复杂的系统,有限的接口数
		缓解系统能够在任何关键时间段内响应
Ⅳ	5	不控制危险的硬件且不为操作员产生安全性关键数据
		仅有2~3个子系统和少量接口的简单系统
		不是时间关键的

在确定了软件所在系统的风险指数之后,要根据软件所在的系统需求文档提供的信息,确定软件在系统中的特点,这些特点包括如下三方面。

(1) 控制程度:软件在系统危险控制上的参与度。

(2) 复杂性:软件的逻辑、交互等的复杂程度。越复杂的软件越危险。

(3) 时间特性:软件在系统中的角色是否与时间密切相关。时间特性在危险控制中很关键。

确定好这些特点之后,根据表7-3可查到软件的控制类别。

3) 建立软件风险矩阵

软件风险矩阵是将软件所在系统的危险严重度等级和软件对系统的控制类别分别作为矩阵的横、纵坐标,建立一个矩阵,然后对每一个矩阵单元赋予一个软件风险指数,从而为确定软件等级提供依据。典型的软件风险矩阵如表7-4所列。

表7-4　软件风险矩阵

软件控制类别	软件所在系统的危险后果严重性			
	灾难的	严重的	一般的	轻微的
Ⅰ	1	1	3	4
Ⅱ	1	2	4	5
Ⅲ	2	3	5	5
Ⅳ	3*	4*	5	5

* 此处的风险可视系统和软件情况决定是否提升其等级。

在获得软件所在系统的危险后果严重性和软件控制类别之后,通过查上表可以得知软件的风险。

4）确定软件安全关键等级矩阵

根据软件的风险矩阵,可参考不同系统对风险的接受程度确定软件的安全关键等级。这些安全关键等级可表示为表 7-5 所列的安全关键等级矩阵,不同等级对应的说明如表 7-6 所列。不同软件的安全关键等级,表明软件要开展的安全性工作不同。在 NASA 中用软件安全性努力程度(Software Safety Effort)来表示,分为 4 个等级:Full、Moderate、Minimum、None。通常,在软件安全性计划中要对不同级别的软件在软件开发不同阶段使用的安全性技术给予规定。

表 7-5　软件安全关键等级矩阵

软件控制类别	危险类别			
	灾难的	严重的	一般的	轻微的
Ⅰ	A	A	B	C
Ⅱ	A	B	C	C
Ⅲ	B	B	C	D
Ⅳ	C	C	D	D

表 7-6　软件安全关键等级说明

安全关键等级	说　明
A	高安全风险软件,需要在软件开发中从软件需求、设计、编码、测试等方面采取全面的安全性和质量保证措施来保证安全性
B	中等安全风险软件,需要根据情况,采取相应的设计分析等安全性及质量保证措施来保证安全性
C	适度安全风险软件,通常该类软件安全性要求不高但对可靠性要求高。在相应的质量保证措施下,选择适当的安全性技术来保证可靠性和安全性
D	低安全风险软件,通常不开展安全性工作

对软件安全关键等级的划分只涉及了部分系统中的软件,即对于风险指数为 1 的系统,因为要重新设计,故不包括;也不包括风险指数为 6 和 7 的系统。软件安全性等级不意味着软件是否被接受,只是表征不同的软件级别应开展不同程度的安全性工作。在本书下面的章节中,只针对 A、B、C 级软件开展的相应安全性工作进行论述。

2. 安全性度量

在 GJB 5236—2004《军用软件质量度量》中,指出软件安全性是软件使用质量的特性之一,如图 7-4 所示。

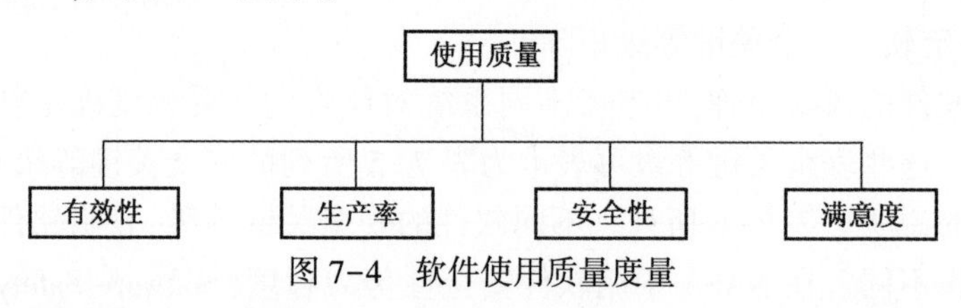

图 7-4 软件使用质量度量

软件安全性度量评估的是在指定使用周境下对人、业务、软件、财产或环境产生伤害的风险级别。包括用户以及那些受使用影响的人的健康和安全以及意想不到的生理的或经济的后果,具体方式如表 7-7 所列。

目前在工程中通常用每千行代码(KLOC)程序中致命性缺陷(CD)的个数来度量软件安全性(S):

S=CD/ KLOC

3. 软件安全性评价

对软件安全性进行评价的目的是确定软件是否达到希望的安全性要求。工程中对软件安全性评价一般分为两种方法:

1)检查表法

根据软件的安全关键等级,在软件开发早期给出软件要开展的技术和管理工作,在软件开发过程中或软件开发结束后,根据检查表检查这些工作是否按要求开展,从而确定软件是否达到了规定的安全性要求。这是一种通过过程来控制结果质量的方法。DO-178C《机载系统和设备合格审定中的软件考虑》中给出的方法就是典型检查表法,共给出 71 个检查项。

2)举证方法

检查表法中给出的检查条目是否能保证软件的安全性达到希望的目标,在新技术不断涌现的今天,是否有更好的方法提高安全性,面对这些问题学者们提出了举证方法。

英国国防部标准 DS00-55《防御设备安全相关软件要求》对安全性举证给出的定义为:安全性举证应该基于客观的证据提出一个组织完整的并且合理的判断,表明软件已经或即将满足技术需求和软件需求规格说明书中定义的软件安全性目标。一个基本的举证结构是由安全性目标、论据及证据 3 个主元素组成,举证的过程是以系统要满足的目标为中心、证据为基础、论据为纽带,通过系统化、明确的论证来表明系统满足其目标要求。这种方法可以鼓励软件开发商更好地使用新技术。

表 7-7 软件安全性度量

度量名称	度量目的	应用的方法	测量、公式及数据元素计算	测量值解释	度量标度类型	测度类型	测量输入	在软件生存周期过程中的应用	目标用户
用户健康和安全	用户受到健康问题的影响范围?	使用统计	$X=1-A/B$ A = 报告有 RSI 的用户数 B = 用户总数	$0.0 \leqslant X \leqslant 1.0$ 越接近于 1.0 越好。	绝对标度	A = 计数 B = 计数 X = 计数/计数	使用监控记录	运作	用户 人机界面设计者
使用该系统对人身安全的影响	用户使用系统所遇到灾难的影响范围?	使用统计	$X=1-A/B$ A = 遇到灾难的用户数 B = 用户总数	$0.0 \leqslant X \leqslant 1.0$ 越接近于 1.0 越好。	绝对标度	A = 计数 B = 计数 X = 计数/计数	使用监控记录	合格性测试运作	用户 人机界面设计者 开发者
经济损失	经济损失的影响范围?	使用统计	$X=1-A/B$ A = 发生经济损失的数量 B = 使用总数	$0.0 \leqslant X \leqslant 1.0$ 越接近于 1.0 越好。	绝对标度	A = 计数 B = 计数 X = 计数/计数	使用监控记录	运作	用户 人机界面设计者 开发者
软件损坏	软件讹误的影响范围?	使用统计	$X=1-A/B$ A = 发生软件讹误的次数 B = 使用总数	$0.0 \leqslant X \leqslant 1.0$ 越接近于 1.0 越好。	绝对标度	A = 计数 B = 计数 X = 计数/计数	使用监控记录	运作	用户 人机界面设计者 开发者

a 健康问题可以包括重复性的劳损(RSI)、疲倦、头痛等;

b 患者安全是这种度量的一个实例,其中 A = 被错误诊断的患者,B = 患者总数;

c 这种度量也可由具有经济损失风险情况的发生次数来测量;

d 这种度量也可由具有软件损坏风险的情况的发生次数来测量;

e 也可用另一种测量方法:X = 软件讹误引起的累积成本/使用时间

7.3 软件系统事故致因理论

7.3.1 软件系统事故因素分类

软件缺陷(可能导致软件运行与软件需求、设计不符的软件问题)是软件系统事故因素中的一大类,因此对软件缺陷致因的分析整理以及对软件缺陷的分类是进行软件缺陷控制的基础。目前,国内外对软件缺陷致因和缺陷分类技术已经做了大量的研究。

1) 正交缺陷分类法(Orthogonal Defect Classification,ODC)

该分类方法用8个属性来描述缺陷特征:发现缺陷的活动、缺陷影响、缺陷触发、缺陷载体(Target)、缺陷生存期、缺陷来源、缺陷类型和缺陷限定词。ODC对8个属性分别进行了分类。对应缺陷的发现和修复两类特定的活动,缺陷的属性分为两部分:当发现缺陷时,导致缺陷暴露的环境和缺陷对用户可能的影响是可见的,此时可以确定缺陷的3个属性:发现缺陷的活动、缺陷触发和缺陷影响,它们为验证过程提供反馈;当修复关闭缺陷时,可知道缺陷的性质和修复的范围,此时可以确定缺陷的其余5个属性:缺陷载体、缺陷类型、缺陷限定词、缺陷生存期和缺陷来源,它们为开发过程提供反馈。

2) Thayer分类法

根据错误的性质进行分类,分类的信息源自软件测试和使用中填写和反馈的问题报告。错误信息分为16个类:计算错误、逻辑错误、I/O错误、数据加工错误、操作系统及支持软件错误、配置错误、接口错误、用户需求改变(用户在使用软件后提出软件无法满足新要求产生的错误)、预置数据库错误、全局变量错误、重复错误、文档错误、需求一致性错误、性质不明错误、人员操作错误、问题(指软件问题报告中提出的需要答复的问题)。在这16个类之下,还有164个子类。该分类方法不局限于软件本身的错误,还包括系统软件错误、人员操作错误等,分类详细周全,适用面广,当然分类也比较复杂。由于没有考虑造成缺陷的过程原因,该分类方法不适用于软件过程改进活动。

3) Roger分类法

根据缺陷引入原因将其分为12种类型:不完整或错误的规格、误解客户需求、刻意违背规格、违反编程准则、错误的数据表示、组件接口的不一致性、设计逻辑错误、不完全或错误的测试、不准确或错误的文档说明、编码错误、有歧义或不一致的人机接口、其他。该分类方法简单实用,但所提供的缺陷信息十分笼统,对缺陷的分析研究帮助有限。

4）软件异常分类标准

软件异常分类标准为软件异常提供一种统一的分类方法，这些异常可能出现在项目中、产品中或者系统生命周期内。分类数据有多种用途，包括缺陷原因分析、项目管理、软件过程改进等。该分类标准定义了缺陷分类方法（Defect classification）和失效分类方法（Failure classification），提供了大量可供选择的属性类型及其参考取值集合。其中缺陷的属性类型主要包括缺陷的描述、状态、缺陷所在位置、工艺、版本检测、版本校正、优先级、严重度、出现概率、影响、缺陷类型（数据、交互、逻辑、描述、语法、标准和其他）、缺陷模式、缺陷引入活动、缺陷检测活动、失效参照、变更参照及缺陷处理等，失效的属性类型主要包括失效的状态、严重度及失效处理等。使用该分类标准时，可根据预期的目的，确定相应的分类过程，包括分类方法的选择（缺陷分类方法或失效分类方法）、作用时间（分类方法在项目生命周期中何时开始、何时结束）、属性类型的选择、属性值的分配等。该分类标准灵活度高，可针对实际项目的需求进行适当的裁剪或扩展。

5）基于软件缺陷模式的分类

该方法将软件缺陷模式定义为：软件缺陷模式是对发生的不断重复的或类似的软件缺陷中发现和抽象出的规律描述。通过大量的工程实践经验数据，提取出软件缺陷模式。该方法首先将缺陷模式按开发阶段分为软件需求缺陷模式、设计缺陷模式和编码缺陷模式三类，然后分别对这三类缺陷模式进行进一步的细化。

这些分类及收集的缺陷分类可以在一定程度上对软件开发提供改善指导，但由于分类没有完整包括软件在系统中的各种问题，且这些缺陷中并没有系统清晰揭示出缺陷产生的根源及传递过程，因而无法针对性地采取措施去层层防护，因而有必要更进一步探讨其机理，以便更好地实施控制，提高软件安全性。

7.3.2 软件系统事故致因理论的作用和发展

软件事故致因理论是论述系统中与软件相关的事故形成、发展、演化等过程中，相关因素在一定条件下相互联系、相互作用的原理或机理，一般用软件事故模型来描述。软件事故模型是对软件系统发生的典型事故进行的系统性的分析和归纳的结果，这些模型从不同角度反映了软件相关事故的规律性。科学合理的模型能阐明事故的成因、始末过程和事故后果，可为在软件系统中发现和阻止该类问题提供目标、思路和途径。

目前专门针对软件系统的事故模型的研究不多，更远没有成熟。在工业安全领域，事故致因理论已经经过了数次的迭代与更新，并逐渐科学化、系统化，其发展历程见第4章。目前，可以根据模型产生的时间和它们的特点，将事故模型分为传统事故模型和现代事故模型。传统事故模型中，影响较大并且到目前为止仍在使用的主要有基于能量观点的事故致因理论、因果连锁理论、轨迹交叉理论等。这些经典的事故致因理论主要针对线性系统，所研究和分析的对象事件之间的因果关系都是直接的、线性的，能够从宏观整体上来描述事故的发生过程，是进行事故分析的重要基础。然而，安全专家 Leveson 指出：传统的事故模型旨在对相对简单的系统中由硬件设备导致的损失进行分析，并不适用软件密集系统以及非技术系统，且这些传统理论通常着重于分析系统内某些单元失效事件的原因事件，这对于单元之间交互日益复杂、系统日益非线性化的系统来说显然是不够的。

为此，Leveson 提出了一种基于安全控制和安全约束的新型事故模型——STAMP（Systems-Theoretic accident Model and Process），并将这种事故模型应用于软件密集系统。针对软件事故系统本身的特点，直接从软件失效过程的角度出发对软件事故进行描述。该模型及相关思路在后续的软件安全性分析等方面进行了较广泛的应用。虽然目前对软件事故机理的研究和应用并不多，但本书从已出版的书籍和发表的文献中的相关内容进行收集整理，将介绍基于软件缺陷的软件机理模型，以及基于软件开发过程、产品、环境、使用的软件机理模型，以期为后续的软件机理模型的进一步研究和应用提供基础和启发。

7.3.3 基于缺陷产生与传递过程的软件危险机理

1. 危险机理

开发人员的错误，开发工具（如编译器）的缺陷，开发方法的不完善（如没有考虑安全性需求分析）等错误引入软件系统，成为软件缺陷；这些缺陷在使用时被激发，激发条件可能是正常输入，也可能是系统环境的失效（如传感器失效），使用环境异常（如太空粒子对计算机的轰击），人员操作的错误（如人员操错顺序的错误）等，这些输入激发软件缺陷成为故障，软件故障没有得到相应的处理，使系统产生失效，这些失效中有些成为事故。

我们可以进一步将软件缺陷、软件故障、软件失效和系统事故的关系放在软件开发活动—软件—软件使用中加以说明，如图 7-5 所示。从图中可以看出，错误导致缺陷引入到软件中，当软件执行的时候故障又会导致失效的发生，软件的失效，有可能导致系统事故的发生。

（1）左面的六角形表示软件开发活动的输入。包括概念模型和信息，具有某些专业知识和经验的开发人员，可重用的软件部件等。各种错误在菱形框中用圆圈表示，圈中的 e 表示错误。

（2）中间的长方框表示软件系统产品。软件系统产品主要包括软件代码，

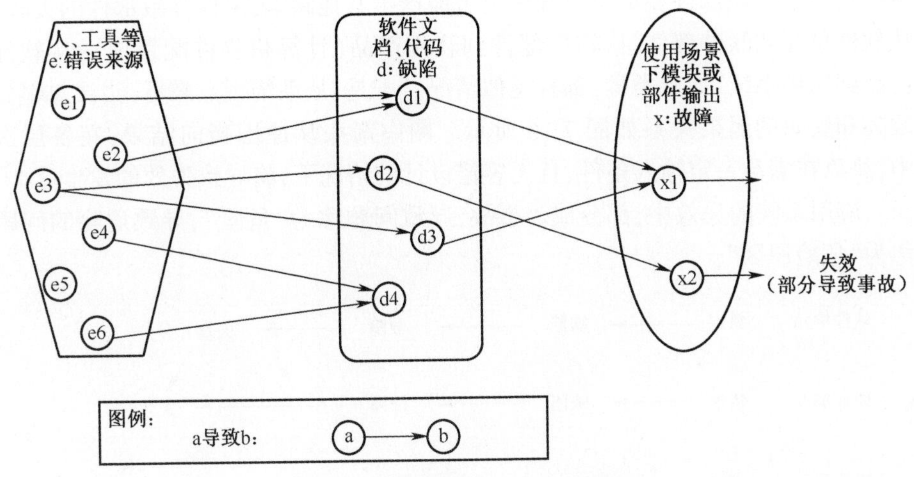

图 7-5 软件缺陷产生与传递机理

有时也包括各种设计、规范、需求文档等。在这些产品中散布着各种缺陷,在长方框图中用圆圈表示,圈中的 d 表示缺陷。

(3) 右面的椭圆表示使用场景和执行结果。表示软件执行的输入、预期的动态行为和输出,实际的输出结果。当实际的软件行为模式或输出结果偏离预期的结果时,这一部分软件行为模式或输出结果子集被称作故障,在图中用圆圈表示,圈中的 x 代表故障,这些故障如果没有及时处理,就会引起软件的失效,这些失效中部分会导致系统事故。

但是这种关系不是一对一的。一个错误可以导致多个缺陷,比如,一个错误的算法应用在多个模块中引起了多个缺陷。而一个缺陷在多次运行中可以导致多次故障。相反,一个相同故障可以由多个缺陷引起,如一个接口故障可能涉及多个模块,同样,一个缺陷也可以由多个不同的错误引起。如上图所示:

(1) 错误 e3 引起了多个缺陷(d2,d3)。

(2) 缺陷 d1 由多个错误(e1,e2)引起。

(3) 有时,在某些特定的情景下,错误可能不导致缺陷,缺陷也可能不导致故障,如图中的 e5,d4。这些问题一般称为潜藏的问题,这些问题在某些其他的情况下可能会产生问题。

当把软件置于系统中讨论时,处于系统的不同层次,对因果关系有不同的看法。

再有,一个软件产品可能由若干软件部件组成,每个软件部件又可能由若干软件单元组成。假设在运行阶段某个软件单元遇到缺陷从而引起该软件单元故障,那么如果包含该软件单元的相关部件没有容错设计,该软件部件将会发生失效事件，当然，该部件在集成过程中也可能产生其他缺陷，从而导致部件的失效。从软件单元到软件部件，从软件部件到软件产品（计算机软件配置项），从软件产品到应用系统，如此类推，都有类似情况。于是，从系统观点来看，错误、缺陷、故障和失效的因果关系如图 7-6 所示。图中箭头从原因指向结果；在各层次中，故障在满足一定输入条件、且无容错设计的情况下，将导致失效的发生。

应用系统的失效中，部分成为事故，导致问题称为"危险"，导致危险的问题称为"危险原因"。

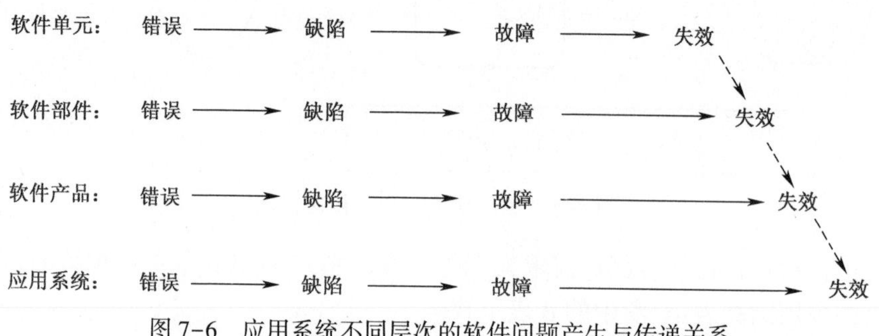

图 7-6　应用系统不同层次的软件问题产生与传递关系

2. 问题的控制

基于上述软件问题产生及传播机理，对软件问题的控制可用图 7-7 表示。图中用虚线表示的活动构成了一系列屏障，每一个屏障消除或阻断缺陷源，或防止产生不希望的后果。

根据系统软件的特点，可综合采用如下三类软件问题控制方法：

（1）缺陷预防。通过错误阻断或错误源的消除防止缺陷的引入。

缺陷预防活动的目的是通过错误阻断或错误源的消除防止某种类型的缺陷引入到软件中去。由于缺陷是由于人的不正确或遗漏等错误行为而引入到软件中的，因此可以直接改正或阻断这些行为，或者消除产生这些行为的原因，因此缺陷预防一般有两种方式。

① 消除错误源。即消除模糊不清或纠正人的错误概念，这些是产生错误的最根本的原因，如教育、培训等。

② 缺陷阻断。即直接纠正或阻断这些遗漏的或不正确的人的行为。通过使用某些工具和技术、强制使用某些过程和标准等可以斩断错误源和缺陷之间的关系，从而达到问题预防的目的。

（2）缺陷减少。通过缺陷检查和排除减少缺陷。

缺陷减少的目的是检查和排除已经引入到软件系统中的软件缺陷，事实上大多数传统的质量保证活动都属于这一类工作，例如：

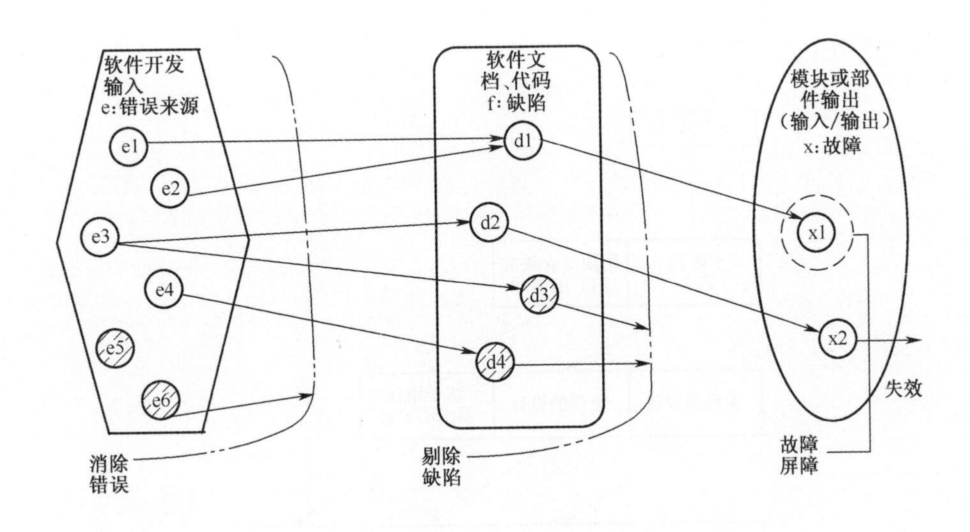

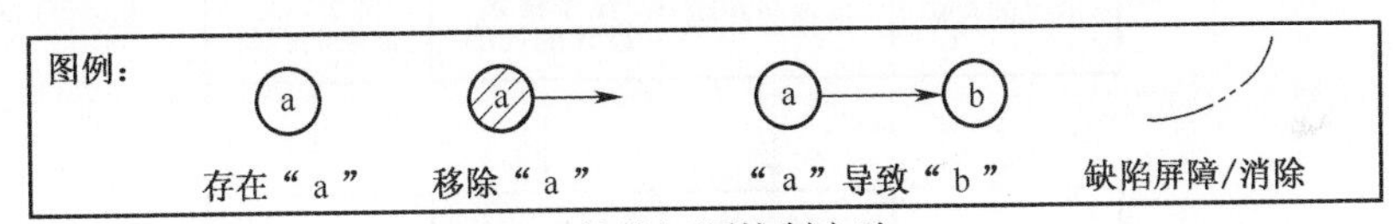

图 7-7 软件问题控制方法

① 审查。即直接检查和排除软件代码、需求、设计等软件产品中的缺陷。

② 动态测试。即动态执行软件,根据观测到的失效查找软件缺陷并将其排除。

(3)失效遏制。阻断故障传播或进行失效限定。

失效遏制的目的是在软件存在缺陷的情况下,使缺陷导致的故障限定在局部区域而不产生用户可观测到的系统失效,或者限定由软件失效导致的损失程度。因此,失效遏制一般有两种方式:

① 容错技术。即阻断故障和失效的因果关系,使局部故障不会导致全局失效,从而“容忍”了局部故障的存在。根据图 7-6 软件问题的传播层级,可设定不同层级的阻断方式。

② 损失限定。这是容错技术的一个延伸,目的是避免灾难性后果的发生,比如失效发生时导致人员伤亡,严重的财产损失和环境破坏等。例如:核反应堆使用的实时控制软件的失效遏制就包括,当由于软件失效导致的反应堆融化时混凝土墙能把放射性材料包起来,以避免对环境和人类造成伤害。

7.3.4 基于开发过程的软件危险机理及问题控制

1. 危险机理

按照通常的软件工程过程,软件开发不同阶段缺陷引入的特点如下,如

图 7-8所示。

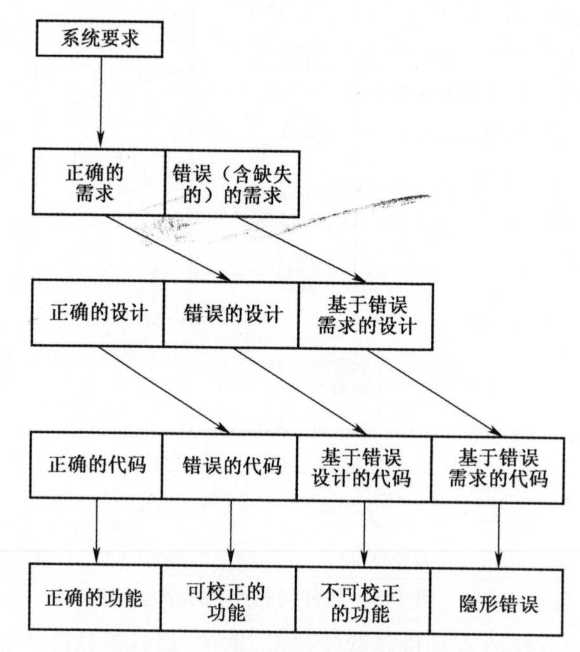

图 7-8　基于软件开发过程危险机理

(1) 系统和软件概念阶段。软件是系统的重要组成部分,系统要求会通过任务书等形式传递给软件。所以,一旦系统分配给软件的任务及其他相关要求有缺失或错误,会直接带给软件的需求规格有缺陷的输入。

(2) 软件需求分析阶段。软件需求分析阶段主要任务是获取软件需求,软件需求是软件开发的重要依据。然而由于系统对软件任务分配问题,客户对系统需求不明确,开发人员对系统要求和用户需求不理解等原因,最后生成的软件需求规格说明通常会在部门满足系统和用户需求的同时,带有软件需求的错误或缺失。

(3) 软件设计阶段。软件设计是从软件需求规格说明书出发,根据需求分析阶段确定的功能设计软件系统的整体结构、划分功能模块、确定每个模块的实现算法以及编写具体的代码,形成软件的具体设计方案。软件设计主要包括概要设计和详细设计,软件的需求会转变成逻辑产物并转移到软件设计中,然而,软件设计阶段对正确的需求也会由于理解及疏忽等原因产生错误,而对错误的需求,一般情况下会产生错误的设计,因而,最终的软件设计,会包含正确的设计和图中两类错误的设计。

(4) 软件编码阶段。软件编码是将上一阶段的详细设计得到的处理过程的描述转换为基于某种计算机语言的程序,即源程序代码。类似对设计的分析,最终代码中会包含正确的代码和图中三类编码错误。

(5) 软件测试阶段。通过测试发现其中的问题。最终,软件代码包含正确的代码,和由编码本身错误的可矫正的代码、由设计错误导致的不可矫正代码、和由错误需求导致的隐形错误代码三种类型的错误。

2. 问题控制

基于上面机理分析,可以给出对各类缺陷的控制措施,如图 7-9 所示,其中有技术手段,也有管理手段。

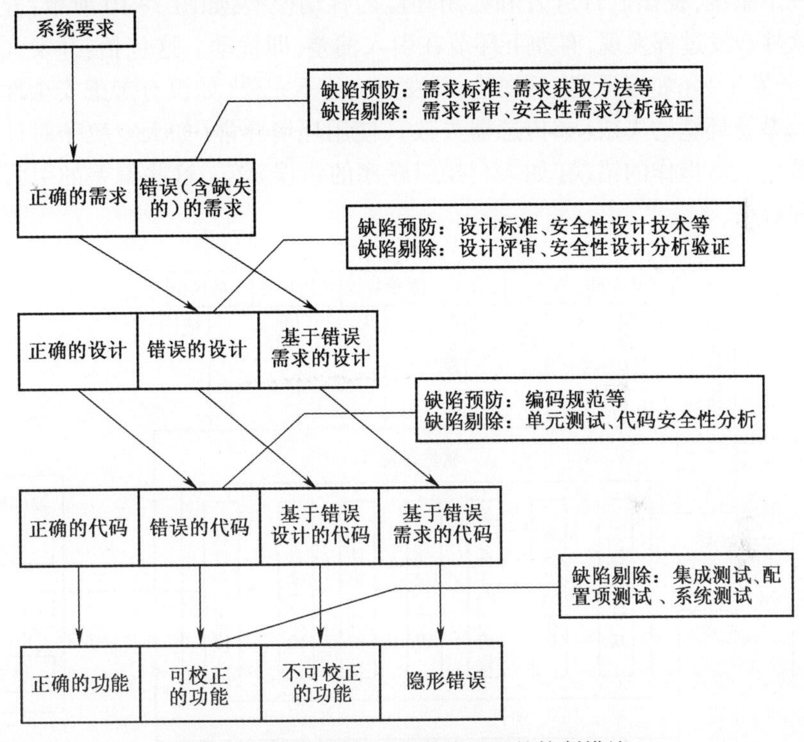

图 7-9　基于开发过程危险机理的控制措施

特别是针对软件安全性,我们在上述的技术管理中可以突出其安全性相关内容。

(1) 软件需求分析阶段:可以开展缺陷预防和缺陷剔除,前者包括采用安全性需求标准和软件安全性需求获取方法;后者包括软件安全性需求分析验证和安全性需求评审。

(2) 软件设计阶段:可以开展缺陷预防和缺陷剔除,前者包括采用安全性设计标准和安全性设计方法;后者包括软件安全性设计验证和安全性设计评审。

(3) 软件编码阶段：可以开展缺陷预防和缺陷剔除，前者包括采用安全性相关编码标准；后者包括安全性相关的单元测试和代码安全性分析。

(4) 软件测试阶段：主要开展缺陷剔除活动，如安全性相关的集成测试、配置项测试和系统测试等。

7.3.5 基于开发和使用环境的软件危险机理及问题控制

1. 危险机理

根据本书 4.4.1 节中论述的扰动起源论事故模型，我们把软件开发及管理看作一个系统，提出软件开发和使用环境的扰动模型，如图 7-10 所示：分析现有的软件开发过程发现，有如下环节在引入偏差，即扰动。这包括：开发人员的错误，开发工具（如编译器）的缺陷，开发方法的不完善（如没有考虑安全性需求分析），系统环境的失效（如传感器失效），使用环境异常（如太空粒子对计算机的轰击），人员操作的错误（如人员操错顺序的错误）等。这些偏差的引入会产生三种后果。

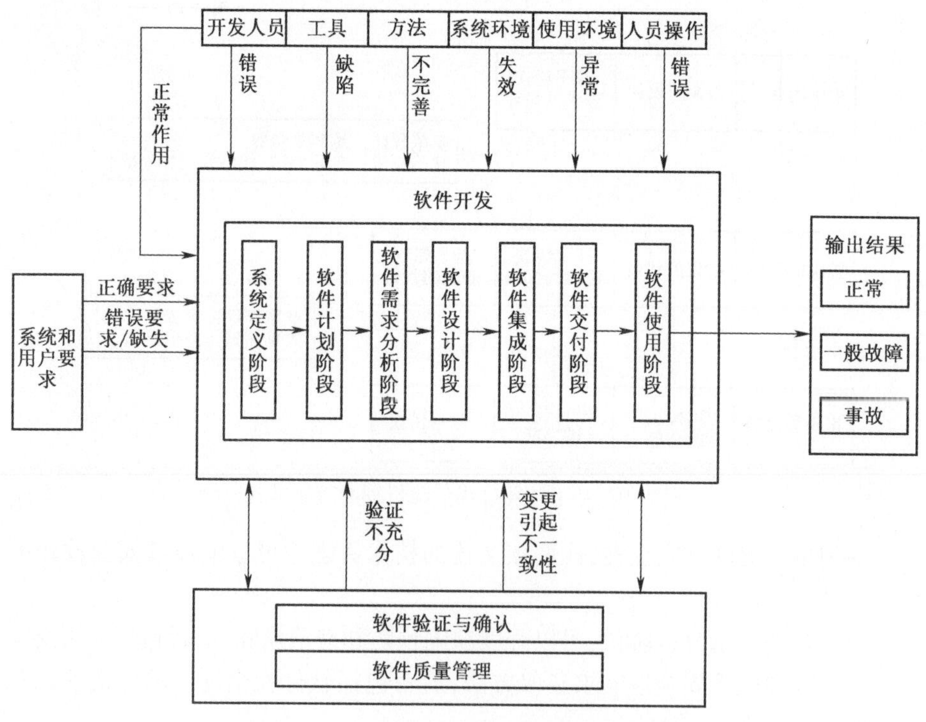

图 7-10 软件开发和使用环境的扰动模型

(1) 通过软件验证环节和质量管理环节发现问题并进行了更改，使得偏差

得以消除,最终实现软件的正常使用;

(2) 问题没有得到发现和更改,引起了系统失效,但没有引起事故;

(3) 问题没有得到发现和更改,引起了系统失效,最终导致事故(即造成人员伤亡、职业病、设备损坏或财产损失等一个或一系列意外事件)。

2. 问题控制

在控制系统中,在某些情况下采取复合控制能更有效地提高控制的性能,系统复合控制原理如图 7-11 所示。当输入有噪声时可采取前馈校正,对干扰可采取干扰补偿的措施来降低干扰的影响。

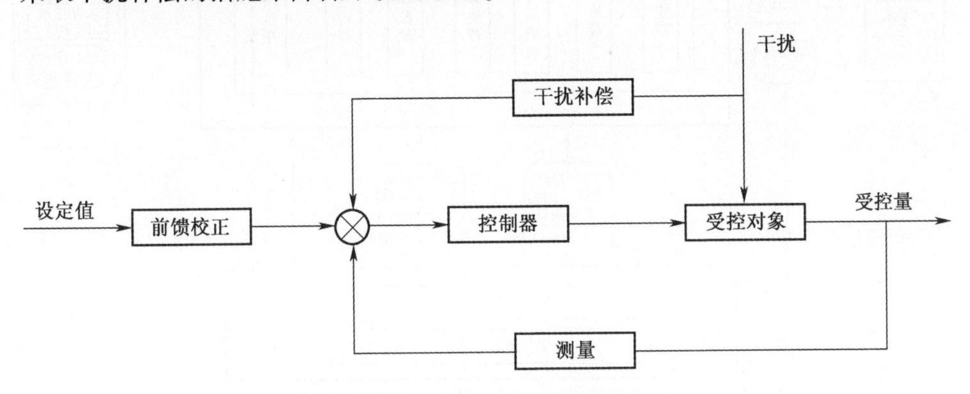

图 7-11　系统复合控制原理图

根据复合控制的思想,针对软件开发过程扰动模型,我们提出建立如下基于复合控制的软件开发过程危险控制模型,如图 7-12 所示。该模型的控制思想为:将对危险的分析和设计从原因和结果两方面考虑:分析危险发生的原因,制定措施尽可能避免引入危险发生的原因;收集国内外相似系统设计经验和已发生过的事故,通过分析和设计尽量使发生过的事故不再发生。具体安全性策略分为如下三部分。

前馈校正:目的为避免已发生过的危险。措施为裁减并使用通用需求;收集初步危险清单,开展初步危险分析。

干扰补偿:目的为降低危险的引入。通过对人员的培训、开发相关工具的认证、开发方法的完善(主要是补充安全性分析设计方法)、通过系统环境失效分析和使用环境异常分析来补充安全性需求,并通过人员操作的异常分析来补充安全性需求或开展人员培训。

反馈控制:保持以前的软件验证与确认、软件质量管理内容,针对安全性验证不充分、变更引起不一致性的问题,分别增加各阶段的安全性分析验证并加强安全性测试、开展危险的追踪分析和软件变更安全性分析。

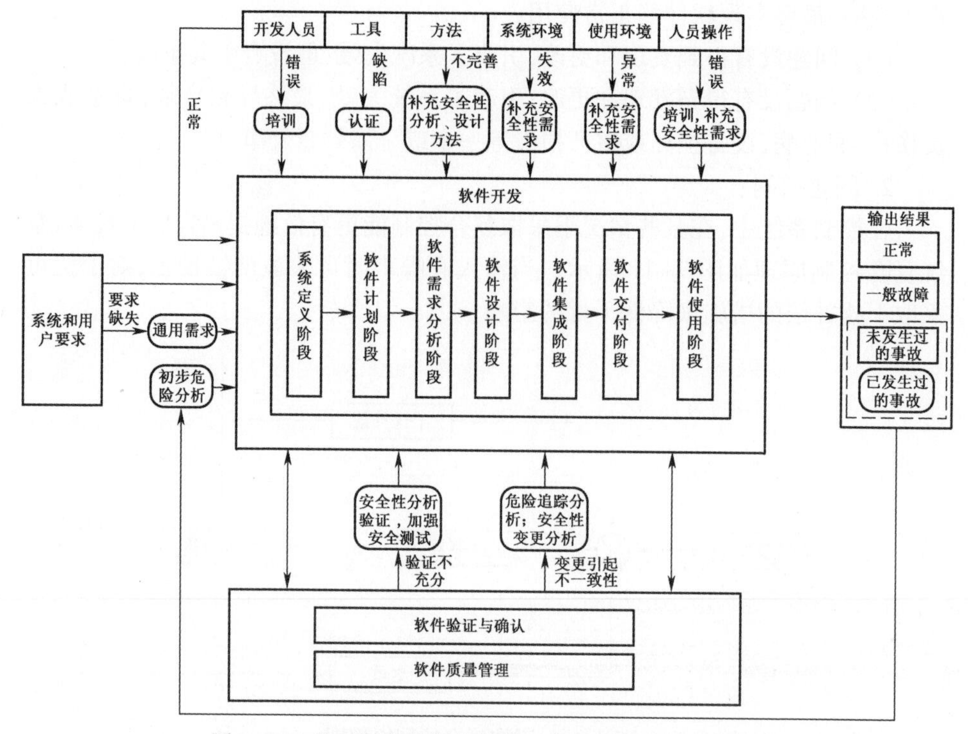

图 7-12　基于复合控制的软件开发过程危险控制模型

7.3.6　基于系统交互的软件危险机理

传统的事故模型可以有效地解释相对简单系统中由物理部件失效引起损失的事故，但在软件密集系统以及非技术层面的安全性问题中效果并不理想。美国麻省理工学院的 Nancy Leveson 教授从系统理论出发建立了基于系统理论的系统事故模型 STAMP，他将安全性看作是一个控制问题进行综合考虑，而不是仅仅考虑部件单元失效的问题。

系统控制模型结构是由控制器、执行机构、被控过程和传感器组成。典型的控制结构如图 7-13 所示。

系统控制模型中的每个单元都扮演着自己的角色，并共同维持系统总体的安全性约束。

（1）控制单元是控制模型中必不可少的部分，是整个系统的核心，其中包含了受控对象的过程模型，通过接收反馈单元反馈的信息，按照过程模型算法给出控制命令，使受控对象达到目标的状态。

（2）执行单元是控制模型中执行控制单元控制动作的实体，接收控制单元

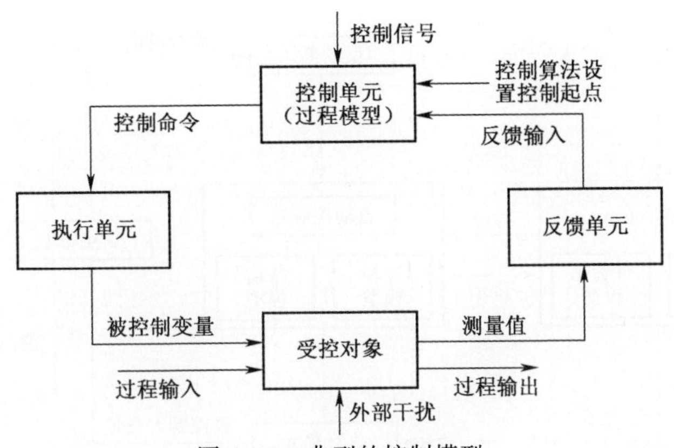

图 7-13　典型的控制模型

的控制命令，根据控制命令计算出合适的控制变量值输出到受控对象，改变受控对象的状态以完成任务并确保一定的安全性水平。

(3) 受控对象接受执行单元输入的控制变量值，过程输入以及可能的外部干扰，实现预期的功能或达到目标状态，完成正常的系统过程进行对外输出，并提供反馈接口给反馈单元。

(4) 反馈单元负责采集受控对象的测量值，并将其传递给控制单元，供控制单元判断受控对象的当前状态。虽然形式上看有些系统并没有反馈单元，但并不代表其不存在，事实上这些系统中的反馈单元是由人来完成的，由于人员不能全天候保持高度认真的观察受控对象的各种状态，并且现代复杂系统中的反馈信息过于庞大复杂，设置独立的反馈单元对于精确的实现对受控对象的控制是非常必要的。

控制模型中的控制单元一般由自动控制器来实现，是为了提高系统对实际情况的反应速度和控制效率以代替控制人员的。由于对自动控制器的不信任，实际系统中经常继续保留控制人员的存在，而有些系统中自动控制器仅仅是作为控制人员和执行单元的一个接口，简单的负责传递控制人员的控制命令给执行单元。上述的系统典型控制模型对实际系统中这种存在控制人员和自动控制器的多控制单元情况并不能充分的实现对系统建模，给之后的分析带来了新的问题。为了解决这一问题，Nancy 等将控制单元划分为自动控制器和控制人员两种情况，对多控制单元在控制模型中分别建模以考虑带来的新的问题。多控制单元系统的控制模型如图 7-14 所示。

在这种新的情况中，控制人员和自动控制器中均存在受控对象的过程模型，并且可以分别发出控制命令给执行单元控制受控对象。自动控制器中的过程模型通过开发人员在进行设计时预先植入[35]，体现的是设计人员对受控对象模

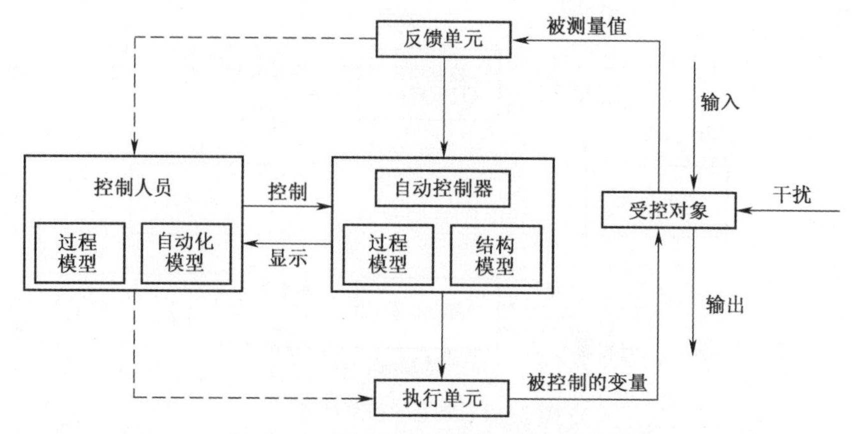

图 7-14　多控制器控制模型扩展示意图

型的理解，除非设计人员对其进行升级、修改，否则一般不会改变；控制人员所依据的过程模型则是其对受控对象过程的主观理解，难以在不同的环境中长时间保持稳定不变，尤其是控制人员进行轮换时更是难以保证不同人员之间过程模型的一致性，但是由于突发情况的不可预见性，预先植入的过程模型可能对其缺乏考虑，这时候控制人员的反应相对于植入的过程模型具有一定的合理性[36]。故而当有多个控制者时，自动控制器和控制者两类控制单元进行控制所依据的系统过程模型可能（有时是不可避免的）会出现偏差。这种情况容易导致系统中存在重叠控制和边界控制，多控制器对受控对象的控制极易发生冲突，具体情况分别见图 7-15 和图 7-16。

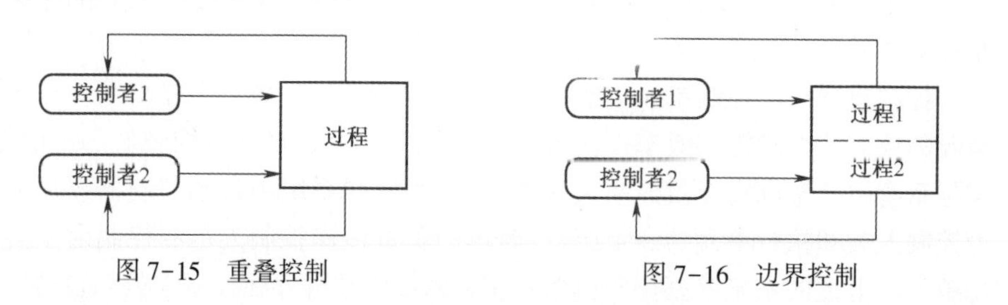

图 7-15　重叠控制　　图 7-16　边界控制

重叠控制：当对受控对象的控制是由两个控制者协作完成，或当两个或更多的控制者同时对受控对象发送控制命令时，系统中就产生了重叠控制。如果不同控制者采取的控制行为之间并不一致，执行单元所执行的控制动作不能保证与每个控制者所希望的相一致，这就可能造成系统的异常，从而导致事故的发生。

边界控制：当受控的系统存在控制边界时，图中的边界则相当于重叠控制，这种情况下控制者很容易混淆是哪个控制者（器）的控制正在作用于受控对象，从而使得当系统需要某种约束的时候，可能会因为没有进行必要的控制行为导致事故的发生。重叠控制容易导致多执行单元同时对受控对象进行操作,而边界控制则使得边界处没有控制单元对其进行控制。

上述两种情况的出现是因为控制单元中的过程模型对控制模型的描述并不充分,或者多个控制单元采用的过程模型不一致。重叠控制和边界控制很容易导致事故的发生,例如2002年德国的乌伯林根空难就是因为系统存在TCAS和地面空中调度员两个控制单元并存在重叠控制,导致事故发生前系统未能有效处理TCAS系统和地面调度员发送给飞机系统的冲突的建议。只有当控制单元对控制模型中各个部分的状态以及改变系统状态的方法理解透彻,对多个控制器同时发送的控制命令进行协调处理后再发送给执行单元,才能够采取恰当的控制行为确保安全性约束不被破坏,确保系统能够安全运行。因此基于STAMP开展的面向异常交互的软件安全性分析,应从初始状态、当前状态和改变状态的方法这三方面来分析安全性约束是如何被破坏以至于导致异常控制行为发生造成系统危险。

STAMP模型中给出一般控制系统与软件相关的问题可总结如下:

(1)控制器输出不当或缺失。

① 控制输入或外部输入信息错误或丢失;

② 与其他控制器间的不足通讯;

③ 控制算法问题;

④ 算法没有跟随模型的变化调整。

(2)过程模型的不协调、不完全或不正确。

① 在开发过程模型时所引入的缺陷;

② 在更新过程模型时所引入的缺陷。

(3)反馈不当或缺失。

① 系统没有设计反馈;

② 反馈通路错误;

③ 反馈信息不充分;

④ 反馈信息延迟。

(4)扰动模型错误。

① 振幅、频率或周期超出范围;

② 有些未知扰动并未考虑其中。

(5)多个控制器和多个决策系统之间的协调问题。

因为控制模型的核心——控制器通常由软件实现,因此,STAMP模型应用在软件密集系统的安全性机理建模时,可以揭示出软件在控制结构中易发生的问题,从而提前采取措施进行规避,以提高软件系统的安全性。

7.3.7 基于开发和运行过程的软件系统事故模型

我国航天相关院所在大量的实践基础上梳理出航天软件系统事故模型，建模过程如下：

(1) 通过收集国内外事故，归纳出事故因素并进行分类，通过分析各缺陷因素间的关系，总结航天系统事故机理如图 7-17 所示。

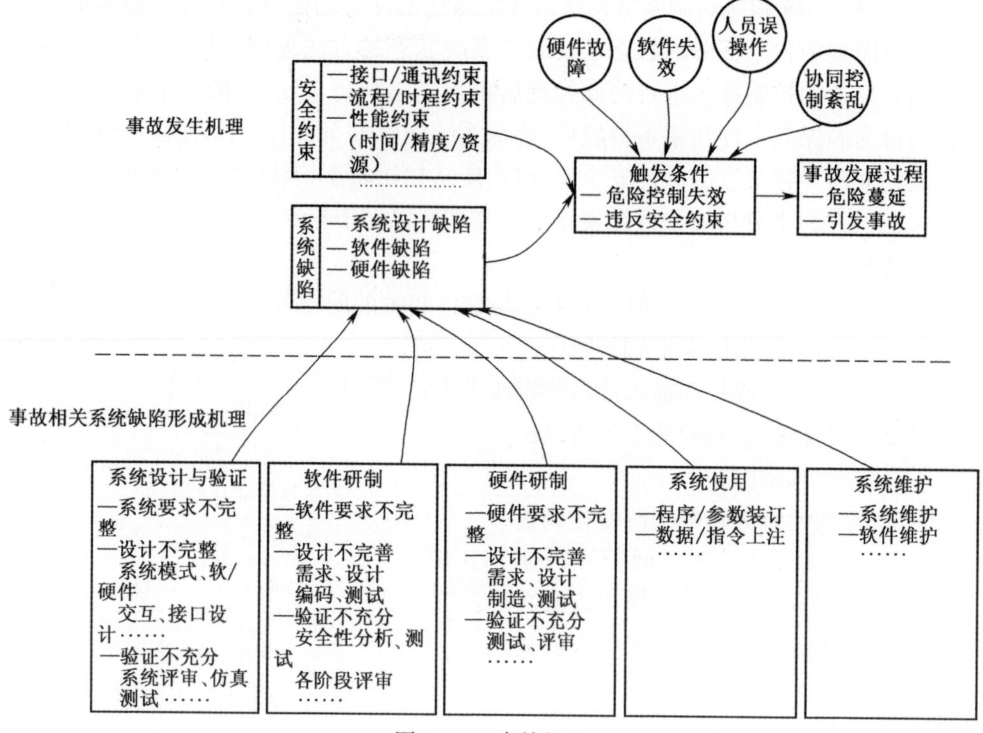

图 7-17　事故机理

模型中的软件系统机理涉及事故发生机理及深层次事故形成机理。软件系统缺陷是在软件系统开发和使用维护中固有引入的，由于对这些缺陷中能导致危险的缺陷缺乏控制，或虽有控制，由于人员不当操作等导致控制失效从而导致系统事故发生。

(2) 根据事故因素的分析及机理研究，给出事故集成模型，如图 7-18 所示，该模型包括事故发生模型和系统缺陷形成模型。

根据机理研究及收集的案例数据，建立缺陷模式库，其分类如图 7-19 所示。

在事故模型和缺陷模式库的基础上，可以开展后续的软件系统安全性设计，并为安全性分析提供线索。

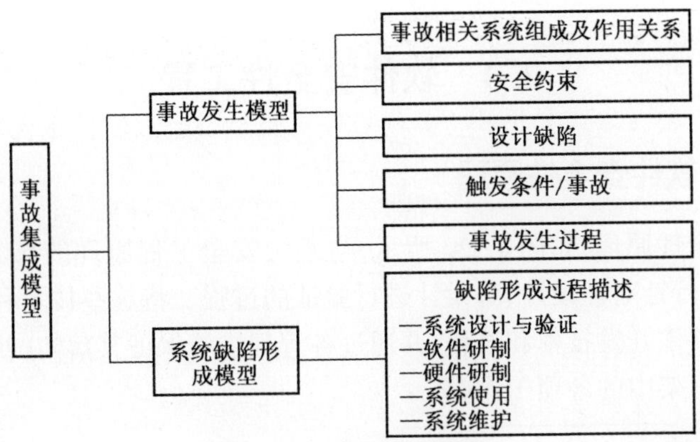

图 7-18　事故集成模型

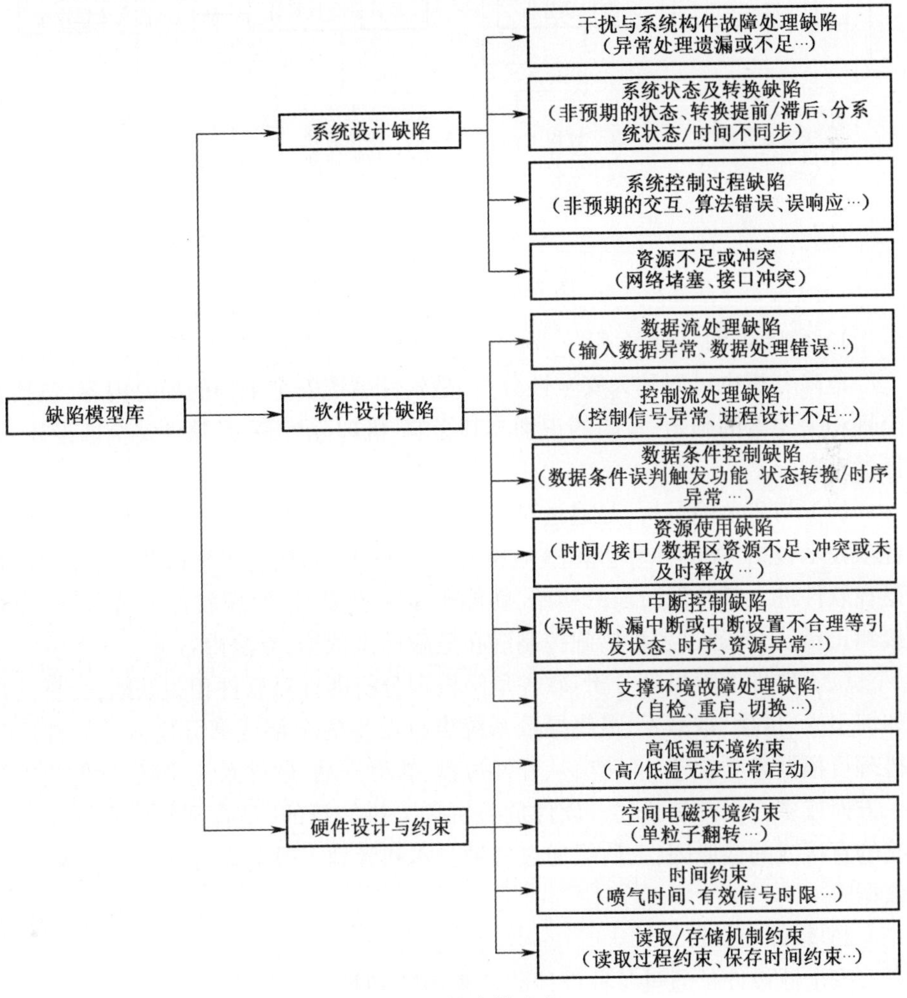

图 7-19　缺陷模式库

7.4 软件安全性工程

7.4.1 软件安全性原理

软件安全性原理，如图 7-20 所示，与系统安全工程原理的核心一致，也是识别危险、进行针对性设计、对设计进行验证的过程。将这些技术和要求进行细化并融入到软件开发技术和过程，并通过各管理措施保证其落实，就形成了软件安全性工程框架中的各项工作。

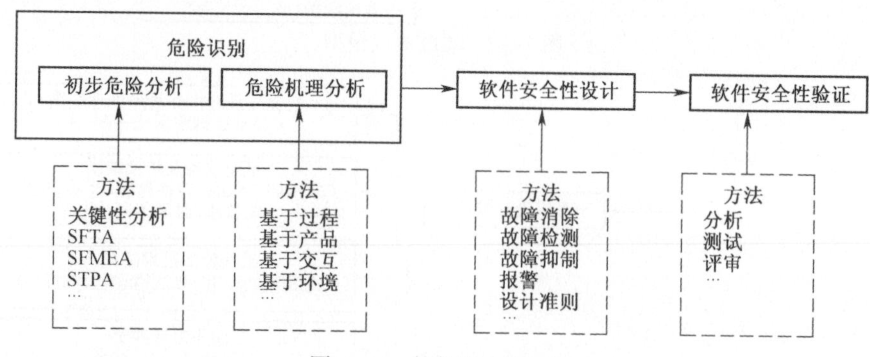

图 7-20 软件安全性原理

1) 危险识别/分析

危险分析也可以称为安全性分析，是软件系统安全工程的核心内容，包括安全性相关要素的确定、危险的识别与其影响、机理分析等，是软件安全性设计、验证的基础。

(1) 初步危险分析：是通过对本软件系统初始信息的了解，开展危险分析的各项技术包括：关键性分析、SFTA、SFMEA、STPA 等方法，实施这些方法的目的，是在软件进入某开发阶段的初始，就能确定关键要素、发现软件系统危险，为直接纠正错误，或通过各种措施控制潜在危险提供依据，方法内容见 7.5.1 节。

(2) 软件危险机理分析：软件危险机理分析即针对软件相关缺陷，分析其是如何引入、传播、被激发、最终导致系统事故发生的全部或部分规律。软件危险机理可根据该类软件的特点，从开发过程、软件产品、软件系统关联、软件使用等一方面或多方面开展描述。软件危险机理分析的目的，是找到软件系统发生事故的直接或间接原因，为后续通过各种技术和管理手段消除、控制潜在危险提供依据。

2) 软件安全性设计

安全性设计是通过各种设计活动来消除和控制各种危险，提高软件系统的安全性。在安全性分析的基础上,即在运用各种危险分析技术来识别和分析各种危险,确定各种潜在危险对系统的安全性影响,设计人员必须在设计中采取各种有效措施来保证所设计的系统具有要求的安全性。软件安全性设计是保证系统满足规定的安全性要求最关键和有效的措施,它包括进行故障消除、故障检测、故障抑制、并将典型设计编制为设计标准进行实施、并在设计中采用报警等技术来实现,以及编制专用规程和培训教材等活动。

3) 软件安全性验证

软件安全性验证,是指在软件开发和交付阶段,对产品的安全性要求是否合理与完整,安全性是否达到要求给出结论性意见,所需进行的分析、测试或评审的总称,是伴随软件开发全过程进行的。在验证中发现的问题可能引发新一轮的设计迭代。要说明如下几点。

(1) 软件安全性分析验证一般针对已完成的软件需求文档、设计文档或已实现的代码开展,每项分析工作应尽早开展。此时的分析验证与前面的危险分析方法可能是一种方法,但输入不一样、目的不一样。

(2) 软件安全性测试一般会在各级测试中开展,如单元、集成、配置项测试和系统测试中,除了常规测试,通常对安全关键要素开展更充分的测试及增加更多的异常测试。

7.4.2 软件安全性工作的目标

NASA-STD-8719.13B《软件安全性指南》中规定,对系统中安全相关软件,不论是否存在非软件的危险控制或缓解危险的方法(如:操作员干预、硬件控制等),都应按照相关要求开展软件安全性相关工作,其目的是:

(1) 标识出对系统安全性起作用,并包含保证系统安全运行的需求的软件;

(2) 确保在系统中考虑了软件安全性,并确保采取了合适的措施开发安全的软件;

(3) 确保软件安全性在项目计划、管理和控制活动中进行了考虑;

(4) 确保软件安全性在整个系统生存周期中得到了考虑,包括软件需求开发、设计、编码、测试和运行;

(5) 无论现货软件还是分包开发的软件,都要确保软件产品的安全性已进行了评估、分析和记录;

(6) 确保软件验证活动中包含软件安全性验证。

7.4.3 软件安全性工程框架

当前软件的开发过程正在逐步规范,在实际工程项目中典型的软件工程框架如图 7-21 所示。在该过程中首先进行软件工程总体规划，建立软件研制体系，明确软件技术专家组的职责，策划和实施专项培训和内部验证工作，制定总体工作进度，按照软件开发过程组织开展监督检查工作，这样就保证了工作有章可循，确保了软件研制要求的贯彻落实，大大提高了软件开发的质量。

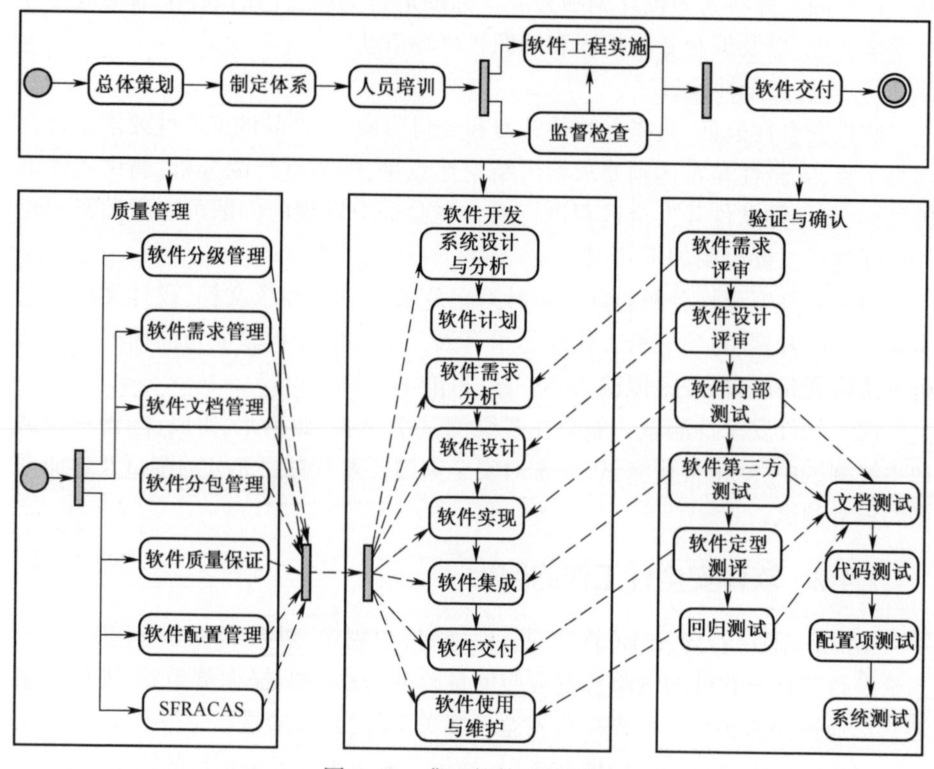

图 7-21　典型软件工程框架

在软件工程过程逐步规范之后，若进一步提高软件质量，特别是航空装备软件的安全性，现有的框架还无法完全满足要求。将上文软件安全性过程危险控制模型用于当前航空软件工程过程之中，得到如图 7-22 所示的软件安全性工程框架。

在上述软件安全性工程框架当中，结合现有的软件工程过程，相应的安全性工作可在各阶段有如下体现：

1）总体策划阶段

除常规的软件工程化策划之外，要对整个开发过程的安全性工作进行总体策划，包括要达到的安全性总体目标，软件安全性相关机构的建立、人员设置、管理要点和主要技术环节，各工作节点以及软件安全性工作与其他工作的协调。

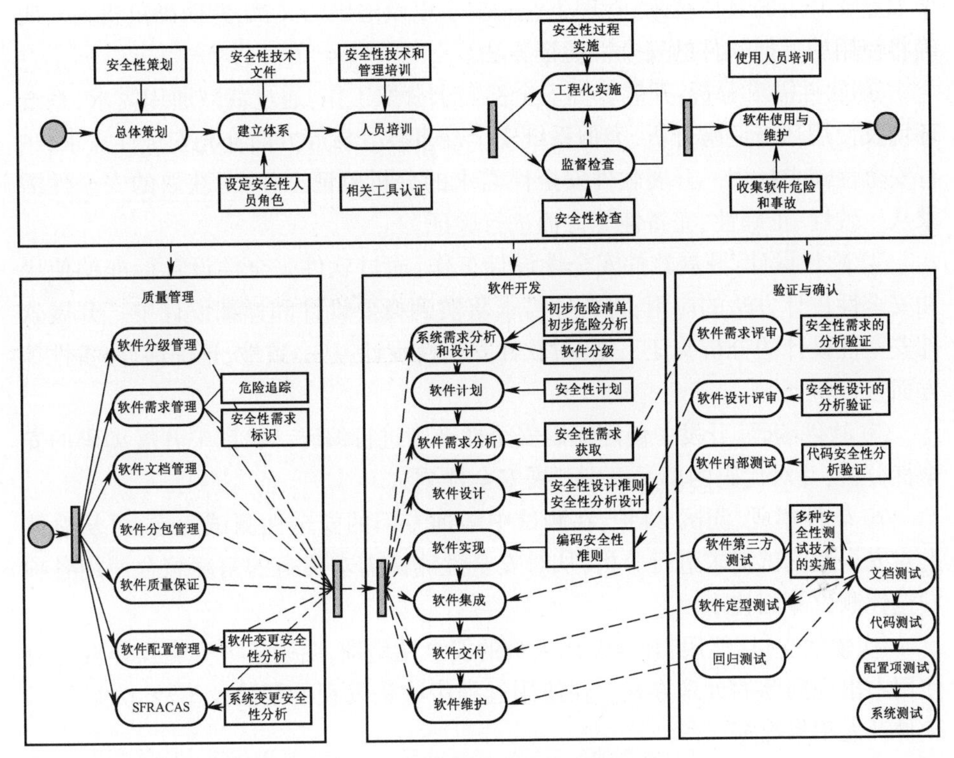

图 7-22　软件安全性工程框架

2）建立体系阶段

除建立常规的软件工程体系之外，建立软件安全性工作机构，落实安全性人员，规定角色职责并纳入体系文件；将总体策划中考虑到的软件安全性管理和技术要求及指南，以及与其他工作的接口要求反映在体系文件中。

3）人员培训阶段

除进行常规的培训之外，在领导层开展安全性工作框架的培训，对体系文件中规定的各项安全性技术和管理工作涉及的人员，开展相应的培训。

在该阶段可以同时开展后续开发中使用的工具的认证工作。

4）工程实施阶段

除常规的工作之外，在下面 3 项工作中要增加的安全性工作如下。

（1）软件开发、验证与确认。

① 系统设计与分析：收集系统初步危险清单，并针对软件任务，开展初步危险分析，并将分析结果反映在软件任务书之中，并以危险分析结果为主要依据开展软件分级。

② 软件计划：增加软件安全性工作计划，针对软件级别，明确在软件开发各

个节点要开展的具体技术、管理工作和要求以及输出的文档,并明确负责人。明确将使用的货架软件的安全性验证方法。

③ 软件需求分析:开展软件安全性需求获取工作:通过裁减通用需求,系统环境及使用环境危险分析、类似系统安全性事故分析等方面补充安全性需求,进行安全性需求标识。开展软件安全性需求的分析验证工作:对获取的安全性需求从一致性、正确性、完备性等方面进行验证。

④ 软件设计:开展软件安全性设计工作:通过软件安全性设计标准的使用和安全性设计方法的应用,将软件需求落实到概要设计和详细设计中。开展软件安全性设计的分析验证工作:对软件安全性设计,从一致性、正确性、完备性等方面进行验证。

⑤ 软件编码:开发中使用编码安全性准则进行编码。验证中开展编码的安全性分析,并对代码的单元级别开展安全性测试。

⑥ 软件集成、测试、维护:在测试中增加专门的安全性测试考虑,可从总体上对安全性测试需求进行分析,从对安全性测试需求覆盖的角度综合使用各项安全性测试专用技术。

⑦ 软件交付、使用:开展使用人员的安全性培训,明确各项安全操作要点及使用中出现问题的处理方式。在使用过程中收集发现的危险及事故,为后续的软件开发积累数据。

(2) 质量管理。

在常规的软件工程化管理基础上,重点开展如下安全性管理。

① 在软件需求管理中:开展危险追踪工作,即针对每一个识别的危险,追踪记录对其所采取的控制措施、测试方法,变更等,保证对每一个危险落实闭环控制;在需求、概要设计、详细设计、测试等文档中对安全性相关要素进行标识。

② 在配置管理中:推动软件变更安全性分析,在软件变更之前,采用影响分析等方法,分析需求、设计和运行环境等的变更是否产生了新的危险,或对已经消除的危险、尚存的危险、安全性设计等产生影响。变更分析的结果可能会导致新一轮的安全性设计和验证工作。

(3) 监督检查。

在目前开展的监督检查项目下,增加检查软件安全性工作情况;在首飞前开展安全性检查,提高系统安全性。

7.4.4 软件开发各阶段主要安全性工作

1) 软件开发中安全性工作流程

NASA-STD-8719. 13B《软件安全性指南》详细给出了软件开发全过程如何

开展软件安全性工作,其中包括大量技术和管理的要求和方法。对其技术和管理主要要求梳理出如下过程,见图 7-23。

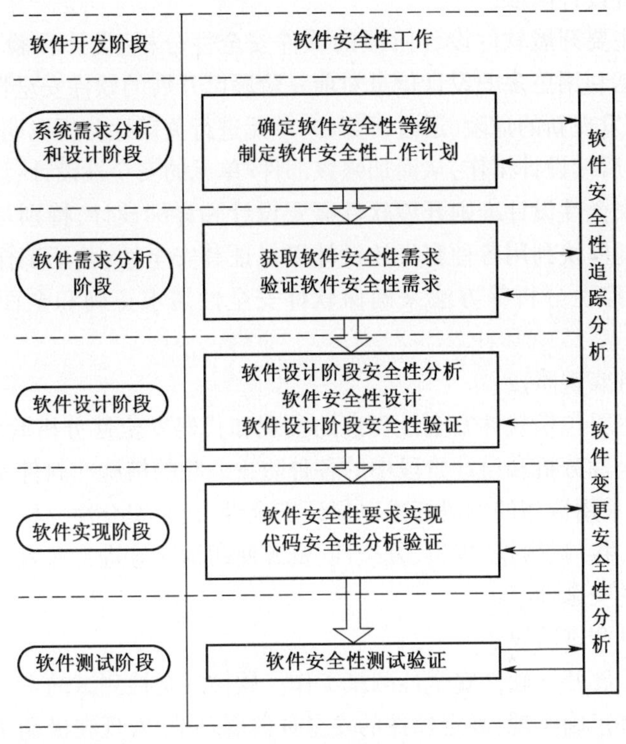

图 7-23 NASA 软件安全性主要工作流程

(1) 系统需求分析和设计阶段。

该阶段主要开展确定软件安全关键等级和制定软件安全性计划两项工作。软件安全关键等级决定软件在后续的工作中采取的安全性相关的技术和管理手段的强弱;软件安全性计划将为后续的所有软件安全性的工作进行有效的规划,并对过程的工作提出具体的要求,因而这两项工作是后续一切工作的基础。

(2) 软件需求分析阶段。

该阶段主要开展获取软件安全性需求和验证软件安全性需求两项工作。软件安全性需求的获取主要是根据已知的系统信息以及其他一些相似系统的数据和通用惯例,来完成通用软安全性需求的裁减和特定软件安全性需求的获取工作;软件安全性需求验证主要是通过软件 FTA、软件 FMEA、数据流分析、控制流分析、形式化验证等分析方法完成相关验证工作,最终获得对于保证软件安全性水平相对完整、正确的安全性需求集合。软件安全性需求的确定是整个软件安全性工作的关键,是开展后续软件安全性设计、实现与测试工作的依据。软件发生安全性问题多数情况是由于软件安全性需求获取不全导致的,如对环境失效和各种异常情况的处理考虑不完善等。

（3）软件设计阶段。

该阶段主要开展软件设计阶段的软件安全性分析、设计和验证 3 项工作。分析工作包括利用更多的设计信息对前一阶段已开展的软件安全性分析工作进行更新,从而发现新的危险,通过对部件/单元进行关键性分析以明确关键部件/单元,提供给后续设计工作,从而加强该部件/单元的安全性设计;设计工作主要是根据软件安全性设计准则开展软件概要设计和详细设计,特别是对于分析出的安全性关键模块利用各种容失效设计以保证其安全性;验证工作主要采用独立性分析、追踪性分析等方法来确保软件安全性需求正确和全面地在设计中落实。

（4）软件实现阶段。

该阶段主要包括软件安全性要求的实现和代码安全性分析验证两项工作。前面软件安全性分析和设计阶段中的各种防止危险的措施在软件实现阶段才真正落实,并要采用恰当的编码标准以保证安全性;代码安全性分析验证是针对代码,对其逻辑、接口、数据、规模、复杂性、资源使用情况等进行深入、细致地分析,以验证代码的安全性。

（5）软件测试阶段。

该阶段主要开展软件安全性测试工作。软件安全性测试的重点是验证所有安全性需求都正确实现,确定软件的安全性薄弱环节,发现在极端条件及异常状态下产生导致安全问题的软件失效,为软件安全性需求的完善提供依据。软件安全性测试不是重复常规测试,而是对常规测试的补充。

（6）面向全过程的软件安全性相关工作。

面向全过程的软件安全性相关工作主要包括软件安全性追踪分析及软件变更安全性分析。软件安全性追踪分析通常使用追踪性矩阵将危险联系到软件开发过程的各阶段产品,并通过分析,确保所有安全性需求都得到了实现和充分的验证;软件安全性变更分析通常采用影响分析等方法,分析需求、设计、和运行环境等的变更是否产生了新的危险,或对已经消除的危险、尚存的危险、安全性设计等产生影响。变更分析的结果可能会导致新一轮的安全性设计和验证工作。很多软件安全性问题都是由于变更产生的,因而对软件变更安全性分析应予以高度重视。此外,NASA 中对编程语言、开发工具、操作系统等对安全性的影响都有相应的论述。

2）软件安全性工作的输出结果

通过开展软件安全性工作,可以标识软件安全性关键要素、给出软件系统中

存在的安全问题及相应的防范措施。软件安全性分析工作的输出结果或结论主要包括:

(1)《软件安全性计划》;

(2)《软件安全性报告》,包括软件开发各阶段软件安全性分析、设计、验证的过程和结果;

(3) 软件安全性需求,应纳入《软件需求规格说明》和/或《软件接口需求规格说明》,并明确标识,如可以在通常的需求标识后加"s"来表示以示区别。

(4) 安全性关键软件设计,应纳入《软件设计说明》中,并明确标识,如:用不同的颜色或符号以区别于其他设计;

(5) 安全性关键代码、数据,应纳入软件编码中,与安全性关键设计对应的编码和数据要明确标识,并要标识危及安全性关键代码的普通代码,如可通过注释说明其安全性关键程度及其对应的安全性关键设计;

(6) 软件安全性测试要素,包括安全性关键单元/任何仿真程序、测试驱动程序、桩模块、测试数据以及安全性关键部件的测试报告,应分别纳入《软件测试计划》《软件测试说明》和《软件测试报告》中,并进行明确标识,以区别于普通测试;

(7) 软件安全性需求的追踪矩阵(软件设计、实现、测试用例对安全性需求的追踪);

(8) 软件安全性问题报告单;

(9) 各阶段安全性工作内容(内容、技术、谁做、输入输出)。

3) 软件开发阶段技术和管理要求

参考 NASA 的部分推荐要求,我们给出软件开发各阶段的技术要求,按照表 7-9~表 7-15 要求制定的原则如下。

(1) 保留 NASA 标准中必要、可操作性强的条目;

(2) 增加当前在工程中使用有效的条目和在其他研究表明中可行有效的方法;

(3) 裁减掉当前技术手段较难达到的条目(如部分形式化验证要求)和重要性相对低的条目。

其中的符号内涵如表 7-8 所列。

表 7-8 符号标识

符号说明			
●	强制的	√√	强烈推荐
√	推荐	○	不推荐
*	为 NASA 标准中有的要求		

表 7-9　系统分析与设计阶段技术和管理要求

技术及管理要求	安全关键等级		
	C	B	A
获取初步危险清单	●	●	●
初步危险分析 *	●	●	●
软件子系统的危险分析 *	●	●	●
在任务书中提出软件安全要求	●	●	●
制定安全性计划	√√	●	●

表 7-10　需求分析阶段技术和管理要求

技术及管理要求		安全关键等级		
		C	B	A
初步危险分析 *		●	●	●
软件子系统的危险分析 *		●	●	●
获取和标识安全性需求	裁减和本地化通用需求	●	●	●
	各模式下明确必须做的功能	●	●	●
	各模式下明确必须不做的功能	●	●	●
	故障和失败的容忍 *	√	√√	●
	危险命令 *	●	●	●
	时间、吞吐量要求 *	√√	●	●
验证安全性需求	追踪性分析	√√	●	●
	完整性分析	√	√√	●
	软件故障树分析 *	√	√√	●
	软件故障模式及影响分析 *	○	√	√√
	时间、吞吐量验证 *	√√	●	●

表 7-11　设计阶段技术和管理要求

技术及管理要求	安全关键等级		
	C	B	A
安全性设计准则	●	●	●

（续）

技术及管理要求	安全关键等级		
	C	B	A
设计安全性分析 *	√√	●	●
防御性编程 *	√√	●	●
设计可追溯性分析 *	●	●	●
危险风险评估 *	√√	●	●
独立性分析 *	√	√√	●
数据的逻辑分析 *	○	√	●
设计数据分析 *	√	√√	●
设计接口分析 *	√	√√	●
动态分析控制流图 *	○	○	√

表 7-12　编码阶段技术和管理要求

技术及管理要求	安全关键等级		
	C	B	A
编码检查单和标准	●	●	●
安全关键单元的测试计划和实施 *	√√	√√	●
安全关键数据的程序切片 *	√	√	√√
代码数据分析 *	√	√√	●
代码接口分析 *	√	√√	●
未使用的代码分析 *	√	√√	●
中断分析 *	√	√√	●
测试覆盖率分析 *	√	●	●
源代码的代码走查	√√	●	●
最终时间、吞吐量和规模分析 *	√√	●	●

表 7-13　测试阶段技术和管理要求

技术及管理要求	安全关键等级		
	C	B	A
集成测试 *	√	√√	●
系统功能测试 *	●	●	●

（续）

技术及管理要求	安全关键等级		
	C	B	A
回归测试 *	●	●	●
测试覆盖率分析 *	√	√√	●
测试结果分析 *	●	●	●
失效模式(硬件和软件)测试	√	●	●
基于 FTA 的软件安全性测试	√	√√	●
基于场景的软件安全性测试	√	√√	●
最坏条件测试	√	●	●
抗失败测试 *	√	√√	●
传感器输入的典型设置 *	√√	●	●
测试每个传感器的所有模式 *	√√	●	●
每次分配内存测试 *	○	√	√√
涉及的内存测试 *	○	√	√√
验证所有的时序约束 *	√	√√	●
测试最坏情况下的中断序列 *	√	√√	●
关键链中断测试 *	√	√√	●
在 I/O 空间的数据定位测试 *	√	√√	●
至少执行一次所有组件 *	●	●	●
所有组件的调用测试 *	√√	●	●

表 7-14　运行和维护阶段技术和管理要求

技术及管理要求	安全关键等级		
	C	B	A
收集危险及事故数据	●	●	●

表 7-15　软件开发全过程要开展的工作

技术及管理要求	安全关键等级		
	C	B	A
安全性要素标识	●	●	●
危险追踪	√√	●	●
软件变更安全性分析	√√	●	●

1. 系统需求分析和设计阶段

1）确定软件安全性等级

对安全相关系统中的软件进行分析，确定软件是否为安全相关的，如果是，则对安全相关软件进行安全性等级的划分。确定软件安全性等级是后续软件安全性工作开展的前提，完成等级划分后，在后续工作中可以对不同级别的软件采用不同的安全性技术和管理措施，以实现资源的合理分配。

系统需求分析和设计阶段，在系统安全性分析过程中，当一个系统被确定为安全相关系统之后，就应对此系统中使用的软件进行分析，以确定软件是否是安全性关键的，一旦软件被确认为安全相关的，则应对其进行分析，以确定软件安全性等级。该项工作应在制定软件安全性计划和软件需求分析阶段开始之前完成。主要工作内容和要求包括：

（1）当系统被确定为安全相关系统之后，软件安全性人员应对系统中的软件进行分析，确定软件是否为安全性相关的；

（2）确定软件为安全相关软件之后，应通过分析确定软件安全性等级；

（3）软件安全性等级的确定过程和结果应记录在适当的文档中（如：软件安全性报告）。

2）制定软件安全性计划

软件安全性计划对于开发安全相关软件十分重要，合理有效的计划能保证系统和软件中的安全相关特性能够被充分地识别，并采取合理的技术和过程措施规避风险，同时从管理的角度给各项安全性工作的落实提供保障。在软件开发早期制定有效的软件安全性计划能使软件安全性工作有机地融入软件开发过程中，并为后续工作中合理分配人员、时间、经费等资源提供依据。

软件安全性计划应总体描述项目的软件安全性过程，包括为保证软件安全性所需的人员组织结构、培训要求、各工作间的接口以及安全性分析、评估记录的数据、工作输出等各项工作要求。该计划将给出软件开发各阶段应开展的安全性分析、设计、验证活动及时间进程。此外，计划中还应给出软件安全性分析结果的处理等方法，IEEE 1228《软件安全性计划》可作为制定计划的模板。软件安全性计划将为所有未来的软件安全性活动提供依据。理想情况下，软件安全性计划的制定应在软件安全性等级划分之后开始，并在软件需求分析开始之前完成。主要工作内容和要求包括：

（1）软件安全性负责人应为安全性关键软件的采购、开发、维护和版本升级编制软件安全性计划。

（2）软件安全性计划应描述软件将开展的所有软件安全性工作，包括：

① 应规定软件安全性人员组织结构、要执行的活动、实施方法、各活动的进

度、执行这些活动的人员以及产生的输出,并描述与软件开发间的关系;

② 应描述软件安全性与系统安全性、软件开发、软件质量保证等工作和组织间的关系;

③ 应明确阐述在软件开发不同阶段软件安全性需求的产生、实现、追踪和验证机制;

④ 应明确阐述不同等级的软件安全性要素(如:安全性需求、安全相关模块)应采取的安全性方法;

⑤ 如果该项目需要进行独立第三方测试,则应在计划中明确给出独立第三方测试对软件安全性起到的作用及第三方测试人员与软件安全性人员的合作方式;

⑥ 应给出软件安全性问题和建议的跟踪和解决机制;

⑦ 应给出软件安全性人员在系统运行过程中对系统(软件的)监控的职责,以及当察觉系统安全性被威胁时的处理规程。

(3) 软件安全性计划中应规定各项安全性工作的检查、评审方法和时机,以保证计划的落实。

(4) 在下述情况下应进行软件安全性计划评审,并应纳入配置管理。这些情况包括:计划发布前、每两年、长期不使用重新使用时、在对系统或操作规程作重大更改后。当计划和实际情况存在偏差时,应修订软件安全性计划,也可重新制定软件安全性计划。

2. 软件需求分析阶段

该阶段软件安全性的主要工作是获取软件安全性需求,并验证其正确性、一致性和完备性。

1) 获取软件安全性需求

软件安全性人员同系统安全性人员密切合作,负责从相关标准、系统安全性需求、环境和设施需求、接口需求、系统危险分析、相关经验等中获取软件安全性需求,经验证后作为软件设计(包括安全性设计)的依据。其中的软件安全性需求既应包括与系统安全性关键的功能需求,又包括阻止系统不安全行为的软件需求,同时还应包括预防系统进入不安全状态的软件需求或设计要求(如:进行系统监控、关键数据的分析、查找系统进入危险状态的趋势/信号等先兆的软件需求)。正确、充分地获取软件安全性需求是软件安全性工作的核心环节,是后续软件开发和开展安全性相关工作的依据。获取软件安全性需求的启动可以同系统危险分析一起进行,或者在系统危险分析之后立即进行。开展该项工作的重点阶段是在软件需求分析阶段。该工作是不断迭代的,即随着软件分析、设计工作的深入开展,软件安全性需求将得到不断的补充,该项工作可一直持续至测试阶段。主要工作内容和要求包括：

（1）软件安全性需求应包含在软件需求规格说明中。

（2）软件安全性需求应包括通用需求和特定需求，这些需求应来源于相关标准、系统安全性需求、环境需求、程序说明书、工具或设施需求、接口需求、系统危险报告和系统危险分析等。

（3）软件安全性需求应能保证如下要求：

① 不允许单个事件或者措施能够启动潜在的危险事件；

② 在检测到不安全的条件或命令时，系统应禁止该潜在的危险事件序列，并启动相关措施或功能，使软件进入预设的“安全”状态。

（4）软件安全性需求既应包括有效运行的模式或状态，又应包括所有应禁止的模式或状态（注：这些需求通常被称为“必须工作”和“必须不工作”，如：在机器人的维护模式下，启动机器人手臂运动的关键命令必须不能工作）。

（5）任何与安全性有关的软、硬件间的约束应纳入软件需求规格说明，即，当软、硬件协同完成一项安全性关键功能时，他们的各自角色、优先级和失效模式应被记录下来并阐述清楚。

（6）每一项软件安全性需求在软件需求规格说明中的表达方式应明确和规范，以使每一项需求都清晰、准确、可验证、可测试、可维护和可实现。

（7）每一项软件安全性需求在软件需求规格说明中都应具有一个清晰的唯一标识，能与其他需求区分开，并在软件开发和运行全过程进行追踪。

软件需求获取的主要技术环节包括裁减通用软件安全性需求和获取特定软件安全性需求两个渠道，前者可参考一些行业规范，后者可通过对系统安全性需求向下映射、对初步危险分析（PHA）进行进一步分析，将危险原因映射到软件或与软件进行交互作用，标识出软件危险控制特征并将其表示为需求、和通过后续安全性工作信息进行补充完善三种方式来获取。

2）验证软件安全性需求

为确保系统安全性需求针对软件需求进行了适当的分解和落实，并且这些软件安全性需求是正确的、一致的和完备的，因而要对获取的软件安全性需求进行验证。通过验证活动还能发现新的危险、可能影响危险控制的软件功能以及软件中可能存在的不期望的行为方式。对软件安全性需求进行及时、充分的验证，可以在早期发现软件安全性需求的缺失、矛盾、不一致性等问题，确保开展后续安全性工作的依据是完善的，这对于保证软件产品的安全性从而保证系统安全性和提高开发效率将起到重要作用。在软件需求分析阶段获取软件安全性需求之后应启动软件安全性需求的验证工作，并在软件设计工作开始之前完成。主要工作内容和要求包括：

（1）软件安全性人员应对软件安全性需求进行验证，验证对象既应包括安全性技术需求，又应包括安全性过程和设计要求。

（2）软件安全性需求验证方法应记录在软件安全性计划中，并应至少包括如下步骤：

① 应验证所有的软件安全性需求满足获取安全性需求的工作要求中的所有要求。

② 应验证软件安全性需求对潜在失效进行了充分的考虑并提供了适当的响应，至少应对如下方面进行考虑：幅值/范围等限制、相互依赖的限制之间的逻辑关系、对时序错误的事件的保护、定时问题、传感器或执行器的失效、表决逻辑、危险命令的处理需求、故障检测隔离和恢复（FDIR）、用于容失效的切换逻辑，以及在需要时达到并维持在某安全状态的能力。

③ 应验证软件安全性需求包含了防止潜在问题的积极措施，这些措施是用于防止潜在危险发生并实现所要求的"必须工作"的功能。

④ 应检查软件安全性需求中是否存在二义性、不一致性、遗漏和未定义的条件。

⑤ 应验证所有的软件安全性需求对相关标准、系统安全性需求、环境需求、程序说明书、工具或设施需求、接口需求、系统危险报告和系统危险分析等是可追溯的。

（3）上述的分析验证结果应形成文档并提供给系统安全性人员，文档中应包括新发现的危险、危险原因以及没有被适当分解的需求。

（4）应将没有被适当分解的需求形成文档提交给系统设计层以求解决。

（5）在项目正式评审和系统安全性评审时，应由负责相关工作的安全性组织提交并汇报软件安全性需求验证的结果。

其中较常用的验证方法包括评审（评审时应使用检查单），需求关键性分析，定时、吞吐量和规模分析、软件故障树分析、软件失效模式和影响分析。此外，还有控制流分析、信息流分析、Pettri 网分析等在其他文献中论述较多的方法，在此不赘述。

3. 软件设计阶段

软件设计阶段通常包括软件概要设计阶段和软件详细设计阶段，当软件规模较小时也可将二者合并为一个阶段，该阶段的主要安全性工作是进行软件安全性设计。此外随着软件细节的展开，还要进一步开展安全性分析以发现新的危险，补充软件安全性需求。对于安全相关软件，安全性设计的目标是实现最小风险设计，其中的风险包括软件缺陷产生的风险、用户操作产生的风险、费用风险和进度风险。降低这些风险的软件安全性设计原则有：

(1) 降低软件和接口的复杂性;

(2) 对安全性关键等级高的模块,应使用更有针对性的设计方法,以降低其失效的发生;

(3) 对高风险的部分,提供更多的资源(时间、技术考虑等);

(4) 重视人因安全性,强调用户使用安全设计而非用户使用友好设计;

(5) 设计时应考虑测试性。

为落实上述设计原则,要从分析、设计、验证三方面开展安全性工作。同时要在设计阶段或更早阶段,选择好编程语言、编码规范、开发工具和操作系统以更好地保证软件安全性。

1) 软件设计阶段安全性分析

设计阶段的安全性分析主要为发现新的潜在危险,以及识别关键软件部件和单元。随着软件设计工作的开展,可以对需求分析阶段的安全性工作进行更新,从而发现新的危险;通过部件/单元关键性分析可以识别安全性关键部件和单元,从而加强该部件/单元的安全性设计。在软件概要设计阶段开始,在软件概要设计、详细设计工作开展的同时开展,至软件详细设计完成时结束。主要工作内容和要求包括:

在该阶段主要完成的分析工作有如下两点:

(1) 更新需求阶段的软件安全性分析:早期在软件安全性获取过程中进行的分析因为缺少细节只是一个开始,在此阶段可以继续进行,以发现新的软件危险,如:初步危险分析,定时、规模和吞吐量分析,软件故障树分析、软件失效模式和影响分析、控制流分析、信息流分析、需求关键性分析等。

(2) 进行部件/模块安全性关键性分析:在需求关键性分析的基础上,将软件安全性需求分配到不同的软件层次,如操作系统、设备驱动程序、应用程序、应用程序接口等,这些高层组成称为计算机软件配置项(CSCI)。然后再将CSCI映射到相应的设计部件/模块中,标识安全性关键部件/模块,以更有重点地开展后续的安全性工作。

2) 软件安全性设计

软件安全性设计的实质是在常规的设计中应用各种必需的方法,在软件设计兼顾用户各种需求的同时,全面满足软件的安全性要求。软件工程学建立以后,常规的有效设计方法包括结构化设计法、模块化设计法、从顶向下设计法、程序逻辑构造法、伪码等设计方法;为解决软件可靠性问题,又可从避错设计、查错设计、改错设计和容错设计等方面进行软件可靠性设计。常规方法和可靠性设计方法的应用都可以提高软件安全性,本节主要论述与软件安全性直接相关的设计方法。软件安全性设计工作主要在软件设计阶段开展,至软件设计完成时结束。它应和软件常规设计紧密结合，贯穿在软件设计过程的始终。主要工作内容和要求包括：

（1）所有的软件安全性功能性需求应落实到软件设计中；

（2）应采用适用的安全性设计准则开展相应的安全性设计活动；

（3）软件设计中应标识用于安全性设计的特征和方法；

（4）采用的软件设计应具有可测试性，即能对软件安全性特征和安全性需求进行彻底的测试；

（5）应将实现安全性需求或者可通过失效或其他机制影响安全性要素的设计要素指定为安全性关键的；

（6）设计文档应明确标识出所有安全性关键的设计要素；

（7）软件设计应将软件安全性关键的设计进行模块化，以满足实际应用的需要。

软件安全性设计特征和方法主要包括 N 版本非相似、划分、安全性互锁、机内测试 BIT、禁止（Inhibits）、陷阱（Traps）、断言（Assertions）以及安全监控等。

3）软件设计阶段安全性验证

针对开展的软件安全性设计进行分析，确保软件安全性需求正确和全面地在部件/模块中落实。该阶段的验证工作在软件安全性设计完成之后启动，在编码工作开始之前完成。主要工作内容和要求包括：

（1）软件安全性人员应对软件设计通过分析进行安全性验证；

（2）分析验证方法应记录在软件安全性计划中；

（3）分析验证方法应至少包括如下内容：

① 应验证软件设计满足上面安全性设计工作要求中各条款的要求。

② 应验证软件设计不违反任何安全性控制措施或过程，且所有的附加的危险、危险原因和危险的贡献都被记录下来，以及在任何运行模式中，安全性设计都能将系统维持在某个安全的状态下。该分析验证至少应考虑表 7-16 中的内容。

表 7-16 验证考虑示例

■ 时间约束	■ 容错
■ 硬件失效	■ FDIR 设计
■ 共模失效	■ 不利的环境
■ 故障转移	■ 不正确的输入
■ 通讯	■ 商业软件
■ 中断	■ 设计假设
■ 并发性	■ 信息流
■ 事件顺序	

③ 应验证设计中所采用的安全性特征满足需要。

④ 应使用安全性分析(如:初步危险分析、失效模式和影响分析、故障树分析等)确定用于防止、减轻或控制失效和故障的设计特征,以及所包含的失效/故障的组合(如:一个软件失效和一个硬件失效、或者多个并发的硬件失效)的级别。

⑤ 应验证在设计中使用的划分方法或隔离方法已恰当地将安全性关键的设计要素与非安全性关键的设计要素分隔开来。对于集成了商业货架软件的系统而言,这尤其重要。

⑥ 应验证所有的安全性关键设计要素可以追踪到软件安全性需求,并且反之亦然。

(4) 向相关的系统安全性人员提供文档化的分析验证结果,其中应包括所有新发现的危险。

(5) 在项目正式评审和系统级安全性评审时提交并汇报软件安全性设计分析验证的结果。

在上述要求中,软件安全性设计分析验证的方法包括“如果……怎么样”分析、独立性分析、设计逻辑分析、设计数据分析、设计接口分析、设计可追踪性分析、软件要素分析和速率单调分析等。

4. 软件实现阶段

前面各阶段采取的危险控制措施在软件实现阶段才真正落实。相关管理人员和设计人员要将与编码相关的所有安全性事宜传达给编码人员。为保证最终软件系统的安全性达到规定要求,

1) 软件实现阶段

应满足如下安全性工作要求:

(1) 所有软件安全性设计特征和方法都应在编码中实现。

(2) 安全性关键设计对应的编码和数据要明确标识,并要标识危及安全性关键代码的普通代码,并把该项要求纳入编码标准。坚决不鼓励使用不安全的语言特征(如:指针(pointers)或内存拷贝(memcpy)),若万一使用了这些特征应明确地进行标识并在文档中记载。

(3) 应在开发软件代码时使用恰当的软件编码标准。

(4) 应提供编码人员编码检查单以避免常犯的错误。

2) 代码安全性分析验证

代码安全性分析验证的目的是验证代码正确地实现了经过验证的设计且不违反安全性需求。由于在该阶段已经具备了源代码,可以对代码的逻辑、接口、数据、规模、复杂性、资源使用情况等进行实际分析,从而对软件安全性进行深

入、细致地验证。在软件实现阶段后期开始,可以对代码早期版本进行分析,但最终应对软件的最后版本进行完全的分析。该分析应在软件测试阶段开始之前完成。主要工作内容和要求包括:

(1) 软件安全性人员应对软件代码通过分析进行安全性验证。

(2) 分析验证方法应记录在软件安全性计划中。

(3) 分析验证方法应至少包括如下步骤:

① 应验证软件安全性关键代码和数据满足软件实现的安全性要求中各条款的要求。

② 应验证设计中采用的安全性特征和方法在软件编码中得到了正确实现。

③ 应验证软件编码实现不违反任何安全性控制或者过程,不产生任何额外的危险,并在所有运行模式下都将系统维持在某个安全状态。分析内容至少应考虑上面列出的内容。

④ 应确保对代码和数据的验证活动能充分证实所有软件安全性需求都得到了落实,并且每一项需求都可以在部件级或者单元级进行验证。

⑤ 应验证所有安全性关键代码单元都能追溯到安全性关键的设计要素。

(4) 应向相关的系统安全性工作人员提供文档化的分析结果,其中包括所有新识别的危险和不适当的安全性特征。

(5) 在项目正式评审和系统安全性评审中,提交并汇报代码安全性分析的结果。

(6) 每一个安全性关键代码单元和数据的验证应在该单元纳入某个更高级别的代码包之前完成。

有多种代码安全性分析方法,包括复杂性分析、代码接口分析、中断分析、代码逻辑分析、代码数据分析、未使用的代码分析等。在该阶段还应进行单元测试和代码审查,相关的安全性要求可在相关书籍中查阅。

5. 软件测试阶段

1) 软件安全性测试

测试是在真实或仿真环境中运行软件的全部或部分,以验证前面分析结果的正确性、观察程序的行为并确认其符合软件需求。测试不但要揭示出软件正确地实现了要求的功能,而且要使软件在异常条件下具有良好的行为。软件安全性测试的重点是验证所有安全性需求都正确实现、确定软件的安全薄弱环节、发现在极端条件及异常状态下产生导致安全性问题的软件失效。软件安全性测试要求通常包括对安全性级别高的软件的测试策略要求和安全性测试的技术要求,它不是重复常规测试要求,而是对常规要求的强化和对常规测试方法的补充。软件测试的单元测试、部件测试、系统测试中,都应包含软件安全性测试,软

件安全性测试应随上述测试分别在实现阶段(单元测试)和软件测试阶段开展。主要工作内容和要求包括:

(1) 软件安全性测试应包括如下对象:

① 软件所有功能性安全性需求和安全性关键要素应通过测试进行验证;

② 若安全性关键部分与其他部分的隔离使用分区或防火墙,则也应对其一同进行测试;

③ 应通过测试确定非安全性关键的软件无法影响安全性关键软件。

(2) 测试应验证与软件有关的系统危险已得到消除或者已控制在某个可接受的风险级别。

(3) 应对安全性等级高的软件进行正式代码审查,要生成检查单以方便代码审查,检查单中应包括安全性关键的需求信息、设计信息、最重要的编码要求和编程易犯错误等。

(4) 单元测试和部件测试中应包括软件安全性测试:

① 每一个安全性关键单元在集成前都应至少经过一次正式的单元测试(编写测试计划、测试报告),要保证测试的充分性,且要进行安全性测试;

② 用于单元测试和部件测试的任何仿真程序、测试驱动程序、桩模块、测试数据以及安全性关键单元/部件的测试报告应形成文档并纳入配置管理;测试结果、测试规程、测试集应形成文档,当包含安全性需求的软件单元或部件发生变更时,这些测试要素(如:仿真程序、测试驱动程序、桩模块)可被用来执行回归测试。

(5) 系统测试中应包含软件安全性测试:

① 应验证软件在系统硬件环境中且有操作员输入的情况下,能正确、安全地运行;

② 应验证在存在软件、硬件、输入、定时、存储错误、通讯等失效和故障的情况下,系统能正确、安全地运行;

③ 应使用安全性分析(如:初步危险分析、失效模式影响分析、故障树分析)来确定要测试哪些失效,以及所包括的失效的组合级别(如:一个软件失效和一个硬件失效、或者多个同时发生的硬件失效);

④ 应在高负载、高强度和异常条件下验证系统能够正确和安全地运行;

⑤ 应验证系统在所有预期的操作下和异常情况下都能正确和安全地运行。

(6)不能通过测试进行验证的软件安全性需求应通过评估、审查或者演示进行验证:

① 评价、审查或演示方法应记录在《软件安全性计划》中;

② 选择评估、审查或演示的理由应记录在《软件安全性报告》中;

③ 若不进行一项测试而是选择评估、审查或演示的理由,以及评价、审查或演示的方法应得到软件安全性人员的认可。

(7) 在测试期间新发现的危险状态或者危险诱因,应在软件提交或者使用之前进行彻底的分析并归零。

更详细的软件安全性测试要求可参见 DO-178C《机载系统和设备合格审定中的软件考虑》中的测试要求。

关于软件安全性测试方法,目前有关键路径测试、基于安全性分析的测试、故障注入测试、鲁棒测试和基于切片技术的安全性测试等方法。

2) 软件安全性测试验证

测试验证是为保证软件安全性测试的充分性和有效性而开展的活动,一般采用分析的方法进行验证。软件安全性测试分析包括测试覆盖分析和测试结果分析,测试覆盖分析至少要针对"必须工作"的功能和"必须不工作"的功能进行分析,包括路径覆盖分析、分支覆盖分析、语句覆盖分析,并验证是否对所有输入的边界条件、有效输入值和无效输入值都进行了测试,从而验证测试的充分性;对测试结果进行分析,是分析测试结果与预期结果的符合程度,以验证所有安全性需求均已得到满足,所有已标识的危险已得到消除或者已被控制在某个可接受的风险级别。通常在每一个级别的测试完成之后启动,至测试结束时完成。主要工作内容和要求包括:

(1) 应分析软件安全性测试的结果和替代测试的评估、审查或演示过程的结果。

(2) 验证方法应记录在软件安全性计划中,分析方法至少应包括下述步骤:

① 应验证软件和系统测试数据满足上文中的相应要求;

② 应验证替代测试的评估、审查或演示数据满足上文中的相应要求;

③ 应通过测试覆盖分析验证所有安全性需求、功能、控制和过程已在单元测试、部件测试、系统测试中得到了完全的覆盖;

④ 应验证所有软件安全性需求得到了测试、评价、审查或演示;

⑤ 应验证所有软件安全性功能得到了正确的执行,并且软件系统不会执行没有设定的功能。

(3) 应向相关的系统安全性人员提供文档化的分析验证结果,其中应包括新发现的危险和实现不适当的安全性特征,并纳入配置管理,追踪性描述应一直追踪到测试文档。

(4) 实现不适当的的安全性特征应提交给问题报告系统,以便在项目级进行解决。

(5) 在项目正式评审和系统级安全性评审时,应提交并汇报软件安全性测试分析的结果。

在上述要求中的安全性测试分析方法包括测试覆盖分析、追踪性分析等方法。

6. 面向全过程的软件安全性相关工作

1）软件安全性追踪

软件安全性追踪是将危险联系到软件开发过程的各阶段产品（如：软件需求规格说明、接口需求规格说明、软件设计文档、软件代码和软件测试文档）的方法。可以用电子表格、文本文档或工具来实现追踪，即建立软件安全性追踪系统。通过对软件安全性追踪进行分析，以验证用户的所有安全性需求都得到了实现，并且得到了充分的验证。同时，软件安全性追踪还为软件变更影响分析提供了工具。安全性追踪应能向前和向后追踪。软件安全性追踪系统至少应在系统需求形成基线时启动，并在整个项目生存周期中进行更新和维护。主要工作内容和要求包括：

（1）软件安全性追踪应建立系统危险到软件安全性需求、软件设计、实现、测试的全过程追踪关系；

（2）软件安全性追踪系统应包括针对系统危险在软件层面进行的危险消除和缓解措施，以证实系统危险的闭合；

（3）软件安全性追踪系统应纳入配置管理，追踪报告应由软件安全性人员审查，并作为正式评审材料之一提交。

软件安全性追踪系统的建立和分析方法可结合软件需求追踪分析开展。

2）软件变更安全性分析

软件变更安全性分析的主要目的是分析变更是否产生了新的危险，是否对已经消除的危险产生影响，是否导致尚存的危险更加严重，尤其是是否对软件安全性设计产生负面影响。分析的结果可能会导致新一轮的安全性设计和验证工作。当系统对软件的要求、软件需求、设计、代码、计划、规程、系统、运行环境、用户文档产生任何变更时，都应进行软件变更安全性分析。除非变更的性质明显表明不必要进行安全性变更分析外。主要工作内容和要求包括：

（1）软件变更应向后追踪变更涉及到的系统级危险；

（2）评价变更对安全性的潜在影响，包括可能建立新的危险原因和影响、修改现有的危险控制或缓解方法、或对安全相关软件或硬件产生有害影响；

软件变更安全性分析应包括变更原因分析、变更影响分析和变更结果分析。

7.4.5 软件安全性管理

做好软件安全性工作不仅要从技术上开展，而且要从管理上落实。通过软件安全性管理进行顶层策划,并根据计划由相关人员具体落实。软件安全性管理主要涉及如下方面:建立软件安全性组织机构、制定软件安全性计划、软件安全性计划的落实。

1. 建立软件安全性组织机构

建立安全性组织机构,涉及如下方面。

(1) 软件安全性组织的作用;

(2) 软件安全性组织中的角色与职责;

(3) 软件安全性人员的培训与资质。

2. 制定软件安全性计划

软件安全性计划通常在系统需求分析和设计阶段开展。

(1) 软件安全性计划的内容。

软件安全性计划的内容可参考标准 IEEE 1228《软件安全性计划》来设定。

(2) 软件安全性计划的要求。

软件安全计划中的要求,要根据软件级别来制定,并由软件委托方确认。

3. 软件安全性计划的落实

软件安全性计划中的各项工作,要由计划中指定的角色,在计划中规定的时间完成,并按计划中的要求给出相应的输出。

7.5 软件安全性技术

上面软件开发过程中各项工作涉及各种不同的技术,本节对其中的主要分析、设计、测试技术及相关要求进行简要说明,以期为后续工作中选取具体技术提供参考。

7.5.1 软件安全性分析

开展安全性分析是为了识别危险、危险影响和危险至因因素,确定危险的重要程度,以便制定安全性设计措施来消除或降低危险。开展分析工作需要系统地检查系统、子系统设施、部件、软件、人员以及他们之间的相互关系。软件安全性分析是系统安全性分析的一部分,不能只从软件本身出发,必须从系统角度进行分析,在系统安全性分析的基础上进行。分析时要考虑软件使用过程中软件、硬件故障及状态和操作人员的相互作用,从系统顶层至软件的源代码,从外部的运行环境到软件内部的设计细节,包括软件的静态、动态、逻辑和物理模型,分析软件可能的工作时序、适用条件、数据、逻辑缺陷及其可能造成的不利影响。

目前已知的系统危险分析方法有上百种,适用于软件的有几十种,需要对这些方法进行合理分类、分析比较,为具体工作中方法的选取提供参考。

1. 软件安全性分析方法分类

目前软件安全性分析方法有多种分类方式,如:

(1) 按阶段划分:软件需求阶段分析方法、软件设计阶段分析方法等。

(2) 按时间划分:传统方法、现代方法。

(3) 按分析逻辑划分:演绎法、归纳法。

(4) 按精度划分:定性、定量。

(5) 按分析对象划分:性能约束分析、接口危险分析、规格说明分析等。

(6) 按目的划分:安全性需求获取分析、安全性需求验证分析等。

对各种方法进行分类后,可多方面进行分析比较,如,能发现的危险类型、适用性、难度、复杂性、费用、结果准确性、时耗、所需技能工具等,为方法的选取提供参考。

1) 传统现代分类

目前传统软件安全性分析方法,即将现有的针对系统或硬件的安全性分析方法应用于软件,这些方法可包括:软件失效模式及影响分析(SFMEA)、软件故障树分析(SFTA)、Petri 网分析、潜通路分析、危险与可操作性分析(HAZOP)、事件树分析 ETA、功能危险评估(FHA)、初步危险分析(PHA)、软件偏差分析(SDA)等。SFTA 和 SFMEA 是应比较广泛的两种方法,它们分别是由系统安全性理论中的 FTA 和 FMECA 发展而来的。缺点:多为手工进行,过程耗时费力容易出错,通常分析的结果难以解释、难以与实际开发过程紧密结合。原理上难以满足复杂系统的要求。

现代安全性分析方法,即针对软件系统特性的安全性分析方法,包括:基于系统理论的安全性分析方法(STPA)、层次化危险起因与传播研究(Hip-Hops)、失效传播与转换符号方法(FPTN),以及其他一些形式化方法。在系统建模和自动化支持方面,SpecTRM 工具集是典型工具之一。但是形式化技术的使用也需要解决复杂系统组合爆炸的问题。同时,由于形式化技术难度高,费用昂贵,并不适用于一般的安全相关系统。在模型检查过程中,需要对系统应满足的安全性规范或者准则进行充分的定义,然后验证系统是否满足安全性准则。对安全准则(Safety Criteria)定义的完整性仍依赖于分析要求的完整性,因此,建立完整的分析验证要求以及对分析验证要求进行正确的形式化描述是进行模型检查的基础。

2) 部分方法的分析比较

通过对其中传统危险分析方法在软件中的应用进行分析比较,可为不同阶段选取适用的安全性分析方法提供参考,如表 7-17 所列。

表 7-17 危险分析方法比较

<table>
<tr><td colspan="2" rowspan="2">阶段</td><td colspan="9">方法适用比较</td></tr>
<tr><td>检查单</td><td>工程经验</td><td>SFMEA</td><td>SFTA</td><td>ETA</td><td>HAZOP</td><td>PHA/FHA</td><td>SSHA</td><td>SHA</td></tr>
<tr><td rowspan="5">适用阶段</td><td>系统需求分析和设计</td><td></td><td></td><td></td><td></td><td></td><td></td><td></td><td></td><td></td></tr>
<tr><td>软件需求分析</td><td></td><td></td><td></td><td></td><td></td><td></td><td></td><td></td><td></td></tr>
<tr><td>概要设计</td><td></td><td></td><td></td><td></td><td></td><td></td><td></td><td></td><td></td></tr>
<tr><td>详细设计</td><td></td><td></td><td></td><td></td><td></td><td></td><td></td><td></td><td></td></tr>
<tr><td>测试和运行阶段</td><td></td><td></td><td></td><td></td><td></td><td></td><td></td><td></td><td></td></tr>
</table>

3）面向安全性需求验证的分析方法的分析比较

对特定软件开展安全性分析时，可针对关心的方面进行比较，之后根据软件安全性等级及资源等确定选取的技术，如表 7-18 所列。

表 7-18 分析技术比较及选取

<table>
<tr><td rowspan="2">分析类别</td><td rowspan="2">分析技术</td><td colspan="2">比较</td><td rowspan="2">推荐选取技术</td></tr>
<tr><td>效益等级</td><td>成本等级</td></tr>
<tr><td rowspan="2">需求向下传递分析</td><td>检查单、追踪性矩阵</td><td>高</td><td>低</td><td rowspan="2">检查单、追踪性矩阵</td></tr>
<tr><td>形式化</td><td>高</td><td>高</td></tr>
<tr><td>安全关键性分析</td><td>检查单、关键性矩阵</td><td>高</td><td>低</td><td>检查单、关键性矩阵</td></tr>
<tr><td rowspan="3">规格说明分析</td><td>非形式化：阅读分析、可追踪性分析、检查单</td><td>高</td><td>低</td><td rowspan="3">检查单、顺序框图、状态转换图</td></tr>
<tr><td>半形式化：逻辑/功能块图、顺序框图、数据流图、FM/状态转换图、时间 petri 网、判定/真值表、控制流分析、信息流分析、功能仿真</td><td>高</td><td>中等</td></tr>
<tr><td>形式化：形式化规格说明、模型检查方法</td><td>高</td><td>中等到高</td></tr>
<tr><td>性能约束分析</td><td>相似系统估计、性能建模、模拟</td><td>高</td><td>低</td><td>相似系统估计、性能建模</td></tr>
</table>

（续）

分析类别	分析技术	比较		推荐选取技术
		效益等级	成本等级	
危险分析	传统分析技术;FTA、FMEA 等	高	中等到高	FTA、FMEA
	现代分析技术:FPTN、HIP-Hops、FSAP-NuSMV、Altarica 等	高	高	

2. 典型软件安全性分析方法简介

1）软件 FTA(SFTA)

FTA 被用于软件的可靠性安全性分析,称之为 SFTA。SFTA 是一种演绎型的软件安全性分析方法,它采取自顶向下的分析方式,可对大型复杂系统进行有效的安全性与可靠性分析。故障树将系统所不希望发生的事件作为分析的目标,逐级找出导致这一事件发生的所有可能因素。SFTA 技术可以应用在软件生命周期中不同的阶段和层次:最早可以应用在软件的需求阶段;最低的层次可以应用到代码级。此外,SFTA 可通过识别容易导致危险的事件来指导设计安全关键软件测试用例。SFTA 可以结合硬件,甚至人为因素一起分析,将软硬件接口、人机接口考虑进去。这样有助于识别潜在的、复杂的失效模式。

SFTA 的局限性在于:对于大型的系统,代码级的分析是不现实的,而且很多时候也是不必要的:低层次的软件故障树的定量分析是不适用的,因为软件用故障树来表述其逻辑关系时,概率分析是不适用的,因为给某一条软件指令赋予发生概率是没有意义的,而且,如果在分析的过程中发现了设计问题,就应该对其进行修正,而不是把它留在程序中并给定其发生概率。

2）软件 FMEA(SFMEA)

FMEA 被用于软件的可靠性安全性分析,称之为 SFMEA。SFMEA 是一种归纳型、自底向上的分析方法。SFMEA 识别数据和软件活动中的关键软件失效模式,它分析了异常对系统中其他组件以及对系统本身的影响。这项技术被用来从底层组件的角度发现系统的失效,在寿命周期的早期阶段进行 SFMEA 虽比较困难,但在需求和设计阶段应用 SFMEA 可以取得最好的效果。在项目的后期(详细设计和实施阶段),由于部件和部件间的逻辑关系已经明确,开展 SFMEA 相对容易,但此时分析的结果很难影响到需求和设计。SFMEA 可以帮助设计者较早发现设计缺陷,避免后期昂贵的设计改动;也可以帮助识别出其他系统作用在嵌入式软件上的限制;SFMEA 得出的失效模式及影响分析表,有助于设计时提出改进措施和避错、容错方案;在找出系统的潜在错误和薄弱环节后,可以为测试提供策略;也可以方便系统的分析人员和设计人员之间的沟通。这些都是 SFMEA 的优点。

SFMEA 的局限性在于:SFMEA 以手工为主,枯燥、耗时,分析结果对分析人员的知识水平和经验,以及分析文档的准确性和规范性依赖性很强。这些都是 SFMEA 的不足之处。

3) Petri 网分析

Petri 网是由德国的 Carl Adam Petri 于 1962 年首先提出的。作为一种图形化和数学化的建模工具,Petri 网能够提供一个集成的建模、分析和控制环境,适宜描述和分析并发、同步或异步执行的离散事件动态系统,为系统设计提供便利。Petri 网分析在动态系统可达性方面有很好的表现。Petri 网分析分为经典 Petri 网和高级 Petri 网。经典 Petri 网模型,如图 7-24 所示。

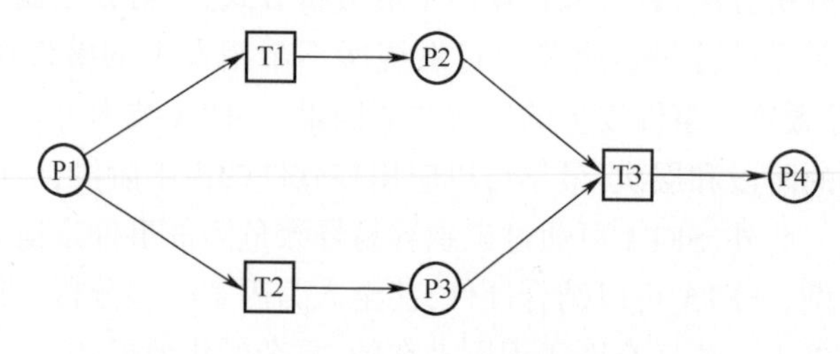

图 7-24 Petri 网模型

Petri 网建模的结构元素包括库所 P(Place)、变迁 T(Transition)、有向弧(Connection)以及令牌(Token)。当系统模型建立后,对初始状态进行假设,并分析可能到达的所有状态,然后研究其中是否存在可能导致危险状态的情况。如果存在,则需要对设计进行修改,以满足安全性要求。利用 Petri 网模型的运行可以分析系统的死锁、可达性等一些动态特性。

为了分析软件的失效安全性,先指定一个初始可疑状态,然后对网的运行进行分析,以确定是否可以从初始状态通过一系列的转换达到不安全状态。如果可达,系统将有可能进人不安全状态。在引入失效和故障时,Petri 网可以确定哪些故障与失效是危害严重的,以便决定系统的哪一部分需要失效检测和安全恢复。总之,利用 Petri 网的研究成果和表示方法,能很好地对各种引起软件系统的失效和安全性进行分析。

Petri 网分析额局限性在于:当软件比较复杂时,其状态及状态迁移的数量都非常庞大,使用 Petri 网建模的工作量相当大,建模过程也可能引入错误。

4) 潜通路分析

潜通路(Sneak Circuit)的概念是最早由美国波音公司在完成阿波罗登月计

划期间针对电子电气系统提出来的。潜在通路，即系统中存在的设计者未认识到的电回路。潜在通路不同程度地传递着某种能量流、信息流或控制信号流。系统的有关部分一旦被这些潜流所激发，就会产生非预期的功能，或是抑制了预期的功能，引起系统故障，有时会造成严重事故，包括设备损坏和人员伤亡。将潜通路思想应用在软件领域形成了软件的潜通路分析方法。

软件的潜通路分为 4 类：潜在输出、潜在抑制、潜在时序和潜在遗漏信息。它可用桌面审查、代码走查、结构分析和正确性证明等方法进行分析。当识别了潜在通路以后，编制软件潜通路分析报告，内容涉及潜通路解释、对系统影响和改进措施。软件潜通路分析更多的是从静态的角度，不用执行代码，根据数据流进行分析。

5）基于 STAMP 的危险分析方法（STPA）

Nancy G. Leveson 在 2002 年提出了一种新的事故模型：STAMP（Systems-Theoretic Accident Modeling and Processes），这种事故模型认为：事故是由于人们对部件失效、外部扰动、系统部件间的交互没有进行足够的控制而产生的，STPA（STAMP Based Hazard Analysis）是基于 STAMP 理论的危险分析方法。主要针对软件密集系统。

STPA 的基本思想是把被分析对象看成一个控制系统，画出控制结构图，如图 7-25 所示。根据控制结构图，可以画出控制环节上可能存在的问题，如图 7-26所示。这些问题被称为不充分的控制行为（Insufficient Control Action，ICA），包括识别控制缺陷（Control Flaw，CF）和不充分的控制执行（Insufficient Control Execution，ICE）两部分内容。这些控制问题可能就是危险。

控制缺陷可以通过检查过程控制回路中的问题来进行识别，检查条目可参见 7.3.6 节中给出的一般控制系统中与软件相关的问题。

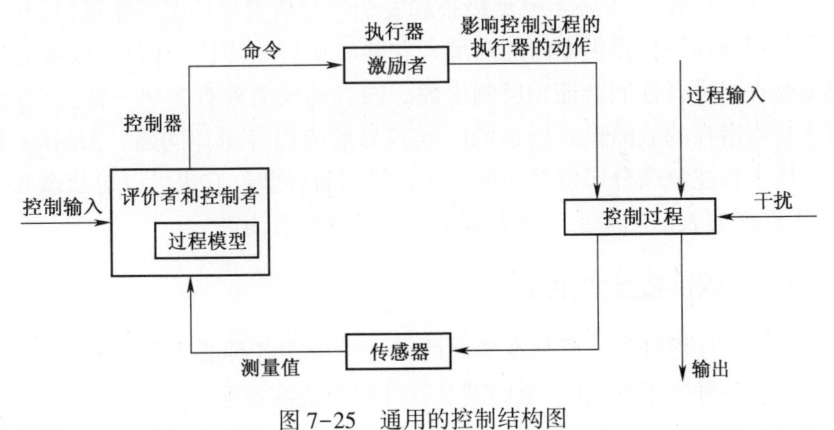

图 7-25　通用的控制结构图

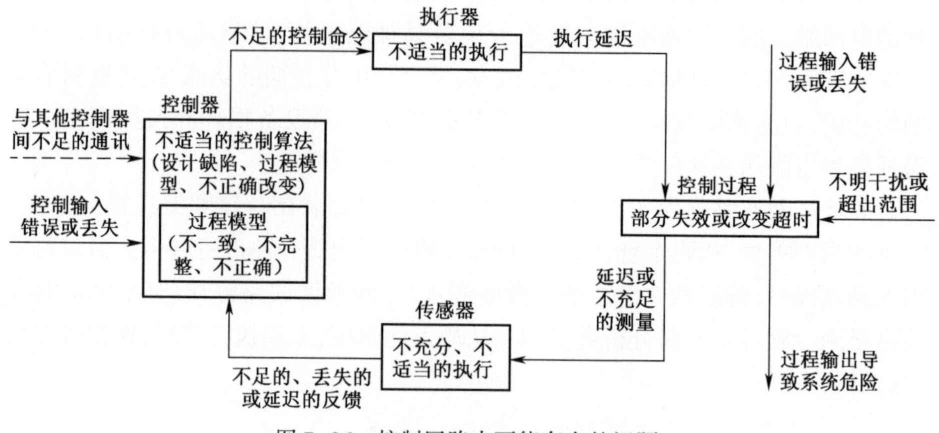

图 7-26　控制回路中可能存在的问题

在识别出危险之后，可以做进一步的分析危险后果，提出新的设计要求，这可以是个迭代的过程。

6）基于形式化方法的软件安全性分析

形式化方法是借助数学的方法来解决软件工程领域的问题，主要包括建立精确的数学模型以及对模型的分析活动，包括了运用形式化语言，进行形式化的规格描述、模型推理和验证的方法。将形式化方法用于软件安全性分析的意义在于它能帮助发现其他方法不容易发现的软件描述的不一致、不明确或不完整，有助于增加软件开发人员对系统的理解，因此形式化分析方法是提高软件系统，特别是安全性要求高的系统安全性的重要手段，并且这种方法能够提高安全性分析效率，增强分析能力并减少人力投入，但对人员有较高的技术要求。

目前有很多支持形式化方法的工具，例如：FSAP（Formal Safety Analysis Platform）是进行 NuSMV-SA 模型检查和安全性分析引擎的图形化接口，并为模型设计和安全性分析提供专门的环境。它能够执行故障注入仿真，以及通过常规模型检查来进行性能验证和反例生成。同其他模型检查方法一样，该方法主要缺点是当潜在的故障模式增加的时候容易形成组合爆炸问题。Altarica 是一种可以用来描述复杂分层模型的形式化建模语言，同时，它也可以对状态和事件建模，因此能够表示动态系统或者基于状态系统的行为。

7.5.2　软件安全性设计

软件安全性设计的实质是在常规的设计中应用各种必需的方法，在软件设计兼顾用户各种需求的同时，全面满足软件的安全性要求。

软件工程学建立以后，常规的有效设计方法包括结构化设计法、面向对象设计方法等，为解决软件可靠性问题，又可从避错设计、查错设计、改错设计和容错设计等方面进行软件可靠性设计。常规方法和可靠性设计方法的应用都可以用于提高软件安全性，此外，还有一些方法是安全性设计特有的，如分区设计、安全性互锁设计。

1. 软件安全性设计策略

软件安全性设计策略可分为：故障消除策略、故障检测策略和故障抑制策略，如图7-27所示。

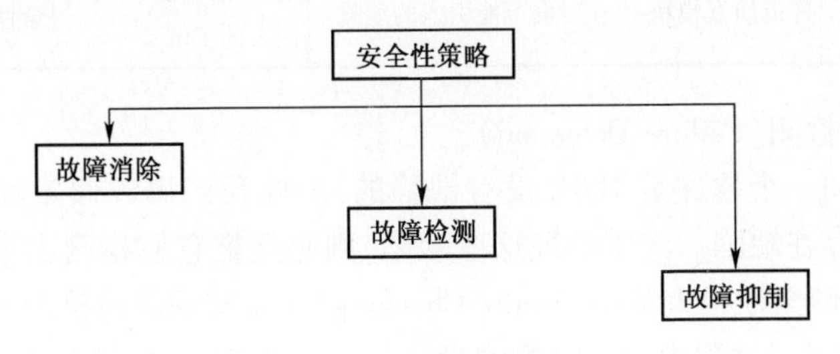

图7-27　安全性策略

1）故障消除（Failure Avoidance）

一种应对故障的方法就是努力地避免故障，即故障消除。故障消除可以分为简化策略和替换策略两类，如图7-28所示。

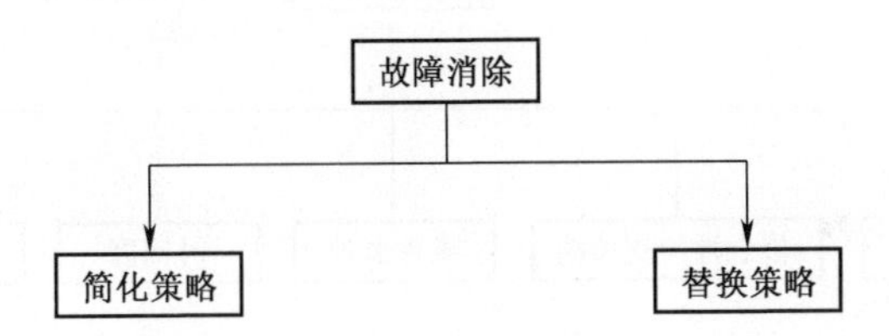

图7-28　故障消除

其中每个策略如表7-19所列。

表7-19　故障消除策略简介

策略分类	策略目标	策略描述	策略适用性	策略特点
简化策略	使得软件的结构和逻辑更加简单以减少可能出现的缺陷	（1）使得软件拥有更简单的组件和接口； （2）优化软件的逻辑结构和体系结构	（1）较为普遍的设计策略； （2）应用遍及整个软件的设计过程； （3）程序员已经在不自觉地使用它	使得软件有更少的潜在缺陷，因此其失效的概率也就更低，软件也就更加安全

（续）

策略分类	策略目标	策略描述	策略适用性	策略特点
替换策略	用较为成熟的或已经得到验证的安全关键组件来实现相应的系统功能，或用其来替换临时组件或仿真模块	(1)使用成熟组件避免重复劳动； (2)提高了软件开发的效率； (3)避免了重新开发可能引入的危险	(1)对于有较多的替换资源的项目应用较为广泛； (2)需要设计人员对所替换的组件的功能和性能有较为深入的了解	替换策略需要有可以进行替换的组件资源，这使得该策略并不很常用，且要对替换模块进行安全性分析

2）故障检测(Failure Detection)

没有任何一个软件是100%没有缺陷的，因此我们可以假定在任何安全相关软件中都存在缺陷。为了处理这些缺陷，则必须把它们检测出来。暂停策略(Timeout)和健全性检查策略(Sanity Checking)正是实现故障检测的两种主要策略，是在系统运行过程中的实时检测设计。另外还有一些策略也能实现故障检测，如时间戳(Timestamp)、条件监控(Condition Monitoring)、比较策略(Comparison)。故障检测的各种具体实现方式如图7-29所示。

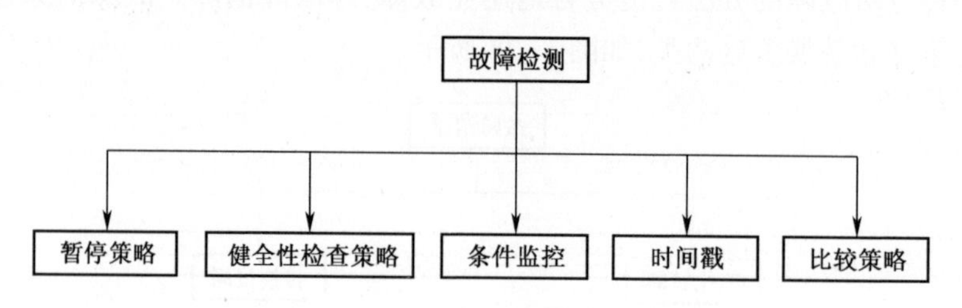

图7-29　故障检测

其中每个策略如表7-20所列。

表7-20　故障检测策略简介

策略分类	策略目标	策略描述	策略适用性	策略特点
暂停策略	组件出现故障或接口出现了异常数据时让系统暂时停止工作，等待故障处理	(1)需要在架构层构造相应的故障检测机制； (2)建立数据通路转换和备份通路； (3)必要时还需要异常处理组件	(1)适用于对实时性要求不高的系统； (2)对于可进行有人维护的系统来说更加适用	应用较为广泛，对于实时性系统来说尤为适用，实现成本也较低

（续）

策略分类	策略目标	策略描述	策略适用性	策略特点
健全性检查策略	使得系统能够对自身的组件进行全面的功能性检查、故障诊断，同时将故障信息传递给异常处理系统	（1）需要在架构层构造更加完备的故障检测机制，如BIT、PHM等； （2）需要系统级的故障检测	（1）适用于复杂的大型安全关键系统； （2）特别是对于耗资巨大且风险较高的项目	出于成本原因应用较少，而且会极大地增加系统架构的复杂性，也可能带来额外的风险
时间戳策略	使得系统能够对所发出的安全关键指令和数据进行唯一的时间标记，并对指令和数据进行审核，并将信息传递给异常处理系统	（1）需要构建相应专用的授时模块； （2）需要构造相应的时间审查和检索机制； （3）可以结合互锁策略一起使用	（1）适用于复杂的大规模的分布式安全关键系统； （2）也适合于强实时性的系统； （3）对有标准时间参考的大型分布式系统尤为适用	因为系统尺寸和系统结构的原因，对于一般的安全关键嵌入式单机系统来说应用较少。而且若过分依赖时间信息，可能带来额外的风险
条件监控策略	使得系统能够对自身的各个组件的工作状态和相关的系统参数进行监控和对可能出现的危险进行预判，同时将危险信息传递给相应的处理系统	（1）需要构建相应的条件监控模块（组件）； （2）同样也需要构造危险预警机制； （3）可以结合暂停策略以及健全性检查策略一起使用	（1）适用于对自动化程度要求较高的安全关键系统； （2）可能会由此增加系统规模和开发成本	该方法已经在很多自动化的安全关键系统开发中已经得到广泛应用，也是某些无人照料安全关键系统开发的首选策略
比较策略	使得系统能够对自身的两个以上组件的输出结果和其工作参数进行比较，也可以将来自不同渠道的信息和数据进行比较，并对出现的异常进行分析	（1）需要构建两条以上的相同功能的模块（组件）； （2）需要构建多源信息获取通路； （3）最好结合冗余备份策略一起使用	（1）特别适用于系统内部参数复杂、多源信息的获取较为容易的复杂的大型安全关键系统； （2）可能会由此增加系统规模和开发成本	该方法能够充分利用冗余备份通路，尤其对于热备份系统，可在不增加系统开销的情况下提高系统的安全性；但对于冷备份来说，强行启动备份会增加系统功耗

3）故障抑制（Failure Containment）

故障抑制意味着减轻失效所引发的后果，这种策略有较多的实现方式。冗余备份（Redundancy）能够实现故障遮盖，同时还能够提升故障检测的检测率，并使系统能够在组件损坏或故障的情况下继续工作。另外一种可能实现的方式是故障恢复(recovery)。这种方法意味着系统能够在出现故障时,自动关闭某些功能或降低某些功能的性能(降级),再或者系统能够完全修复其自身出现的故障。通过故障遮盖可以有效地阻止故障在系统内部(组件间)的传播,这样可以使故障仅仅发生在一个组件,而系统的其他部分则可以正常运行。当然,这同时也需要某种冗余备份架构的辅助。与实现故障抑制相关的策略的逻辑结构,如图 7-30 所示。

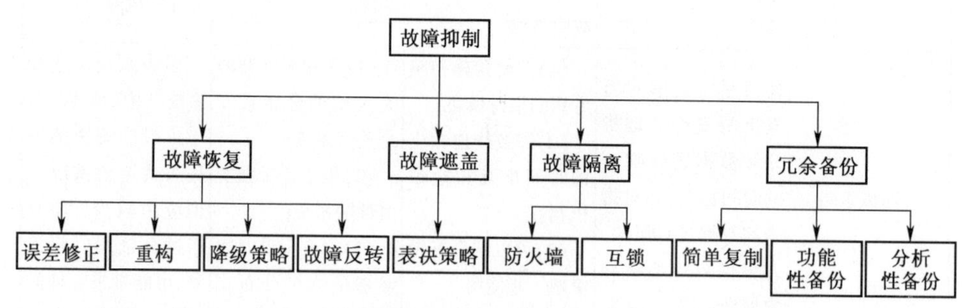

图 7-30　故障抑制

其中每个策略如表 7-21 所列。

表 7-21　故障抑制策略简介

策略分类		策略目标	策略描述	策略适用性	策略特点
冗余备份	简单复制	提供多个完全相同的组件以消除某个组件硬件故障的影响	(1)简单复制是冗余备份的最简单的形式; (2)它在系统中引入了若干个额外的但完全相同的组件	(1)引入的额外组件会增加尺寸和重量; (2)这种形式的冗余备份一般情况下也只能针对硬件故障多发的组件才有效果	对于组件的硬件随机故障有很好的抑制和屏蔽性,但对于软件故障一般没有太大的作用(但也不是绝对的)
	功能性备份	引入多个相对独立运行的组件以消除某个组件硬件和软件故障的影响	(1)使用的不完全相同的冗余组件,这些组件有不同的执行方式也使用不同的算法; (2)组件差异性体现在内部,但在输入相同时它们有相同的输出	(1)功能性备份策略理论上能够消除软件故障的影响; (2)功能性冗余备份组件也可以包括硬件的冗余	功能性备份策略的成本要高于简单复制策略。因为它需要执行方式不完全相同的冗余组件,所以对软件故障有一定的屏蔽能力

（续）

策略分类		策略目标	策略描述	策略适用性	策略特点
冗余备份	分析性备份	引入多个完全独立开发的组件以消除某个组件硬件和软件故障的影响	(1)分析性冗余组件完全各自独立开发； (2)使用完全不同的(不必在数学上完全等价)算法和数据结构，运行于不同的平台	(1)对每个模块的开发和维护都必须以不同的方式进行； (2)分析性冗余策略能够消除更多的软件故障的影响； (3)分析性冗余备份组件同样也可以包括硬件的冗余	开发成本非常的高昂，不但能屏蔽硬件故障，也能从根本上屏蔽软件故障。但这种备份一般都是热备份，可能会增加系统功耗
故障遮盖	表决策略	将各个冗余组件的输出结果进行对比参照，使用相应的算法得出结果，以此屏蔽单个组件故障	(1)需要和某种形式的冗余备份策略联合使用； (2)并且引入一个表决器组件以决定采用哪个冗余组件的输出值作为最终结果	(1)多数表决策略仅能够在冗余组件/数据的个数为奇数时才能使用； (2)使用“可置信”组件算法，那么在所有冗余组件中必须存在一个确实可靠度置信组件； (3)采用平均值算法，要求组件的运行结果不能出现过于离谱的偏差	该方法能够充分利用冗余备份通路，尤其对于热备份系统，可在不增加系统开销的情况下提高系统的安全性。但表决器的算法设计很大程度上决定了该策略应用的效果。对于冷备份来说，不建议使用该策略
故障恢复	误差修正	对安全关键组件的输出结果进行修正，保证所有安全关键数据不会超出安全范围，以及其误差不会导致任何危险的发生	(1)需要在架构层构建相应的反馈机制； (2)需要建立安全关键数据修正表或相应的专家系统	(1)应用较为广泛，同时开发成本也较低； (2)需要相关经验数据的支持在一定程度上限制了其应用； (3)该策略可以和比较策略联合使用	需要对安全关键组件的输出数据和相关参数有一定的经验数据

（续）

策略分类		策略目标	策略描述	策略适用性	策略特点
故障恢复	重构策略	通过对现场可编程门阵列或嵌入式微处理器系统的硬件电路或软件代码进行重新配置和修改，来消除已经出现的系统故障	（1）在应用重构策略时需要在架构层对最小安全关键系统和系统可重构部分进行隔离； （2）在进行替换之前，源替换组件须经过相关的验证	（1）该策略也特别适合与冗余备份限额策略、暂停策略和健全性检查策略联合使用； （2）还可以使用替换策略在系统运行当中实施，极大地提高了替换策略应用的灵活性	重构策略能够对正在运行的系统进行在线修改；特别是动态重构能够根据系统输出动态调整重构方案，并且可在系统运行的状态下修改系统设计，能够对系统缺陷进行根本上的修复
	降级策略	当出现故障时，系统能够自动进入功能简化的降级状态，并继续运行基本功能以保证系统安全	该策略的实现方式较为灵活，关键是在架构层设计相应的最小系统通路，然而最小系统通路的设计方式是多种多样的。因此，该策略在不同的工程项目中有着不同的应用方式。也可以结合故障反转一起使用		
	故障反转	当出现故障时，系统能够自动进入到已知的安全状态，并且再次尝试刚才使系统进入故障（危险）状态的操作（以及操作序列）	该策略的实现方式较为灵活，关键是在架构层设计相应的现场保留机制（一般通过堆栈来实现），然而现场保留机制的设计方式也是多种多样的。因此，该策略在不同的工程项目中也有着不同的应用方式。也可以结合降级策略一起使用		
故障隔离	防火墙	由于这两个概念与桌面商用软件开发中是相同的，且应用较为成熟，在此不作具体介绍了，具体内容请参阅相关文献或书籍			
	互锁				

基于上述策略可以根据软件安全关键等级，制定控制措施，即软件安全性需求。

2. 软件安全设计方法简介

本节介绍的软件安全性设计方法包括软件自检测（Build-in Test，BIT）、多版本非相似设计、故障封锁区域、冗余体系结构以及防御性程序设计。

1）软件自检测

软件 BIT 是指建立在软件内部的，主动性的故障管理和诊断，通常是针对软

件整体或者组件的某项功能开展的,比较典型的软件自检测有:

(1) 传感器驱动软件是否能够正确地获取传感器的数据;

(2) 执行机构驱动软件能否正常地驱动负载的设备;

(3) 通信组件之间能否建立正确的通信联系。

一般情况下,低等级的软件模块首先进行自检测,并将它们的工作状态报告给高等级软件模块,高级软件模块关闭、替换或着报错失效的低级软件模块。

2) 多版本非相似设计

多版本非相似设计是一种典型的实现容错性的软件设计方法,其运行模式是:多个独立版本的软件或软件模块同时运行,如果结果一致,那么进程继续执行。如果结果不一致,则采用某种表决的方法来决定哪个结果是正确的。这些软件或模块具有非相似性,即通过不同的版本来避免某些共同错误源。多版本非相似软件也称为多版本软件、非相似软件、N 版本程序设计或软件多样性等。进行多版本程序设计需要注意以下两点:

(1) 在实现多版本非相似设计时需进行认真策划和管理以确保各版本的软件是真正独立的。通常情况下仅限于在小而简单的功能中使用多版本非相似设计技术。比如,NASA 报道过在其航天飞行器载荷运输系统的发动机启动程序中使用了多版本非相似设计技术。

(2) 两个运行同一操作系统的处理器互相之间既不相互独立也不具有容错性,这种前提下,针对不同处理器而开展的多版本非相似设计是没有意义的。

在过去的某段时间,一些 NASA 文件规定任何试图实现容错性时必须采用多版本非相似设计。然而这种设计技术也有它的局限性。甚至有一些专业人士认为多版本非相似设计是低效的,甚至是有反面作用,主要源于以下两点:

(1) 多版本增加了软件的复杂度,而这又直接导致了软件内部可能的错误数量的增加。在 NASA 的一个试验性飞行器研究项目中,所测试出的所有软件问题全部是由于冗余管理系统的错误所导致的。

(2) 多版本程序设计的另一个问题是实现多个版本软件或模块真正意义上的独立是非常困难的。研究表明,即使两个由独立的开发小组开发的软件通常也很难保证真正独立。

多版本非相似设计技术在一些场合确实起到了很好的作用,但在应用这项技术之前应该进行认真的评估。

3) 故障封锁区域

阻止软件故障传播的一种有效方法是建立故障封锁区域。这种阻止包括:

(1) 阻止故障从非安全性关键模块传播到安全性关键模块;

(2) 阻止故障从一个冗余软件单元传播到另一个冗余软件单元;

(3) 阻止故障从一个安全性关键模块传播到另一个安全性关键模块。

应该使用诸如防火墙或"来源"检查等技术为故障封锁区域作充分的隔离,以阻止危险性故障的传播。当然,最好通过硬件对故障封锁区域进行分区隔离或用防火墙对其进行隔离。

"逻辑的"防火墙能用来隔离软件模块,比如将一个应用程序从操作系统中隔离。从某种程度上来说,这一点可以通过防御性编程或软件内部冗余来实现(例如,使用授权码或密钥)。

一种获得故障封锁区域的典型方法是将不同的软件模块置于不同的且独立的主机和硬件处理器上,或者通过特殊的硬件配置将多个独立的故障封锁区域置于同一个处理。

4) 冗余体系结构

冗余架构是指有两个版本的运行代码,与多版本非相似设计不同的是:这两个版本不需要等同地运行。主体软件是一个高性能版本,它是一个"常规的"软件,满足所有的功能和性能的要求。如果高性能软件即将出现问题,特别是影响安全性的故障和失效,那么一个"高可靠性"内核(也称为安全性内核)就会接管控制。安全性内核有时可能与高性能内核有相同的功能,或者其功能范围可能更有限。安全性内核主要强调安全性,因此只对安全性内核作了很少的优化(更慢的速度、更低的处理能力等)。

5) 防御性程序设计

防御性程序设计是确保软件能很好地处理任何输入的一种技术。换句话说,它是一个设计用来阻止错误演变成失效的方法、技术和算法的集合。而错误(缺陷)可能来自于很多地方,如自己的程序内部(逻辑错误)、系统中的其他程序(发送错误的信息)、硬件错误(传感器传回一个错误的值)和操作员的错误(指令的错误录入)等。假想系统处于一个非常严酷的环境中,需将软件设计得能够很好地处理任何情况。

对输入变量范围的检查就是防御性程序设计的一个简单例子:如果假定一个变量的范围是1到10,那么应当在使用该变量之前对其范围进行检查。如果输入的变量超出了这个范围,则程序需要做一些相应的处理。总体策略可以包含下面几个部分:一种方法是停止该函数的处理并返回一个错误代码;另一种方法是用一个预先设定的默认值来代替超出范围的值;第三种方法是抛出一个异常或使用另一个高级别的错误处理方法。当然还有一种方法是不做任何处理而让程序继续执行,任由错误(输入的错误数据)最终导致失效。这种方法不提倡。

另一个防御性程序设计的例子是:"来源"检查,即测试是否在某些特定时刻执行安全性关键程序。如果检查为非法,那么关键程序就不执行,并且通常还发出一个错误信息。执行这些"来源"检查的一个办法是对要执行的每一个程序设置一个标志位。如果所有适当的标志位都置"1",那么安全性关键程序就被允许执行。

用以处理缺陷、错误和故障的策略必须在程序设计阶段就要经过深思熟虑:是不是每个函数(程序、方法等)都对输入变量进行检查或是否每个变量在通过函数调用进行传递之前都经过检查?故障是否会被向上传递到更高错误处理软件?当某种被允许的故障发生时,是否会触发相应的故障处理程序?不管选择何种策略,一致性是非常重要的。所有的函数、方法、模块、单元等都应该使用相同的策略,除非有其他充足的理由。

7.5.3 软件安全性测试

1. 软件测试技术分类

软件测试的定义是在1983年由IEEE在《软件工程标准术语》中给出的:使用人工或自动手段来运行或评价某个系统或系统部件的过程,其目的在于检验它是否满足规定的需求;或是弄清预期结果和实际结果之间的差别。该定义非常明确地指出了软件测试是以检验是否满足需求为目标。G.J.Myers认为软件测试是为了找出错误和缺陷而进行的,而不是为了证明软件的正确性。

软件测试技术有各种名称,可以从不同角度对其进行分类,典型软件测试技术分类如图7-31所示。

2. 安全相关软件测试技术简介

本节的安全相关软件测试技术借鉴了NASA《软件安全性指南》、总装军用实验室认可工作文件及美国《软件系统安全性手册》,给出软件测试中与安全性相关的部分,并依据RTCA DO-178C中测试相关的要求对部分测试技术进行了说明。

1) 单元测试技术

(1) 测试特殊功能。

在单元测试中,应测试软件特殊的功能,如与时间有关的功能。比如滤波器、积分器和延时,应用代码多次迭代来检查该功能在上下文环境中的特性,并且应测试算术溢出的保护机制,还应检查用于超出帧时间的保护机制是否能正确响应。

(2) 测试输入的正常值。

测试输入的正常值时,应用有效等价类及边界值方法来测试,特别是对实型和整型输入变量。此外,还应测试能否正确处理输入状态的合法组合。

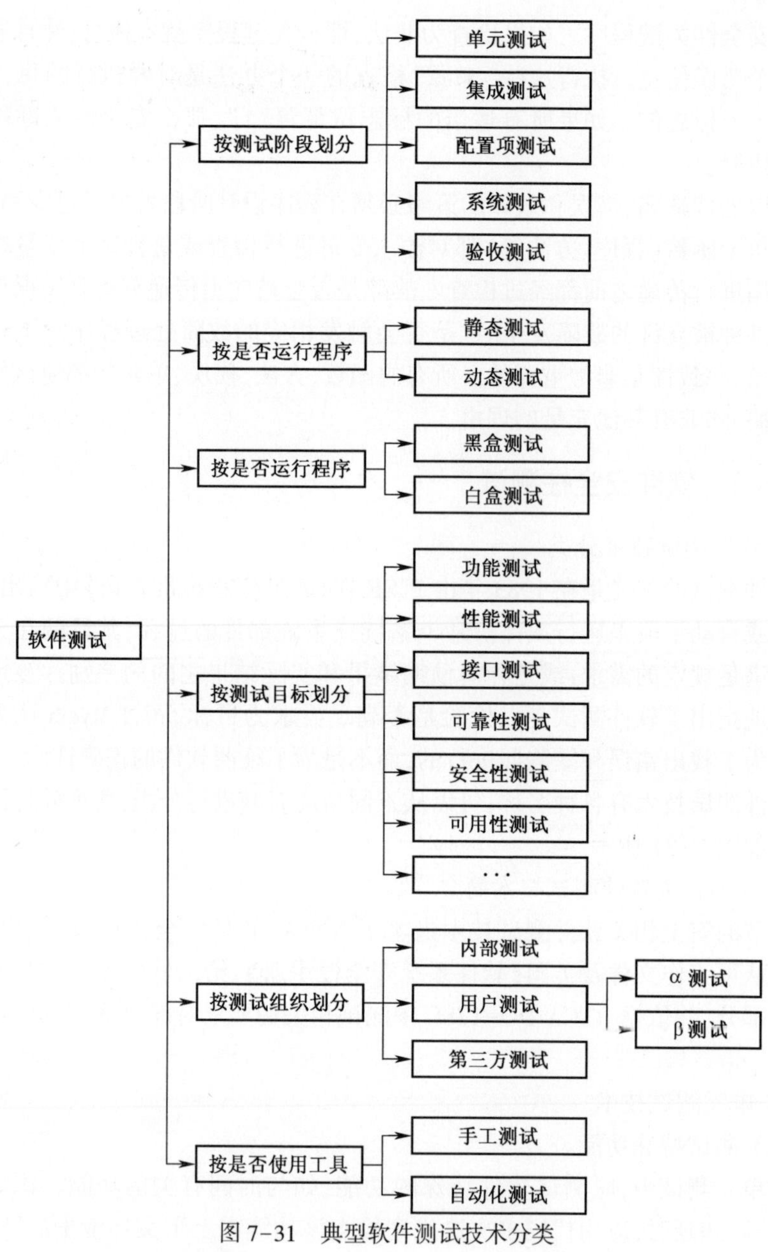

图 7-31　典型软件测试技术分类

(3) 测试输入的异常值。

测试输入的异常值应验证系统是否能正确地响应丢失的或失效的输入数据,应用无效值的等价类来进行测试,特别是实型和整型输入变量。

(4) 测试对可能导致的异常的处理。

测试是否能正确地处理异常,如算术故障或数组越界等。

2）集成测试测试技术

除测试系统能否在正常状态下初始化成功外，还应在异常状态下测试系统的初始化。特别要注意变量和常量是否正确的初始化。

3）系统测试测试技术

（1）功能测试。

对软件需求规格说明或设计文档中的功能需求逐项进行的测试，以验证系统执行了在需求中规定的所有功能，并且不执行哪些指定为“必须不工作”的功能。功能测试一般需进行：

① 用正常值的等价类输入数据值测试；

② 用非正常值的等价类输入数据值测试；

③ 进行每个功能的合法边界值和非法边界值输入的测试；

④ 用一系列真实的数据类型和数据值运行，测试超负荷、饱和及其他“最坏情况”的结果；

⑤ 遍历所有可能的状态转换，并测试需求中不允许的状态转换；

⑥ 对中断进行测试；

⑦ 测试反馈回路的行为是否正确；

⑧ 测试软件对存储器管理硬件或其它硬件设备的控制；

⑨ 测试确认外场可加载软件的正确性和兼容性的机制的运行。

（2）性能测试。

对软件需求规格说明或设计文档中的性能需求逐项进行的测试，以验证其性能是否满足要求。性能测试一般需进行：

① 测试在获得定量结果时程序计算的精确性；

② 测试其时间特性和实际完成功能的时间；

③ 测试为完成功能所处理的数据量；

④ 测试程序运行所占用的空间；

⑤ 测试其负荷潜力；

⑥ 测试堆栈保护能力；

⑦ 测试配置项各部分的协调性；

⑧ 测试软件性能和硬件性能的集成；

⑨ 测试系统对并发事物和并发用户访问的处理能力。

（3）强度测试。

强度测试用于了解在系统崩溃前它的处理能力。尽管性能测试可以测试系统是否能够存储所要求的文件数量，但是，强度测试将测试在磁盘用尽之前可以存储的文件数量。可以进行强度测试的其他系统方面包括 CPU 使用情况、I/O

响应时间、内存的利用情况,可用内存量,数据总线及网络利用情况等。强度测试一般需:

① 提供最大处理的信息量;

② 提供数据能力的饱和实验指标;

③ 提供最大存储范围(如常驻内存、缓冲、表格区、临时信息区);

④ 在能力降级时进行测试;

⑤ 通过启动软件过载安全装置(如临界点报警、过载溢出功能、停止输入、取消低速设备等)生成必要条件,进行计算过载的饱和测试;

⑥ 需进行持续一段规定的时间,而且连续不能中断的测试。

(4) 余量测试。

对软件是否达到需求规格说明中要求的余量的测试。若无明确要求时,一般至少留有20%的余量。根据测试要求,余量测试一般需提供:

① 全部存储量的余量;

② 输入/输出及通道的吞吐能力余量;

③ 功能处理时间的余量。

(5) 恢复性测试。

对有恢复或重置功能的软件的每一类导致恢复或充值的情况逐一进行的测试,以验证其恢复或重置功能。恢复性测试是要证实在克服硬件故障后,系统能否正常地继续进行工作,且不对系统造成任何损害。恢复性测试一般需进行:

① 探测错误功能的测试;

② 能否切换或自动启动备用硬件的测试;

③ 在故障发生时能否保护正在运行的作业和系统状态的测试;

④ 在系统恢复后,能否从最后记录下来的无错误状态开始继续执行作业的测试。

(6) 边界测试。

对软件处在边界或端点情况下运行状态的测试。边界测试一般需进行:

① 软件的输入域或输出域的边界或端点的测试;

② 状态转换的边界或端点的测试;

③ 功能界限的边界或端点的测试;

④ 性能界限的边界或端点的测试;

⑤ 容量界限的边界或端点的测试。

(7) 负载测试。

测试系统在崩溃前的处理能力,性能测试是测试系统可以存储所需的文件,而负载测试是测试系统占满存储空间时可存储多少文件。可从以下方面进行系统负载测试:CPU 使用率、I/O 响应时间、内存利用率、可用的内存和网络利用率。

(8) 灾难性测试。

检验软件对物理硬件失效的反应,例如在软件运行时拔掉电源。灾难性测试意在找到哪些地方需要额外的硬件,例如:电池备份以允许软件正常地关机。

(9) 抗故障测试。

测试软件对错误的反应,如:软件瞬变或硬件失效。错误应该被检测到并及时处理。错误的用户输入,来自传感器或其他设备的错误输入应被适当地处理。

(10) 随机测试。

是完全无计划的测试,在完成所有测试后进行。测试人员可以对软件进行除了破坏其硬件外的任何测试,这是一种随机测试。成功地完成测试表明程序具有鲁棒性。失败表明软件或者是运行程序上需要修改。

(11) 持久应力测试。

应力测试时间必须至少持续到期望的该系统最大运行时间。应进行附加的应力持久测试以识别潜在的关键功能(例如:计时、数据衰变、资源耗尽等)。测试必须有包括在峰值加载条件下的吞吐量应力测试(例如:CPU、数据总线、存储器、输入/输出)。

(12) 软件安全性测试。

安全关键软件必须进行软件安全性测试,以确保危险已消除或控制在可接受的风险水平。软件安全性测试验证安全性需求,验证软件在特定环境(包括极端环境)和特定的异常及负载条件下可以安全地运行。软件在正常条件下测试,不会因为单个或多个错误的输入而产生不安全状态。软件安全性测试最重要的是验证安全性功能,并且确保其他软件元素不会对安全关键软件产生不利影响。

目前在型号工程中,软件安全性测试一般从以下几方面进行:

① 在测试中全面检验防止危险状态措施的有效性和每个危险状态下的反应;

② 对设计中用于提高安全性的结构、算法、容错、冗余及中断处理等方案,必须进行针对性测试;

③ 应进行对异常条件下系统/软件的处理和保护能力的测试;

④ 对输入故障模式的测试必须包含边界,界外及边界结合部的测试;

⑤ 对“0”,穿越“0”以及从两个方向趋近于“0”的输入值得测试。

4) 安全关键需求测试

(1) 安全关键路径测试。

根据已标识的系统级危险和预先确定的安全关键系统功能标识哪些路径是

安全关键的。路径定义为一系列事件,当这些事件顺序执行时将引起软件执行一个特定功能,且该功能的执行可能引发安全关键失效。通过安全关键路径测试来确定一个特定功能是否是安全的,测试要覆盖所有安全关键路径。对安全关键路径一般可从以下几方面进行测试:

① 利用正交法设计等价的测试用例,且考虑特殊值;

② 当事件可逆时,设计逆向执行的测试用例;

③ 在系统所处状态下,执行系统不应响应的事件;

④ 考虑事件执行时所有可能的故障模式;

⑤ 系统其他软硬件故障对事件执行的影响。

(2) 安全关键数据流测试。

数据流测试是根据被测程序中变量的定义和引用位置选择测试路径,对安全关键数据流的测试则根据在软件安全性分析阶段得到的被测程序中安全关键变量的定义和引用位置选择测试路径。

一个变量有两种被引用方式,一是用于计算新数据或输出结果,称为计算性引用,二是用于计算判断控制转移方向的谓词,称为谓词性引用。首先形成安全关键变量的定义—引用图,设 P 是定义—引用图中的一系列完全路径集合,则存在 10 种测试准则,且这 10 种准则由低到高的层次关系如图 7-32 所示。

安全关键数据流的测试要满足最高层测试准则——所有路径测试准则,即 P 包含定义—引用图中的所有完全路径。

5) 特殊的安全性测试技术

特殊安全性测试技术是在普通测试中应用较少的,在安全性测试中才常用的测试技术。典型的安全性测试技术介绍如下。

(1) 故障注入和失效模式测试。

故障注入技术作为一种非传统的软件测试技术,是指按照特定的故障模型,人为地、有意识地将故障引入到系统当中,以加速系统发生故障和失效的过程。软件故障注入测试是指采用软件故障注入的方法对软件系统进行测试的技术,其是一种专门的安全性测试技术。软件故障注入测试技术在大体上分为静态故障注入测试技术和动态故障注入测试技术。静态故障注入测试是指待测试对象在运行前对其源程序进行变异或者编译时插入额外的错误代码所进行的测试,主要有传统的程序变异测试、接口故障注入测试以及编译时故障注入测试。基本测试步骤有软件结构与故障管理分析、故障注入用例选择、测试计划、故障注入、执行测试触发、观察测试结果、评估测试结果、测试覆盖分析和更新故障注入测试用例库。

动态故障注入测试是指待测试对象处于运行状态时对其程序状态进行变

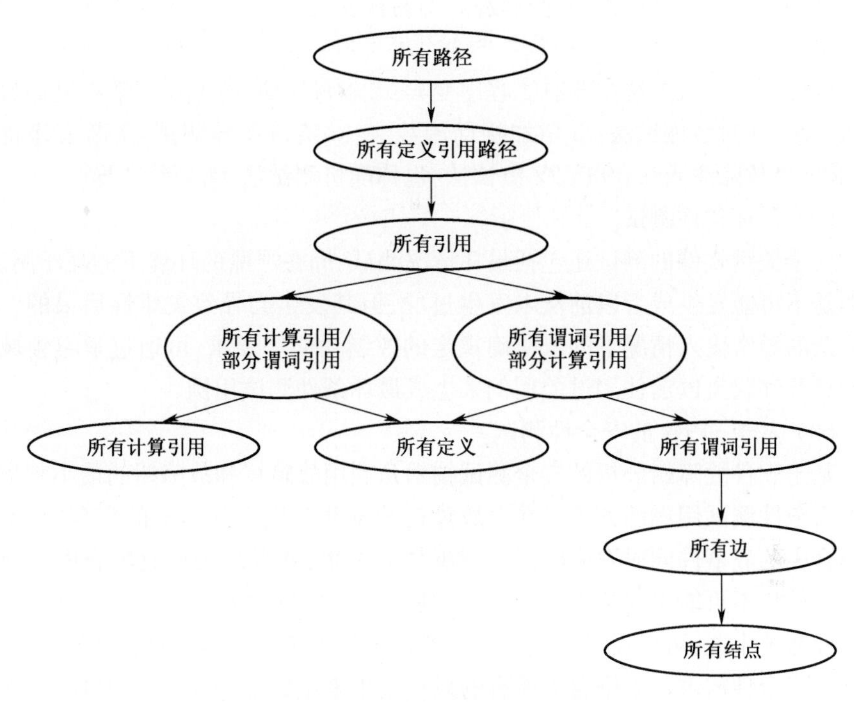

图 7-32　数据流测试准则层次关系图

异,或者对其运行系统环境进行故障注入所进行的测试。程序状态变异一般采取修改、插入系统目标代码和断言违背的方法进行测试。在软件运行期间注入故障时,程序状态变异要求必须有触发故障注入的机制。触发故障注入的机制主要有①定时机制:时间片到即可注入故障,适合模拟短暂性故障和间歇性故障;②异常 traps 机制:当一定的异常、条件或事件发生时触发故障注入;③代码插入或修改机制:运行时在一些代码前插入代码或修改代码,断言违背故障注入测试中,前置条件和后置条件蕴涵了程序期望的逻辑断言。

通常,可注入的故障类型有①内存故障;②处理器故障;③通信故障;④进程故障,如死锁、活锁、进程循环、进程挂起及使用过多的系统资源等;⑤消息故障,如失去消息、已损坏的消息、无序的信息、信息复制和组件间等待消息时间超时;⑥网络故障;⑦操作程序故障;⑧程序代码故障,如语句、变量等。

如下情况很少执行,但最有可能导致实时系统的崩溃:冗余管理、意外事件处理、初始化和校准、数据边界状态的处理或数据超出预期范围。故障注入可对这些缺陷进行有效的检查。

针对安全关键软件,导致系统死机的软件故障模型有:①内存泄漏故障;②空指针引用故障;③数组越界故障;④引用未初始化变量故障;⑤非法计算故障。这些是安全关键软件中隐藏较深、不易被发现、并且会引起灾难性后果的故障种类。

软件故障注入方法主要有①程序变异；②软件陷阱；③基于反射机制的故障注入方法；④封装测试法；⑤增加扰动函数法；⑥接口变异测试；⑦断言违背机制；⑧环境故障注入法；⑨FUZZ 测试法，也称随机测试法；⑩规约变异。

（2）最坏条件测试。

安全关键软件的测试还包括最坏情况测试，即在严酷的环境下的高压测试，用例是不可能发生或者以前从未发生过的，但其发生会导致灾难性后果的。对于复杂的异常输入情况下的未明确规定的控制功能等要求，可通过学习领域专家的经验和收集以前使用过的用例来生成最坏条件测试用例。

（3）基于 SFTA 的安全性测试。

基于软件故障树分析的安全测试技术是利用故障树和故障树的最小割集来生成安全性测试用例的方法。在由故障树的某几个底事件组成的集合中，如果该集合中的底事件同时发生能引起顶事件的发生，并且当去掉此集合中任何一个底事件将不再能引起顶事件的发生，则这个集合被称为最小割集。对于安全性软件系统来说，可以通过安全性约束条件来阻止所有最小割集的出现，使得输出满足安全性需求。采用覆盖所有的最小割集来生成安全性测试用例的策略对安全性功能测试是充分的。

（4）基于场景的安全性测试。

场景就是顺序化、确定化的系统的执行轨迹。场景主要用来简要描述系统预期的或所希望的使用方式。从外部用户的角度看系统的执行过程，反映系统期望的运行方式，场景与白盒子测试中的路径很相似，但还是有一定差别：路径更为细致，涉及算法内部的分支情况，而场景并不考虑系统的内部设计细节。场景适合描述系统中的任何角色，包括操作员、系统设计人员、修改人员、系统管理人员和其他的人员，以及他们从事的活动和之间的交流或通讯。

场景通常被定义为用户和系统之间交互活动的一个特定序列，它从用户的角度描述系统的功能和行为。基于场景的测试是指假定自己是被测软件系统的使用者，在实际使用中，会以什么样的操作顺序去使用该软件，将这样的可能性都一一列出来形成测试观点。这种测试策略在思想上与面向对象软件测试中的基于序列的测试是相同的。该测试与普通的功能测试是不同的，它的侧重点在于连续使用整个软件的各个功能；而功能测试则是针对每个功能点进行测试，所以基于场景的测试往往会发现普通功能测试不能发现的错误。场景测试的目的更多的是为了揭示设计上的错误而不是编码错误。

在场景集合中，常见的场景执行关系有以下 4 种：

① 独立:若场景在运行过程中不依赖任何其他场景中的数据、控制信息等参数,则场景为独立场景。

② 触发:一个场景的执行触发了另一个场景的执行。

③ 互斥:如果 2 个场景不可能同时发生,则它们是互斥的。

④ 依赖:如果一个场景必须发生在另一个场景之后,则称场景之间存在依赖关系。

生成测试场景时需要考虑以下两方面的因素:

① 生成的测试场景应满足预定的覆盖目标;

② 生成的测试场景其路径长度要尽可能的短,以提高测试执行效率,降低测试费用。

顺序图(Sequence Diagram)用于描述对象间动态的交互关系,表示在时间顺序上多个对象在自己的生命周期内与其他对象间通过消息传递机制实现的交互行为,其消息按时间顺序从上到下排列,并且在对象生命周期线上通过控制焦点表示对象执行一个动作所经历的时间段。在顺序图中,场景被定义为在相互交互的对象间传递的一个消息序列,每个消息序列代表用例的一个可能的事件流。用 UML 顺序图来描述场景,恰好可以体现顺序图和场景二者自身的特征,即表示了随时间安排的一系列消息,也显示了用例的行为序列,使得系统的功能需求能够更为完整地被表示出来。

测试场景实际上就是一个消息序列,是测试用例生成的重要依据,因此测试场景的生成也称之为测试消息序列的生成。测试场景中各个消息的顺序是由发送事件的顺序所决定的,通过在一个合法的事件序列的发送事件序列,就可以确定与该事件序列相对应的场景。相应的算法实质上是对一个有向图的遍历。因此,遍历出所有事件序列后就可以导出顺序图中的所有场景。常用的方法有广度优先搜索和深度优先搜索。

基于场景模式的嵌入式测试用例设计与生成过程如下:

① 被测系统需求分析,通过对被测系统文档进行分析,对被测系统进行需求建模并构建场景树。

② 依次分析各个场景,将其划分到不同的场景模式类别中,构建测试场景的状态图。

③ 通过遍历场景状态图获取测试执行路径,确定相关的输入数据,生成测试用例。

第8章　航 空 安 全

8.1　航空安全概述

航空安全是指民用航空安全生产运行系统处于一种无危险的状态。目前国际民航界一般用事故、事故征候、空难等航空器运行安全事件作为衡量一个国家或地区民用航空安全的主要指标。

1. 事故

凡属飞机上正常情况下经常发生的事情,不是事故。飞机上发生的事故必须是一种异常的、意外的、少见的事情。凡纯属旅客健康状况引起的,或者与飞行无关的事情或事件,都不是事故。

《国际民用航空公约》是国际航空公法的基础和宪章性文件。目前有150多个国家批准或加入该公约。国际民航组织理事会在该公约《附件13—航空事故调查》中,将事故定义为在任何人登上航空器准备飞行直至所有这类人员下了航空器为止的时间内,所发生的与该航空器操作使用有关的事件,在此事件中:①有人因在航空器内,或因与航空器的任何部分包括已脱离航空器的部分直接接触,或因直接暴露于喷流而受致命伤或重伤;②航空器受到损坏或结构破坏,对结构强度、性能或飞行特性有不利影响;③航空器失踪或处于完全不能接近的地方。该定义综合英、法等国传统法律概念,按航空特点表述,受到普遍肯定与引用。

2. 空难

民航界一般将空难界定为由飞机、飞艇、气球、航天飞船等航空器具发生的伤亡事故。佘廉等在《中国交通灾害》一书中将由航空器具造成的除机组成员与乘客之外第三者的直接损害(财产和人身)以及航空公司的利益损失也包括在民航事故中。国际民航组织(International Civil Aviation Organization,ICAO)将空难界定为飞机等在飞行中发生故障、遭遇自然灾害或其他意外事故所造成的灾难。

3. 事故征候

依据《国际民用航空公约》的《附件13》,事故征候不是事故,是指在飞行中未造成事故那类后果,但危及飞行安全的一切反常情况。我国民航总局规定事故征候是指不是事故而是与航空器的操作使用有关,会影响或可能影响操作使用安全的事件。

上述概念说明,目前评估民航业和航空公司是否安全、安全程度如何,均以是否发生事故、发生事故多少为标志,并且对事故的界定都基于航空器运行过程中的危险状态,它不能完整表述航空组织在安全生产运营过程中的安全事件及其影响,如劫机事件,飞机噪声和尾气污染事件,有毒和放射性物品泄漏造成的生态环境污染事件,冰雹、沙尘暴、雷暴等自然灾害造成的安全事件,搜寻与救援中人员及设备受到损坏和伤害的危险等。

8.2 民用航空器适航管理

8.2.1 概述

适航是航空器适宜于空中飞行的性质及该航空器包括其部件及子系统整体性能和操纵特性在预期运行环境和使用限制下的安全性和物理完整性的一种品质。这种品质要求航空器应始终处于保持符合其型号设计和始终处于安全运行状态。航空器适航是最低安全要求,包括安全性要求和环保要求。影响航空器适航的因素包括航空器设计、制造、使用和维修水平,也包括航空器使用的材料、零部件、成品和设备的质量水平。

从1987年《中华人民共和国民用航空器适航管理条例》(以下简称《民用航空器适航管理条例》)颁布实施到现在,我国民用航空器适航管理从初步酝酿到逐步改进完善,形成了具有中国特色的适航管理体系。《民用航空器适航管理条例》规定:“民用航空器适航管理,是根据国家的有关规定,对民用航空器的设计、生产、使用和维修,实施以确保飞行的技术鉴定和监督。”民用航空器适航管理的本质是对航空器的适航控制,最终目的是保障民用航空器的安全性。

航空器适航管理贯穿于民用航空器设计、生产、试飞、使用和维修等各个阶段,根据适航管理动态过程,民用航空器适航管理分为初始适航管理和持续适航管理。

初始适航管理是指,适航管理部门在法律法规以及适航标准的指导之下,对民用航空产品交付使用之前的设计、制造、生产等各个环节予以监督、检查,以确保航空器符合国内外适航标准,保障航空器飞行安全。初始适航管理分为设计、制造和适航三方面的审核和发证。适航管理部门在适航管理的初始阶段,主要通过设定行政许可,颁发型号认可证、民用航空器生产许可证、民用航空器改装设计批准和适航证等方式来确保航空器的设计、生产单位可以严格自律按照适航标准进行设计、生产。

持续适航管理是指，在依据适航管理部门的规定和标准取得型号许可证、生产许可证、适航证等证件的基础上，民用航空器投入正常使用后必须保持它在设计、生产以及试飞时的适航水平或者安全标准。持续适航管理的侧重点在于民用航空器投入使用后的飞行维护阶段，强调了对民用航空器的维护、检修以及使用状况的检查。

持续适航管理是在初始适航管理的基础上开展的，二者共同目标是保证适航标准得以贯彻落实，以保障安全有序的民用航空器飞行环境。

8.2.2 适航审定过程

适航审定是在总结所有人类飞行历史经验的基础上，确保在飞机预期的使用环境中能够安全航行，包括起飞、着陆过程。适航是飞机在预期的环境中能够持续安全飞行的一个本质的、固有的特性，是判定飞机安全性是否达到国际通行惯例和各国法定要求的一种品质标准，某一型号飞机要想投入市场使用，就必须要取得适航证。

由于适航证存在很强的地域性，一个国家生产的飞机能否出口给另一个国家，必须有该国或者国际通行的适航证。目前，世界上通用的适航认证有两家：美国联邦航空局认证和欧洲联合航空局认证，国产大型飞机要想走向国际市场，参与国际竞争，就必须要获得美国联邦航空局（Federal Aviation Administration，FAA）的适航证。

20 世纪 70 年代末，中国民航局成立工程司，开始着手开展适航审定管理。民航适航审定系统逐步建立健全与国际接轨的适航法规体系和组织机构，培养了一批批专业的适航审定管理和技术人员：1985 年我国与美国联邦航空局合作开展对 MD82/90 飞机在中国转包生产的监督检查；1985 年 FAA 给 Y12II 型飞机颁发型号合格证，进而扩展涵盖 23 部飞机（正常类、实用类、特技类和通勤类飞机）、机械类机载设备的中美适航双边关系。自 2003 年启动对国产新支线飞机 ARJ21-700 的适航合格审定工作以来，我国的适航审定系统得到了进一步加强。2007 年，上海航空器适航审定中心成立，侧重运输类飞机的适航审定；同年，沈阳航空器适航审定中心成立，侧重旋翼机和轻型航空器的适航审定。中国民用航空适航审定中心于 2017 年 2 月正式运行，作为民航局直属事业单位，在业务上接受民航局的领导、检查和监督，主要履行统筹管理上海、沈阳、西安和江西审定中心，统筹管理各专业适航审定技术和资源，按授权开展 CCAR33、34、35、36 部规定的发动机和螺旋桨型号审查等职责。

1. 型号合格审定程序

按照民机型号研制生命周期，将型号合格审定过程划分为概念设计、要求确定、符合性计划制定、计划实施和证后管理5个阶段。

概念设计阶段(Conceptual Design)是指申请人对潜在的审定项目进行概念设计，但是还未向适航当局提出型号合格申请。概念设计阶段的主要工作包括：贯彻宣传型号合格审定过程；签署或修订安全保障合作计划(Partnership for Safety Plan,PSP)；指导适航当局的适航规章；熟悉潜在的审定项目；讨论合格审定计划(Certification Plan,CP)；初步评估设计保证系统。

要求确定阶段(Requirements Definition)是指申请人向适航当局提出了型号合格证的申请，适航当局对申请进行了受理，并且确定需要使用的审定基础。要求确定阶段的主要工作包括：申请型号合格证；受理申请；进行首次型号合格审定委员会(Type Certification Board,TCB)前的准备；召开型号合格审定委员会；编写合格审定项目计划(Certification Project Plan,CPP)；编写专项合格审定计划(Project Specific Certification Plan,PSCP)草案；编写和汇编问题纪要(Issue Paper)；审批专用条件(Special Conditions,SC)、等效安全(Equivalent Level of Safety,ELOS)和豁免(Exemption)；召开中间型号合格审定委员会。

符合性计划制定阶段(Compliance Planning)是指完成专项合格审定计划，将专项合格审定计划作为双方使用的一个工具，从而管理合格审定项目。符合性计划制定阶段的主要工作包括：确定委任与监督的范围；确定审查组的介入范围；确定制造符合性检查计划；完成专项合格审定计划；召开中间型号合格审定委员会，同意专项合格审定计划。

计划实施阶段(Implementation)是指申请人和局方执行经双方共同签署的专项合格审定计划，进行具体验证、表明和确认符合性。计划实施阶段的主要工作包括：验证相关试验；检查分析设计符合性；表明申请人飞行试验的符合性，提交符合性证据资料；提交申请人的飞行试验数据和报告；提交符合性报告；评审符合性资料和申请人的飞行试验结果；管理飞行试验风险；召开合格审定飞行前的型号合格审定委员会；签发型号检查核准书；检查合格审定飞行试验的制造符合性；合格审定飞行试验，评估运行和维护；审批持续适航文件；进行功能和可靠性试验；编写审批《飞机飞行手册》；工程评审最终技术资料；召开最终的型号合格审定委员会；颁发型号合格证、型号设计批准书和数据单。

证后管理阶段(Post Certification)是指颁发型号合格证后，总结项目的型号合格审定工作，进行资料保存、证后评定等收尾工作。证后管理阶段的主要工作包括：完成型号合格审定的总结报告；完成型号检查报告；保持持续适航；控制与管理设计保证系统、手册和相应的更改；修订持续适航文件；证后评定；保存数据资料;提供航空器交付的必要文件。

2. 系统设备合格审定程序

1）与适航审定相关的主要规定程序与标准

(1)《民用航空产品的材料、零部件和机载设备的合格审定程序》(AP-21-06);

(2)《民用航空产品和零部件合格审定规定》(CCAR-21);

(3)《运输类/其他类飞机适航标准》(CCAR-25/23/27/29);

(4)《民用航空材料、零部件和机载设备技术标准规定》(CCAR-37);

(5)《民用航空器适航指令规定》(CCAR-39);

(6)《民用航空器适航委任代表和委任单位代表的规定》(CCAR-183);

(7)《进口民用航空产品审定程序》(AP-21-01);

(8)《关于国产民用航空产品服务通告管理规定》(AP-21-02);

(9)《型号合格审定程序》(AP-21-03);

(10)《生产许可审定程序》(AP-21-04);

(11)《民用航空产品和零部件适航证件的颁发和管理程序》(AP-21-05)。

2）审批方式

(1) 技术标准规定项目批准书(Technical Standard Order Authorization, TSOA)。

TSOA 是按 CCAR37 部颁布的标准或外国适航部门颁布的同类标准批准的,TSOA 批准意味着申请人已同时获得了产品的设计和制造批准,凡是制造批准的项目均不可转让。具体程序如下:

① 提出申请——申请人。

向本地区航空器适航审定处或适航司提交申请表 AAC-101(3/91),同时视适用情况随申请表提供以下文件:

a. 一份最低性能标准建议书。

b. 有关项目的审定基础草案,审定基础包括适用的适航条例和认可的行业标准。

c. 一份工作计划,包括:

i. 报送技术标准规定中所要求的技术资料(含特种工艺、新工艺、关键工艺和新材料)的时间;

ii. 拟进行技术标准规定中要求的各种性能、环境鉴定试验的时间;

iii. 初步的符合性验证计划。

d. 质量控制系统的初步说明。

e. 与适航部门协调指定项目基本型号/件号形式。

② 受理——适航部门。

a. 适航司根据需要授权有关适航部门,一般为本地区航空器合格审定处;

b. 获授权部门调查申请人设计制造有关项目的必备能力,提出是否受理申请的建议;

c. 适航司在接到被授权部门的建议后的30天内要确定是否受理,并以《受理申请通知书》或不受理函件正式通知申请人。

③ 付费——申请人。

根据受理通知书要求向指定账号交付规定的费用。

④ 成立审查组和实施审查——适航部门/申请人。

a. 获授权单位组建审查组;

b. 与申请人协调审定基础和符合方法;

c. 批准审定基础,可申请人的符合性验证计划;

d. 审查组根据申请人的研制计划/符合性验证计划制定审查计划,确定具体审查内容、实施时间和需要目击的试验项目和制造符合性检查要求,安排实施质量控制系统审查的时间。

⑤ 申请人按符合性验证计划提交以下文件:

a. 质量保证手册及相关程序;

b. 项目的技术规范;

c. 有关鉴定/符合性验证试验的相应分析报告和符合行业标准的试验大纲;

d. 有关的试验件图纸;

e. 试验件制造符合性声明——AAC-099(08/2002);

f. 相关的试验报告;

g. 综合性的符合性验证报告。

⑥ 审查方的鉴定试验监控:

a. 认可试验大纲;

b. 观察试验;

c. 评估认可试验报告。

⑦ 审查方的符合性验证试验监控:进行制造符合性检查和目击试验,包括:

a. 试验件的制造符合性检查;

b. 填写制造符合性记录 AAC-034(08/2002),确认制造符合,颁发试验件的批准放行证书 AAC-038(08/2002);

c. 试验设施的制造符合性检查;

d. 目击试验;

e. 撰写试验检查报告。

⑧ 审查方的资料评审:

a. 在完成全面评审后,审查组用表格 AAC-039(08/2002)批准工程资料;

b. 依据 AP-21-04 的相关规定批准质控系统资料;

c. 必要时,将确认的工程问题填入工程问题纪要 AAC-214(08/2002);

d. 将质量控制系统问题填入 AAC-163(08/2002);

e. 通知申请人采取纠正措施。

⑨申请人:在得到批准之前:

a. 采取纠正措施,关闭所有的工程问题纪要 AAC-0214(08/2002);

b. 采取纠正措施,关闭所有的质量控制系统问题 AAC-163(08/2002);

c. 提出设计和质量系统的符合性声明,AAC-100(08/2002);

d. 准备、提交和获得审查组批准/认可:所有有关 TSO 标准所规定的文件主要包括项目的图纸原理图及其目录、设计的特种工艺及其规范、项目的安装、使用、维修说明文件。

⑩审查组:编写审查报告,向适航司提出颁证建议。

⑪ 适航司:

a. 适航司审核审查报告,并在 30 天内做出批准与否的结论;

b. 向申请人颁发技术标准规定项目批准书(CTSOA),通知授权部门;

⑫ 授权部门:向申请人颁发 CTSOA。

⑬ 证后管理——获授权部门:

a. 为该项目批准书持有人指定主管检查员和项目工程师;

b. 可按 CCAR-183 和有关程序的规定在项目批准书持有人的单位委任工程代表和生产检验代表;

c. 对持证人作定期/不定期的监督检查——系统改进、设计/管理系统更改批准、生产项目交付发证监督。

⑭ 持证人的持续适航责任:

a. 向适航部门报告相关的使用困难,如故障、失效和缺陷等问题;

b. 接受/参与适航部门关于使用困难问题的调查;

c. 按确认的原因性质,必要时采取纠正措施,包括在制造产品的设计更改和在役产品的更改实施。包括支持适航部门依据 CCAR-39 的相关要求颁发适航指令(AD),依据 AP-21-02 的要求编发相关的服务通告和使用困难报告。

⑮ 标记:CTSOA 持有人按 CCAR-21 第 86 条及相应 CTSO 要求标记每一独立部件;

⑯ 交付发证——适航批准标签 AAC-038(08/2002)。

在确认符合经批准设计后,由主管检查员或授权的委任生产检验代表对CTSOA 持有人生产的项目颁发适航批准标签。

(2) 零部件制造人批准书(Parts Manufacturer Approval,PMA)——由非型号合格证/生产许可证持有人提出申请,具体产品适用于已取得型号合格证航空器的规定型号,为航空器用户提供更换备件。

(3) 随机审定——供应商产品随航空器审定而获得设计批准,证后可以申请 PMA,否则均交付主制造人,纳入主制造人售后服务体系。

(4) 改装设计批准(Modification Design Approval,MDA)。

(5) 适航部门认为适当的其他方式。

3. 安装批准

安装批准通常包括以下 3 种方式:

(1) 按 AP-21-XX 获得批准,安装在中国注册的进口民用航空器上;

(2) 按 AP-21-03 或 AP-21-14 的相应要求获得批准,安装在中国注册的国产民用航空器上;

(3) 由适航司确定的其他批准方式。

8.2.3 适航符合性验证

1. 适航符合性验证方法

适航符合性验证的主要目的是为了保障民用航空活动的安全,所谓的符合性验证就是技术部门采用各种验证手段来检验设备和零配件,最终以检验的结果与适航的条例进行评判,这些设备和仪器是否符合适航的条例,是否满足民航的飞行条例。适航符合性验证在整个民用飞机的研制过程中都发挥着重要作用。

当通过了适航符合性验证的要求时,即达到了适航审定的基础。一般来说,在审定过程中,如果想要产品是符合适航条款的就必须获得更多的材料来证明,这就使得在获取这些材料时需要用不同的方法进行验证获得,那么在这期间所采用的方法就被统称为符合性验证方法。

在民用飞机的审定过程中所采用的符合性验证方法主要包括工程评审、试验、检查、设备检定。具体细化为 10 种常用的、经实践检验的、适航部门认可的符合性验证方法:工程评审(MC0、MC1、MC2、MC3),试验(MC4、MC5、MC6、MC8),检查(MC7)和设备鉴定(MC9)。同类型方法不同的编号检测的是不同的项目,所使用的验证方法也是不同的,例如对于工程评审中的 4 种符合性验证方法,分别是通过引述相关的型号设计文件、公式系数和定义来进行符合性说明;利用说明、图纸及技术性文件发表说明性文件;MC2 是通过分析和计算而得出的一种综合性说明和验证性报告;MC3 是通过安全性的评估得出安全性的分析报告。

在采用以上 4 种方法进行符合性验证之前都需要编制试验大纲,之后再发到民航的适航部门进行获批,在获得适航部门允许之后才能进行下一步的试验,并且在每一次试验之后都需要进行实验报告或者符合性报告的撰写,而且这些报告要经过适航部门的审批和认可之后才能够投入使用。

根据符合性工作形式,常用符合性验证方法分为:①工程评审;②试验;③检查;④设备鉴定,如表 8-1 所列。

表 8-1 适航符合性验证方法

<table>
<tr><th>符合性工作</th><th>方法编码</th><th>符合性验证方法</th><th>相应的文件</th></tr>
<tr><td rowspan="4">工程评审</td><td>MC0</td><td>符合性声明
——引述型号设计文件
——公式、系数的选择
——定义</td><td>型号设计文件
符合性记录单</td></tr>
<tr><td>MC1</td><td>说明性文件</td><td>说明、图纸、技术文件</td></tr>
<tr><td>MC2</td><td>分析/计算</td><td>综合性说明和验证报告</td></tr>
<tr><td>MC3</td><td>安全评估</td><td>安全性分析</td></tr>
<tr><td rowspan="4">试验</td><td>MC4</td><td>试验室试验</td><td rowspan="4">试验任务书
试验大纲
试验报告
试验结果分析</td></tr>
<tr><td>MC5</td><td>地面试验</td></tr>
<tr><td>MC6</td><td>试飞</td></tr>
<tr><td>MC8</td><td>模拟器试验</td></tr>
<tr><td>检查</td><td>MC7</td><td>航空器检查</td><td>观察/检查报告
制造符合性检查记录</td></tr>
<tr><td>设备鉴定</td><td>MC9</td><td>设备合格性</td><td>见“注”</td></tr>
<tr><td colspan="4">注:设备鉴定过程可能包括前面所有的符合性验证方法。</td></tr>
</table>

所有“试验”类的符合性验证方法(MC4、5、6 和 8)在实施前编制试验大纲,经适航部门批准后进行相应试验,及时编写试验报告和对应符合性报告,分析试验结果,对试验判据进行说明等。试验报告要经适航部门审批认可,试验过程中适航部门认为必要时可派代表全程监控或现场目击见证有关试验工作。

1) MC0 的符合性验证方法——符合性声明

通过引用型号设计文件(如图纸、技术条件、技术说明书)等手段,定性说明型号设计符合相应适航条款要求。

例如,在应急情况下为确保机上所有乘员在规定时间内撤离飞机,CCAR-25-R3 § 25.809(a)要求:“每个应急出口,包括飞行机组应急出口在内,必须是机身外壁上能提供通向外部的无障碍开口的活动舱门或带盖舱口。”验证型号设计对该条款符合性时,选择“MC0”符合性验证方法,应用飞机总体布置图、座舱布置图及相应图纸说明该飞机应急出口设计满足上述要求。

2) MC1 的符合性验证方法——说明性文件

由适航部门组织,通过提交有关型号设计资料(如说明、图纸、技术文件等),以工程评审形式确定有关设计是否符合相应适航条款要求。

例如 CCAR-25-R3 § 25.903(e)(1)规定:“必须有飞行中再起动任何一台发动机的手段。”即在发动机发生空中停车故障时,能恢复发动机工作。验证型号设计对该条款符合性时,选择“MC1”符合性验证方法,向适航部门提交发动机起动和操纵系统原理图、安装图以及飞行中发动机再点火文件,由其组织工程评审来确认飞机具有飞行中再起动每台发动机的设施和能力。

3) MC2 的符合性验证方法——分析/计算

通过分析和计算如载荷、静强度和疲劳强度、性能、统计数据分析、与以往型号相似性证明有关设计符合相应适航条款要求。

例如,为避免机组成员值勤时过度疲劳和不适,CCAR-25-R3 § 25.831(a)规定:“通常情况下通风系统至少应能向每一乘员提供每分钟 250 克的新鲜空气。”验证型号设计对该条款符合性时,选择“MC2”符合性验证方法,利用飞机空调系统的图纸、说明书,分析计算说明满足适航条款规定的新鲜空气量要求。

4) MC3 的符合性验证方法——安全评估

通过 FMEA、FTA 等故障分析手段,对有关设计进行安全性评估,验证相应适航条款的符合性。

例如,CCAR-25-R3 § 25.735(e)要求机轮刹车防滑装置及其有关系统的设计必须确保“在发生任何可能的单个故障时都不会使飞机的刹车能力或方向操纵损失到危险的程度。”验证型号设计对该条款符合性时,选择“MC3”符合性验证方法,依据飞机刹车系统设计资料、成品数据、计算结果、同类飞机的运行经验等进行 FMEA 或 FTA 分析,通过安全性评估证明设计满足要求。

5) MC4 的符合性验证方法——试验室试验

通过试验室试验(如静力和疲劳试验,环境试验)验证有关设计对于相应适航要求符合性,试验可能在零部件、分组件和完整件上进行。

例如,CCAR-25-R3 § 25.723(b)要求“起落架在演示其储备能量吸收能力的试验中不得损坏”。验证型号设计对该条款符合性时,选择“MC4”符合性验证方法,通过储备能量吸收落振试验来验证。应用完整的起落架,模拟飞机上的安装情况和着陆姿态，在落振试验台上进行试验。试验后检查起落架是否有损坏。

6）MC5 的符合性验证方法——地面试验

在飞机停在地面时进行适当试验，验证有关设计对于相应适航要求符合性。例如，为防止燃油热膨胀造成燃油溢出或损坏燃油箱结构，CCAR-25-R3 §25.969 要求“每个燃油箱都必须具有不小于 2%油箱容积的膨胀空间”。验证型号设计对该条款符合性时，选择“MC5”符合性验证方法，进行相应的地面试验。利用重力加油口加油，到达加油口油面后，通过油箱通气管（或其他办法）加油至油箱充满，之后加油的体积为燃油箱的膨胀空间，验证其是否符合要求。

7）MC6 的符合性验证方法——试飞

在飞行中进行适当试验，验证有关设计对于相应适航要求的符合性。该方法在规章明确要求或用其他方法无法完全演示符合性时采用。例如，CCAR-25-R3 §25.103“失速速度”要求。验证型号设计对该条款符合性时，选择“MC6”符合性验证方法。因为失速速度是边界飞行速度，此时飞机处于大迎角状态，作用在飞机上的气动力和飞机的运动情况比较复杂，通过解析计算难以求解，所以可靠的验证方法是飞行试验。

8）MC7 的符合性验证方法——航空器检查

适航部门专家在样机或飞机上进行检查，验证有关设计对于相应适航要求符合性。例如，CCAR-25-R3 §25.812(d)提出了对于“各主过道和出口之间通向与地板齐平的旅客应急出口的通道”的应急照明要求和测量方法。验证型号设计对该条款符合性时，选择“MC7”符合性验证方法，由适航部门专家在样机或飞机上按本款规定的测量方法进行检查，验证其是否符合要求。

9）MC8 的符合性验证方法——模拟器试验

通过在工程模拟器上进行适当模拟试验，验证有关设计对于相应适航要求符合性，一般配合其它方法共同验证。例如，对于增稳系统或任何其它自动或带动力的操纵系统发生故障时，通过飞行试验验证 CCAR-25-R3 §25.672(b)飞机的可操纵性之前，先进行模拟器试验演示，模拟试验通过后再进行试飞，保证飞行安全。

10）MC9 的符合性验证方法——设备合格性

向适航部门提交航空设备（包括材料）合格证明文件，表明对于相应适航要求的符合性，一般用于装机设备（或材料）的符合性验证。

例如，CCAR-25-R3 §25.731“机轮”的验证。验证型号设计对该条款符合性时，选择“MC9”符合性验证方法，由型号合格审定（Type Certification，TC）申请人编制机轮选择符合性说明报告并与机轮的产品合格证一起提交适航部门审批。

各种符合性验证的方法可以叠加使用,对于同一验证对象可采用几种验证方法叠加验证其符合性,在实践中可行、适航部门认可的符合性验证方法均可采用。根据条款的复杂程度和研制情况,由民航评审人员与申请方共同协商确定符合性验证方法的选用。在满足条款的要求下,可选择任何一种或几种叠加的符合性验证方法。符合性验证方法不止 10 种,欧洲准备增加软件合格证 MC10 和相似性认可 MC11 两种方法。符合性验证方法可以单独使用,也可以组合起来使用,主要取决于要验证的适航条款内容。一般而言,涉及面广的、比较重要的条款往往需要使用多种符合性方法来验证。

通常 MC0 多用于“总则”一类的条款,MC3 主要用于要求进行故障分析的条款,MC7 适用于有具体测量方法规定的条款,MC9 一般用于装机设备(或材料)的符合性验证。

适航的符合性验证方法有很多,但有时是多种方法叠加使用,因为对于复杂的适航条款,一般来说是针对同一个验证的对象只能几种验证方法并用,才能满足适航部门认可的符合性的验证方法。那么对于适航符合性验证方法的选用原则一般有以下 6 个:

(1) 符合性方法的选择,一般的原则上是以最低成本来满足符合性验证要求,但却不是所验证的项目越多,所达到的效果越好,而是符合性的方法要尽可能的简单,这样更有利于检测与验证。

(2) 针对新型号的验证如果采用 MC0 进行验证,这样就不满足适用性条款的说明。而当采用了 MC1 进行验证就可以满足相关条款的说明,这样对于新型号的验证就会采用 MC1 进行验证。

(3) MC2 符合性验证方法不仅可以用计算机的方法进行验证其符合性,还可以对同种型号进行验证及根据经验和相似性进行相应的分析,而上述的 MC1 中却不包括对相类似进行分析。

(4) 如果条款中已经有明确规定对于已经失效、故障影响、概率和危害极小等这些类似的措辞,都必须要进行系统安全性检测,而此时应该采用的方法则是 MC3。

(5) 如果在进行检测时条款中有要进行试验、演示或者分析等多种相结合的要求,这时候应该选择符合性方法的 MC4、MC5 或者 MC8。

(6) 当在实验室进行试验时都已满足符合性验证要求,这时候可以选用 MC4 或者 MC8,但不能选用 MC5 和 MC6,因为当我们已经选择了 MC4,却不能再同时选择 MC5 或者 MC6,这样可以避免方法上的重复。

在实际验证过程中,尽量采用非试验手段完成符合性验证,可由地面试验完成的则避免飞行试验验证,加快飞机研制进度和降低研制成本。在民用飞机开始研制时,正确选择符合性验证的基础,确定验证对象是否具有适航符合性时所用的手段。适航管理部门负责适航符合性方法表的修订和报批。审定过程中需要调整的符合性方法,经审查代表同意,提交审查组备案。

飞机立项之初,即应确定符合性验证的基础和方法,飞机研制部门需严格执行。民航审定部门负责跟踪检查、逐条审定,直至取得适航证为止。民用飞机的研制过程是符合性验证的过程,符合性验证工作从确定哪些适航条例需要进行符合性验证开始,到是否满足这些条款作为符合性验证结束。

2. 适航符合性验证程序

适航符合性验证工作贯穿民机设计的整个过程,从概念设计阶段提出安全性设计的要求与目标,一直到设计验证阶段证明系统设计能够满足安全性要求,期间包括了初步设计阶段、详细设计阶段方案修改及分析工作的数次反复。总体而言,与民机设计过程相对应,适航符合性验证程序包括安全性要求的建立、初步系统安全性评估(PSSA)、系统安全性评估(SSA)3 个阶段。图 8-1 给出了民机设计各阶段相应的适航安全性工作。

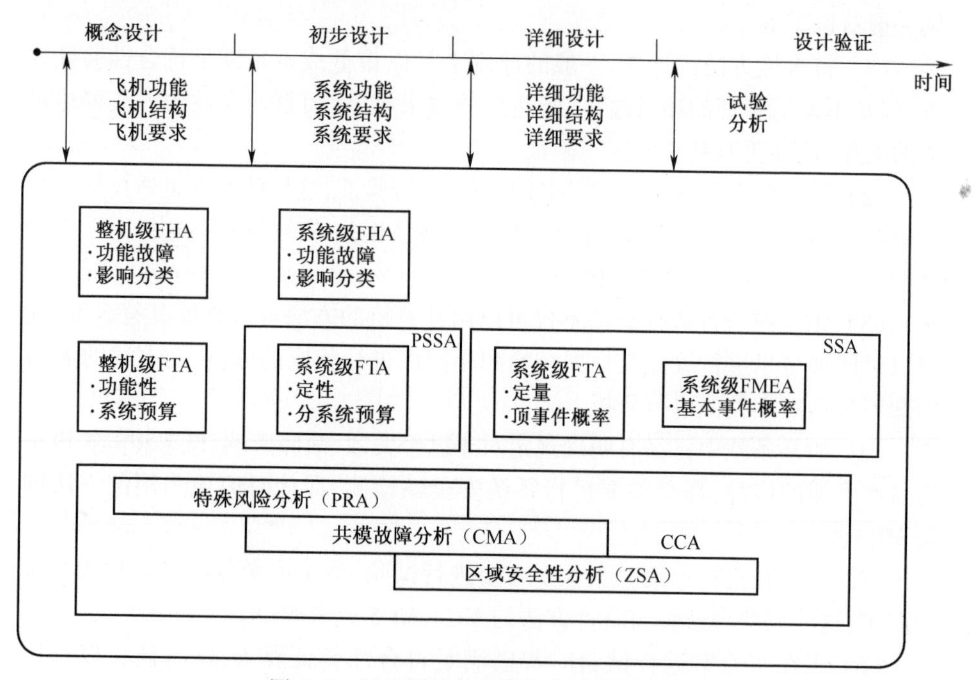

图 8-1　民机设计各阶段安全性分析工作

1) 安全性要求的确立

整机级功能危险分析(FHA)是建立整机安全性要求的主要分析方法,整机层次特殊风险分析(PRA)可以作为其补充来分析特殊事件引起的故障,在整机级 FHA 完成后,通过整机级故障树分析(FTA)可以为整机以下层次进行安全性要求的分配。安全性要求的建立是进行适航符合性验证的前提,因此上述分析在概念设计阶段就必须进行,分析结果必须由适航当局认证通过方为有效。在整机级安全要求确定后,就能以其为依据确立系统安全性要求,系统安全性要求主要由系统级 FHA 完成,但系统级 FHA 确立的要求必须与由整机级 FTA 根据整机级 FHA 分配的概率相一致,系统级安全性要求是对系统进行安全性分析的前提,在初步设计开始阶段就必须完成。

2) 初步系统安全性评估

初步系统安全评估在初步设计阶段进行,其采用的主要分析技术是系统级 FTA(定性为主);同时,CMA 用来分析系统级 FTA 中"与门"输入事件是否满足独立性要求。PSSA 主要有两方面作用:一是用以确定底层故障如何导致 FHA 所识别的功能危险以及 FHA 中提出的安全性要求怎样被满足;二是对各层次进行安全性要求的分配。因此 PSSA 是一个反复的过程,贯穿于整机级到系统级,系统级到部件级,部件到硬软件的整个过程之中。PSSA 在各个层次上进行,最高层次的 PSSA 是系统级 FHA 发展而来,低层次的 PSSA 的输入是高层次的 PSSA 的输出。

3) 系统安全性评估

系统安全性评估(SSA)在详细设计阶段与试验验证阶段进行,其采用的主要分析技术包括设计检查、系统级 FTA(定量为主)与 FMEA;同时由于处于详细设计阶段,此时系统结构与组成的详细信息已经明确,在 FMEA 完成后开展 ZSA 的条件已经满足,所以此阶段运用 ZSA 来保证系统在物理与功能上的隔离。SSA 主要作用是对已实施的系统设计方案进行综合评估,以证明相关的安全性要求能够被满足。SSA 和 PSSA 的不同之处在于,PSSA 既是一种评价方法,也是获得系统/单元安全性要求的方法;而 SSA 是确认已实施的设计能满足安全性要求,即通过 SSA 可以确定设计是否能够满足整机级 FHA 中确定的安全性要求。SSA 是适航符合性验证的最终环节,SSA 文件是适航符合性验证的主要支持材料,因此 SSA 文件必须提交适航当局进行认证,若未通过适航认证则必须更改设计,重新这些适航符合性验证程序,直到通过适航认证为止。适航符合性验证流程如图 8-2 所示。

3. 系统安全性评价方法

1) 安全检查表

安全检查表是进行安全检查,发现潜在隐患,督促各项安全法规、制度、标准实施的一个较有效的工具,是一份实施安全检查和诊断的项目明细表,其备忘录

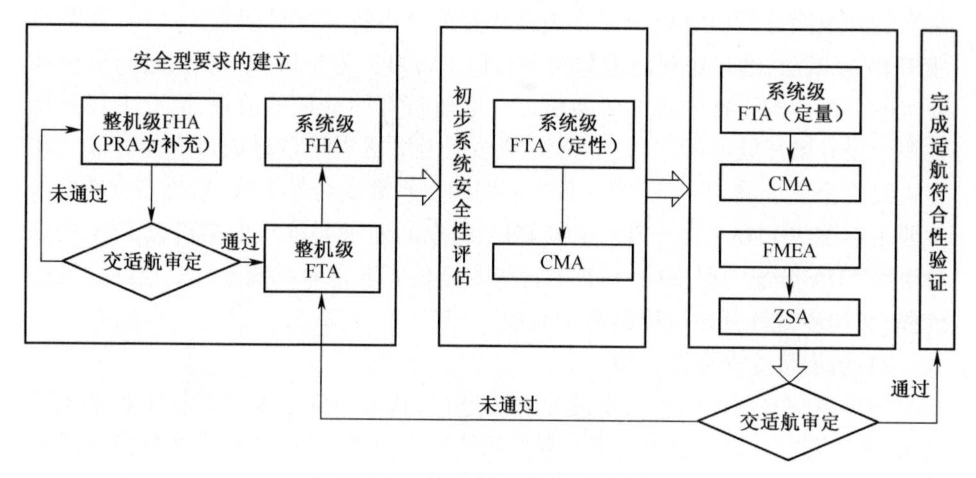

图 8-2　适航符合性验证流程

作为检查的依据。一些成熟的安全检查表经常被用作辨识危险源的对照依据。安全检查表采用系统工程的观点，进行全面的科学分析，明确检查项目和各方责任，使检查工作做到尽量避免遗漏且不流于形式。

编制安全检查表首先要熟悉系统，将系统功能进行划分，确定检查范围，然后确定检查内容。安全检查表以工作表形式体现分析结果，检查内容的确定即危险源辨识的过程，通过结果统计，给出检查对象安全状况的定性评价。

(1) 编制步骤和程序。

图 8-3 是编制安全检查表的程序框图。

① 系统功能分解。一般工程系统（装置）都比较复杂，难以直接编制完整的安全检查表。按照系统工程观点分解系统功能，建立功能结构图，显示各构成要素、部件、组件、子系统与总系统之间的关系，通过各构成要素不安全状态的有机组合获得总系统检查表。

② 人、机、物、管理和环境因素。从安全观点出发，系统是“人—机—物—管理—环境系统”：人是生产系统中的主体，在生产系统中，因为构成劳动集体中的每个成员的心理素质和心理特征不同，在完成预期任务中不稳定，机械子系统比人子系统可靠性高。伤亡事故多发生于人的不安全行为（人的失误）和物的不安全状态（包括机器、设备、工具等）的交叉点上。机械子系统的不安全状态有：设备缺陷、防护装置缺陷、保护器具和个体防护用品缺陷等。在生产现场，除人、机、物构成不安全行为与不安全状态从而导致事故发生之外，安全管理和现场环境也会造成不安全行为与不安全状态。如航空公司的规章制度不健全、劳动组织不合理、缺乏现场检查、缺乏安全教育训练、违章违纪等，都可能导致事故发生。环境条件不仅构成不安全状态，如照明度不好、噪声、温度和振动等，而且

还影响人的可靠性，造成人的不安全行为，可能会产生恐惧心理、体质下降，都可能导致操作失误。

③ 潜在危险因素探求。一个复杂的或新的系统，人们一时难以认识其潜在危险因素和不安全状态，对于这类系统可采用类似“黑箱法”原理来探求。即首先设想系统可能存在哪些危险及其潜在部分，并推论其事故发生过程和概率，然后逐步将危险因素具体化，最后寻求处理危险的方法。通过分析不仅可以发现其潜在危险因素，而且可以掌握事故发生的机理和规律。

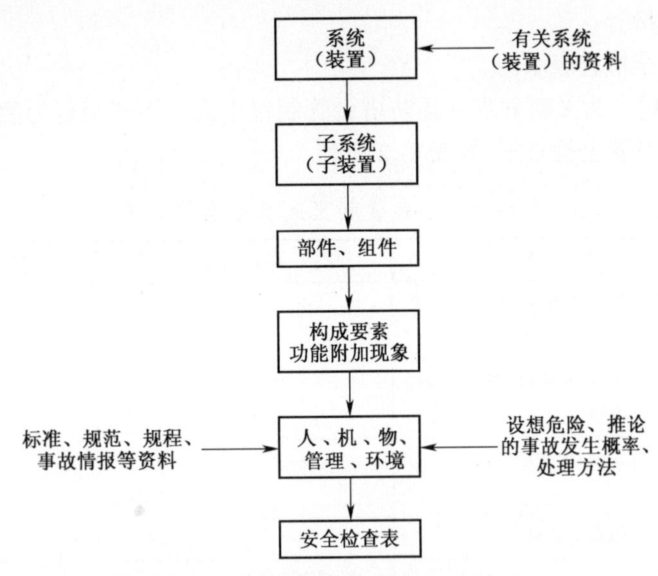

图 8-3　安全检查表编制的程序框图

（2）编制安全检查表的注意事项。

① 编制安全检查表的过程，实质是理论知识、实践经验系统化的过程，一个高水平的安全检查表需要专业技术的全面性、多学科的综合性和对实际经验的统一性。为此，应组织技术人员、管理人员、操作人员和安技人员深入现场共同编制。

② 按查隐患要求列出的检查项目应齐全、简明扼要，突出重点，抓住要害。安全检查表必须包括所有要点，过简，难以概括导致事故隐患甚至事故的多种因素；过繁，又会分散注意力。因此要尽可能把众多的检查要点进行归纳，将同类性质的问题列在一起，系统地列出问题或状态。另外应规定检查方法，并有合格标准。防止检查表笼统化、行政化。

③ 各类安全检查表各有侧重，适用对象和范围各不同，不宜相互通用。如专业安全检查表与日常检查表要加以区分，专业检查表应详细，而日常检查表则

应简明扼要,突出关键的要害部位。

④ 危险部位应详细检查。分析可能的危险,对各分析模块进行分析,找出被分析系统(部件或元件)存在的危险因素,评定其危险程度和可能造成的后果,确保一切隐患在可能发生事故之前就被发现。

⑤ 编制安全检查表应将安全系统工程中的事故树分析、事件树分析、危险预先分析和可操作性研究等方法结合进行,根据危险大小及重要性顺序,对应所定出的检查项目,并把一些基本事件列入检查项目中,最后以提问的形式列出要点并列成表格。

(3) 安全检查表示例。

【例 8.1】 为及时发现并预防塔台管制室中人的不安全行为隐患,编制塔台管制室人员安全检查表,如表 8-2 所列。

表 8-2 塔台管制室人员安全检查表

代码	内　容	扣分说明	加/扣分	评估方法
2311	全体人员敬业爱岗,主动完成岗位任务,精神面貌良好			
2312	单位上下关系融洽、凝聚力强,团队气息浓厚			
2313	安全观念强,维护航空安全为第一准则			
2314	责任心和安全意识			
2315	工作作风严肃认真;认真监控掌握飞行动态;教员认真监控学员	工作作风松散扣 1~3 分;发生失去监视扣 2 分;对学员失去监控扣 1~3 分		
2316	工作期间不做与岗位无关的事;飞行阶段通话不说与管制无关的话	做与岗位无关的事扣 1 分;说无关的话扣 0.5 分		
2317	工作中始终保持高度警惕,发现异常情况及时查明原因并采取措施	未及时发现异常情况一次扣 1 分;未正确处理异常情况一次扣 2 分		
2318	各席位有良好的协调	各席位缺乏配合扣 1~2 分		
2319	有特殊情况指挥预案,定期进行训练	检查无预案扣 3 分;无演练记录扣 1~2 分		
2320	遵章守纪			
2321	严格遵守国家和民航有关安全法规	法制观念淡薄扣 1~3 分;发生违章事件一次扣 1 分		

（续）

代码	内　　容	扣分说明	加/扣分	评估方法
2322	严格执行规章制度	制度没有真正落实每项扣1分		
2323	岗位职责明确	无岗位职责图扣2分；缺一项扣1分		
2324	严格执行空中交通管制间隔和放行许可标准，严格按“管制移交规定”进行责任移交	低于标准放行，每件次扣1~2分；移交程序不清扣1分；与友邻单位无明确协议扣3分		
2325	严格按照工作程序和操作规程工作，熟练使用空管设备	未按工作程序和规程工作扣2~3分；设备使用不当造成危及飞行安全一次扣4分		
2326	规范使用进程单，用语规范	未规范使用进程单一次扣2分；用语不规范一次扣2分		
2327	对有关空管规则、条例、标准有正确的理解	理解不正确，每人次扣0.5分		
2328	身体、保健及酒精饮品			
2329	日常工作			
2330	管制人员健康状况良好	因病影响管制工作每人次扣2分		
2331	管制人员工作前有充足的休息时间	工作前少于8小时休息影响工作每人次扣1分		
2332	工作前8小时不用禁止药	使用每人次扣3分		
2333	有体检、休假制度，并得到切实执行	无体检和休假制度扣4分；未切实执行扣2~3分		
2334	按照岗位工作职责有序、高效工作	未按照工作职责工作扣3分		
2335	在岗人员精力集中，掌握飞行动态	未掌握飞行动态每人次扣1分		
2336	工作现场有序、整洁干净，工具、资料摆放整齐	工作现场脏扣2~4分；工具资料放置混乱扣1~3分		
2337	认真填写值班日志、考勤	无日志或考勤扣3分；缺项或填写不认真扣1~2分		
2338	管制指挥有序，调配飞行冲突合理，席位协调熟练	管制无序，调配不合理扣2分；席位协调差扣2分		

(续)

代码	内　　容	扣分说明	加/扣分	评估方法
2339	按规定及时上报相关差错	统计、报表失实不得分;不完整规范每项次扣1分		
2340	协调好军民关系,协调好友邻单位工作关系	未坚持协调制度扣3分;无协议扣3分		
2341	严格按交班制度进行交接,交代内容清楚;交接班坚持10分钟重叠时间;坚持班前班后讲评会制度	查阅记录,交接班混乱扣1~3分;记录残缺、混淆扣1分;交接班重叠时间不够扣2分		
2342	及时组织新设备的操作培训,充分发挥新设备的作用	设备安装后未及时培训扣2分;每增加一月扣1分		
2343	班组人员排班合理,充分考虑年龄、性格、阅历等因素	班组人员排班缺乏合理性扣2分		
2344	坚持定期安全讲评制度	无安全讲评制度扣4分;讲评记录不完整扣2分		
2345	培训工作			
2346	业务学习,有计划、落实、测评,全年系统考核	一项未落实扣1分		
2347	严格坚持管理程序中规定的带新程序和要求,记录翔实	未按规定带新扣2分		
2348	积极参加上级单位举办的各类培训	有条件参加但未按指定名额参加缺1人扣2分		
2349	积极参加上级举办的各类技术竞赛、技术评比等活动	未按指定名额参加缺一人扣2分		

检查人:　　　　　　　　　　检查日期:　　　　　　　　　　审核:

【例8.2】 编制机务维护人员作业安全检查表,如表8-3所列。

表8-3　机务维护人员作业安全检查表

记录号	内　　容	分值	说　　明
4b210	严守劳动纪律,遵守规章制度,上岗作业规范		
	严格遵守国家和民航有关安全法令和法规		违法违章,每件次扣0.5分

（续）

记录号	内　　容	分值	说　　明
	遵守《航空器适航管理条例》，严格按照现行有效的《维修管理手册》及《维修大纲》机务维修		不按手册规定进行维修，每件次扣0.2~0.5分；发生危及飞行安全事件扣1分
	严格执行“工作单卡制度”		工作单卡不到现场扣0.5分；不按工作单顺序/内容维修，每件次扣0.1分；不填或补填记录，每件次扣0.2分
	遵守《民用航空器最低设备放行清单管理使用规定》，严格执行“保留项目”规定		未按规定程序确定保留项目和保留期限，每件次扣0.1分；保留项目失控，每件次扣0.5分；发生影响飞行安全事件，扣1分
	严格遵守航空器牵引和滑行规则，引导航空器人员精力集中，手势标准规范		引导人员不认真，手势不标准，每人次扣0.2分；违反牵引、滑行规则事项，每件次扣0.5分；引导人员指挥不力，航空器碰撞扣1~2分
	严格遵守航空器、机具、设备停放和系留规则，确保作业现场整洁有序		停放、系留不到位，每件次扣0.2分；工作现场杂乱、卫生状况不佳，扣0.1~0.5分
	航前认真检查航空器，严格按照航空器放行标准和要求签署放行飞机		航空器三证不齐放飞，每件次扣5分；低于最低设备清单标准放行航空器扣0.5分；不适航放行扣1分
	严格遵守车辆安全操作和安全生产规程进行生产作业。坚决杜绝无照人员或非本岗位人员驾驶 操作特种车辆，严禁酒后驾车		发生违章事件，每件次扣0.5~1分；酒后驾车，每人次扣0.5分；无照人员或非本岗位人员驾驶、操作特种车辆，扣0.5分
4b220	具有高度责任心与警惕性	*	
	按规定路线和项目检查飞机，认真处理飞行人员反映的问题并填写维修记录		缺少记录，每次扣0.5分；错漏填项目，每项扣0.1分；异常现象无记录，扣0.5分；处理不及时，每件次扣0.5分
	有组织地进行“差错分析”，对可能发生差错的环节有有效的防止措施，检查和把关重要工作环节和重要维修项目		可能的差错心中无数，每项扣0.2分；重要环节无检查，每项扣0.2~0.5分；未进行过差错分析，扣1分
	工作前后认真清点工具和零备件。工作过程中，工具、零备件不乱堆放，废弃物不乱丢放		工具差错，每件次扣0.1分；乱堆放、乱丢放，每件次扣0.2~0.5分

（续）

记录号	内　　容	分值	说　　明
	飞行前明确通知空勤组设备最低情况和保留项目，向空勤组提供空中可能的问题及处置办法		通知不明确，每件次扣 0.2 分
	随时观察航空器运行动态，遇有航空器滑行时要及时、主动避让		车辆与飞机抢道行驶、不及时主动避让、避让方式不当，每件次扣 0.1～0.5 分；发生危及航空器安全事件扣 1 分

2）因果分析法

民机运行过程中发生事故或安全失效的原因很多。当分析发生事故的原因时，应归纳、分析各种原因，用简明的文字和线条加以全面表示，该方法称为因果分析法。使原因系统化、条理化、明朗化，找出事故主要原因，明确预防对策。

（1）概述。

因果分析法主要用于表示事故发生的原因与结果的关系，其图形为因果分析图。用箭头所示方向表示出因果关系，其图形又称鱼刺图。

飞机系统的安全与否是许多因素综合作用的结果，主要取决于人、机、环、管理等四个方面，如图 8-2 所示。它们与安全的关系极为复杂，彼此之间的关系也非常复杂。对飞机系统的安全管理而言，要对 4 个方面的因素实施全方位管理。在分析过程中，要掌握好同安全有因果关系的生产方面的主要原因，使其经常保持稳定状态。找出主要原因是安全分析的关键，事故是属于一定条件下可能发生，也可能不发生的随机事件。各条件间呈相互依存和相互制约关系之一就是因果关系。因果关系具有继承性，即第一阶段的结果往往是第二阶段的原因。依次类推，随着时间的推移由近因找出远因，由直接原因（也分第一层、第二层）追踪到本质的原因。通过因果分析图分析事故，把因果分析制成图形。该法通过因果分析对所造成的结果，追究其原因，从而找出更深层次的原因。

（2）绘制方法及注意事项。

因果分析法适用范围较广，其分析模式如图 8-4 所示。具体内容为：

① 确定分析对象，找出安全问题，用主干表示结果，即事故类型和后果。

② 根据生产、安全管理部门提供的有关资料，有经验的工程技术人员以及作业人员的意见，了解和确定影响安全的主要特征。

③ 分析产生事故的原因，从各方面找直接和间接的产生原因和影响因素。

④ 整理各原因，按原因逻辑排列，完成因果分析图（鱼刺图）。

⑤ 主要原因可用公认法、投标法、排列图法和评分法等确定，并给出标记。

⑥ 检查是否有原因遗漏，如有遗漏，应立即补充。

⑦ 对因果分析图必须给出标题、日期、制图者、制作单位以及其他有关事项,以便查考。因果分析图用于事前预测事故及隐患,也可用于事后分析事故原因,调查处理事故;用于建立安全技术档案,一事一图,便于保存。

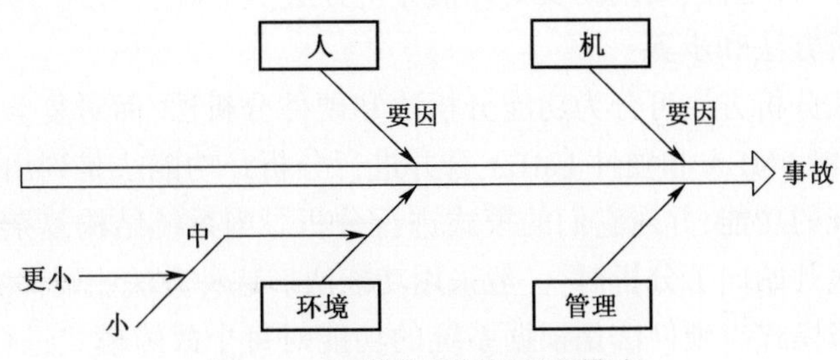

图 8-4　因果分析图原理和模式

(3) 因果分析法示例。

【例 8.3】　某航空公司 Y7 飞机在执行 XX——XX 航班任务时,在 XX 地坠毁,飞机解体,该特别重大飞行事故是一起在局部恶劣的气象条件下,机组违章飞行,机长决策错误,塔台管制员违章指挥而造成的重大责任事故。通过对鱼刺图的分析,得出结论:造成该事故有以下方面的原因,机组与管制人员的失误为造成这次事故的主要原因,公司管理组织中的不足是导致这次事故的重要原因,恶劣的天气和飞机误入微下击暴流是致使事故发生的次要原因。其因果分析图如图 8-5 所示。

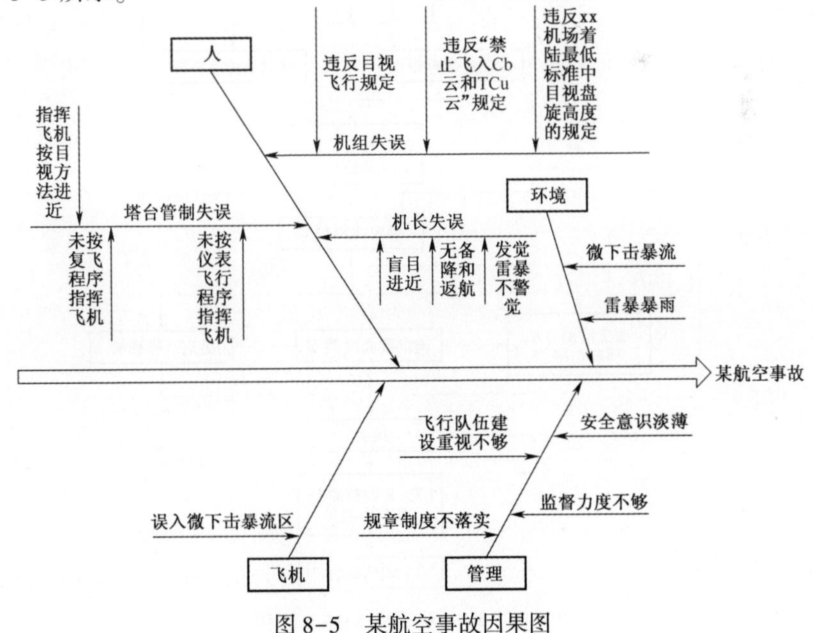

图 8-5　某航空事故因果图

3）故障模式影响分析法

故障模式及影响分析（FMEA）是按故障模式分析系统中所有子系统（元件）所有可能产生的故障，并确定这些故障对系统造成的影响，提出可能采取的预防改进措施，是一种定性、归纳的安全评估分析方法。

（1）分析方法和步骤。

故障模式分析方法可分为功能分析法和硬件分析法，面对复杂系统进行分析时，可把功能 FMEA 和硬件 FMEA 合并进行分析。功能法是列出系统中每个元件或子系统的功能，并对它们的模式进行分析。当系统结构复杂程度要求从初始约定层次开始向下分析时，一般采用功能法。这种方法比硬件法简单，可能忽略某些故障模式。硬件法是根据系统的功能对每个故障模式进行评估，用表格列出各个产品，并对可能发生的故障模式及其影响进行分析。各产品的故障影响与分系统及系统功能有关，在系统原理图、图样和系统资料明确确定时，可按硬件分析。按硬件分析一般是自下而上地进行分析，即从元件开始分析再扩展到系统级，也可从任一级结构开始自上而下或自下而上进行分析。

（2）FMEA 示例——航空发动机 FMEA。

航空发动机 FMEA 工作应遵循图 8-6 的 FMEA 工作流程。

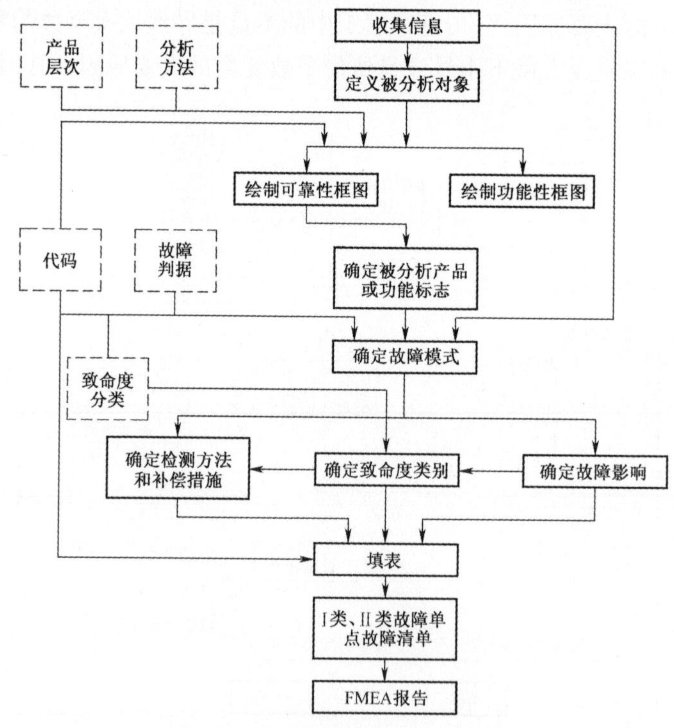

图 8-6　航空发动机 FMEA 流程

首先收集类似产品在相似使用条件下积累的有关信息，明确被分析对象的范围及与其他相关部分的接口关系（包括功能接口和物理接口），明确对象功能、环境剖面与任务时间。

【例 8.4】 涡轮组件主要由涡轮轴、涡轮盘、涡轮叶片组成，其功能是将高温高压燃气的能量转化为机械功，其环境剖面与任务时间视其体情况而定。涡轮盘、涡轮轴、涡轮叶片均为需要分析的最低约定层次，用其名称作为产品标志。根据功能定义及相关信息，列出被分析对象各约定层次产品中可能存在的所有故障模式。本例中所有约定层次产品的故障模式如表 8-4 所列。

表 8-4 某型发动机涡轮组件故障模式及影响分析表

初始约定层次 发动机　　任务 航班　　审核____　　第 页共 页

约定层次 涡轮　　分析人员____　　批准____　　填表日期

代码	产品或功能标志	功能	故障模式	故障原因	任务阶段	故障影响			故障检测方法	补偿措施	致命度类别	备注
						局部影响	高层影响	最终影响				
2225101	涡轮轴	将涡轮转子与压气机转子连接并传递扭矩与轴向力	①涡轮轴前端套齿根部裂纹	1. 套齿尺寸受发动机结构限制和装配方式制约，径向尺寸和轴向长度较小，各套齿所受载荷较大 2. 套齿根部的圆角半径很小，应力集中现象。此区域应力幅度超过疲劳极限时，材料产生损伤 3. 套齿根部圆角尺寸及表面光洁度难以控制	各阶段	无	无	无	分解后磁力探伤、荧光检查		Ⅳ	

（续）

代码	产品或功能标志	功能	故障模式	故障原因	任务阶段	故障影响			故障检测方法	补偿措施	致命度类别	备注
						局部影响	高层影响	最终影响				
2225101	涡轮轴	将涡轮转子与压气机转子连接并传递扭矩与轴向力	②涡轮轴前端套齿根部掉块	有裂纹，并继续受力，使裂纹扩展	各阶段	根部掉块增大齿面应力	缩短涡轮使用寿命	缩短发动机使用寿命	分解后检测	设计、工艺、生产补偿措施	Ⅰ	
			③套齿工作面局部磨损	套齿基体刚性小，变形；或者轴向尺寸太小。扭转时，套齿产生轴向偏移，使工作面局部接触，有相对移动，引起磨损	各阶段	会使其他齿面接触应力加大	对涡轮部件影响不大	对发动机影响不大	分解后检测		Ⅵ	
			④套齿工作面剥落	1. 工作面太小，接触应力过大，表面皮下产生过大剪应力，使材料晶体脱落，或称掉晶 2. 不良的滑油长期腐蚀	各阶段	会使其他齿面接触应力加大	对涡轮部件影响不大	对发动机影响不大	分解后检测		Ⅵ	

（续）

代码	产品或功能标志	功能	故障模式	故障原因	任务阶段	故障影响			故障检测方法	补偿措施	致命度类别	备注
						局部影响	高层影响	最终影响				
2225111	涡轮工作叶片	产生功率	①叶片背部裂纹	1. 局部热应力过大，产生热疲劳裂纹 2. 材料沿晶界有杂质	各阶段	无	无	无	分解后检测		Ⅵ	
			②叶片背部裂纹根部掉块	在外力作用下，原有裂纹扩展	各阶段	不能正常工作	造成涡轮二次损伤	打穿机匣，燃油管,着火	分解后检测	设计、工艺、生产补偿措施	Ⅰ	
			③叶片蠕变伸长	1. 长期在高温及大载荷下工作 2. 材料在高温下沿晶界滑移 3. 超转	各阶段	叶片工作寿命降低，叶尖与机匣碰撞	涡轮效率与工作寿命下降较多	发动机排气温度上升，提前返厂	分解后检测		Ⅲ	
			④叶片表面烧伤	1. 燃烧室燃烧不完全，火焰后延到涡轮叶片 2. 冷却空气小孔堵塞或流通不畅	各阶段	影响叶片表面光洁度与型面尺寸，寿命下降	影响涡轮效率，寿命下降	发动机排气温度上升	分解后检测		Ⅵ	

（续）

代码	产品或功能标志	功能	故障模式	故障原因	任务阶段	故障影响			故障检测方法	补偿措施	致命度类别	备注
						局部影响	高层影响	最终影响				
2225111	涡轮工作叶片	产生功率	⑤夜深局部缩径	1. 涡轮前温度沿径向分布不均，产生局部高温区 2. 高温疲劳-蠕变的交互作用，产生这方面的永久变形，使局部表面突出	各阶段	叶片寿命、效率下降，叶尖与机匣碰撞	涡轮效率、寿命下降	发动机性能、寿命下降	分解后检测	—	Ⅳ	
2225113	涡轮盘	固定涡轮叶片，传递力矩与轴向力	①轮齿裂纹	1. 应力大 2. 加工缺陷引起应力集中 3. 工作温度高	各阶段	使其他齿面承受力加大	涡轮寿命下降	发动机提前返厂	分解后检测		Ⅲ	
			②轮盘尺寸长大	蠕变	各阶段	轮盘寿命下降，叶尖与机匣碰撞	涡轮效率、寿命下降	发动机性能下降	分解后尺寸测量		Ⅲ	

对于航空发动机本件结构，根据其结构位置、作用等，明确各故障模式对局部、高一层次及初始约定层次的影响。对于航空发动机系统，根据功能方框图和可靠性图表示出的功能及可靠性关系，明确各故障模式对局部、高一层次及航空发动机等的影响。本例中，涡轮工作叶片蠕变伸长这一故障的局部影响是：叶片工作寿命降低，叶尖可能与机匣相碰磨；高一层次影响是涡轮效率与工作寿命降低；最终影响是发动机排气温度会上升，使发动机不能正常工作，提前返厂。

确定每一故障模式的致命度类别。本例中，涡轮工作叶片“蠕变伸长”这一故障模式最终可能使发动机不能正常工作，因而为Ⅲ类故障模式。

根据故障模式的特点及致命度类别，明确适用的检测方法和适当的补偿措施。本例中涡轮工作叶片蠕变伸长的故障检测方法是分解后检测。

将以上分析的结果填入相应的 FMEA 表中，表 8-5 为本例已填写完成的 FMEA 表。根据分析结果列出Ⅰ类、Ⅱ类及单点故障模式。对于航空发动机本件构件，其故障模式均为单点故障模式，一般可不再单独列出。Ⅰ类、Ⅱ类故障模式清单如表 8-5 所列。

表 8-5　某型发动机涡轮组件Ⅰ类、Ⅱ类故障清单

初始约定层次 发动机　　任　务 航班　　审核××　　第×页 共×页

约定层次 涡轮　　分析人员 ××　　批准××　　填表日期××

序号	代号	产品或功能标志	故障模式	补偿措施	致命度类别	备注
1	2225101	涡轮轴	②		Ⅰ	
2	2225111	涡轮工作叶片	②		Ⅰ	

将 FMEA 的主要内容和结果汇编成文，编写出 FMEA 报告。报告一般包括信息来源说明，被分析对象的定义，分析层次，分析方法，FMEA 表格，Ⅰ类、Ⅱ类故障，单点故障清单，遗留问题总结及补偿措施建议等内容。

8.2.4 航空器评审

中国民用航空局作为中国民用航空行业的主管部门，一方面由航空器适航审定司负责民用航空器的型号合格审定，其颁发的型号合格证标志着飞机项目取得研制成功；另一方面由飞行标准司（飞标司）负责民用航空器、民航运营人的合格审定和持续监督检查，负责民航各类人员的资格管理，各类训练机构合格证、维修单位许可证的颁发。航空器评审（Aircraft Evaluation Group，AEG）部门作为飞标司直接面向民用航空器制造厂家的下设机构，将运行评审的关口前移到型号合格审定过程中，其目的是确保国产航空器的设计满足运行要求，其手册

满足使用要求，产品满足市场要求，从而促使和保障中国航空器制造厂家取得真正的商业成功。

1. 航空器评审是飞机投入运行的必要条件

近些年来，随着我国航空工业的迅猛发展，适航观念得到了国内航空工业界的普遍认同。目前，国内的航空器制造厂家，无论是设计生产商用运输大飞机C919、ARJ21的中国商飞，还是设计生产通用航空飞机“蛟龙”600、“海鸥”300、“领航”150的中航通飞，以及设计生产AC313、AC312、AC311直升机的中航工业直升机公司等进入民用航空市场，首先要取得中国民航局颁发的型号合格证、生产许可证和适航证，仅表明该航空器是合法的、适航的，并不意味着可以顺利进行市场销售，交付用户投入运行。主要有以下3个原因：

(1) 飞行员问题。先确定该型航空器的型别等级，驾驶员需要完成相应的型别等级训练，通过实践考试，在其驾驶员执照上签注该航空器的型别等级，才具备驾驶该型航空器的资格。而这些正是AEG的工作内容之一。

(2) 用户面临如何使用和维修新型飞机的问题。这取决于该型飞机配套的各种手册是否齐备，各种运行和持续适航文件是否得到批准或认可。若没有飞行训练规范，飞行员就无法完成转机型训练、复训，不能获得批准的驾驶员执照；如果没有维修审查委员会报告(Maintenance Review Committee Report，MRBR)，运营人就无法获得批准的维修方案；如果没有主最低设备清单(Master Minimum Equipment List，MMEL)，飞机就不能带故障运行；如果没有完备的维护手册、故障分析手册、图解零件目录等持续适航文件，飞机将无法进行正常的维护、修理。所有这些都将直接影响飞机的交付和运行。

(3) 飞机取得了型号许可证，仅表明飞机满足相应类别的适航标准，而适航标准是一种最低的安全标准，未考虑各种运行要求，也未考虑飞机在交付用户、实际运行时需要什么样的运行设备。例如，我国早在2007年就确定在中国各空域内实施缩小垂直间隔(Reduced Vertical Separation Minimum，RVSM)运行，而实施RVSM运行对航空器设备和性能、航空运营人的运行和维修管理都有特殊要求，如果制造厂在飞机的型号合格审定期间没有考虑取得对RVSM的适航批准，那么该飞机将不能在中国绝大部分空域和机场运行。某小型通航飞机设计可以进行夜间运行，但仅设计一个着陆灯，无法满足运行要求，不能获得批准投入运行，这是因为该型飞机在型号合格审定中，在适航规章里并没有对夜间运行所需的仪表和设备进行要求。例如，某型直升机本身设计具备高原飞行能力，也曾经进入西藏完成了高原试飞，但是却没有设计向乘客提供必需氧气的供氧系统。所有这些遗憾和不足，都可以在型号合格审定期间的AEG评审工作中得到解决。因此，制造厂家在航空器交付运行之前考虑运行要求，提前满足

CCAR91/121/135 部运行规章的相关要求。

2. 国内外适航当局的做法和要求

1）欧美航空器评审工作

FAA 通过内部工作程序确保申请人在 TC 阶段重视并完成相应 AEG 评审工作，如果在颁发 TC 时仍有部分 AEG 评审未能完成，FAA 将会在 TC 数据单上单独标明运行限制。例如，国产某型飞机早在 1995 年 3 月就取得了 FAA 的 TC，但是由于一直未能通过 FAA AEG 的评审，FAA 在其 TC 数据单上标明了进口限制，该型飞机至今不能销往美国市场。

欧洲航空安全局（European Aviation Safety Agency，EASA）与 FAA 不同，EASA 虽然没有专门的 AEG 机构，但是把 AEG 的各个主要职能分配给其他部门，有的职能还得到了加强。例如，EASA 有独立的维修审查委员会（Maintenance Review Board，MRB）部门，专门负责 MRB 的审查工作。EASA 还设有独立的 MMEL 部门、客舱安全部门和持续适航文件及维修培训规范等部门，如图 8-7 中双线框部分所示。

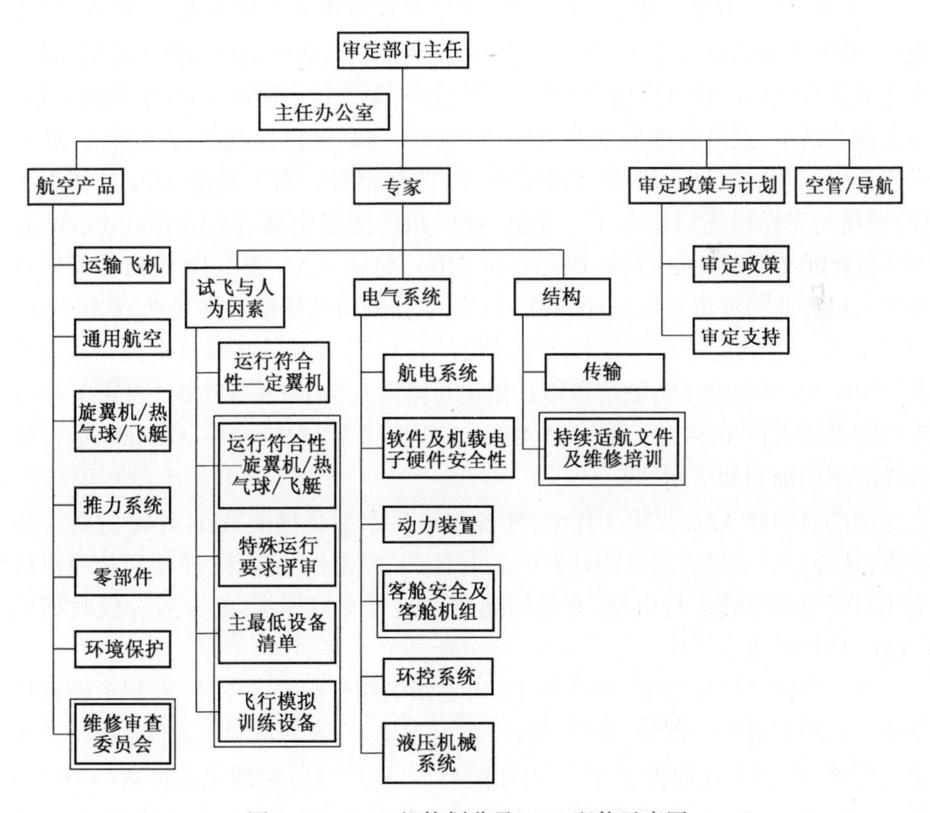

图 8-7　EASA 机构划分及 AEG 职能示意图

FAA 与 EASA 的 AEG 都具备丰富的经验和严谨的工作程序，注重与型号合格审定过程相结合，在适当阶段及时介入并开展工作；具备独立的评审计划，严格的项目管理，保证项目评审进度，确保用户取得 TC 后及时交付飞机并投入运行，最大程度地避免由于飞机延期交付增加成本。

2) 我国航空器评审工作

中国民航局(Civil Aviation Administration of China，CAAC) AEG 最初起始于 1993 年与美国 FAA 合作的 Y-12IV 型飞机型号合格“影子”审查，当时由民航总局适航司和飞标司共同派人，首次组建了 AEG 评审小组。2003 年，民航局为应对我国航空运输业运行安全管理的挑战，支持和促进国产航空制造业的发展，明确飞标司负责航空器型号审定中的 AEG 工作。同年飞标司参与了美国 FAA 对波音 787 飞机的 AEG 工作，并开始了国产 ARJ21-700 飞机的 AEG 工作。2007 年，民航局飞标司成立了专门的航空器评审处，并在航空安全技术中心成立了相应的支持机构，2008 年和 2009 年又在上海和沈阳航空器适航审定中心相继成立了专门的 AEG 执行机构。

CAAC AEG 主要的评审工作包括，确定驾驶员型别等级及训练、检查、经历规范，批准主最低设备清单，制定初始最低维修要求，认可运行和持续适航文件，建立对运行规章的符合性清单，参与驾驶舱评审、飞行手册评审、最小机组确定、应急撤离演示、批准驾驶舱观察员座椅和机组睡眠区以及其他特殊项目(如电子飞行包以及平视显示器/增强视景系统)的评审等。为了规范 AEG 的评审工作，民航局飞标司先后出台了一系列 AEG 相关的咨询通告(Advisory Circular，AC)和管理文件(Management Document，MD)，包括：《AC-91-10 国内新型航空器投入运行前的评审要求》《AC-91-11 航空器的持续适航文件要求》《AC-91-13 进口航空器的运行评审要求》《AC-121-135-28 驾驶舱观察员座椅和相关设备》《MD-FS-AEG001 驾驶员资格计划编写指南》《MD-FS-AEG002 MMEL 建议项目政策指南》《MD-FS-AEG003 MSG-3 应用指南》《MD-FS-AEG004 运行符合性清单的编制和应用》等。

国产航空器 AEG 评审工作中，使各制造厂家逐步接受 AEG 评审的概念和要求，从最初的受局方要求而开展的临时性的、突击性的工作，转变到从确保机型项目安全和持续运行出发，有规划地建立运行支持体系，是今后一段时期内 CAAC AEG 的重点工作。

型号合格审定过程中，AEG 与 TC 审查组的相互配合和支持，有利于确保机型项目的顺利进行。例如，某型号航空器由于历史、观念认识等原因，AEG 评审进入较晚，申请人先取得了 TC。但在随后的 AEG 飞行标准化委员会(FSB)型别等级训练、测试中，申请人为局方提供的培训教员、培训教材存在诸多问题，导致评审进程被迫中断；机上操作时，飞行手册、驾驶舱设计也存在诸如标牌标识错误、仪表指示错误、操作程序错误等情况，申请人为解决这些问题进行了数十项设计更改，包括图纸更改、手册更改、成品更改等，且需要按照 TC 证后设计更改管理程序进行报批，有的还需要进行重新验证。如此一来，产品交付日期不断推迟，给制造厂家和用户都带来一定的经济损失和负面影响。

影响产品交付工作进度的另一个关键因素是，型号合格审定中提前考虑运行所需的仪表和设备。因为设计定型后再增加任何一个运行设备，都需要经过更改图纸设计、成品设备研制取证、整机适航验证批准等程序。

3. AEG 工作

AEG 评审同型号合格审定一样，是一项由型号合格证/型号设计批准书（TC/TDA）申请人（简称申请人）提出申请的，航空器投入运行前必须完成的重要工作，与型号合格审定并行或结合开展。AEG 评审也被看作是型号合格审定的一部分。目前，国内只有少数型号的国产航空器通过了 CAAC（中国民用航空局）飞标司的 AEG 评审，包括支线飞机 MA60、直升机 AC311 等。

1）AEG 评审项目

（1）飞机、发动机、螺旋桨及系统设备的运行符合性评审，即对 CCAR-91/121/135 等运行规章要求的运行符合性评审；

（2）驾驶员的型别等级和飞行机组资格要求评审，即型别等级和训练要求评审；

（3）最低放行设备要求评审，即 MMEL 评审；

（4）维修要求评审，即 MRBR 评审；

（5）运行和持续适航文件（OCAI）评审；

（6）局方认为必要的其他评审和支持工作。CAAC AEG 对 Boeing787-8 和 MA60 两种型号飞机的 AEG 评审对比结果如表 8-6 所列。

表 8-6　Boeing787-8 型和 MA60 型飞机的 AEG 评审对比

类型	AEG 评审项目	787-8（进口）	MA60（国产）
主要评审项目	1）运行符合性评审	1）CCAR-91R2/121R4 运行符合性清单。CCAR-135 运行符合性清单（不适用）	1）CCAR-91R2/121R4 运行符合性清单。CCAR-135 运行符合性清单（不适用）
	2）驾驶员型别等级和飞行机组资格要求评审	2）确定型别等级和训练要求（基于 FAA FSB 评审）	2）发布 FSBR，确定了型别等级和训练、检查、经历规范等

（续）

类型	AEG 评审项目	787-8（进口）	MA60（国产）
主要评审项目	3）最低放行设备要求评审	3）MMEL（基于 FAA 评审）	3）MMEL
	4）维修要求评审	4）MRBR	4）MRBR
	5）OCAI 评审	5）OCAI，及其清单	5）OCAI，及其清单
其他评审项目	6）最小机组的确定 7）飞行手册评估 8）重要改装的评审 9）对航空器适航指令颁发和事故调查提供支援 10）……	6）驾驶舱观察员座椅 7）机组睡眠区 8）EFB（电子飞行包） 9）HUD/EFVS（平视显示器/增强飞行目视系统） 10）应急撤离程序的演示	6）驾驶舱观察员座椅 7）机组睡眠区（不适用） 8）EFB（不适用） 9）HUD/EFVS（不适用） 10）应急撤离程序的演示（无需评审）

不同型号的航空器，具体的 AEG 评审项目也不尽相同，其差别主要在局方认为必要的其他评审项目上。因此，AEG 工作作为飞标司的一项职能，申请人应根据所申请的航空器型号配合飞标司，尽早开展 AEG 工作并尽早确定 AEG 评审项目，以保证 AEG 工作顺利开展和后期航空器顺利投入运行。

2）AEG 评审项目简析

AEG 主要评审项目有 5 个，局方指出其他必要的评审项目可细分为诸多具体独立的 AEG 评审项目。基本上每个 AEG 评审项目都对应地有中国民用航空局发布的相关咨询通告或管理文件。以下简要分析了 11 个 AEG 评审项目：运行符合性评审、型别等级和训练要求、MMEL、MRBR、OCAI、观察员座椅、机组睡眠区、电子飞行包（EFB）、平视显示器/增强飞行视景系统（HUD / EFVS）、维修人员机型培训规范（MTE）、应急撤离程序的演示。主要是从相关文件（适航规章、咨询通告、管理程序等）、责任部门和完成的形式等 3 方面展开分析，如表 8-7 所列。此外，AEG 评审还包括：机组操作程序的评审、延程运行（ETOPS）评审、驾驶员资格计划（PQP）、首批驾驶员/教员资格的获取、模拟机的预先鉴定和初始鉴定等。

表 8-7　AEG 评审项目的对比分析

序号	AEG 评审项目	相关文件	责任部门	完成形式
1	运行符合性评审	AEG-H；CCAR-91/121/135；MD-FS-AEG004	航空器型号项目组	运行符合性清单

(续)

序号	AEG 评审项目	相关文件	责任部门	完成形式
2	型号等级和训练要求	AEG-H;AC-121/135-29	FSB	FSBR 批准函
3	MMEL 评审	AEG-H; CCAR-91/121; AC-121/135-49; MD-FS-AEG002	飞行运行评审委员会(FOEB)	MMEL 批准函
4	维修要求评审	AEG-H; AC-121/135-67	MRB	MRBR 批准函
5	OCAI	AEG-H	航空器型号项目组(适航审定部门和飞标司)	运行和持续适航文件认可函
6	驾驶舱观察员座椅评审	AEG-H; AC-121/135-28	航空器型号项目组运行专业人员	驾驶舱观察员座椅批准函
7	机组睡眠区	AEG-H; AC-121FS-008	航空器型号项目组	机组睡眠区批准函
8	EFB	AEG-H	航空器型号项目组	航空器评审报告
9	HUD/EFVS	AEG-H	航空器型号项目组	航空器评审报告
10	MTE	CCAR147.30; AC-147-04R1	CAAC/AEG	AEG 批准
11	应急撤离程序的演示	CCAR121.161; CCAR-25 附录 J	CAAC/AEG	航空器评审报告

3) AEG 持续监控

航空器获得型号批准并投入运行后,AEG 将根据以下情况进行航空器评审的持续监控:

① 航空器实际运行反馈信息;

② 对航空器型号进行设计更改;

③ 规章要求的修订。

飞机的适航应由营运人完全负责,这是因为航空器的营运安全是在营运人的控制之下,但是为维护公众利益,保障飞行安全,适航部门必须对航空器的适航实施监督与检查,这种监督与检查是适航部门工作的职责,是对营运人保证航空器适航的一种评价,更是适航部门对营运人飞行安全工作的一种控制。适航部门对航空器适航的控制与监督检查工作具体体现在下述几方面：

① 对航空器的维修大纲和维修方案进行批准，并监督检查依据上述文件而制定的各种实施工作细则的符合性；

② 对适航指令和重要服务通告的实施情况进行检查；

③ 对时控件状况进行检查；

④ 对保留项目及保留故障情况进行检查和评估；

⑤ 对重大故障和重复故障进行分析和监督，并对营运人的可靠性方案进行检查与评估；

⑥ 对维修记录进行检查。

4. AEG 评审与型号合格审定之间的联系和区别

AEG 评审始于航空器型号合格审定时的运行及维护的评估。因为型号合格审定计划实施阶段中的运行及维护的评估工作由 AEG 负责。事实上，AEG 在型号合格审定初始阶段就已委派 AEG 代表加入 TCB(型号合格审定委员会)，并参与航空器的型号合格审定。航空器型号合格审定部门同时也建立了与 AEG 的协调机制，以确保相互之间的联系和沟通。

AEG 验证飞行试验(简称 AEG 验证试飞或 AEG 试飞)可以结合功能和可靠性试飞进行。在功能和可靠性试飞之后、最终 TCB 会议召开之前，还需要完成 AEG 的相关工作情况报告，供最终 TCB 会议使用。AEG 评审与型号合格审定存在联系的同时也有较大的区别。申请人的 AEG 工作统称为“运行符合性评审”，AEG 试飞称为“运行符合性试飞”。型号合格审定、AEG 评审、运行合格审定之间的区别如表 8-8 所列。

表 8-8　型号合格审定、AEG 评审、运行合格审定之间的区别

	型号合格审定	AEG 评审	运行合格审定
局方机构	适航司/TCT	飞标司/AEG	各管理局运行管理办公室
申请方	航空器制造商(申请人)	航空器或航空产品的制造厂家(申请人)	航空器承运人(运营人)
相关规章	CCAR-25 部等	AEG-H(第 1、2/3 卷)等	CCAR-121 部等
工作阶段	初始适航阶段	初始适航和持续适航交联阶段	持续适航阶段
完成形式	颁发 TC/TDA	批准函或认可函	颁发运行合格证和运行规范

从表 8-8 看出，三者在责任部门、申请方、相关规章、工作阶段、完成形式等 5 个方面存在较大差异。但三者工作紧密联系在一起。一方面，申请人的部分 AEG 评审项目可以结合在型号合格审定阶段进行，如驾驶舱观察员座椅、应急

撤离程序的演示等;另一方面,运营人的运行合格审定工作又可以在申请人型号合格审定和 AEG 评审的基础上开展。从申请人的角度来看,申请人需要与 TCT、AEG 等局方责任机构共同协调,以便最终确定哪些 AEG 评审项目需要结合型号合格审定进行,哪些需要独立开展(与局方确认不能在型号合格审定阶段进行的)。因此申请人有必要制订 AEG 评审的详细工作计划。

为帮助申请人顺利开展并完成 AEG 评审工作:

(1) 尽早开展并规划 AEG 工作针对某一型号的航空器申请人应尽早谋划 AEG 工作的全局,确定 AEG 工作的方向和内容,并制订 AEG 工作计划,从 AEG 总体规划到每个具体的 AEG 评审项目都要有相应的工作计划,以保证 AEG 工作的顺利开展。同时试飞相关部门还应尽早规划 AEG 试飞的科目,制订 AEG 试飞计划。尽量保证 AEG 试飞与型号合格审定试飞结合进行,以节约申请人的试飞资源,缩短试飞取证的周期。

(2) 尽早成立申请人 AEG 工作组申请人应尽早成立 AEG 工作组。在型号合格审定初始阶段,局方 AEG 的航空器型号项目组成立之前,申请人就应成立 AEG 工作组。AEG 工作组下面可设立 AEG 工作领导小组、FOEB 工作组、FSB 工作组、MRB 工作组、运行符合性工作组等。各工作小组应保持与局方项目组/委员会的工作沟通与协调,以保障 AEG 工作计划的顺利实施。

(3) 保持与局方的及时沟通和协调在型号合格审定阶段,申请人应保持与 TCT 和 AEG 的及时沟通与协调。尤其是在型号合格审定阶段的中后期,应加强与 AEG 的沟通,及时发现 AEG 工作中可能出现的任何问题并尽早解决。申请人与局方保持交流沟通的模式如图 8-8 所示。

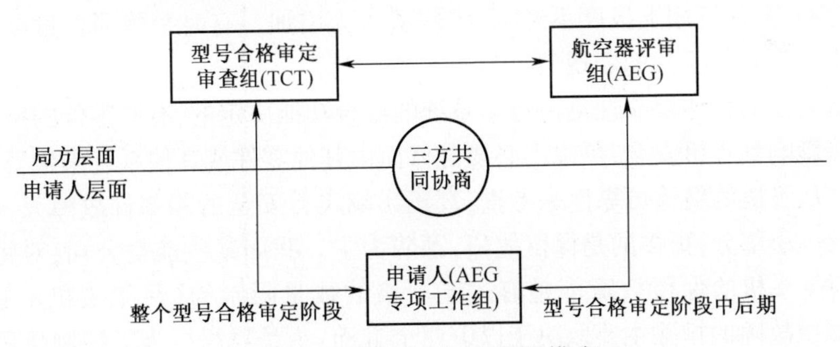

图 8-8　申请人与局方沟通模式

(4) 保持与运营人的交流和沟通在初始适航中后期以及持续适航阶段,申请人应保持与航空器运营人的交流和沟通,不断了解客户的使用需求和运行要求,尤其需要保持与新型航空器首家客户的交流,在了解用户需求的基础上,不断改进并完善航空器相关运行设备的设计。

8.2.5 民用航空器持续适航管理

1. 概述

持续适航管理,是在航空器满足初始适航标准和规范、满足型号设计要求、符合型号合格审定基础,获得适航证,投入运行后,为保持它在设计制造时的基本安全标准或适航水平,为保证航空器能始终处于安全运行状态而进行的管理。持续适航管理是对使用、维修的控制和监督。持续适航管理有3个要素,即维修机构、维修人、航空器。三要素都应达到规定的要求或标准,才能保证民用航空器的持续适航。

2. 持续适航管理存在的主要问题

从历年导致空难原因分析,空难直接和间接的原因都与持续适航有关。航空公司能否盈利,在一定程度上取决于持续适航管理,如持续适航维修成本控制、机组管理、适航信息网、国际双边的持续适航合作等。持续适航管理是为了保证飞机持续适航,保证航空飞行的安全。只有在安全的基础上,才能谈公司的经营效益、收入等。在保证安全的前提下,降低公司的运营成本,提高公司的经营效益,促进公司健康发展。持续适航是航空公司达到安全与效益最佳的重要环节。目前中国航空公司持续适航管理的主要现状是:

1) 维修管理问题

目前国内航空公司的维修理论,还处于早期的维修理论和现代的航空维修思想之间。发生多次飞机事故后,为保证安全,在设计上加大了零部件的安全系数,增加检查的次数和缩短翻修时间。造成飞机性能不易提高,材料的性能得不到充分利用,在使用上极度不经济,维修费大为增加。有时翻修周期过度缩短,引发事故率不降反升的怪现象。

航空器的整体可靠性是由各个系统的综合功能决定的,有些零件的损坏,并不直接影响到飞机安全,可以不必要翻修而由其他零件或其他系统来代替,节约成本。从飞机的整体可靠性来考查,真正影响飞行安全的零部件故障只占整个故障的一小部分,更多的是保留故障,预防为主。我国某些航空公司,对每个机群和每架飞机的保留故障都是有过于严格的数量限制的(每架飞机不超过3项),保留故障的排除主要取决于以下两个方面:一是器材。为了控制保留故障的数量,就必须增加大量的、不必要的器材储备、而当器材的准备率超过90%以后,每增加一个百分点,所需资金会成倍增加。二是停场时间。为了排除某项故障而单独安排的飞机停场是在牺牲飞机的利用率,在保留时限内科学地安排至下一个能够接近故障区域的定检,会给航空公司带来更多的经济效益。

航线维护的工作人员根据最低设备清单(MEL)和外形缺件清单决定是否

放行飞机。从技术角度上讲,依据 MEL 保留的故障,并不会影响飞行的安全性,也不会降低安全裕度。而航空器的关键系统(发动机/起落架/操纵系统)和其他系统的保留时限和保留飞行限制都是不同,这充分说明了 MEL 的科学性。德国的汉莎航空公司、美国的西北航空公司等多国公司飞机的保留故障是我们的几倍数量,在 D 检时一架飞机的保留故障有三十多条,他们没有我国航空公司的一些严格限制同样有着良好的安全声誉,而且经济性更显著。因为他们的维修更具有科学性和经济性,而我国某些航空公司对安全的控制显得不注重科学性和经济性,这将影响我国航空业的效益,也会影响航空公司的安全性控制的。

在持续适航管理过程中也存在一定的沟通问题。每一个机务放飞的决定是很严谨的。对于一线维修工作人员来说,任何的飞行事故一样是人命关天的大事。在航线工作过程中,有时维修人员依据对故障的判断拒绝放飞飞机,这往往引起与生产调度的矛盾。其实,按照 MEL 保留并不是难的事情,主要是需要与机组的充分沟通。其中如果有故障查找不到 MEL 依据的,与机组的沟通就更加重要。

2) 机组管理问题

从近几年所发生的航空事故来看,设备故障原因不再是飞行事故发生的主要原因,当今航空安全的最大威胁是人的不安全因素。机组人为原因引起的事故占绝大多数,约占 70%,并且呈上升趋势。主要由群体意识不强、决策失误和缺乏应对劫机措施导致。

3) 持续适航管理的信息网络问题

持续适航管理的最终对象是航空器,我国民用航空器持续适航信息网为三级结构,如图 8-9 所示。一级信息站是全网的中心;二级信息站是全网的中间环节;三级信息站是全网的基础。各级信息站既是整个适航信息网的网员单位,又是一个相对独立的信息管理子系统。

适航信息管理是一个闭环的动态管理,适航信息网中呈双向流动,即自下而上的信息收集,各级信息站的分析处理,以及自上而下的信息反馈。适航部门通过建立的三级信息网,经常收集、分析和控制民用航空器在使用进程中暴露的故障、不安全因素,随时颁发适航指令或各种通告,要求设计制造者或使用维护者对航空器进行改装或修理,以保持航空器的持续适航。它主要对 A 和 B 两大类项目进行监控和分析,A 类是指重要事件;B 类是指航空器使用、维修情况统计。适航管理信息的 3 个工作环节是:信息收集,信息分析和处理,信息反馈。我国适航部门初步建立了这个适航管理信息网。虽然在有的航空公司运用的比较好,但对我国整个航空业来说持续适航管理实际中还无法得到完全的运用,更多停留在运用的初级阶段,信息有时不能得到及时的反馈,对普遍性的重大问题不

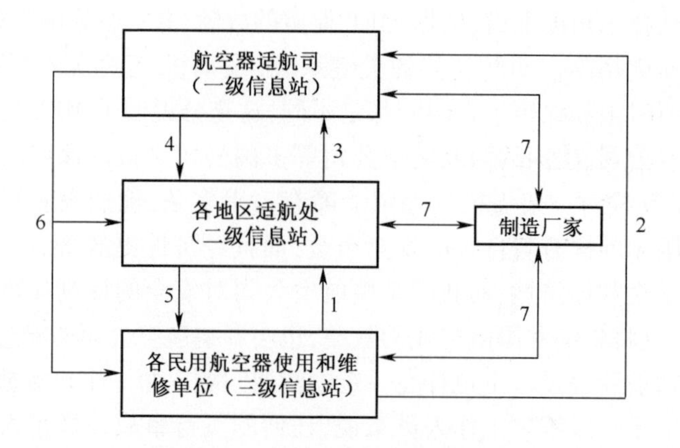

图 8-9　适航管理信息网流程图

（注：1—各单位航空器使用和维修信息（A、B 类）以及可靠性分析结果；2—各单位航空器使用和维修信息（A 类）；3—各地区航空器使用和维修信息（A、B）以及可靠性分析结果；4—全国各型航空器的可靠性分析报告；5—全国及各地区各型航空器的可靠性分析报告；6—适航技术文件；7—航空器使用维修信息交换。）

能采取有效的纠正措施来控制民用航空器的持续适航。该信息管理网和可靠性维修管理的关系无法做到信息管理网中闭环系统运作，未建立完全有效的关系网。还有该持续适航信息管理网还没有真正作为整个民航系统网中的一个模块，起着该有的作用，达到和其他系统网的信息共享，成为其中的一个功能模块。

4）国际双边持续适航工作的问题

我国适航部门对国际适航同行之间的合作从战略到具体细节均很重视，但是我们不得不面对在国际适航合作方面，我国还处于初级阶段，还没有深入而广泛的正式签署国际适航合作协议，更多的是一些备忘录和有限合作协议。例如，中美之间还没有达成全面的双边适航协议。更多的亚洲国家的适航部门在国际适航论坛上只能被动地听取发达国家航空局对国际适航事业的各方面政策的制定，无法真正参与其制定过程，提出自己的意见。对我国来说，在持续适航的国际合作上还只是一个开始，由于开展国际双边适航工作本身缺乏实际审定工作或检查工作的物化形式，适航部门的工作往往难以具体化。要形成广泛的国际合作局面，我们必须吸取更多的先进的适航管理经验、不断提高我国的技术水平、与国家其他航空公司通过信息系统建立全球联盟。

3. 持续适航管理的意义

1）安全意义

持续适航管理事关民航业的稳定发展。中国民航业历来高度重视安全生产工作，把乘客的安全放在第一位。从空难原因分析中可以看出，造成事故的主要原因是人为因素,而不是航空器本身的设计和制造问题。可以这样认为,航空器基本符合初始适航,而如何保持持续适航是安全飞行的一个关键问题。航空器的持续适航在民用航空活动的各个环节和全过程影响着民用航空安全。要保持航空器持续适航就必须重视持续适航管理。持续适航管理是民航组织的要求,也是世界各国通用的管理方法。它是在保证实现最低安全标准要求的基础上,促进民用航空企业建立更高的质量意识和安全意识。民用航空企业的质量意识和安全意识更高,其可靠性系统工程工作就会越主动,越深入细致。经过多年的实践证明持续适航管理对保证飞行安全、促进民航事业发展起了巨大作用。如果航空公司没有做好持续适航管理工作,让飞机出故障无法正常飞行,那么乘客的安全将会受大极大的威胁,对航空公司也将产生极大的负面影响。当持续适航问题积累到一定程度或发生空难的震动性事件,有可能成为影响航空公司正常经营,甚至亏损或者破产,最终也将影响整个航空市场的健康发展。总而言之,不做好持续适航管理,将会带来严重的安全隐患,影响到航空公司的企业形象以及其市场竞争力。

2）经济意义

从航空器持续适航来说,当然是越适航越好。但是要做到零事故率,经济成本过高。对于航空公司来说,它除了要负责旅客的安全,更重要的是要追求自身经营利润的最大化。这就需要考虑一个成本和效益的矛盾问题。保持航空器持续适航需要安全投入,包括人力、物力及财力等,这是付出的安全成本。任何投资都是有目的的,航空公司的安全投资也为了保证航空器的持续适航的前提下,提高其经济效益。然而,安全投资是受航空公司经济水平限制的;无限制的安全投入是不科学也不经济的。因此,航空公司在控制好安全成本的同时,获得最佳的经济效益,持续适航管理的工作和经济意义所在。航空公司通过相关风险指数分析,维修成本管理控制,最优技术投资决策等工具,进行持续适航管理。持续适航管理的目标是化解航空公司的安全成本和经济效益的矛盾,最终使得航空公司达到安全性、可靠性和经济性的最佳结合。持续适航管理对航空器使用者和维修企业建立了法规标准,营造了在“安全第一”的前提下展开合理的经济发展与竞争的行业环境。通过持续适航管理,整个民航事业的整体安全水平和经济利益都得到提高,进一步提高我国各航空企业的管理水平、技术进步和在国际上的竞争能力。可以说,持续适航管理是民用航空健康发展的基本条件之一。

8.3 飞行安全

飞行安全包括政策、程序、项目、培训、企业文化及其他防止事故发生的重要因素,是实现企业安全的手段,直接关系公司飞行安全。影响飞机安全的因素可以概括为几大类:人机交互、飞机和外界环境,相关影响因素如图 8-10 所示。对由飞机自身原因,如失速速度、适坠性和防火系统进行详细分析。

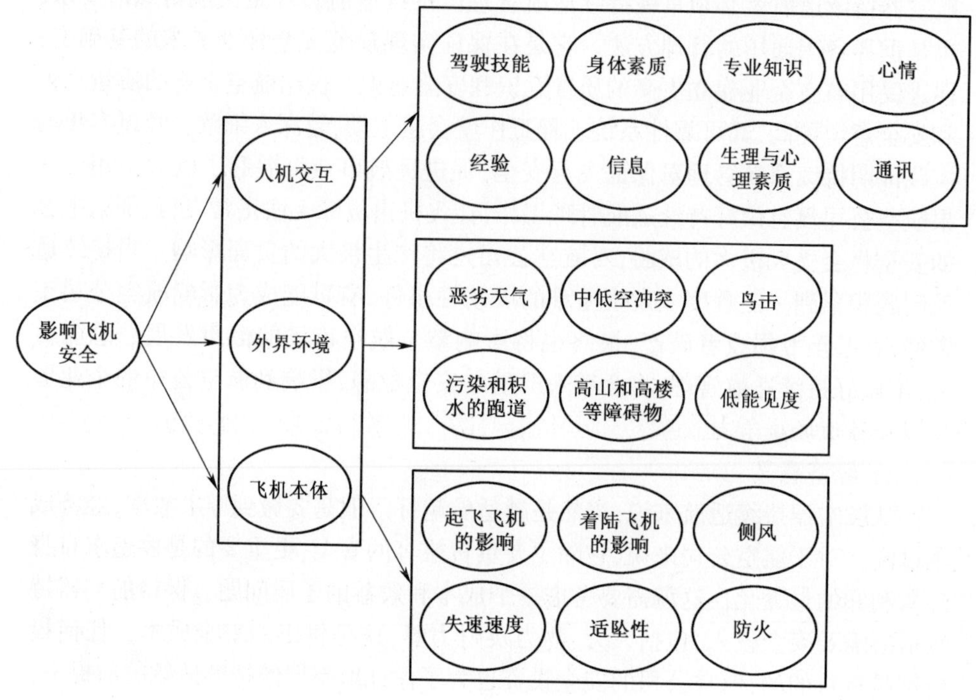

图 8-10　飞行安全影响因素

8.3.1 失速速度

飞机在飞行中的安全防范及处理是整个飞行过程中最为重要的。影响飞机飞行安全的因素有很多,其中,飞机失速是造成飞机安全事故的隐患之一,在此种情况发生时,需要迅速做出判断,妥当处理,避免事故的发生。失速速度是民用飞机适航审定的重要试飞科目。许多适航条款是以失速速度作为基准的。飞机使用过程中,对最小使用速度以及飞机气动力的确定都需要应用参数进行确定,这一参数就是失速速度。它在使用过程中,能够对性能、特征等在飞机中的体现进行充分的确定,然而该参数需要对飞机起飞时的特征和机场的长度进行充分的了解,因此飞机在正式投入使用的过程中必须进行充分的试航。

1. 失速要求

在进行失速速度试验过程中,应当严格遵守适航条例,充分掌握美国联邦航空条例(Federal Aviation Regulation, FAR)和英国民航适航规范(British Civil

Airworthiness Requirements，BCAR）。FAR 中第 25 条明确指出了相关试飞要求。如果在运输机失速速度测量试飞过程中，产生了严重的机头下沉现象，同时飞行员无法通过人为方式对其进行控制，且下沉幅度较大时应将其判定为“失速”；同时，如果在试飞过程中，丧失操纵现象非常明显，同时也会产生抖动和突然失控等现象也可以判定为“失速”。因此在进行失速速度试验的过程中，应在推力为零的状况下进行，同时在试飞过程中，能够不同程度的组合起落架和襟翼，对飞机运行中的使用重量最高值以及前重心位置进行确定。在试验最大和最小襟翼位置的过程中，应当保证气动弹性以及升力系数等可以在重量的影响下发生适当的变化。在此基础上，确定不同失速形态，促使带动力失速和单个发动机停车失速等，从而确定飞机的操纵特点以及失速特征。BCAR 在对失速速度试飞进行规定的过程中，明确指出试飞必须对襟翼位置及重心等问题进行确定，这些规定同 FAR 相似，并确定了不对称推力状态，明确指出如果失速速度产生故障，需要应用 5%的速度预度，确定失速警告。值得注意的是，征候在这两个条例当中是完全相同的，对失速的定义包括试飞过程中产生滚转、俯仰以及驾驶感震动等。

2. 失速的影响因素

当飞机的速度接近失速速度时，飞机的迎角接近临界迎角；飞机的速度为失速速度时，飞机的迎角为临界迎角。因此判断飞机是否接近失速或已经失速主要取决于飞机迎角是否接近或超过临界迎角。而影响飞机失速特性的因素有载重平衡，坡度，俯仰姿态，协调性，阻力和动力。在实际飞行中，出现失速对于飞机是一种比较危险的状态，在高高度飞行中，尚且还有相对足够的时间和高度改出失速，而在低高度，例如，起飞，着陆。越障中，很难有足够的时间对飞机做失速改出。在特殊情况中，如转弯半径坡度过大，左右机翼由于结冰，结构损坏等造成的左右升力不平衡或一侧机翼先失速易引起飞机失速下坠中进入螺旋，大型飞机很难改出这种状态，直至坠毁。由于判断失速的不确定性和失速改出的不规范性以及改出动作的有效性，失速导致一些较严重的事故征候和事故。

3. 失速的准确判断

虽然失速程度有深浅之分，但绝大多数失速在改出时都会有一些高度损失。通常飞行员识别和接近失速所花的时间越多，改出时高度损失越大，在低高度更危险。

判断方法包括：

(1) 目视检查飞机姿态，该办法只能用在不正常的姿态引起的失速。由于飞机在正常姿态下也可能失速，故目视检查并非在所有情况下都对发现飞机接近失速有帮助。

(2) 听觉对感知失速也有一定作用。在定距螺旋桨飞机上带功率飞行时,转速(RPM)的改变会明显引起声音变化。随着空速减小,气流声会明显减小。而当飞机的速度小到几乎完全失速时,飞机的振动和噪声又会大大增加。

(3) 肌肉运动知觉,也就是对运动的方向或速度改变产生的感觉。对受过训练并且有经验的飞行员来讲,或许是最重要和最好的指示。如果能够正确培养这种感知能力,就能在第一时间感觉出速度的下降或飞机开始出现高度下沉,难以控制等情况。

(4) 操纵感是识别失速的一个重要信息来源。随着速度的减小,舵面上的阻力也相应减小。舵面在操纵力作用下偏转,但是对于整个飞机的运动没有多大改变。操纵飞机的反应延迟时间会越来越长。飞机完全进入失速后,几乎不需要力量就能操纵舵面,且飞机基本上不会有任何响应。在刚开始进入失速时,可能会出现机身和驾驶盘的抖动以及不可控制的俯仰变化。

(5) 对失速警报的高关注度,现代飞机上已经出现了多种失速警告装置来警告飞行员飞机接近失速。这些装置很有用并且也能满足需要。

4. 失速状态纠正措施

飞行过程中,当发生失速,飞行员应遵循以下处置方法。

(1) 飞行中尽量少做大迎角小速度的飞行,这会导致气流更易分离,增大失速可能。

(2) 尽量不做坡度过大的飞行,因坡度增大后,作用在机翼上的升力有一部分要按 FXsin(坡度)的比值提供向心力,靠仅余的 FXcos(坡度)提供升力是比较困难的,因 cos 函数特性,升力会随坡度的增加加速减小,导致飞机更易失速。甚至因左右机翼失速时间不同进入螺旋。

(3) 改出:①一旦发现失速征兆,必须立即果断减小飞机俯仰姿态和飞机迎角。由于失速的原因经常是迎角过大,故必须首先通过松杆来减小带杆力,或直接推杆以减小迎角。这将使机头下俯并使机翼恢复到正常迎角。稳杆量取决于飞机的设计特点,失速的程度和离地高度。对某些飞机来讲,如果要将升降舵进行中度偏转,驾驶盘或许只比中立位稍靠前就够了,而对于另外一些飞机则可能需要推到最前。过分的向前推杆会导致机翼上产生过大的负载荷,其结果可能是妨碍失速的改出。稳杆操纵的目标是要减小迎角,只要减小到使机翼重新获得升力即可;②使用最大的发动机功率帮助飞机增速和减小机翼迎角。油门杆应当果断而柔和地前推到最大可用功率。不过飞行高度足够,失速的安全改出不一定必须使用最大发动机功率。不管使用多大的功率,从失速改出的唯一方法是减小迎角。

5. 飞行事故失速案例

2009 年 5 月 31 日，法国航空 447 号班机于里约热内卢起飞，飞往巴黎。航班在 35000 英尺的高度巡航飞行 1.5 小时后遇到风暴，用于测量风速的皮托管被冻住。风速测量失效，飞行控制系统计算机无法自行处理，飞行员决定迅速攀升到最大升限 38000 英尺，飞机开始失速，飞机进入气流时迎角太大，机翼无法提供足够升力。尽管失速警报一直在响，但飞行员保持机鼻朝上，实际飞机正笔直地坠向大海。飞行员需要做的只是把机鼻拉下来，让飞机重新获得升力。这次事故导致 228 人遇难，关键原因是忽略失速警报。

巡航过程中，该飞机遭遇风暴，导致皮托管结冰，静压源失效使飞机无法获得真实空速。飞行员期望提高高度飞越风暴区，在爬升过程中，参考错误空速却忽略了失速警报，以大迎角飞行，最终导致升力不足造成失速。

失速对于任何一架飞机在任何速度，任何姿态，任何功率设置下都有可能发生。飞行过程中飞行员需保持冷静的态度，做到早避免、早发现、早改出的“三早”原则，准确判断哪些飞行状态会导致失速，并且能够在飞机失速状态下迅速、有效的采取连续修正措施，确保飞行安全。

民机的失速速度是保证飞机安全运行的重要基准速度，必须通过飞行试验来演示和验证。失速试飞属于Ⅰ类风险试飞科目，咨询通告对于失速速度试飞提出非常详细具体的试飞动作和数据处理要求，同时这些要求也随着飞机的设计特点不尽相同。必须在飞行试验前期就予以缜密准备。

8.3.2 适坠性

国外对大量的飞行事故调查报告的详细研究表明：改进飞机设计，将大大提高和改善机组人员和乘客在坠机时的生存能力。在飞机坠撞过程中，飞机结构为乘员提供维持足够生存空间和保护乘员免受伤害的能力，即飞机结构的适坠性，其核心问题是改善飞机结构的抗坠毁能力和机上人员的生存概率。美国和欧洲已将飞机适坠性设计作为飞机初始设计阶段中与重量、载荷因子和疲劳寿命同等重要的关键因素来考虑。

1. 结构适坠性设计

结构适坠性设计是指保证飞行器在可生存坠撞过程中机体结构保护壳体的完整性和乘员所受撞击载荷不超过人体耐受载荷极限。飞行器结构适坠性主要采用试验方法和数值仿真分析方法，并对试验和数值仿真分析进行比对，通过修改仿真参数获得与真实情况相符的仿真过程。飞行器适坠性分析主要包括 3 个部分：起落架系统、机身结构系统和乘员座椅系统。在坠撞发生时，大型客机主要通过机身结构的形变和压溃吸收冲击能量以保护客舱乘客、驾驶舱机组人员的安全。拥有货舱的民用客机,其货舱段在坠撞发生时可有效吸收能量,但要考虑坠撞过程中货舱构件穿透客舱地板伤及乘客的情况。大部分轻型飞机机身底部没有货舱,底部空间为适坠性设计提供了良好的设计平台。近年来,国内外研究人员提出了多种改进飞行器结构的适坠性的设计手段,如在在机身下部安装吸能元件,安装支撑梁等,利用吸能性能较好的结构吸收较多的冲击能量,以减轻机身关键结构承载。常用的构件有复合材料圆管、泡沫填充、蜂窝结构、龙骨梁结构、波纹梁等。目前行业内非线性瞬态动力学分析软件有 LS-Dyna3D、MSC. Dytran、ABAQUS 等。这些软件在飞行器适坠性分析中得到了大量的应用,并取得了良好效果。

国产蓝鹰 AD200 飞机采用相应的抗坠毁设计:

① 采用全玻璃钢蜂窝夹层结构,既减轻了飞机重量又保证飞机结构拥有足够的刚度;

② 发动机和油箱后置,最大限度的避免飞机“触底起火”的危险;

③ 鸭翼式布局,既使飞机不易失速,具有更优秀的气动性能,又在碰撞变形破坏过程中,吸收撞击动能,保护乘员安全;

④ AD200 的主翼长达 9 米,在坠撞过程中,可折断吸能,又能够有效的阻止飞机侧翻保护乘员。从有限元分析的结果来看,AD200 机身前端机构发生塑性变形直至破坏吸收了绝大部分的能量,其中鸭翼和机身前端起到了主要的作用。对于飞机抗坠撞设计,目标是降低传递到乘员的冲击载荷,又要保证机身结构的完整性,以保证乘员有足够的生存空间。因此,飞机的结构需要有足够的刚度和强度,但又不能刚度过大引起冲击载荷过大。最有效的方法是在结构中增加一些可在碰撞中被压皱的结构。对于类似于 AD200 的轻型飞机,可在机身前端布置薄壁梁结构,减小机头的破坏,同时吸收大量冲击动能;垂直坠撞时,可考虑在地板以下采用吸能比高的波纹梁结构。

欧美航空工业界将结构适坠性纳入飞机结构设计流程,作为结构设计的约束条件之一。对于常规布局民用飞机,机身客舱下部结构在坠撞能量吸收过程中起着显著作用,对于同等撞击条件,在满足结构完整性要求的前提下,其能量吸收能力越强,客舱平均过载就越低,乘员生存可能性就越高。民机典型机身结构坠撞试验是评估结构适坠性最直接的手段,由于坠撞试验为破坏性试验,试验成本极高,难以通过全机试验来研究各种坠撞环境下的结构适坠性。因此,可行的方法是以民机典型机身段结构为研究对象,建立其分析模型,通过特定环境下的坠撞试验对分析方法和评估方法进行验证,并基于经过验证的分析方法和评估方法,对不同坠撞环境下的民机典型机身段结构的适坠性进行综合评估,给出相关设计包线。

2. 坠撞试验

美国国家航空航天局(National Aeronautics and Space Administration,NASA)兰利研究中心开展了3次波音707机身框段垂直坠撞试验,并对分析和试验的相关性进行了评估。FAA以波音737飞机机身框段为研究对象,进行了2次全尺寸坠撞试验,撞击速度均为9.13m/s,撞击姿态为垂直正撞。其中一个框段在客舱内安装了两种不同类型行李箱,在客舱地板下部放置了行李;另一个是在地板下部安装了副油箱。两个框段进行坠撞试验时均安装了座椅和假人,测试了撞击过程中的假人响应、典型部位的加速度、行李架连接件的载荷等数据。同时建立了相关的有限元模型,通过试验结果验证了分析模型和分析方法,并研究了行李对能量吸收过程的影响和行李箱连接件在坠撞载荷下的响应。FAA开展了水平冲击状态下行李架连接件的动态响应特性研究。日本航空研究院以YS-11A飞机机身段为对象进行了坠撞试验和分析研究,开展了2次试验,一次撞击速度为6.1m/s,撞击姿态为垂直正撞,模拟一种既严重、又可生存的坠撞环境,用于评估客舱冲击环境,并计算模型和分析方法;另一次撞击速度为9.13m/s,目的是在更严重的撞击环境下进行客舱冲击环境评估。欧盟开展了A320机身段坠撞试验,撞击速度为7m/s,安装了座椅、行李架和假人,撞击姿态为垂直正撞,利用获得的数据,验证了分析模型和分析方法的有效性。

3. 基于适坠性的飞机结构安全改进方案

1)防火墙和发动机架改进

美国军方调查发现,75%的坠机事故发生在跑道以外的地方,所以飞机在软土上的适坠性非常关键,但是兰利研究中心对1990年之前设计的大量轻型飞机在软土坠落实验中的表现都不理想。实验中飞机在坠落后迅速陷入软土,飞机机身结构沿长度方向变形剧烈,乘员生存空间严重压缩,巨大的载荷甚至损坏了座椅和安全带等约束装置,乘员在这种情况下的生存概率极低。

要提高轻型飞机在软土上的适坠性,可以考虑能量管理的方法。时间间隔越大,减速的平均加速度就越小,根据牛顿第二定理,物体受到的平均载荷就越小,物体结构越不容易被损坏。

Terry研究了轻型飞机在软土坠落实验中的运动方式,提出具有良好适坠性的轻型飞机在软土坠落时在软土上滑行一段距离,不立即陷入泥土中,延长飞机的减速时间,使撞击能量在滑行过程中逐渐被消耗。

在典型轻型飞机坠机事故中,发动机舱是最先接触地面的。如图8-11(a)所示,传统的发动机架设计和防火墙设计使飞机极易陷入泥土中,降低了飞机的适坠性。图8-11(b)是改进后的设计方案:低置的发动机架可以承受触地时的撞击,同时地面可以通过发动机架在飞机上作用一个力矩,使飞机的速度矢量与地面平行;防火墙与机腹连接处用斜面过渡,防止飞机在触地瞬间陷入泥土,减小机体结构承受的瞬间冲击载荷。

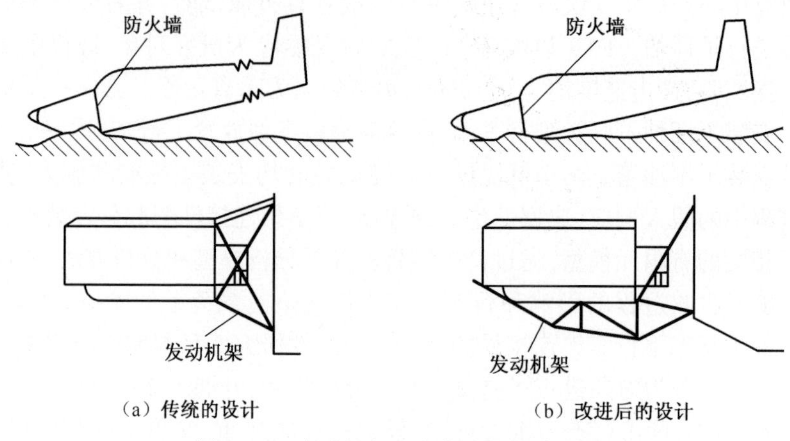

(a) 传统的设计　　(b) 改进后的设计

图 8-11　发动机架和防火墙的设计改进

2) 座椅结构的改进

美国交通安全委员会对一系列通用航空事故分析,指出具有吸收能量特性的座椅可减少 34%的乘员重伤率和 2%的乘员死亡率。如图 8-12 所示的传统座椅支撑结构在发生坠机事故的时候直接将撞击时的载荷传递到乘员,对人员造成伤害。改进后的飞机座椅采用柔性吸能结构,当飞机与地面发生撞击时,S 形的柔性支柱能通过比较大的变形来吸收部分撞击能量,减少传递到乘员的载荷,减轻对乘员的伤害。

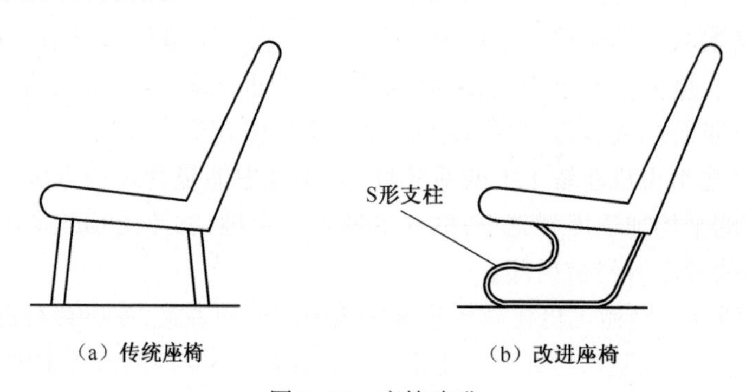

(a) 传统座椅　　(b) 改进座椅

图 8-12　座椅改进

图 8-13 是 NASA 研发的一种适坠性的座椅,它的主要特点是结构简单,重量轻,同时又具有很高的适坠性。该座椅主要由坐垫、座椅轨道和固定件组成。在发生坠机瞬间,通过固定件和轨道的摩擦,以及铝制轨道的弯曲变形吸收大部分动能,减少乘员的伤害。如表 8-9 所列,通过实验数据对比可以发现,该座椅

在坠机时,可减少乘员 48%的过载和 22.5%的腰部载荷,具有良好的适坠性。

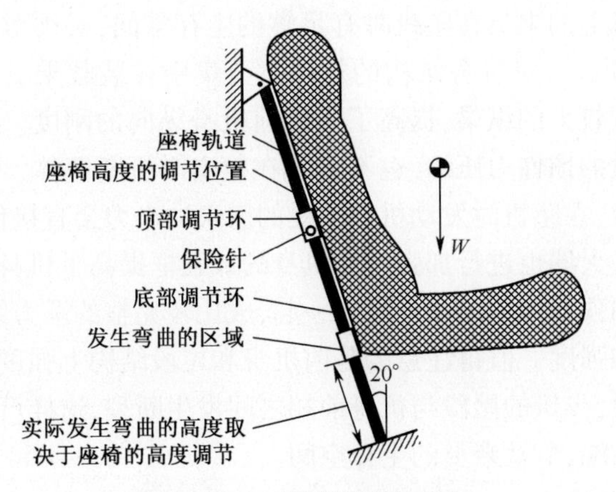

图 8-13　一种适坠性的座椅

表 8-9　两种座椅的实验数据对比

条　　件	传统座椅	新型座椅
座椅着地瞬时速度/($m \cdot s^{-1}$)	7.8	9.9
人体模型最大过载/g	34	17.5
人体模型最大载荷/kg	843.3	653.4

3) 地板结构的改进

现代轻型飞机大量采用复合材料,但是由于大多数复合材料都是脆性材料,刚度大,受到冲击载荷时变形量小,直接破坏,不能很好地吸收能量,容易对飞机乘员造成伤害,所以必须在飞机上增加吸能结构和材料。如图 8-14 所示,NASA 兰利研究中心首先提出了 4 种不同的地板下部吸能结构的形式:夹芯板结构、杆系结构、管状结构和泡沫填充材料,并分别制造了相应的 1/5 缩比模型。通过大量撞击实验和动力学模拟分析,泡沫填充材料的吸能效率最高。

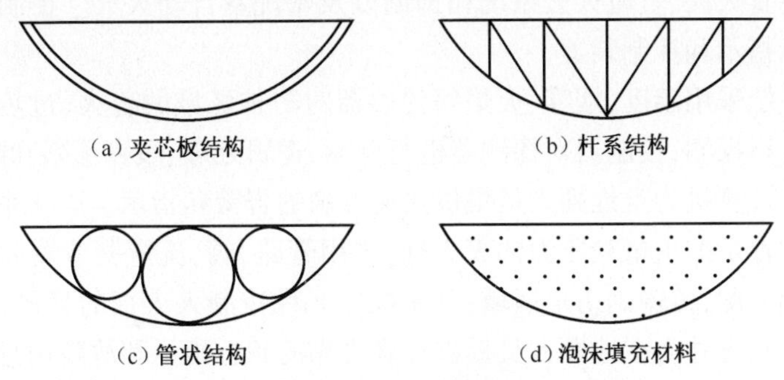

图 8-14　四种吸能结构

4）机身结构的加强

要保证飞机上的乘员在坠机时有足够的生存空间，必须对机身结构进行加强。如图8-15所示，对机身结构的加强主要集中在装载乘员前机身。机身的侧面增加了强度较大的纵梁，提高了飞机前机身纵向的刚度。坠机时前机身不容易被机身尾段的惯性力压缩，也不容易在撞击时折断解体。防火墙上连接有低置的发动机架，在坠机时发动机架承受的巨大冲击力会直接传递到防火墙上，所以必须要对防火墙也进行加强。前机身的加强框提高了机身横向刚度。加强框和防火墙的加强结构与纵梁连接在一起，成比较完整的承力结构，提高了整个前机身的刚度和强度。值得注意的是前机身和尾段结构上强度的突变。在飞机坠落受到撞击时，飞机的尾段与机身前端之间发生断裂，这样可以避免尾段的惯性力压缩机身前端，危及乘员的生存空间。

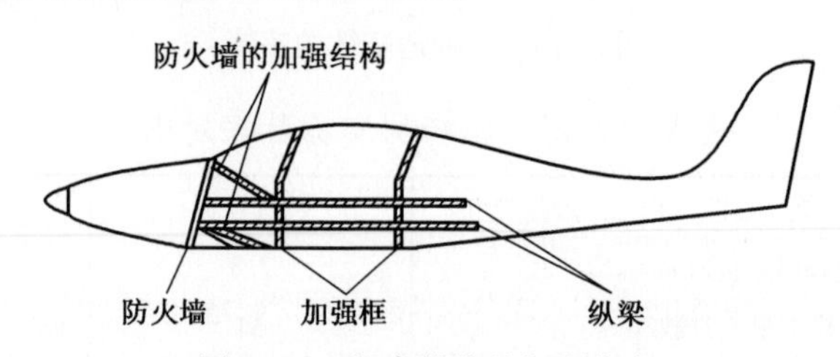

图8-15　机身结构的加强方案

8.3.3　防火系统安全措施

1. 系统组成和工作原理

防火系统主要由探测系统、灭火系统和控制指示系统组成，如图8-16所示。探测系统包括发动机着火探测和告警、辅助动力装置（Auxiliary power unit，APU）着火探测和告警、主起落架舱过热探测、引气管泄漏过热探测、电子电器设备舱烟雾探测、货舱烟雾探测和盥洗室烟雾探测。灭火系统包括发动机灭火、辅助动力装置灭火、货舱灭火系统和抑制以及盥洗室自动灭火。控制指示系统包括驾驶舱指示和控制装置。

探测系统采用温度、烟雾、火焰等传感器对防护区域的着火、过热和烟雾等危险状况进行探测；控制器对探测器进行监测、逻辑处理、故障诊断和隔离，并通过中央维护计算机为空地勤人员提供快速准确的告警和指示。灭火系统采用灭火剂容器贮存足够重量和压力的灭火剂，采用管路、阀、流量调节器和喷嘴等元件将灭火剂分配、传输到指定区域；系统控制元件控制灭火剂的释放，监测灭火系统的故障状态并为空地勤人员提供准确可靠的状态指示和故障信息。手提式灭火瓶采用灭火剂容器贮存足够重量和压力的灭火剂以及易于拆卸的安装方

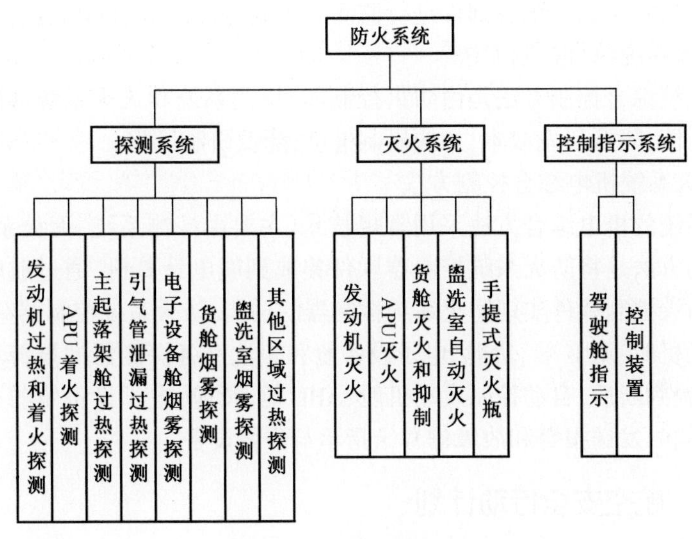

图 8-16　防火系统组成

式,供空勤人员扑灭载人舱内的着火,防火系统的工作原理如图 8-17 所示。

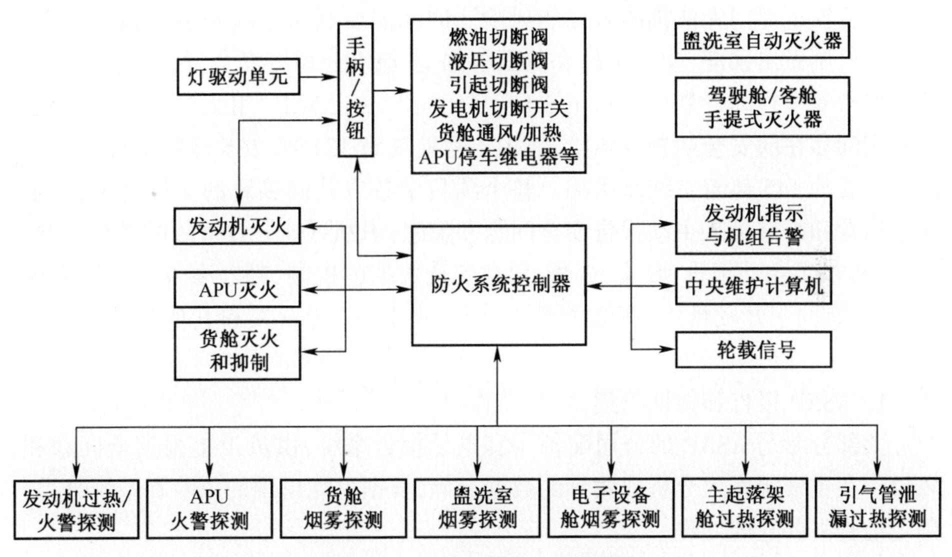

图 8-17　防火系统工作原理

2. 防火系统的控制系统

防火系统控制方法分为综合控制系统方法和机电综合系统方法。传统的飞机采用综合控制系统方法,即采用独立的控制器对防火系统进行监测和控制,并实现防火系统和中央维护计算机以及其他系统的通信。新型的飞机大多选用机电综合系统方法,将防火系统控制功能集成到航电综合控制计算机中,由航电综合控制计算机对防火系统各部件进行监测和控制并提供指示和告警。

1）防火系统综合控制方法

防火系统综合控制方法是由防火控制器、探测系统和灭火系统共同实现防火系统的功能，降低研发成本，加快研制进度，降低研制风险。

2）防火系统机电综合控制方法

防火系统的机电综合方法采用常规技术，主要由探测系统、灭火系统组成。具体实施的方法是将防火系统控制器软件集成到航电计算机，通过航电综合计算机运行防火控制软件实现防火系统控制器的功能，防火系统控制器/控制板负责接收发动机舱、APU 舱、货舱、电子设备舱和盥洗室各探测器的报警和故障信号，进行逻辑判断后，自动控制发动机舱、APU 舱、货舱、电子设备舱的灭火系统进行灭火，同时发送报警和故障信号给指示与告警设备。

8.3.4 航空安全行动计划

在航空组织内部，飞行安全部保存并研究具体的安全标准，防止发生事故。未报告的事故或危险可能导致意外事故发生，通过报告并深入调查避免事故发生。飞行安全部门无法预防未知的风险。因此需要利用危险和事故报告，通过合适的机制做出回应，预防事故和负面事件，使航空公司更安全，创造更多利润。

航空安全行动计划（Aviation Safety Action Plan，ASAP）用于报告、记录潜在的和实际存在的安全问题和风险，适用于适航规章 121 部、135 部航空公司以及国内主要的 145 部航空维修机构。整个项目受各方共同签署的文件约束，鼓励航空运营和维修员工主动报告安全问题和隐患，识别可能导致事故的潜在问题。ASAP 提供了主动报告、收集、分析、保存安全数据的机制，判断事件和问题发生的原因，有助于开发具体、有效的纠正方法，由 FAA、运营人和其他各方自愿加入而成。

1. ASAP 报告和数据收集

大部分参与 ASAP 的公司配备一套电子报告系统，供员工上报安全问题和风险。在主资源库里分析收集到的数据存储，根据可能出现的风险和系统分类，确定是否需要立即处理。

FAA 要求，纳入 ASAP 的报告要符合几个标准，列在咨询通告 120-66B 中：

（1）及时上交报告，通常是事件发生后 24 小时内，或运营人和 FAA 达成一致的其他时间标准，或违反航空法规事件发生后 24 小时内；

（2）ASAP 报告涉及的违反法规事件，必须是无意的，不能有故意忽视安全和法规的行为；

（3）报告内容不接受造假信息、药物滥用或犯罪行为。

此外,咨询通告 120-66B 指出有以下情况不能列入 ASAP 报告:

(1) 报告的事件可能是故意造成的,或故意忽视安全造成的;

(2) 报告包括药物、控制物品的滥用,报告有篡改或含有犯罪行为;

(3) 报告没有及时提交;

(4) 报告的事件发生时,提交人不在此公司(运营人)工作。

2. 飞行质量保障体系

飞行质量保障体系(Flight Operations Quality Assurance Programs,FOQA)运用飞机上录制的数据促进安全、提高效率。参与 FOQA 的飞机配备了飞行数据记录仪外的数位化录音设备,记录飞行的相似参数。这些参数从飞机开车一直记录到关车,包括但不限于空速、高度、发动机转速等。数据记录在存储卡或光盘上,飞机定检时取走数据。某些新飞机如波音 787,可通过无线数据连接发送数据,记录下来的飞行参数数据下载到安全的伺服器上,用于公司安全部门分析飞行安全问题。

1) 相关咨询通告

2004 年,FAA 颁布了咨询通告 AC120-82,对拥有 FAA 认可的 FOQA 项目并愿意分享尚未确认的安全问题的公司给予某些保护,FOQA 主要作用:

(1) 通过商用航空公司、飞行员和 FAA 共同分享去身份化的统合信息,FAA 监控全美飞机飞行情况,合理运用资源,解决飞行风险问题(如飞行操作、空中交通管制、机场等)。FAA、飞行员、经营人三方合作,识别、减少甚至消除安全风险,并将违反法规的情况降到最低。航空公司、飞行员、FAA 自愿加入这个项目,三方实现航空安全的共同目标。

(2) FAA 对数据保密,飞行员或航空公司匿名提交报告。根据项目要求,提交给 FAA 的信息受到联邦法规 14 篇 193 部的保护。

FOQA 项目建立于 20 世纪 70 年代,迅速成为全球航空公司的前瞻性工具。出于对数据安全的疑虑和法律问题,美国航空公司直到 20 世纪 90 年代中期才开始发展这个项目。此项目一般由航空公司和代表飞行员的工会或组织共同完成。

2) 航空公司人员编制

航空公司一般有数位重要员工负责管理和监督 FOQA 项目,并分析收集到的数据。FOQA 工作人员包括 FOQA 经理、数据分析员、飞行员协会代表。机队结构复杂的公司(有执飞各种机型的飞行员)可以选择机型代表(如波音 777、波音 737、空客 320 等),一位某种机型的高级飞行教员,作为机型专家,解决该机型的相关问题。

有的航空公司选派一位机务代表,解决飞机数据记录设备的复杂问题,并作为和机务工程部之间的联络人。航空公司 FOQA 项目的人员规模取决于公司的大小、安装 FOQA 设备的飞机数量和航空公司从 FOQA 取得的可分析数据量。

3）FOQA 数据使用

FOQA 数据用于解决整个系统问题,不专门针对哪个航班。在某些公司,如果针对某航班记录的问题或事件需要更多的信息,为确保机组信息保密,保证 FOQA 项目的公正完整性,FOQA 飞行员协会代表可以联系机组人员以去身份化方式取得更多带有身份信息的原始数据资料。

FOQA 已成为许多航空公司安全项目的必要部分,因为这些项目有助于更好地了解航空公司的运营情况。FOQA 是整个飞行安全布局的主要部分,使航空公司有更高的安全水平。

8.4 地面安全

8.4.1 地勤安全工作

1. 飞机加油

民用飞机消耗大量燃油,几乎每次降落都需要加油。航线飞机运行频繁,经常在枢纽机场加油。该工作面临溢油和火灾风险。只有拥有资质的人才能进行加油操作。加油设备必须经常检查并确认合格后才能使用。

多数航空公司使用固定加油系统,用虹吸管直接从贮油箱里给飞机加油。支线飞机用便携式油泵或加油车加油,通航飞机也使用加油车。

为防止燃油溢出,工作人员需每天检查加油设备的密封和连接装置、当前油量和需要补充的油量。当加油车距离飞机太远或向加油车上运油时,常由于总开关使用不当,出现溢油现象。总开关由油管和开关组成,有的在油车上,有的在加油员手持的部分。一旦油管或开关松动,加油就停止。如果加油员没注意油量或加了过量的油,就会溢油。

加油引起火灾有多种原因,可以通过严格训练和使用恰当的安全设备避免火灾发生。最好的预防措施是加油员要通过培训取得资格,加油设备要状况良好,每天检查损坏和老化情况。

加油车的停放位置需远离飞机的 APU,一旦发生紧急情况立即离开。车辆要有轮挡,加油时如果飞机上有乘客,舱门必须打开。为减少静电积累,严格遵守先接地线、再连接的次序。

2. 货物受理

货物受理和行李管理的相似之处是货物的包装、材料、大小、重量和形状不一。虽然有的货物在室内用设备搬运,人工搬运还是必不可少的。货物在到达目的地之前可能需要多次人工搬运。搬运人员要善于最大限度地利用存储空间并把货物固定好,防止运输过程中因货物掉落造成损失。

飞机运输的大部分货物是临时性货物(不是计划货物),单独放在货舱,或和乘客行李放在一起,或以集装箱为单位运输,或放在货架上。

3. 客舱服务

客舱服务包括处理准备乘客的食物和饮料,并运上飞机,在起飞前和飞行结束后清洁如机舱座套、枕头、毯子、杂志和桌板清洁整理等物品。这些工作人员面临的风险包括如下一些情况。

(1) 抬起/放下食品饮料过程中,物品离身体太远或弯腰用力,而不是腿部用力,易拉伤。

(2) 撞到烤箱凸出的金属部件、抽屉边角或金属门闩。

(3) 推拉抽屉、门闩时易划伤。

(4) 设备位置不合适造成的极限动作。由于空间有限,拿取某些东西需要非常别扭的姿势,极限动作即身体某些部位(如肘、腕、肩膀等)拉伸到极限或接近极限。除了所搬运东西的外力(重量),超过人体极限的动作也会损伤关节,例如人处于极限动作时,突然有外力推一下或迫使他停止这个动作。

(5) 用过的食物和饮料的容器存在感染风险。处理食品、饮料时应戴上防护手套,至少要遵守卫生程序,包括不用手接触乘客用嘴碰过的东西、提供服务时不要摸脸、勤洗手等。航空公司可以通过使用便携式食品、一次性餐具降低风险。

4. 行李受理

大多数受伤事件来自行李搬运,而且造成了重大损失。行李首先由停机坪工作人员运至行李房或飞机旁。由于行李形状、大小、重量不一,运送行李过程复杂。对支线飞机和重型飞机运营商来说,由于行李舱空间限制,搬运更加麻烦。很多飞机的行李舱只有几英尺高,不足以直立活动。行李搬运容易导致工作人员后背和肩膀受伤。

此外,停机坪工作人员因为搬运大量行李和货物,每天要做很多重复性动作。如果航空公司的航班安排密集,机坪工作人员要在每次飞机到来后尽快做好下一航段飞行的准备。时间压力是造成人员受伤的潜在原因,违反操作程序是人员受伤和飞机受损的常见原因。

5. 残疾人服务

自从残疾人法案实施以来,大部分机场配备了工作人员和辅助设施,保证残疾乘客的舒适和活动便利,包括就近停车位、电梯、残疾人洗手间、轮椅等。机场和航空公司还安排专门人员帮助残疾乘客在登机门和候机楼之间往来及上下飞机。

这些工作人员的主要风险是抬起、放下、推、拉时引起的受伤，如把乘客在轮椅和座位之间抬上抬下。工作人员要了解自身的极限，使用正确的方法，减少受伤的风险。了解辅助设备的用途，最优化使用，避免乘客受到伤害。

8.4.2 机务安全工作

1. 地面服务设备的维修

地面设备维修人员负责维护、修理车辆、电源系统、传送带及其他机坪、机库使用的设备，工作内容包括：去除突出锋利的边角；机轮检查；转向、刹车和灯光系统的检查；各种油、液（润滑油、冷却液、变速器油等）检查；设备的运动、操作性能检查；锁链、铰链检查；使用设备时减少人体极限动作；软管、电缆、皮带、保险杆等的检查。

为运转顺利，地面设备维修公司需有组织性，制定一套严谨、时间安排合理且全体人员严格遵守的计划，确保维修工作安全有效：机坪、机库设备往往每天以高强度（如载重、极端环境等）使用数小时，由于设备种类多，动力特点各不相同，例如，更换拖车变速器和发动机、地面电源车组件、行李车或维修车的轮子以及其他设备，都需要预防性维护。维修公司还需使用各种类型的化学用品，是机务部门以外存放化学用品最多的地方。每种物品都是危险告知项目的一部分，必须按照标准（29CFR Part 1910. 1200）存放。地面设备维修公司违反危险告知项目的事件很多，例如，员工在一般汽车用品店购买公司清单上未认定、没有材料安全数据清单的部件，就违反了航空规定。

除了预防性维护，有时也有紧急情况发生。大多数公司都没有备用设备，一旦坏掉，需要尽快修好以便继续使用。因此，维修人员在开工前和工作结束后必须严格进行日常检查，及时发现问题，登记、上报给地面设备处。通常检查的内容包括油液面高度、有无渗漏迹象、外来物质、发亮的金属磨损处、老化的皮带或链条。使用设备时还要注意观察，检查有无异响，渗漏或冒烟状况。

2. 飞机地面管理

飞机地面管理是指飞机到达时和准备起飞时的接收和签派。有时需要把飞机从一个登机口转到另一个登机口（从机库转到登机口由机务人员负责），或转到不同候机楼去。飞机进近时，机坪工作人员通过无线电提前接到通知，为了提高效率，飞机到达前要做好准备，所有设备就位，降低仓促感，避免走捷径，减少人员受伤和飞机损坏。

飞机的移动可能是航空业最危险的任务之一。通过恰当的培训、沟通和监督把风险降到最低。地面人员通过手势,有时用无线电和机组沟通。何时采用何种手势是保护生命和财产的关键。接飞机时,指定的停机位要足够大。地面位置有各种标志(如"T"代表停止)。一名飞机引导员接受过专业训练,通过手势,偶尔用语言,指挥飞机地面运行,与机长、两名翼尖端监护员必须做到一直能够看见对方。翼尖端监护员协助信号员指挥,通过手势告诉引导员飞机滑动时机翼周围是否有足够空间。

美国航空协会(ATA)将飞机地面损坏定义为"飞机外部损伤由设备或人员造成的,除正常放行或检查项目外,该损伤需要进行额外修复,且损伤发生时,由地面人员负责",也包括由其他飞机的喷射气流造成的损坏。例如,飞机喷气能把某些物体,如梯子等,吹进飞机发动机进气口。飞机紧急疏散滑梯突然打开也属于飞机地面损坏。

对航空承运公司来说,常见的情况有飞机地面工作时(如装卸行李、货物等)、地面辅助设备器材在飞机周围时、维修时、从登机门或停机位拖飞机时。ATA 列举的飞机地面损坏的最常见原因如下:

(1) 从登机门拖/推飞机时造成损坏;

(2) 飞机和地面辅助设备相撞,如传送带、拖车、行李车、地面电源车等;

(3) 紧急疏散滑梯和飞机尾椎突然打开;

(4) 使用廊桥时工作人员失误或飞机移动时撞到廊桥;

(5) 飞机地面损坏是可控的、造成航班延误或取消、损坏部件价值及维修费用超出一定数额的损坏。

尽管严格按照标准生产且质量可靠,飞机也易受损,而且严重损坏不总是由剧烈的碰撞或撞击造成。有时轻微碰撞也会造成严重的飞机损坏,需要维修后才能恢复使用,造成航班延误或取消。因为多数情况下,飞机需要由具有资质的维修技师进行检查,有时必须停飞,直到维修好并经认定合格才能恢复使用。因此飞机地面损坏常常给经营者带来巨大损失。

航空公司中地面损坏常按损坏的类型或造成损坏的原因进行分类,如表 8-10 所列。航空经营人可以确定飞机的损坏类别。

表 8-10 飞机地面损坏分类

类别	具体描述
1	严重损坏。需要检查和维修,常造成航班延误和/或取消,常给航空经营人带来巨大损失
2	飞机内部损坏(驾驶舱、机身、货舱等)
3	轻微损坏

（续）

类别	具体描述
4	外来异物造成的损坏
5	天气造成的损坏(雹、雷击等)
6	其他航空公司造成的损坏
7	由设备的机械故障造成的损坏(地面辅助设备等)
8	原有损坏(以前发现并有记录的)
9	维修人员造成的损坏
10	其他损坏(无法归类于上述类别的损坏)
11	需进一步分类的损坏

飞机地面损坏经有资质的人员检查后进行初步分类,经过事件调查确定最终损坏类别。例如,由于行李包裹或地面设备的碰撞造成飞机发动机舱出现凹痕,初步判断是轻微损坏,进一步检查发现实际损坏严重,飞机可能需停飞进行维修,最终的损坏分类可能定为Ⅰ类(严重损坏)。

航空公司的地面损坏事件可分为:

(1) 车辆:停放的飞机被地面车辆碰撞,包括机动或非机动、自动或拖行的车辆;

(2) 旅客廊桥:安放供旅客上、下飞机使用的廊桥或其他辅助设备时碰撞到飞机;

(3) 飞机地面指挥错误:在地面人员指挥下飞机移动时出现损坏;

(4) 地面辅助设备断开错误:在切断并移开地面辅助设备时造成的损坏;

(5) 推/拖飞机时造成的损坏:在推/拖飞机时因为程序、人员或设备问题造成的损坏;

(6) 其他:不属于上述类别的其他损坏。

(7) 防止飞机地面损坏以下方法:

(8) 员工接受足够的工作程序和公司政策培训;

(9) 严格执行公司政策和程序;

(10) 建立并保持飞行人员和地面人员之间的良好沟通;

(11) 航空公司内部组织相关活动,提高全体员工对地面损坏问题的认识;

(12) 确保现场领导和公司领导经常到场监督运行工作;

(13) 建立并坚持执行在飞机周围作业时的观察制度;

(14) 常规维护时,保持地面辅助设备的良好状态;

(15) 每天检查地面辅助设备;

(16) 现场领导应提醒员工安全生产,遵守程序和政策;

(17) 停机坪等运行区域要每天进行异物检查;机场负责人确保由有资质人员每天检查机场;

(18) 地面辅助设备和飞机之间的距离不能小于 5 英尺,传送带、集装箱装卸设备和运送残障旅客的起重设备除外;

(19) 飞机附近谨慎驾驶,设备和飞机之间保持安全距离;

(20) 及时汇报给上级领导、维修技师或机组人员已知或可能出现的飞机损坏。

3. 停机坪管理

影响停机坪安全的因素很多,如基础设施的先进与否、人员操作水平高低、停机坪标识体系是否完善、安全管理体制是否齐全都将对停机坪安全造成一定的影响。根据机场安全工作的实践和理论,并通过向专家咨询,归纳了 12 个指标作为对停机坪安全评价的基本指标,如表 8-11 所列。

表 8-11 停机坪安全评价指标

序号	指标名称	指标含义解释
1	地面作业人员培训及资质认证制度完善程度	地面作业人员是否接受过足够的培训,资质是否完善
2	地面作业人员对安全操作规程的熟练程度	地面作业人员对安全操作规程的熟悉程度
3	作业人员对停机坪安全规定的执行程度	地面作业人员能否按照安全管理规程进行操作
4	作业人员设备及防护用品配备充足程度	机场能够给地面作业人员配备足够的安全防护设备
5	停机坪清洁巡查和报告的及时性	能否对停机坪进行及时的检查和危险报告
6	停机坪作业车辆使用及管理规范性	停机坪各作业车辆的使用是否符合规范
7	航空器相关各类地面操作规范性	同飞行器相关的地面操作是否规范
8	管理组织设置合理性	机场的各类安全管理组织设计是否合理、流畅
9	沟通机制健全制度	机场各管理、运营单位之间能否建立流畅的信息沟通机制
10	停机坪各项管理规章完善程度	机场的各项安全管理制度是否合理、完善
11	飞机停放净距规范性	飞机停放净距是否符合规范要求
12	设备摆放管理的规范性	地服设备的摆放是否符合规范要求

8.4.3 飞机维修安全防护

机务维修工作内容很多,相应面临很多风险,如接触化学品、各种材料及危险能源,还有坠落受伤的风险。

飞机在生命周期内要更换多个零部件,部件更换最好在定期保养时进行。定期保养涉及很多工作单位,如喷漆室、复合金属材料室、发动机室、非破坏性试验室、金属薄板室、电池室等。

喷漆用于起落架、防护罩等飞机部件。部件做完非破坏性试验或复合材料修补后表面油漆剥落,送到喷漆处重新喷漆。复合材料室有各种溶剂,使用两个或三个部分组成的成品进行复合材料开发,这些开发的成品要严格控制时间,有时还要控制温度。为确保控制项目严格执行,这项工作也要纳入风险告知项目进行培训或作为一个独立的项目。工作室主要风险来自化学品,必须有通风、手套、围裙、口罩等防护设备。

1. 化学品管理

机务维修需要上百种化学品,如溶剂、清洁剂、树脂、环氧树脂等,列于飞机制造商的机务手册里。每种化学品都要列好清单,标出最新信息,方便管理和工作人员使用。运输时附上详细信息,包括库存信息如化学品标签、存储、运输方法和使用、存储的地点,及材料安全数据清单。

相关员工须接受培训,学习如何找到并使用库存单和材料安全数据清单,阅读并了解标签方法,预防直接接触带来的可能风险和伤害。员工必须能读懂标签、了解风险并使用个人防护设备降低风险。安全使用物品,遵守公司关于溢漏的要求以及必要时如何处理掉这些化学品。

管理物资的员工负责在收到化学品后做好标签,存放起来。他们必须熟知标签方法,确定需单独存放的物品。比如飞机密封常用的氧化剂须远离氧气瓶和制氧机,因为氧气浓度过高会提高氧化率,导致快速分解,出现过热情况。员工有权获得化学品的详细信息并在合理时间内获得材料安全数据清单。

机务维修中的爆炸性装置也需妥善存储和管理。事实上,这些装置有专门的存放地点。除了紧急照明弹,还有两种可爆炸性装置:引爆器,用于启动发动机灭火系统;启动器,用于启动油箱通风孔和机翼油箱的灭火系统。两种设备都要严格遵守生产商标注的使用期限。一旦过期,由当地警方接收、处理过期危险物品。

2. 坠落防护

机库内,坠落防护可借助维修平台和救生绳维修飞机的各个部位。

机库外进行维修时,如停机坪、集中处理中心或小型机场的机场铺面,坠落防护可利用卡车车斗和机库内维修常用的锚固设施,结合弹性救生绳,伸长到机身和机翼各个部位。

3. 进入油箱区域

进油箱属于密闭空间,空间狭小,进入非常困难。机翼和中央油箱有燃油风险,在进油箱工作时,必须清空燃油,通过借助通风系统或吹风设备使油箱保持通风,消除剩余的气体。依照美国联邦法规 29 篇 1910. 146 密闭空间限制区域标准要求,只有培训合格的员工才能进入限制区域,不使用会产生火花的工具,同时需配有助手。按照限制区域相关规定,助手负责随时监控进入者并提供相应辅助。防止起火和造成健康危害。

4. 危险能源控制

危险能源控制的标准列在联邦法规 29 篇 1910. 147,能源包括电力、液压、气动、机械、蒸汽等,在机务维修中,需关掉危险能源的总开关、锁好并挂上标签。锁定/标定主要用于修理零部件的设备、机械室,标定主要用于控制飞机内与系统相关的能源。标签可能挂于操纵杆、检查门或开关上,或拿掉某个系统的保险闩,用标签替代,表明维修位置。公司明确规定授权人员须经培训如何使用这些系统,正确地隔离能源。可能受到影响的员工也要接受培训,识别这些系统,不能拿掉标签或重新启动这些系统。

5. 飞机顶升

飞机修护需做顶升时,需要有适当的防护。顶升程序取决于飞机机型,要严格遵守制造商规定的程序。飞机千斤顶一般是三脚架形状,可以顶起飞机进行维修。使用前需全面检查千斤顶,确保其能承受重量、安全锁正常、插销正常及一切功能正常。为满足重量和平衡要求,可能需要转移或清空燃油。顶升飞机时,周围不能有设备,机上不能有人,除非机务手册特别要求须配备工作人员在机上观察仪表等。飞机应置于无风、坚硬、平整的表面,按制造商要求放置千斤顶。

顶升之前,要对工作地点与系统结构进行评估。起重支垫要能保证飞机重量都落在支点上。如果机上还在进行其他工作,要检查应力板或支撑盘是否归位,防止结构损坏。千斤顶应打开到接触起重支垫并对准支点,大部分此类事故都是因为没有对准支点。

各项准备完成后,各千斤顶旁需配有一名机械师,一名指导员站在每名机械师都能看到的地方,确保千斤顶同步工作,保持飞机平衡,防止某一支点重量过大。放下飞机前,这名指导员要确保所有人员、作业台和设备都已移开、起落架已放下并锁定、所有锁定设备全部到位。

8.5 航空运营安全管理

安全管理体系(SMS)是一种新的航空安全管理理念,是落实民航安全方针的基本保障,是组织为加强整体安全而采纳并实施的多种政策、流程、程序和措施,通过贯彻常态的商业管理措施来主动管理组织安全,具体包括以下措施:差距分析,危险识别和分析,风险消减,事件和事故调查,主动报告潜在或已知的安全问题与实际问题,收集、分析和发布数据,颁布整改措施,持续监控和改进安全体系确定已完善和待改进的领域等。

目前,SMS 已应用于全球多个航空产业领域作为安全标准,并被 FAA、联合计划发展办公室、ICAO、多个国家民航局以及航空公司官方认可为航空安全方面的下一个工作进程。ICAO 标准与建议实践措施规定对拥有最大起飞重量超过 12500 磅飞机的非商业航空器运营商,需将 SMS 整合进其安全管理规章。对应用 SMS 的商业或者非商业航空器运营商,要求能主动识别危险状况和存在风险的领域,持续监控和评估确保体系的有效性,不断改进体系,对发现的安全问题实施纠正措施来达到并维持最低安全要求。

111-126 号公法 215 节规定:

(1) 联邦航空管理局应该制定相关法规,要求 121 部航空器承运人实施 SMS。

(2) 在制定规章时,制定者需在 SMS 中至少体现以下内容:

① 航空安全行动计划(ASAP);

② 飞行质量保障计划(FOQA);

③ 公司一线运行安全审核;

④ 合格的质量计划。

(3) 联邦航空管理局需要发布:

① 通知:发布规章制定公告(NPRM),不得晚于法案生效后 90 天;

② 规章:发布最终规章,不得晚于法案生效 24 个月。

除航空产业外,SMS 作为安全标准同时应用到其他领域,如职业安全和健康、医疗、治安和环境保护等。SMS 整合了当前的风险管理和安全保障理念,通过主动寻找可能引起组织安全问题的危险领域、消减相关风险、对整个体系进行持续监控来保证安全状况的改进和有效,形成一个具有可复制性、主动性和预防性的体系。FAA 网站上有以下描述:

通过确定各组织在事故预防过程中发挥的作用,SMS 对持证运营商和 FAA 有如下意义:

（1）提供了制订安全风险管理决策的方法框架；

（2）在故障出现前展现了安全管理的功能；

（3）提供框架式的安全保障流程来增加风险控制的信心；

（4）作为管理者和持证运营商分享信息的有效界面；

（5）作为安全推广框架支持健康的安全文化。

SMS 以风险管理为核心，包括安全基础（安全政策）、风险管理、安全保证和安全促进四大基本要素，如图 8-18 所示。

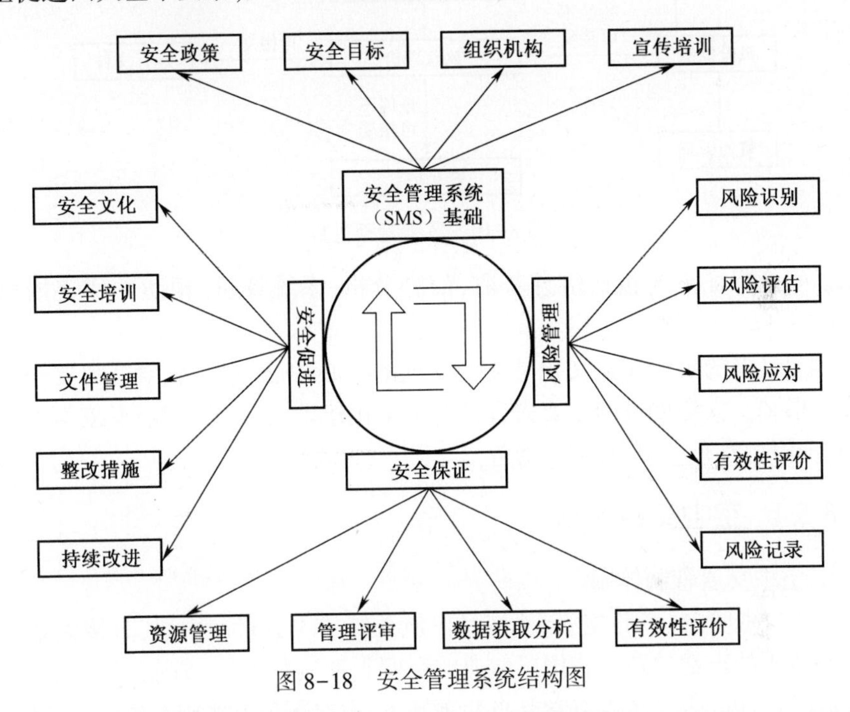

图 8-18　安全管理系统结构图

（1）安全政策是指导建立、实施、考核、改进的纲领性和系统性文件，是建立 SMS 的基础和前提，它反映了航空公司的安全管理理念，为建设安全文化指引方向。

（2）风险管理是 SMS 的核心，航空公司能否建设完善的风险管理环节，关系到建设该项目的成败。建设风险管理模型，首先作系统分析，查找潜在的危险源，在此基础上进行分析和评价，采取一系列风险控制措施，规避处置风险。风险管理过程包括：系统和工作分析、危险源识别、风险分析和评价以及风险控制，如图 8-19 所示。

（3）安全保证是航空安全管理体系的核心功能之一。通过建立安全保证功能，可以实现企业内运行安全的闭环管理，以确保制定的风险控制措施持续符合

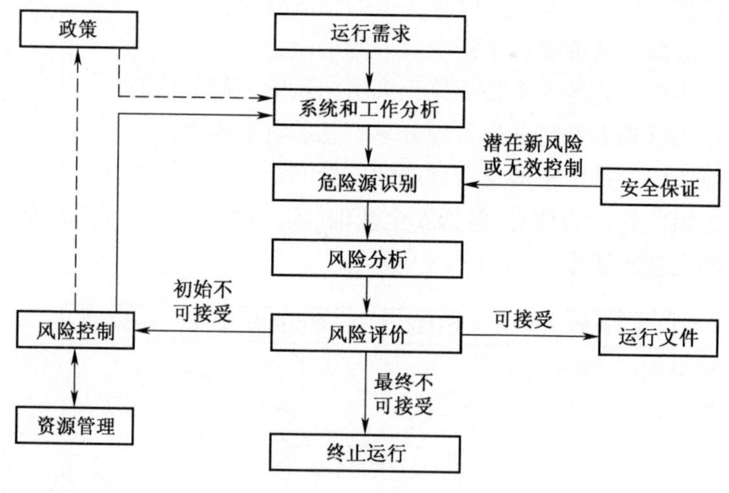

图 8-19 风险管理过程

要求。安全保证主要包括信息获取、信息分析、系统评价、预防与纠正措施等环节。

(4) 良好的公司安全文化是安全促进的核心功能,它是航空公司安全项目建设的根基。安全促进的主要内容是安全文化建设、安全管理培训、安全宣传教育、安全信息发布、安全管理沟通等。

8.5.1 空中交通管制

1. 空中交通管制体制

空中交通管制(简称空管)系统是民航系统的飞行管制中心,直接关系飞行安全和航班的正常运转。我国民航业的空管长期实行“统一管制、分别指挥”体制,即在国务院、中央军委空管委员会领导下,由空军负责实施全国的飞行管制。军用飞机由空军和海军航空兵实施指挥,民用飞行和外航飞行由民航实施指挥。根据《中华人民共和国飞行基本规则》的规定,民航飞机及交由民航保障的其他部门的航空器飞行,是在空军统一管制的原则下,由民航部门负责实施具体管制服务。民航各级管制部门按照民航管制区域的划分,对在本区域内飞行的航空器实施管制。

随着民航业的发展以及空管手段的不断完善,对民航空管体制提出了新的要求,促进了空管体制的改革。就民航内部来说,空管系统实行“分级管理”的体制,即各级空管部门分别隶属中国民用航空局、民航地区管理局、民航省(市、区)局以及航站管理。中国民用航空局空管局对民航空管系统实行业务领导,其余工作包括人事、财务、行政管理及基本建设等均由各地区管理局、省(市、区)局以及航站负责。这种分级管理的模式,不利于系统配套进行空管设施建设。2002年中国民航华东地区进行空管体制改革,济南、合肥、南昌、南京等8大城市的空中交通管理中心正式成立,主要承担各飞行区域空中飞行班机和起降班机的指挥工作,有利于加强空管系统建设,更好地保障民航安全。

2. 空管机构和职能

我国的空管机构,是参照国际民航的有关管制机构结合我国的实际情况及管制工作的需要组建的,目前正处于逐渐健全的过程中。我国的空管机构主要包括:

1) 空中交通服务报告室

报告室负责审理进、离本机场的航空器飞行预报,申报飞行计划,办理航空器离场手续,向有关单位和管制室通报飞行预报和动态,掌握和通报本机场的开放与关闭情况。

2) 塔台管制室

塔台管制室负责提供塔台管制区域内航空器的开车、滑行、起飞、着陆和与其有关的机动飞行的管制服务。飞行繁忙的塔台管制室,应设立机场自动情报服务,提供航空器起飞、着陆条件等飞行情报。

3) 接近管制室

接近管制室负责一个或几个机场的航空器进、离场的管制工作。

4) 区域管制室

区域管制室负责本管制区内的航空飞行管制工作。中低空区域管制室还受理本管制区内通用航空的飞行申请,并负责管制工作。

5) 区域管制中心

区域管制中心负责监督所管辖区域的飞行管制,协调各管制室之间和管制室与航空公司航务部门之间的组织与实施工作,控制本管制区内的飞行,掌握重要客人、边境地区、科学实验和特殊任务的飞行。

6) 中国民用航空局空管中心

空管中心负责监督、检查全国的国际、外国航空器的飞行和跨管理局的高空干线飞行,协调地区管理局之间和管制室与航空公司航务部门之间的组织与实施飞行工作,控制全国的飞行流量,组织承办和掌握专机飞行,处理特殊情况下的飞行,承办国内非固定干线上的不定期飞行和外国航空器的非航班的飞行申请,干预各级空管机构的工作。各级空管室,在组织飞行和实施管制的过程中,必须做好勤务部门、保障部门、各航空公司以及机场当局间的协作工作,保证飞行过程中,从空中到地面都能协调一致地工作,保证飞行的安全正常。

3. 空管空域划分

《中国民用航空空中交通管理规则》规定,用于民航的空管空域,分为飞行情报区、管制区、限制区、危险区、禁区、航路和航线。各类空域的划分,应符合航路的结构、机场的布局、飞行活动的性质和提供空管的需要,我国共划分出沈阳、北京、上海、广州、昆明、武汉、兰州、乌鲁木齐、香港和台北 10 个飞行情报区。

4. 空管设施

我国民航基本形成了比较完善的通信、监视与导航、情报和气象保障系统。通信保障方面,在全国绝大多数民用机场配置了卫星语音地面站和卫星数据地面站。每个管制单位装备两套以上的甚高频对空通信台,部分对空通信薄弱地区配备了甚高频转播台。在我国东部地区实现了 7000 米以上甚高频对空通信的覆盖;导航保障方面,绝大多数民用机场配备仪表着陆系统、全向信标和测距仪,大部分高空、中低空管制区配备二次或一次、二次雷达,在我国东部地区基本达到 7000 米以上雷达覆盖;航行情报保障方面,我国正在建设航行情报自动化系统,航行通告及航行资料制作技术有了明显改进;气象保障方面,各机场配备了气象观测和预报设备,部分机场配备了气象雷达、自动观测系统、气象卫星云图接收设备,为航班飞行及时提供所需的气象资料。

5. 空管方式

北京终端区、深圳进近管制区和广州、上海空管系统等实现了雷达管制,大多数单位仍采用程序管制,或在雷达监视条件下缩小间隔的程序管制。近几年,民航空管系统正在为实行雷达管制做准备。但我国民航空管系统尚存在不少问题。一是军航民航管制区划分不一致,飞行指挥不统一;二是空管设施不够完善,自动化程度较低;三是空域利用率低,航路结构不合理。

8.5.2 地面管制

航空地面安全管理指的是与航空器有直接或间接联系的一切安全管理,牵涉面较广,大体上又分为机务安全管理、地面服务安全管理等。

机务安全管理:指机务人员的安全管理。所有航空公司现在均按照中华人民共和国航空行业的《民用航空器维修标准》,包括维修管理规范、地面安全、地面维修设施和劳动安全卫生,进行飞机维修工程与管理。同时,各航空公司飞机维修部门根据自身实际情况,制定一系列的《管理程序手册》《质量保证手册》等法定性管理规范和文件,使飞机维修工作程序化、规范化和制度化;防止维修人为差错,以保证飞机维修安全。

地面服务安全管理:指对航空公司地面服务部门的安全管理工作,包括地面行车安全、特种车辆使用安全、飞机机上卫生清洁等,这些工作均必须按照公司的《飞机现场运行管理手册》的有关规定和工作程序严格执行,防止人为差错,以保证飞机地面安全。

8.5.3 航空公司

1. 我国航空公司的安全管理体系

航空公司是直接从事航空客货运输业务的部门,有一套行之有效的内部管理体系,以安全管理为核心,进行客货邮运输市场开拓与销售,组织实施运输飞行,建设机队,承担机务维护等一系列任务。航空公司的管理机构设置因航空公司的经营规模大小而异。在航空公司内部,根据工作特点和工作流程,设计的内部管理机构也不一样,所遵循的管理程序也不同。

现代航空管理系统是一个纵向、多层次的立体结构体系,包括人工系统和自然系统,涉及机场、航路、天气、地形、通信、导航等,复杂多变。据统计,民航各类人员中与航空公司安全管理有关的共有 40 多个专业 300 多个工种,其中,有 150 多个工种直接为航空公司安全管理提供保障服务。航空公司安全管理体系如图 8-20 所示。其中空中管制、机场虽不属于航空公司,但均是安全管理体系不可缺少的部分。

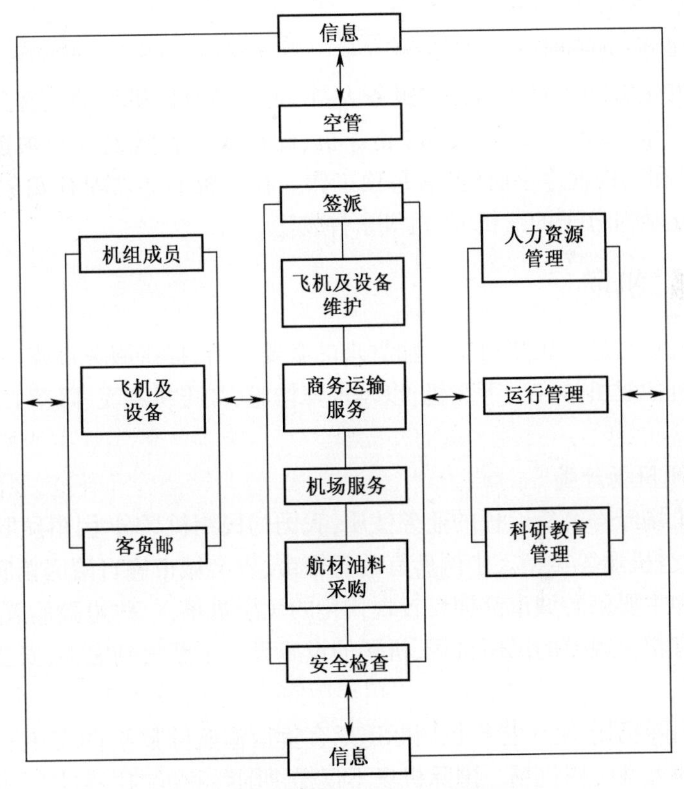

图 8-20　我国航空公司安全管理体系

航空安全管理体系的每个层次是航空安全管理大系统的子系统,各子系统中还有更多的要素。随着科学技术的不断进步,作为一个以电子技术为首的高科技多层次的技术群,航空安全管理体系这个多层次的整体系统的特征越来越明显。缺少任何一个层次和要素,都会削弱航空公司保证安全的能力和管理能力,甚至可能造成航空交通灾害。

2. 我国航空公司的安全管理内容

我国各航空公司的安全技术管理正规化仅启动10多年,其操作还很不科学、不完善,需进一步改善,使之更加科学化、制度化、规范化和程序化。一般航空公司的安全管理是隶属每个公司的"安全技术部"直接管理下的内部安全管理。安全技术部是公司安全管理的立法、监督和检查部门,其管理一般为分级管理,主要分为飞行安全管理、空防安全管理。

1) 飞行安全管理

指对飞行人员的安全飞行管理,是航空公司安全管理的重中之重。几乎所有航空公司现在均严格按照批准的《飞机飞行操纵手册》上的规范、标准和程序进行,防止人为差错,保证飞行安全。

2) 空防安全管理

空防安全管理指对地面各类服务人员,尤其是对候机室的旅客进行安全检查人员的安全管理,主要职责是防止炸机、劫机等。各类人员必须按照批准的《工作规定和工作程序手册》开展每项工作。在飞机上必须配有安全员,其主要职责是防止敌对分子的炸机、劫机等事件发生。

8.5.4 机场

民用机场是进行民用航空运输管理的必要场所,提供服务设施,如旅客候机或转乘飞机的候机楼和上下飞机,以及保障措施,如飞机起飞、降落必需的路道、机坪。

1. 民用机场分类

根据机场经停客货航班的业务性质,我国的民用机场分为国际机场,航班机场,通用航空机场等类型。中国所有的直辖市、省会城市和自治区首府以及沿海开放城市和主要旅游城市都拥有较现代化的民用机场,一些边疆地区、少数民族地区也拥有相应规模的民用机场,机场的设施设备不断得到完善,安全运行条件明显改善。

(1) 国际机场,通常指提供国际定期客货运输航班服务,并具有一定旅客吞吐量规模的大型民用机场。国际机场不仅提供国际和国内定期与不定期航班客货邮运输服务,而且还设有边防、海关、商检等派出机构,代表所在国从事相关业务。

(2) 航班机场,指提供国内定期客货运输航班服务的普通民用机场。通用航空机场。

(3) 通用航空机场,主要用于通用航空飞行,一般情况下不提供与航班飞行相关的设施和服务。

(4) "枢纽"空港服务网。为了提高航班飞机的乘坐率,降低成本以增加收入,航空公司选择以一些人口多、交通发达、经济繁荣、客货流量大的城市机场为中心,通过与其他大中型城市机场之间建立航行干线,大中城市机场与附近中小城市机场建立航行支线,形成航空运输网。

2. 民用机场的主要设施

现代民用机场不仅提供民航飞机起飞降落的专用场地,还提供与客货运输相关的服务设施。民用机场主要从完成运输任务、保障旅客安全的功能出发,划分为不同功能区,配备相应设施。主要设施包括:

(1) 旅客运输服务设施。主要包括候机楼和机场宾馆。候机楼中划分为进港厅,出港厅,商场等。主要设备配置包括候机楼旅客信息系统,公安监控系统,消防报警系统,旅客离港系统,安全检查设备以及登机桥,手扶电梯,行李分拣设备等,候机楼前有停车场。

(2) 场区。场区分为供航空器起飞、滑行、着陆用的飞行区;供航空器上下客货邮件的运输区;及维护修理的机务维修区。

(3) 供油系统。供油系统一般由储油库,站坪加油系统和输油管线等组成,为航空器提供加油服务。

(4) 无线电通信和导航系统。无线电通信主要由中心发射台,高频台和地空通信设施组成;导航系统由仪表进近系统和全向信标台/测距台以及着陆雷达,航管雷达等组成,其功能是保障航空器的通信和导航。

(5) 气象保障系统。由气象雷达,气象卫星图接收站,自动观测系统以及常规气象设施组成,自动观测系统可以对机场跑道方向的能见度,云高,风向,风速,温度和气压等气象要素进行实时传感,观测,预报和显示。气象雷达能够对以机场为中心的一定范围内的强烈对流天气进行探测,可为塔台管制室和管制区域提供图像显示,供管制员使用。卫星云图接收处理系统能将收到的信息进行数字化处理,可为有关管制室、气象台、飞行员提供大范围的云顶高度、强度、移动方向、速度及云层分布,为保证安全飞行提供客观资料。

(6) 供电、供水系统。提供机场的用水用电,并在某些重要部门设有柴油机发电机组。

(7) 助航灯光。由变电站,室外电缆,铁塔和灯光等设施组成。跑道主降方向,次降方向设有仪表进近灯光系统;跑道上设有中线灯,边灯;端口处分别设有入口灯,末端灯,坡度灯等。

(8) 安全保卫和消防援救系统。机场一般都设有公安局,安检站,警卫部队和消防大队的驻场机构;拥有医疗救护中心等安全保卫和应急救援部门;备有应急救援方案等,用来保障生命及财产安全。

3. 民用航空局对民用机场的安全监管

美国商用机场的安全标准由美国联邦法规 14 篇 39 部做出规定,即 FAR139 部,为确保航空安全,美国商用机场的营业执照由 FAA 颁发,机场必须遵守并达到特定的运营和安全标准,包括每日机场检查;机场活动区的维护,如跑道、滑行道、停机坪等;还有机场救援和防火设施等其他要求。联邦法规 139 部要求取得机场执照的最低标准因机场规模和运营类型的不同而有差异。联邦法规 139 部是法规性标准,所有商用机场经营者和管理者必须采取措施确保遵守法规。

中国民航业进行的机场管理体制改革,主要是政企分开,实行属地管理。中国民制定规章、标准并监督实施,重点进行安全监管,采用类似 FAA 的管理模式。目前,中国民用航空局主要依据《中华人民共和国民用航空法》《中国民用航空安全监察规则》《中华人民共和国民用航空安全保卫条例》《民用机场航空器活动区道路交通管理规则》等有关法律、法规和规章,对民用机场运行安全实施监督管理,主要包括:

1) 民用机场使用许可制度

机场使用许可制度是中国民航局对民用机场实施安全监管的主要方式。中国大陆设有的民用机场必须符合有关法律、法规、规章以及技术标准;通过中国民用航空局或其授权机构对机场提供的《民用机场使用手册》等文件;通过机场各项设施和人员的严格审查;取得民航总局颁发的民用机场使用许可证,民用机场才能投入使用。已经取得许可证的民用机场,如运行条件恶化或不符合规定,经审查评估后,视具体情况做出限制使用、中止或吊销使用许可证的决定。

2) 民用机场适用性检查制度

中国民用航空局或其授权机构定期和不定期地对民航机场净空保护、鸟害控制、飞机活动区、助航设施、消防设施和应急救援设施等保障运行安全的设施或措施进行监督和检查。对存在问题的机场,限制改正或予以处罚,保证运行中的机场始终处于安全适用状态。

3) 民用机场活动区重要情况月报制度

机场当局必须每月向中国民用航空局报告机场活动区、鸟害控制、消防和救援等安全保障工作中出现的重要问题和缺陷。这一制度是对民航机场适用性检查制度的补充,并使中国民用航空局能及时掌握各机场在运行方面存在的问题,以便采取相应措施或制定相关对策及政策。

4）民用机场不停航施工审批制度

运行中的民用机场在不停航条件下在飞机活动区或部分航站区进行施工，须经中国民用航空局或其授权机构对机场施工安全措施、施工组织和施工计划等进行严格审查并获得批准。目前中国大陆有许多机场正在进行改建或扩建，该制度保证了机场的安全正常运行。

当前，中国民用机场管理体制正处于转型期，对民用机场的行业管理职能正在调整之中，安全监管制度也需要改进和完善。中国民航业通过学习和借鉴其他国家的先进经验，根据国情，进一步健全法规、规章和技术标准体系，完善机场安全监管制度，提高机场行业管理水平，逐步与国际接轨，提高其安全管理水平。

4. 我国民用机场的安全保障体系

民用机场安全保障体系包括6个系统：飞行安全保障系统，空防安全保障系统，航站—站坪保障系统，应急救援保障系统，管理运行保障系统和指挥协调系统。

1）飞行安全保障系统

飞行安全保障系统包括净空保护，鸟害防治，场道保障，助行灯保障和机场排水管理等5个部分。飞行安全保障系统是机场最主要的系统，其任务是确保机场对空中（净空，鸟害）地面（场道，助航灯光）到地下（机场排水）实施有效的管理，确保各项设施完善有效，努力减少异常天气（降雪，暴雨，低温，低能见度等）对场道的影响，创造良好的适航环境和条件，保证航空器在机场安全、正常起降。

2）空防安全保障系统

空防安全保障系统也称航空保安系统，航空保安的对象是某些人为的，出于政治、经济目的或个人私利而有意采取的危及航空安全的非法行为。空防安全保障系统通常包括机场空防安全保障和机组保安两个部分。机场空防安全保障系统是民航空防安全的主体，中国民用航空局要求机场要严把地面安全关，把劫持、炸机等一切不安全的因素消灭在地面，机组保安则是民航安保的最后关口。安全检查系统包括旅客安全检查，行李安全检查，货物安全检查以及飞机监护等系统。安全检查系统的主要功能是防止（旅客）劫机，防止不相关人员登机，防止危险物品直接装上飞机等。机场安全保卫系统包括机场隔离区，飞行区证件管理，隔离区，飞行区入口管理，飞行区，隔离区安全监控，机场围界管理，飞行区人员车辆管理等。机场安全保卫系统的主要功能是防止炸机、劫机；防止无关人员进入隔离区、飞行区，登上飞机，进入跑道滑行道；保障机场设施安全，维护候机楼正常秩序。

3）航站—站坪保障系统

航站—站坪(包括停车场)是民航机组与飞机,机务维修、航务管理、运输服务,机场保障和油料等系统在机场活动的集中区域。航站的站坪是完成旅客从进入机场到登上飞机,下飞机到离开机场的活动区域。航站—站坪还是驻机场各航空公司活动的主要场所,是民航各种主要矛盾的交叉点和集中点。

航站—站坪保障系统的主要功能有:一是为旅客创造良好的登机、离机环境,确保旅客安全登机、离机,确保货物安全装卸;二是为飞行机组、航管部门、机务部门、运输服务部门、油料公司、现场保障部门和驻机场各航空公司提供良好的保障和服务,确保航空器在机场安全正常运行,减少停机坪事故发生。航站—站坪保障系统包括航站安全保障和站坪安全保障两部分。

4）应急救援保障系统

机场应急救援保障系统是机场在紧急情况下保障飞行安全、空防安全和航站楼与重要设施安全的重要系统,是机场运行管理的重要组成部分。

5）运行保障系统

运行保障系统包括动力系统,供水系统,分供暖系统及污水污物处理系统等,是保障机场各管理运行系统安全运行的重要系统,也是驻机场职工家属正常工作生活的重要保障。

6）指挥协调系统

指挥协调系统由机场指挥系统,信息管理系统,通信联络系统和安全检查评估系统等组成。军民合用机场还包括军用与民用的协调系统。指挥协调系统对内负责机场日常管理运行指挥协调,施工与管理运行协调与管理,专机保障及机场运行情况的上传下达等;对外负责协调机场与驻机场各单位在管理运行中的各种关系。指挥协调系统必须制定完备详细的紧急情况处置方案,其任务是使全机场协调运行。

在民航机场的安全管理中,机场基础设施、部门的设置,人员配备以及民航法规等是对机场安全运行的基本保障。民航机场在这些基本保障下得以完成安全管理任务。然而,安全事故仍然时有发生,轻则对人身安全形成威胁或造成财产损失,重则形成航空灾害,造成人员伤亡及财产的重大损失。因此,机场管理问题还有待进一步调查研究,以提高其管理水平,减少航空安全事故。

参考文献

[1] GJB900-1990. 中华人民共和国国家军用标准：系统安全性通用大纲[S]. 1990.
[2] GJB900A-2012. 中华人民共和国国家军用标准：装备安全性工作通用要求[S]. 2012.
[3] GJB451A-2005. 中华人民共和国国家军用标准：可靠性维修性保障性术语[S]. 2005.
[4] GJB/Z99-1997. 中华人民共和国国家军用标准：系统安全性工程手册[S]. 1997.
[5] MIL-STD-882E. U. S. Department of Defense. Standard Practice for System Safety [S]. 2012. 5. 11.
[6] GEIA-STD-0010. Standard best practices for system safety program development and execution[S]. 2008. 10.
[7] GB/T28001-2001. 中华人民共和国国家标准：职业健康安全管理体系-规范[S]. 2001.
[8] ISO 14620-1. Space systems-Safety requirements-Part 1：System safety[S]. 2002.
[9] MIL-STD-882C. U. S. Department of Defense. Standard Practice for System Safety [S]. 1993. 1.
[10] GJB1405-1992. 中华人民共和国国家军用标准：质量管理术语[S]. 1992.
[11] MIL-STD-2155. Failure Reporting, Analysis And Corrective Action System[S]. 1995.
[12] MIL-STD-882D. U. S. Department of Defense. Standard Practice for System Safety[S]. 2000. 2. 10.
[13] NASA-GB-8719. 13. NASA Software Safety Guidebook. National Aeronautics and Space Administration[S]. 2004. 3. 31.
[14] ECSS-M-ST-80C. Space project management Risk management[S]. 2008.
[15] 赵廷弟，焦健，等. 安全性设计分析与验证[M]. 北京：国防工业出版社，2011.
[16] 埃里克森. 危险分析技术[M]. 赵廷弟，焦健，等，译. 北京：国防工业出版社，2012.
[17] 隋鹏程，陈宝智，隋旭. 安全原理[M]. 北京：化学工业出版社，2005.
[18] 李树刚. 安全科学原理[M]. 西安：西北工业大学出版社，2008.
[19] 张景林，林柏泉. 安全学原理[M]. 北京：中国劳动社会保障出版社，2009.
[20] 金龙哲，杨继星. 安全学原理[M]. 北京：冶金工业出版社，2010.
[21] 王华伟，吴海桥. 航空安全工程[M]. 北京：科学出版社，2014.
[22] 周世宁，林柏泉，沈斐敏. 安全科学与工程导论[M]. 北京：中国矿业大学出版社，2005.
[23] 景国勋. 安全学原理[M]. 北京：国防工业出版社，2014.
[24] NASA-STD-8719. 13B. Software Safety Standard[S]. NASA，2004. 7.

[25] NASA-GB-8719. 13. NASA Software Safety Guidebook[S]. NASA,2004. 3.
[26] Joint Software Systems Safety Engineering Handbook[S]. U S Department of Defense,2010. 8.
[27] Air Force System Safety Handbook[S]. U S Air Force Security Agency,2000. 7.
[28] MIL-STD-882E. Standard Practice for System Safety[S]. U. S. Department of Defense, 2000. 2.
[29] RTCA DO—178C. Software Consideration in Airborne Systems and Equipment Certification [S]. American Airlines Radio Technical Commission,2011-12.
[30] GB/T 11457—2006. 软件工程术语[S]. 2006.
[31] GJB 5236—2004. 军用软件质量度量[S]. 2004.
[32] 陆民燕. 软件可靠性工程[M]. 北京:国防工业出版社, 2011.
[33] Al,Charles F Radley Et. NASA Software Safety Guidebook[M]. 1996.
[34] Levesoon N G. Software safety: Why, what, and how[J]. ACM Computing Surveys, 1986, 18(2): 125-163.
[35] IEEE Software Requirement Specification V1. 0. New York: IEEE, 1999.
[36] GJB/Z 102A. 军用软件安全性设计指南[S]. 国防科学技术工业委员会, 2012.
[37] NASA-STD-8719. 13B NASA software safety standard [S]. 2004.
[38] Gwandu B A L, Creasey D J. Using Formal Methods in Design for Reliability as Applied to An Electronic System That Integrates Software and Hardware to Perform a Function. 1995(8).
[39] Qureshi Z H. A Review of Accident Modelling Approaches for Complex Critical Sociotechnical Systems[J]. 2008.
[40] Leveson N, Daouk M, Dulac N, et al. A Systems Theoretic Approach to Safety Engineering [J]. Dept. of Aeronautics & Astronautics Massachusetts Inst. of Technology, 2003.
[41] Leveson N G. A Systems-Theoretic Approach to Safety in Software-Intensive Systems[J]. IEEE Transactions on Dependable & Secure Computing, 2004, 1(1):66-86.
[42] Chillarege R, Bhandari I S, Chaar J K, et al. Orthogonal Defect Classification-A Concept for In-Process Measurements[J]. IEEE Transactions on Software Engineering, 1992, 18(11): 943-956.
[43] Silva N, Cunha J C, Vieira M. A field study on root cause analysis of defects in space software[J]. Reliability Engineering & System Safety, 2016.
[44] 聂林波, 刘孟仁. 软件缺陷分类的研究[J]. 计算机应用研究, 2004, 21(6):84-86.
[45] 周新蕾. 软件安全性分析技术及应用[J]. 质量与可靠性, 2005, 3: 597-601.
[46] Pressman R. Software engineering : a practitioner's approach[M] Software Engineering: A Practitioner's Approach. McGraw-Hill Higher Education, 2001:45-55.
[47] Ieee S. IEEE Standard Classification for Software Anomalies. [J]. IEEE Standard Indus, 2010, 9(2):1-4.
[48] 周新蕾, 孙肖. 航天软件系统事故机理与模型研究[J]. 质量与可靠性, 2014(04):1-5.

[49] Leveson N G. A New Approach to System Safety Engineering[J]. Aeronautics & Astronautics Massachsetss Institue of Technology, 2002.

[50] DO-178C/ED-12C. Software Considerations in Airborne Systems and Equipment. RTCA, 2011.

[51] Rierson, Leanna. Developing safety-critical software : a practical guide for aviation software and DO-178c compliance[J]. Crc Press, 2013.

[52] Gajski, Daniel D, et al. Specification and Design of Embedded Systems. Hrvatska znanstvena bibliografija i MZOS-Svibor, 1994.

[53] Sheng Duan. Modeling Method Study and Application of Embedded System Design. Hunan University, 2007. (in chinese).

[54] Chen F L. Theories and methods of modeling for embedded system [J]. Computer Engineering & Applications, 2009.

[55] Arp S. Guidelines and methods for conducting the safety assessment process on civil airborne systems and equipment[J]. 1996.

[56] Krumov, A V. Software Reliability, Safety and Security. Intelligent Data Acquisition and Advanced Computing Systems: Technology and Applications, 2005. IDAACS 2005. IEEE.

[57] 刘正高. 软件失效模式、影响及危害性分析问题探讨[J]. 电子产品可靠性与环境试验, 2000.

[58] 李震. 软件安全性需求形式化建模和验证[D]. 北京航空航天大学,2011.

[59] RTCA/ DO-178B. Software Considerations in Airborne Systems and Equipment Certification [S]. Requirements and Technical Concepts for Aviation (RTCA), Dec., 1992.

[60] 马宁. 安全关键软件测试研究[D]. 北京航空航天大学,2010.

[61] 万永超, 赵宏斌, 董云卫. 航空机载软件安全性测试技术研究[J]. 计算机测量与控制,2010, 18(5).

[62] NSTC. Research challenges in high confidence systems [C]. Proceedings of the Committee on Computing, Information, and Communications Workshop. USA: http://www. hpcc. gov/pubs/hcs2Aug97/intro. html, August 6-7, 1997.

[63] High Confidence Systems Working Group, NSTC. Setting an interagency high confidence systems (HCS) research agenda [C]. Proceedings of the Interagency High Confidence Systems Workshop. Arlington, Virginia, 25 March 1998.

[64] High Confidence Software and Systems Coordinating Group. High Confidence Software and Systems Research Needs [R]. USA: http://www. ccic. gov/pubs/hcss2research. pdf, January 10 ,2001.

[65] 张鲁峰, 黄敏桓, 张剑波. 软件安全性相关标准浅析[C]. 第十三届全国抗恶劣环境计算机学术年会,2005.

[66] 陈火旺, 王戟, 董威. 高可信软件工程技术[J]. 电子学报: Vol. 31: 1933-1938,

Dec 2003.

[67] Shiping Yang, Nan Sang, Guangze Xiong. Safety testing of safety critical software based on critical mission duration. Dependable Computing, 2004. ProceedingS. 10th IEEE Pacific Rim International Symposium on 3-5 March 2004 Page(s):97-102.

[68] S Heitmeyer, C Kirby, J Jr, et al. Software Engineering, IEEE Transactions on Volume 24, Issue 11, Nov. 1998 Page(s):927-948.

[69] 曹继军,张越梅,赵平安. 民用飞机适航符合性验证方法探讨[J]. 民用飞机设计与研究,2008,(4):37-41.

[70] 王华伟,吴海桥. 航空安全工程[M]. 北京:科学出版社,2014.

[71] 陈勇刚. 航空安全评估理论与方法[M]. 成都:西南交通大学出版社,2014.

[72] 梁刚. 航空器评审与商业成功[J]. 航空维修与工程. 2014,(1):65-67.

[73] 段本印. AEG 评审在型号合格审定中的研究与应用[J]. 民用飞机设计与研究. 2015,(1):83-86.

[74] 许沁莹. 浅析民航飞机的持续适航管理[J]. 价值工程. 2011,(28):47.

[75] 杨小丽. 技术经济视角下的持续适航管理研究[D]. 江苏:南京航空航天大学,2006.

[76] 迈克尔·弗格逊,希恩·尼尔森. 航空安全:航空业的平衡取向[M]. 卢建综,译. 北京:机械工业出版社,2015.

[77] 郑友胜,李泰安. 军用飞机飞行安全影响因素研究综述[J]. 教练机. 2012,(4):53-59.

[78] 李勤红,冯瑞娜,周晓飞. 小型通用民用飞机的失速试飞研究[J]. 飞行力学,2005,03:75-78.

[79] 孙宁博. 失速对飞行安全的影响以及处置方法[J]. 科技资讯,2013,(18):208-209.

[80] 周文明. AD200 机身结构适坠性分析及优化[D]. 南京:南京航空航天大学,2012.

[81] 李葳,徐惠民. 基于适坠性的轻型飞机结构设计改进方案[J]. 南京航空航天大学学报,2008,40(4):526-529.

[82] 刘小川,郭军,孙侠生,牟让科. 民机机身段和舱内设施坠撞试验及结构适坠性评估[J],航空学报,2013,34(9):2130-2140.

[83] 郑虔智. 带人体模型的轻型飞机适坠性能分析[D]. 江苏:南京航空航天大学,2012.

[84] 王志超. 民用飞机防火系统研究[J]. 民用飞机设计与研究,2011,(3):11-13,27.

[85] 朱雪飞. 航空公司安全管理系统(SMS)项目的建设与应用研究[D]. 山东:山东大学,2013.

[86] 李奎,李雪强. 航空安全管理[M]. 北京:航空工业出版社. 2011.

[87] 中国民用航空局. AP-21-AA-2011-03-R4 航空器型号合格审定程序[S]. 航空器适航审定司,2011.

[88] 郑囿君. 论我国民用航空器适航管理行政许可制度[D]. 江苏:南京航空航天大学,2012.

[89] 中国民用航空局 . CCAR-21 民用航空产品和零部件合格审定规定[S]. 2007.
[90] 中国民用航空局 . CCAR-25 运输类飞机适航标准[S]. 2016.
[91] 中国民用航空局 . AP-21-AA-2008 民用航空器及其相关产品适航审定程序[S]. 2008.
[92] 中国民用航空局 . AP-21-AA-2011 航空器型号合格审定程序[S]. 2011.